普通高等教育“十二五”规划教材（高职高专教育）
PUTONG GAODENG JIAOYU SHIERWU GUIHUA JIAOCAI GAOZHI GAOZHUAN JIAOYU

大学计算机基础

（第二版）

DAXUE JISUANJI JICHU

主　编　白延丽　尚　宏
编　写　赵　源　蒋　琪　井　刚
张　亮　卢欣超

内容提要

本书为普通高等教育“十二五”规划教材（高职高专教育）。

本书是根据教育部对高职高专教育人才培养工作的指导思想，结合学校精品课程建设及教改实施情况，在广泛吸取与借鉴近年来计算机基础教学经验的基础上编写的。本书主要内容包括计算机基础知识、Windows 操作系统、Word 文字处理软件、Excel 表格处理软件、PowerPoint 演示文稿处理软件、计算机网络基础、计算机安全知识等。本书还配有独立的习题集和多媒体课件。

本书可作为高职高专院校和培训学校计算机基础课程的教材，也可作为计算机入门的自学用书。

图书在版编目（CIP）数据

大学计算机基础 / 白延丽，尚宏主编. —2 版. —北京：中国电力出版社，2011.9（2017. 9 重印）
普通高等教育“十二五”规划教材. 高职高专教育
ISBN 978-7-5123-1987-5

Ⅰ. ①大… Ⅱ. ①白… ②尚… Ⅲ. ①电子计算机－高等职业教育－教材 Ⅳ. ①TP3

中国版本图书馆 CIP 数据核字（2011）第 157047 号

中国电力出版社出版、发行
（北京市东城区北京站西街 19 号 100005 http://www.cepp.sgcc.com.cn）
北京天宇星印刷厂印刷
各地新华书店经售
*
2007 年 9 月第一版
2011 年 9 月第二版 2017 年 9 月北京第八次印刷
787 毫米×1092 毫米 16 开本 15 印张 368 千字
定价 32.00 元

前　言

本书是按照教育部对高职高专教育人才培养工作的指导思想，结合高等职业院校精品课程建设以及教改实施的情况，在广泛吸取与借鉴近年来计算机文化基础教学经验的基础上编写的。

本书主要内容包括计算机基础知识、Windows 操作系统、Word 文字处理软件、Excel 表格处理软件、PowerPoint 演示文稿处理软件、计算机网络基础、计算机安全知识等。

本书由白延丽、尚宏主编，第 1 章由白延丽、张亮编写，第 2 章由张亮编写，第 3 章由赵源、井刚编写，第 4 章由卢欣超、尚宏编写，第 5 章由蒋琪、白延丽编写，第 6 章由卢欣超、张亮编写，第 7 章由尚宏编写。全书由白延丽、尚宏统稿。

本书是在 2007 年第一版的基础上，根据近年来教学开展情况，组织编者进行了重新修订，旨在提高其可操作性和实用性，为高职计算机基础教学提供了一套既注重理论与实践的结合，又遵循计算机技术的发展现状，实用价值较高的基础性教材。本教材可与其配套的《大学计算机基础习题集》配合使用，教学效果更佳。

由于编者能力有限，加之计算机技术发展迅猛，有些技术性内容有其时效性，故教材编写中难免考虑不周，希望读者，特别是使用本书的教师和同学积极提出批评和改进意见，以便今后修订提高。

编　者

2011 年 6 月

第一版前言

本教材是根据教育部对高职高专教育人才培养工作的指导思想，结合学校精品课程建设以及教改实施的情况，在广泛吸取与借鉴近年来计算机文化基础教学经验的基础上编写的。

本教材主要内容包括计算机基础知识、Windows 操作系统、Word 文字处理软件、Excel 表格处理软件、PowerPoint 演示文稿处理软件、计算机网络知识、计算机安全知识等。

本教材还配有习题集，并独立成书，主要包括理论模拟练习习题集和上机练习习题集。

本教材由白延丽主编，尚宏、杨浩为副主编，第 1 章由白延丽、张拯、张亮编写，第 2 章由张亮编写，第 3 章由赵源、井刚编写，第 4 章由卢欣超、尚宏编写，第 5 章由蒋琪编写，第 6 章由卢欣超、张亮编写，第 7 章由尚宏编写，第 8 章由杨浩编写。全书由白延丽、尚宏统稿，西安电力高等专科学校解建宝同志审定。

本教材还配有教学用多媒体课件，包括电子版素材库，课件主要由精品课程小组共同完成。

本教材编写大纲的审定，初稿的形成、组织审核，定稿，都得到了西安电力高等专科学校领导的大力支持。西安电力高等专科学校计算机系的同志为本书的编写做了大量的工作，在此一并表示感谢。

限于编者能力，有些内容属初次引入，难免有不妥或错误之处，恳请读者，特别是使用本书的教师和同学提出宝贵意见，以便今后修订提高。

编　者

2007 年 8 月

目 录

第1章 计算机基础知识

学习目的与要求

本章主要介绍计算机的基础知识，要求学生掌握计算机的产生、发展和应用，掌握计算机中数与数制的表示，掌握计算机系统的组成及基本工作原理，掌握操作系统的基本概念与类型，掌握多媒体技术基础概念。

1.1 计算机的产生、发展、应用

1.1.1 计算机的发展历史

现代计算机的历史开始于20世纪40年代后半期。一般认为，第一台真正意义上的电子计算机是1946年在美国宾夕法尼亚大学诞生的名为"爱尼亚克"(ENIAC，Electronic Numerical Integrator and Computer）的计算机。它是一台电子数字积分计算机，用于美国陆军部的弹道研究室。这台计算机共用了18 000多个电子管、1500个继电器，重量超过30t，占地面积167m^2，每小时耗电 140kW，计算速度为每秒 5000 次加法运算。用现在的眼光来看，这是一台耗资巨大、功能不完善而且笨重的庞然大物。然而，它的出现却是科学技术发展史上的一个伟大的创造，它使人类社会从此进入了电子计算机时代。

ENIAC 是第一台真正能够工作的电子计算机，但它还不是现代意义的计算机。ENIAC 能完成许多基本计算，如算术四则运算、平方立方、三角函数运算等。但是，它的计算需要人的大量参与，做每项计算之前技术人员都需要插拔许多导线，非常麻烦。

1946年，美国数学家冯•诺依曼看到计算机研究的重要性，立即投入到这方面的工作中，他提出了现代计算机的基本原理——存储程序控制原理（下面有专门讨论），人们也把采用这种原理构造的计算机称作冯•诺依曼计算机。根据存储程序控制原理造出的新计算机爱达赛克（EDSAC，Electronic Delay Storage Automatic Computer）和爱达瓦克（EDVAC，Electronic Discrete Variable Automatic Computer）分别于1949和1952年在英国剑桥大学和美国宾夕法尼亚大学投入运行。EDSAC是世界上第一台存储程序计算机，是所有现代计算机的原型和范本。EDVAC是最先开始研究的存储程序计算机，这种机器里还使用了10 000只晶体管。但是由于一些原因，EDVAC到1952年才完成。

IBM公司于1952年开发出世界上最早的成功的商用计算机IBM701。随着军用和民用的发展，工业化国家的一批公司投入到计算机研究开发领域中，这可以看做是信息产业的开始。当时人们完全没有意识到计算机的潜在用途和发展，IBM公司在开始开发计算机时还认为"全世界只需要五台计算机"就足够了。

虽然计算机具有本质的通用性，但计算机的硬件只提供了解决各种计算问题的物质基础，要将计算机应用到解决任何问题的具体实践中，使用者都必须编写出有关的程序或者软件。早期计算机在这方面是非常难用的，人们需要用很不符合人的习惯的二进制编码形式写程序，既耗费时日，又容易出错。这种状况大大地限制了计算机的广泛应用。

20 世纪 50 年代前期，计算机领域的先驱者们就开始认识到这个问题的重要性。1954 年，IBM 公司约翰・巴克斯领导的小组开发出第一个得到广泛重视，后来被广泛使用（至今仍在使用）的高级程序设计语言 FORTRAN。FORTRAN 语言的诞生使人们可以用比较习惯的符号形式描述计算过程，这大大地提高了程序开发效率，也使更多的人乐于投入到计算机应用领域的开发工作中。FORTRAN 语言推动着 IBM 的新机器 704 走向世界，成为当时最成功的计算机，也将 IBM 公司推上计算机行业龙头老大的地位。软件的重要性由此可见一斑。

随着计算机应用的发展，许多新型计算机不断被开发出来，计算机的功能越来越强，速度越来越快。与此同时，计算机科学理论的研究和计算机技术的研究开发也取得了丰硕的成果。人们开始进一步研究计算过程的本质特征、程序设计的规律、计算机系统的硬件结构和软件结构。一些新的程序设计语言，如 Algol60、COBOL、LISP 等被开发出来，军用和民用科学计算仍然是计算机应用的主要领域，计算机也开始在商务数据处理领域崭露头角。一些新的研究和应用领域，如人工智能、计算机图形图像处理等也露出了萌芽。

1965 年，IBM 公司推出了 360 系列计算机，开始了计算机作为一种商品发展史的一个新阶段。操作系统、高级程序设计语言编译系统等基本软件在这时已经初步成型，这些勾勒出那个年代计算机系统的基本框架。360 计算机采用半导体集成电路技术，第一次提出了系列计算机的概念，不同型号的机器在程序指令的层次上互相兼容，它们都配备了比较完备的软件。360 以及随后的 370 系列计算机取得了极大的成功。从 20 世纪 70 年代开始，美国和日本的一些公司开始生产与 IBM 机器兼容的大型计算机，打破了 IBM 公司的垄断局面，推动了计算机行业的价格竞争和技术进步。

在另一方面，以数据设备公司（DEC）为代表的一批企业开始开发小型、低价格、高性能的计算机，统称为小型计算机。这类计算机主要用于教育部门、科学研究部门和一般企业部门，用于各种科学计算和数据处理工作，得到非常广泛的应用。其他类型的计算机也逐渐被开发出来。其中重要的有为解决大规模科学与工程计算问题（民间的或者军事的问题）而开发的巨型计算机，这类计算机通常装备了多个数据处理部件（中央处理器，CPU），这些部件可以同时工作，因而能大大提高计算机的处理能力。另一类常见的计算机被称为工作站，通常在企业或科研部门中由个人使用，主要用于图形图像处理、计算机辅助设计、软件开发等专门领域。

到了 20 世纪 60 年代末，随着半导体技术的发展，在一个集成电路芯片上能够制造出的电子元件数已经突破 1000 的数量级，这就使在一个芯片上做出一台简单的计算机成为可能。1971 年，Intel 公司的第一个微处理器芯片 4004 诞生，这是第一个做在一个芯片上的计算机（实际上是计算机的最基本部分，CPU），它预示着计算机发展的一个新阶段的到来。1976 年，苹果计算机公司成立，它在 1977 年推出的 APPLE II 计算机是早期最成功的微型计算机。这种计算机性能优良、价格便宜，时价只相当于一台高档家电。这种情况第一次使计算机有可能走入小企业、商店、普通学校，走入家庭成为个人生活用品。计算机在社会上扮演的角色从此发生了根本性的变化，它开始从科学研究和大企业应用的象牙塔中走了出来，逐渐演化成为百姓身边的普通器具。

在这个时期中另一项有重大意义的发展是图形技术和图形用户界面技术。计算机诞生以后，一直以一种单调乏味的字符形式面孔出现在使用者面前，这样的命令形式和信息显示形式，既复杂又不直观，如果说专业工作者还可以容忍的话，大众就很难接受和使用了。为了面向普通百姓，计算机需要一种新的表现形式。Xerox 公司的 Polo Alto 研究中心（PARC）在 20 世纪 70 年代末开发了基于窗口菜单按钮和鼠标器控制的图形用户界面技术，使计算机操作能够以比较直观的、容易理解的形式进行，为计算机的蓬勃发展做好了技术准备。Apple 公司完全仿照 PARC 的技术开发了它的新型 Macintosh 个人计算机（1984 年），采用了完全的图形用户界面，取得巨大成功。这个事件和 1983 年 IBM 推出的 PC/XT 计算机一起，启动了微型计算机蓬勃发展的大潮流。

从 20 世纪 80 年代后期开始，计算机发展进入了一个突飞猛进，甚至可以说是疯狂发展的时期。技术进步促进计算机的性能飞速提高，与此同时计算机的价格大幅度降低。在计算机领域有一条非常有名的定律，被称为“莫尔定律”，由美国人 G. Moore 在 1965 年提出。该定律说，同样价格的计算机核心部件（CPU）的性能大约 18 个月提高一倍。这个发展趋势已经延续了三十多年。20 世纪 60 年代中期是 IBM 360 诞生的年代，那时计算机的一般价格在百万美元的数量级，性能为每秒十万到一百万条指令的样子。而今天的普通微型机，每秒可以执行数亿条指令，价格还不到那时计算机的千分之一，而性能达到那时计算机的大约一千倍。也就是说，在这段不长的时间里，计算机的性能价格比提高了超过一百万倍。这种进步来源于 CPU 设计理论、方法和技术的不断创新，以及集成电路制造工艺的飞速进步。这种惊人的发展速度至今还没有减缓的征兆。与此同时，计算机存储系统的容量也飞速增加，价格飞速下降。三十多年来，单位容量的内存、外存价格下降的幅度与计算机相当，今天普通微型机的内、外存容量早已是 IBM360 一类大型计算机的成百上千倍。正是计算机性能和价格的这种发展，导致小规模的企业商店，以至个人和家庭都能用得起性能很高的计算机。

人们按照计算机中主要功能部件所采用的电子器件（逻辑元件）的不同，一般将计算机的发展分成四个阶段，习惯上称为四代（两代计算机之间时间上有重叠），每一阶段在技术上都是一次新的突破，在性能上都是一次质的飞跃。

第一代：电子管计算机时代（1946 年至 20 世纪 50 年代末期）。

特点是体积大、耗能高、速度慢（一般每秒数千次至数万次）、容量小、价格昂贵，如图 1.1 所示，主要用于军事和科学计算。采用电子管作为基本器件，软件方面确定了程序设计的概念，出现了高级语言的雏形。这为计算机技术的发展奠定了基础。其研究成果扩展到民用，形成了计算机产业，由此揭开了一个新的时代——计算机时代。

图 1.1　第一代计算机

第二代：晶体管计算机时代（20 世纪 50 年代中期至 20 世纪 60 年代末期）。

采用晶体管作为基本器件，如图 1.2 所示。软件方面出现了一系列的高级程序设计语言（如 FORTRAN、COBOL 等），并提出了操作系统的概念。计算机设计出现了系列化的思想。特点是：体积缩小，能耗降低，寿命延长，运算速度提高（一般每秒为数十万次，可高达 300 万次），可靠性提高，价格不断下降。应用范围也进一步扩大，从军事与尖端技术领域延伸到气象、工程设计、数据处理以及其他科学研究领域。

第三代：中、小规模集成电路计算机时代（20 世纪 60 年代中期至 20 世纪 70 年代初期）。

采用中、小规模集成电路（IC）作为基本器件，如图 1.3 所示。软件方面出现了操作系统以及结构化、模块化程序设计方法。软、硬件都向通用化、系列化、标准化的方向发展。计算机的体积更小，寿命更长，能耗、价格进一步下降，而速度和可靠性进一步提高，应用范围进一步扩大。

第四代：大规模和超大规模集成电路计算机时代（20 世纪 70 年代初期至今）。

采用超大规模集成电路（VLSI）和超大规模集成电路（ULSI）、中央处理器高度集成化是这一代计算机的主要特征，如图 1.4 所示。

图 1.2 第二代计算机

图 1.3 第三代计算机

图 1.4 第四代计算机

第五代计算机——人工智能计算机还处于研制阶段，它比前四代都要优越，因为它采用并行式工作方法，而第一至第四代计算机是采用串行式工作方法。它接受任务后，把任务分解成几个部分，同时对这几部分进行处理。因此，第五代电子计算机的处理速度要比前四代电子计算机快得多，所以，它比前四代电子计算机更先进。

第五代电子计算机改变了工作模式，它不仅存储人们编制的程序，而且能在一定程度上给自己编制程序。到那时，人只要发出指令，或写出方程式，或提出要求，计算机就能自动完成所需程序，给人提供结果。也就是说，只要按人的需要，在计算机的功能范围内向计算机提出“做什么”，无须告诉它“怎样做”，它就可以给出人所需要的结果。所以，第五代电子计算机是有知识、会学习、能进行推理的计算机，是一种更接近于人脑的计算机。它具有能够很好地理解自然语言、声音、文字、图像的能力，并且具有说话的能力，以达到人机直接用自然语言对话的水平；它具有利用已有的知识和不断学习到的知识，进行思维、联想、推理，以达到解决复杂问题、得出结论的能力；它具有汇集、记忆、检索有关知识的能力。

第五代电子计算机总的说来有三大特点：一是超人的记忆力，能存储上万条常用知识和经验；二是会思考，能根据输入的问题，通过记忆和积累的知识，进行推理，最后作出判断；三是能理解我们日常说话的语言，甚至能听懂人们说话的声音，自己也能输出声音“说话”，这样人与计算机就可以有真正的对话了。

但是，人工智能问题确实是非常复杂，不易解决的，第五代电脑研制目前处于停滞不前的状态。日本在 1992 年也正式宣布，终止第五代电脑的研制。日本著名的专家承认，在 10 年内完成这样的高智能系统是不可能的。现在功能最强的电脑“智力”仅相当于三、四岁的幼儿。

如果第五代电子计算机诞生，将会在社会生活各个方面引起深刻变化，将创造无法预料的技术奇迹。

1.1.2 计算机的分类

从不同的角度出发，计算机有着不同的分类。

按照所处理数据的形态，可分为模拟计算机、数字计算机和混合计算机。模拟计算机处理的数据都是连续的，称为模拟量，主要用于过程控制，其特点是速度快、可直接通信，但通用性比较差。数字计算机处理的数据都是用“0”或“1”表示的二进制数字，其基本运算部件是数字逻辑电路，运算结果也是以数字形式保存的，其特点是精度高、存储量大，通用性强。混合计算机则是同时利用模拟表示和数字表示进行数据处理，因此兼具数字计算机和模拟计算机的特点与优点。

按照用途可分为通用计算机和专用计算机。专用计算机配有解决特定问题的软件和硬件，适用于某一特殊的应用领域，如智能仪表、军事装备等，专用计算机一般使用固定的程序或固定逻辑线路进行操作，因此在处理特定应用时，速度快，效率高。通用计算机功能齐全、通用性强，可适用于各个领域，但在处理特殊问题时，其效率、速度要比专用计算机低。通常工作、生活中使用的计算机都属于通用计算机。

按照计算机的综合性能指标（包括运算速度、输入/输出能力、数据存储容量、指令系统规模等），依据1989年11月美国电气和电子工程师协会（IEEE）科学巨型机委员会提出的分类标准，可将计算机划分为巨型机、小巨型机、大型主机、小型机、工作站和个人计算机。

1. 巨型机（Super Computer）

巨型机也称为超级计算机，在所有计算机类型中其占地最大、价格最贵、功能最强，浮点运算速度最快。根据国际TOP500组织2012年6月最新发布的全球超级计算机500强排行榜，美国的“红杉”凭借16.32千万亿次/s的浮点运算速度成为全球最快的超级计算机系统，中国的“天河-1 A”和“星云”分别位列第五和第十位。由于巨型机在战略武器（如核武器和反导弹武器）的设计、空间技术、石油勘探、中长期大范围天气预报以及社会模拟等多个领域发挥着巨大作用，因此，其研制水平、生产能力及应用程度，已成为衡量一个国家经济实力与科技水平的重要标志。

2. 小巨型机（Mini Super Computer）

小巨型机是小型超级电脑，也称为桌上型超级计算机，在技术上采用高性能微处理器组成并行多处理器系统，使巨型机小型化。该机出现于20世纪80年代中期，其功能略低于巨型机，而价格只有巨型机的十分之一或更低，因此可满足一些有较高应用需求的用户。

3. 大型主机（Mainframe）

大型主机也称大型电脑，包括国内常说的大、中型机。大型主机使用专用的处理器指令集、操作系统和应用软件，具有强大的数据处理能力和首屈一指的稳定性与安全性。与巨型机相比，大型主机长于非数值计算（数据处理）而非数值计算（科学计算），因此多用于政府、银行、电信、保险公司及大型制造等对I/O处理、非数值计算、稳定性和安全性具有很高要求的企事业单位。目前生产大型主机的企业主要有IBM和UNISYS。

4. 小型机（Mini Computer或Minis）

小型机是一种性能和价格介于PC服务器与大型主机之间的高性能计算机，其结构简单、可靠性高、成本较低，不需要经长期培训即可维护和使用，对广大中小用户具有较强的吸引力。在中国，小型机习惯上用来指UNIX服务器，小型机的用户一般是看中UNIX操作系统的安全性、可靠性和专用服务器的高速运算能力。

5. 工作站（Workstation）

工作站是介于 PC 与小型机之间的一种高档微机，其运算速度比微机快，且有较强的联网功能。主要用于特殊的专业领域，如图像处理、计算机辅助设计等。

它与网络系统中的“工作站”，在用词上相同，而含义不同。因为网络上“工作站”这个词常被用泛指联网用户的节点，以区别于网络服务器。网络上的工作站常常只是一般的 PC。

6. 个人计算机（PC，Personal Computer）

平常说的微机指的就是 PC。这是 20 世纪 70 年代出现的新机种，以其设计先进（总是率先采用高性能微处理器）、软件丰富、功能齐全、价格便宜等优势而拥有广大的用户，因而大大推动了计算机的普及应用。PC 在销售台数与金额上都居各类计算机的榜首。PC 的主流是 IBM 公司在 1981 年推出的 PC 系列及其众多的兼容机，另外 Apple 公司的 Macintosh 系列机在教育、美术设计等领域也有广泛的应用。目前，PC 是无所不在，其款式除了台式的，还有膝上型、笔记本型、掌上型、手表型等。

1.1.3 计算机的特点

1. 运算速度快

运算速度快是计算机最为显著的一个特点。计算机的运算速度已由早期的每秒几千次发展到现在的最高可达每秒几千亿次乃至上千万亿次，而且随着计算机技术的发展，计算机的运算速度还在不断地提高。计算机高速运算的能力极大地提高了工作效率，使得过去许多需要人工旷日持久才能完成的计算可以在很短时间内完成，目前，这种高速运算的能力已使计算机在军事、气象、金融、交通、地质等许多领域中发挥重要作用，为人类、社会造福。

2. 计算精度高

高计算精度，在科学计算和工程设计中是必不可少的。电子计算机具有以往计算工具所无法比拟的计算精度。由于数字计算机采用二进制进行运算，计算精度主要取决于计算机的字长，因此从理论上讲，只要字长足够大，则计算精度就可无限提高，从而满足各类复杂计算对精度的要求。例如，在历史上，很多数学家为计算圆周率 π 花了多年时间，才算到小数点后几百位，而现在使用计算机进行处理，则几个小时内就可计算到小数点后 10 多万位。

3. 具有记忆和逻辑判断能力

计算机通过存储元件来记忆信息。内部记忆能力，是电子计算机和其他计算工具的一个重要区别。由于具有内部记忆信息的能力，在运算过程中就可以不必每次都从外部去取数据，而只需事先将数据输入到内部的存储单元中，运算时即可直接从存储单元中获得数据，从而大大提高了运算速度。计算机存储器的容量可以做得很大，而且它记忆力特别强。

计算机除了能够完成算术运算外，还具有很强的逻辑运算能力。计算机借助于逻辑运算，可以进行逻辑判断，并根据判断结果自动地确定下一步该做什么。计算机的记忆能力和逻辑判断能力是计算机自动运行的基础。

4. 具有自动运行能力

计算机采用存储程序控制的方式，可根据应用的需要，事先编制好程序并输入计算机，启动执行后，计算机就能根据具体情况作出判断，自动、连续地工作，完成预定的处理任务。具有自动运行能力是计算机最突出的特点，也是计算机与一般计算工具的最大区别。

1.1.4 计算机的发展趋势

计算机的发展表现为：巨（型化）、微（型化）、多（媒体化）、网（络化）和智（能化）

五种趋向。

1. 巨型化

巨型化是指发展高速、大存储容量和强功能的超大型计算机。这既是诸如天文、气象、宇航、核反应等尖端科学以及进一步探索新兴科学，诸如基因工程、生物工程的需要，也是为了能让计算机具有人脑学习、推理的复杂功能的需要。当今知识信息犹如核裂变一样不断膨胀，记忆、存储和处理这些信息都是必要的。20 世纪 70 年代中期的巨型机运算速度已达每秒 1.5 亿次，现在则高达每秒数万亿次。还有进一步提高计算机功能的必要，如美国计划开发出每秒 10 000 万亿次运算的超级计算机。

2. 微型化

因大规模、超大规模集成电路的出现，计算机微型化迅速。因为微型机可渗透到诸如仪表、家用电器、导弹弹头等中、小型机无法进入的领地，所以 20 世纪 80 年代以来发展异常迅速。预计性能指标将持续提高，而价格将持续下降。当前微型机的标志是运算部件和控制部件集成在一起，今后将逐步发展到对存储器、通道处理机、高速运算部件、图形卡、声卡的集成，进一步将系统的软件固化，达到整个微型机系统的集成。

3. 多媒体化

多媒体是“以数字技术为核心的图像、声音与计算机、通信等融为一体的信息环境”的总称。多媒体技术的目标是：无论在什么地方，只需要简单的设备，就能自由自在地以接近自然的交互方式收发所需要的各种媒体信息。

4. 网络化

计算机网络是计算机技术发展中崛起的又一重要分支，是现代通信技术与计算机技术结合的产物。从单机走向联网，是计算机应用发展的必然结果。所谓计算机网络，就是在一定的地理区域内，将分布在不同地点的不同机型的计算机和专门的外部设备由通信线路互联组成一个规模大、功能强的网络系统，以达到共享信息、共享资源的目的。

5. 智能化

智能化是建立在现代化科学基础之上、综合性很强的边缘学科。它是让计算机来模拟人的感觉、行为、思维过程的机理，使计算机具备“视觉”、“听觉”、“语言”、“行为”、“思维”、逻辑推理、学习、证明等能力，形成智能型、超智能型计算机。

1.1.5 未来新型计算机

1. 光计算机

光计算机是利用光作为载体进行信息处理的计算机，又叫光脑，其运算速度将比普通的电子计算机至少快 1000 倍。光计算机靠激光束进入由反射镜和透镜组成的阵列中来对信息进行处理。

与计算机相似之处是，光计算机也是靠一系列逻辑操作来处理和解决问题的。计算机的功率取决于其组成部件的运行速度和排列密度，光在这两个方面都很理想。激光束对信息的处理速度可达现有半导体硅器件的 1000 倍。

光束在一般条件下互不干扰的特性使得光计算机能够在极小的空间内开辟很多平行的信息通道，密度大得惊人：一块截面等于 5 分硬币大小的棱镜，其通过能力超过全球现有全部电话电缆的许多倍。

2. 生物计算机

生物计算机主要是以生物电子元件构建的计算机。它利用蛋白质具有的开关特性，由蛋白质分子作元件制成的生物芯片构成，其性能是由元件与元件之间电流启闭的开关速度来决定的。

用蛋白质分子制造的电脑芯片，它的一个存储点只有一个分子大小，但是它的存储容量可以达到普通电脑的10亿倍。由蛋白质分子构成的集成电路，其大小只相当于硅片集成电路的十万分之一，且运转速度更快，只有 10^{-11}s，大大超过人脑的思维速度。生物电脑元件的密度比大脑神经元的密度高100万倍，传递信息的速度也比人脑思维的速度快100万倍。

3. 量子计算机

被人们普遍看好的量子计算机与传统计算机原理不同，它是建立在量子力学的原理上的。科学证明，个体光子通常不相互作用，但是当它们与光学谐振腔内的原子聚在一起时，它们相互之间会产生强烈影响。光子的这种特性可用来发展利用量子力学效应的信息处理器件——光学量子逻辑门，进而制造量子计算机。据介绍，具有5000个量子位的量子计算机，可以在30s内解决传统超级计算机要100亿年才能解决的大数因子分解问题。由于具有强大的并行处理能力，量子计算机将对现有的保密体系产生根本性的冲击。

在理论方面，量子计算机的性能能够超过任何可以想象的标准计算机。量子计算机潜在的用途将涉及人类生活的每一个方面，从工业生产线到公司的办公室，从军用装备到学生课桌，从国家安全到自动柜员机。

4. 超导计算机

所谓超导，是指有些物质在接近绝对零度时，电流流动是无阻力的。超导计算机是使用超导体元器件的高速计算机。

这种计算机的耗电量仅为用半导体器件制造的计算机耗电量的几千分之一，它执行一个指令只需十亿分之一秒，比半导体元件快10倍。以目前的技术制造出的超导电脑用集成电路芯片只有3～5mm^3。

光子、生物、超导与量子是实现高性能计算的新途径，在21世纪，这些新技术可能导致一场新的计算机技术革命，但是，这些新技术的成熟还有一个过程。而电子计算机仍有强大的生命力。在近半个世纪内，其他计算技术还不大可能完全取代电子计算机。我们不应强调研制纯而又纯的超导、光学、生物和量子计算机，而应发挥各自的长处，在优势互补、系统集成上多下工夫。事实上，我们还将看到这样的趋势：通过信息科技、生命科技乃至社会人文科学的交叉与融合，分子设计、材料设计、虚拟实验、生物信息、数字地球、数字宇宙和数字生态等新的科学技术分支将得到发展，并表现出巨大的创新潜力。 因此可以预见，今后的计算机将是电子、超导、分子、光学、生物与量子计算机相互融合、取长补短的 “混合型计算机”，它将具有极快的运算速度和惊人的存储容量，它的进展将在经历一段平缓期后获得巨大的技术飞跃甚至定义新的“摩尔定律”。而且，21 世纪计算机的存在形式也会更加多种多样，它可能比针尖还小，甚至存在于人的大脑之中，全球网络及数字通信也将因此更加发达，它对我们生活的影响也将无与伦比，空前绝后。

1.1.6 计算机的应用领域及预测

当今时代，计算机的应用已渗透到社会的各行各业。通常，对计算机的应用领域可以概括为四个方面。

1. 科学计算（数值计算）

科学计算是指利用计算机来完成科学研究和工程技术中提出的数学问题的计算。通过借助计算机运算快、精度高、存储容量大和连续运算的能力，以实现人工难以解决的各种科学计算问题。

科学计算是计算机最早的应用领域，研制第一台电子计算机的目的就是用于军事计算，计算机发展的初期也是用于科学计算。今天，虽然计算机在其他方面的应用不断加强，但科学计算仍然是计算机应用的一个重要领域，如军工科技、地质勘测、地震预测、气象预报、航天技术等方面分析和研究，都需要计算机高速度、高精度、大容量的特性。

2. 数据处理（信息管理）

数据处理是指对各种数据进行收集、存储、整理、分类、统计、加工、利用、传播等一系列活动的统称。目前，计算机的数据处理应用非常普遍，如人事管理、库存管理、财务管理、图书资料管理、商业数据交流、情报检索、经济管理、办公自动化等，数据处理已成为计算机应用最为广泛的一个领域。

3. 过程控制

过程控制是利用计算机及时采集检测数据，按最优值迅速地对控制对象进行自动调节或自动控制。采用计算机进行过程控制，既可以大大提高控制的自动化水平，还可以提高控制的及时性和准确性，从而改善劳动条件、提高产品质量及合格率。目前，计算机过程控制已在机械、冶金、石油、化工、纺织、水电、航天等部门得到广泛的应用。

过程控制一般都是实时控制，因此要求计算机可靠性高、响应及时。

4. 计算机辅助系统

计算机辅助系统是使用计算机辅助进行工程设计、产品制造和性能测试，通常包括辅助设计、辅助制造、辅助教学、辅助测试等方面，统称为计算机辅助系统。目前，应用较为广泛的计算机辅助系统有以下几个方面。

（1）计算机辅助设计（CAD，Computer Aided Design）是指利用计算机及其图形设备帮助设计人员进行工程设计，以提高设计工作的自动化程度。目前，计算机辅助设计已在机械、电路、电气设备、土木建筑、服装等设计中得到了广泛的应用。

（2）计算机辅助教学（CAI，Computer Aided Instruction）是在计算机辅助下进行的各种教学活动，以对话方式与学生讨论教学内容、安排教学进程、进行教学训练的方法与技术。

（3）计算机辅助制造（CAM，Computer Aided Manufacturing）是指利用计算机进行生产设备的管理、控制与操作，从而提高产品质量、降低生产成本、缩短生产周期，并同时改善制造人员的工作条件。

（4）计算机辅助测试（CAT，Computer Aided Test）是指利用计算机进行复杂而大量的测试工作。

1.1.7　计算机的应用发展及预测

随着计算机技术的不断发展和普及应用，计算机的应用也从科学计算、数据处理、过程控制、计算机辅助系统四个传统领域扩展到更为广阔的应用领域。

1. 家庭计算机化

计算机进入家庭，对内可以帮助家庭作各种决策，对外可利用通信手段与外界交换信息。

通过计算机控制的环境系统可根据房间内温度、湿度、氧气含量、日照度、噪声强弱来对空调、加湿机、除温器、换气机或臭气生成器、天窗或百叶窗系统、各种消音系统加以调节，使家庭中保持最适合于人类生存的环境，使各种电器得到足够的能量保障。另一方面运用智能化运筹技术可保证各种耗能设备总耗电量最小，或使能量消耗比较均匀，另外还将自动控制家庭中的灯光系统，保证不出现浪费或造成不便。还可控制家庭安全系统，一方面防止非法侵入，人工鉴别或自动识别来人身份，紧急情况下与本市报警线路相呼应；另一方面保证家庭不受火灾、水患、风灾或暴雨的侵害，具有自动处理意外事件和及时报警的功能。

计算机进入家庭，使人们从烦琐的家务劳动中解放出来。很多工作可放在家里做，甚至可以在家里上大学，既减少了交通拥挤，又节省了办公和教学设施。

2. 计算机翻译

人类的语言有几千种，语言不同的人们在一起沟通和了解，存在着很大的障碍。现代社会国际交往繁多，信息量巨大，世界不同语言文字之间的信息交流越来越多，这就迫切需要发展自动翻译，也就是用计算机进行翻译。

20 世纪 80 年代是计算机翻译兴旺发达的时期，并且已发展到第二代。第一代计算机翻译是半自动翻译，计算机只是起字典的作用。人输入一种语言和文字，显示器就可以显示出另一种文字的解释，供翻译人员参考。第二代计算机翻译是人助机器翻译系统。一种语言的文章输入到计算机中去，它把句子变成单词，判别词性，查存储在计算机内的语法词典、分析语法，弄清语法结构；最后，计算机把文章翻译成另一种语言的文字，用显示器或打印机输出来。在翻译中，人要帮助解决疑难问题。近些年来又发展了第三代计算机翻译，它除了有处理文字和语法的部分外，还进行语义内涵分析，弄清文章各句子的相互关系，以达到准确地、自动地进行多种语言间的翻译。最近又在发展智能化翻译机器，也就是计算机根据已掌握的知识，能够进行逻辑推理，不但能保证机器翻译完全自动化，而且能够准确地翻译那些修辞色彩浓重、感情丰富的文章。

3. 计算机警察

人们在外出旅游、出差、探亲时，难免需要随身携带现金、信用卡等票据及文件和行李等贵重物品。这些东西时有丢失或被盗的情况。此外，在银行、博物馆、商店，甚至家里均有遭罪犯侵袭的可能。为了防止类似以上不幸事件的发生，以计算机为主的各种高技术“银行卫士”、“商店卫士”、“家庭卫士”、“旅行保镖”，甚至“监狱卫士”等不断涌现。它们不愧为“计算机警察”。

1990 年，美国加利福尼亚州皮塔斯市的国际形象系统公司制造了一种计算机，此种计算机早已进入市场，它只需通过一瞥便可依靠视频照相机识别每个人的面孔，该计算机被人们誉为“捉贼能手”。当罪犯逃离现场登乘飞机时，这位“捉贼能手”的新型检验器不仅扫描了人的旅行包等随身携带物品，而且它同时还能仔细分辨每一个人的面孔。该计算机系统被称为 PARES 系统。

计算机图像识别技术也已广泛应用于侦破案件中。指纹图像计算机自动识别系统通常由摄像机、阅读器、计算机、显示器等组成。通过各种途径找到嫌疑分子的指纹，由摄像机把它拍摄下来，输入到计算机中。阅读器对指纹自动扫描，找出指纹的特征点，计算机根据这些特征点与数据库中的档案指纹相比较，从中挑选出一些相似的指纹，供鉴定人作出最后判断。

我国也有指纹自动识别系统投入使用。早在 1991 年 10 月 22 日，清华大学与北京市刑事科学技术研究所共同研制的指纹自动识别实用系统就通过了技术鉴定。

4. 计算机教练

计算机可使运动员进行科学的训练。国外有的教练员利用计算机为体操运动员设计动作，并进行训练。他们把运动员的动作以每秒 64 个镜头的速度连续拍摄下来，用数字转换器把运动员各部位的位置、速度、加速度显示出来并输入计算机中，用计算机设计新的高难动作。

美国计算机专家能为运动员制订全年训练计划，分成第一、第二及赛前阶段，计划出每天训练项目及训练程序：运动员应该什么时候开始编排动作，什么时候该把动作连贯起来，什么时候完成全套动作。

美国加州南部的科托研究中心艾里博士研制出一种计算机控制的训练机。运动员坐在计算机面前的一张椅子上，反复推拉一根手柄，训练腿、胸、腹、臂、肩和手，计算机监控训练动作，自动改变训练强度，并随时提供反馈。

5. 出版业计算机化

今天，计算机使出版业发生了翻天覆地的变化。用计算机进行编辑排版，再用激光照排机印出软片后就可制版印刷了。这加快了出版速度，降低了劳动强度，提高了工作效率和质量。编辑人员坐在计算机终端显示荧光屏前，用键盘或光笔审读文稿，进行删改加工，完成编排版面的工作。在荧光屏上进行增、删、转、插、改、调整版面、放大缩小标题、改变字体和字号、确定行距和行长等工作。修改和编排后，计算机能够自动补齐、移行、编页码和处理标点符号。最后可将编好的全部版面调出，印出清样，做最后检查，就可以进行照排、制版印刷了。

目前，美国著名的新闻周刊《时代》、《美国新闻与世界报道》等都发行了电子版。电子版用户可通过计算机，阅读过去几个月杂志上的文章，还能看到一些原杂志没有的专题报道；用户可以在印刷版本送到之前读到杂志上的文章和看到杂志上的图片；可以通过网络直接同编辑讨论科技或政治新闻事件。

6. 日常生活计算机化

随着计算机使用人数的增多，计算机公司到处林立，使得计算机的发展十分迅速，计算机亦日益广泛应用于各行各业中。学校计算机教育从大学往下延伸至高中，甚至初中，小学学生都有机会学习计算机。渐渐地，计算机课程将纳入基础教育中，人人必学，人人必懂，不论衣、食、住、行、娱乐，均离不开计算机，例如，冷气机的计算机自动控温、医院的计算机预约挂号、股票市场的计算机进行交易等。

7. 计算机的军事用途

大凡科学新技术的出现，都首先被用于军事上，电子计算机也不例外。

在海湾战争期间，美国海军发射了 290 多枚“战斧”式巡航导弹，打击的对象均为伊拉克的重要目标：指挥部、通信指挥中心、兵工厂及大型动力综合体系。巴格达市内的伊拉克国防部大楼、总统府和通信中心，都是被“战斧”式巡航导弹摧毁的。在海湾空袭作战中“战斧”式导弹立了头功。为什么美军会把如此重要的任务派给远离目标发射的导弹呢？原来，“战斧”式巡航导弹上装有特殊的计算机，它好像是一个向导，指挥与控制导弹攻击目标。它事先将得到的地形图储存起来，发射飞行中“盯”着飞行区域，确定导弹所处的位置，然后将“眼睛”看到的信息与“大脑”里储存的信息进行比较、判断。如果实际飞行轨道和预先程序编排的轨道一致，则按预定弹道飞行；如果不一致，则计算机自动计算出实际轨道与预定轨道的偏差，发出指令调整导弹的飞行方向。这样，导弹就像长了眼睛一样翻山越岭，准确地击中预定目标。美国《纽约时报》发表的题为《电脑芯片成为战争英雄》的文章，曾这样形象地赞扬“战斧”式巡航导弹：“以前在实战中从未使用过的‘战斧’式巡航导弹装有微型计算机，它能阅读内部存储的地图，并处理来自传感器的信息，在飞行中校正自己飞行的路线。”法国《世界报》对“战斧”式巡航导弹也曾报道说：“在战争爆发的头几天里，伊拉克没有作出什么反应，原因之一是美国的巡航导弹准确地摧毁了伊拉克人的通信设施，使伊军的通信联络完全瘫痪”。

8. 智能机器人

人类已经进入了瞬息万变的信息社会，信息社会的第一特征就是给机器装上计算机并使其智能化，这也就是我们所说的机器人。

20 世纪 70 年代，世界上出现了一门新学科——人工智能。人工智能是计算机科学的一个分支，主要研究怎样用电子计算机模拟人脑的某些智力活动。用这样的计算机控制的机器就是智能机器人，它具有听、看、说、判断环境状况的能力，并且有记忆、推理和决策的能力。

智能机器人的应用十分广泛，主要有以下几个方面。

（1）宇宙探险。开发探索宇宙空间具有广阔的前景，机器人在探索开发宇宙空间中将作出不可磨灭的贡献。

（2）海底探测。海底有丰富的矿物和生物资源，有取之不尽的能源。海洋面积占地球总面积的 70.8%，蓝色的海洋是一个硕大无比的聚宝盆。采用机器人探测开发大海是非常合适的。它们不怕风吹浪打，不怕水深流急，潜水深度及技术都比人高得多。

（3）核电站里的工作者。核电站是极重要的电力源，但其中的核物质对人有放射性危害。为确保在核电站工作的人员身体健康以及防止给周围环境带来不良影响，用机器人代替人进行操作，可避免人直接接触放射性物质。

（4）军用机器人。机器人在战争中执行各种任务。在部队前面的机器人可为后续部队探测和清扫雷场、标志车道；机器人哨兵不会疲劳，可以用来守卫边远地区和部队的周边地区；在弹药供应点和后勤供应点，机器人可代替人工装卸，机器人还非常善于夜战……

1.2 计算机中数与数制的表示

计算机中处理的数据可以分为两大类，分别是数值数据和非数值数据，非数值数据包括西文字母、标点符号、汉字、图形、图像、声音和视频等。

在计算机中，无论什么类型的数据，都是由电信号表示的。例如，用高电平表示“1”，用低电平表示“0”。然后再用“1”和“0”进行编辑，表示其他的数字和符号。这就涉及数制和编码。通常，对于数值型的数据，可以将其转换为二进制数据；对于非数值型的数据，则采用二进制编码的形式。

1.2.1 进位计数制

人们日常生活中使用的十进制是计数制中的一种。进位计数制有以下特点。

（1）每种计数制都使用固定个数的数字符号。对于 N 进制，则使用 0，…，$N-1$ 共 N 个数字符号。

（2）每种计数制都有一个基数。N 进制的基数为 N，运算时“逢 N 进一”。

（3）任何数制中，同一数字在不同的位置代表不同的值。某数制中每一位所对应的单位值称为“权”（或称位权）。权不仅与所在的位有关，还与数值的基数有关。

1. 十进制（Decimal）

用0～9总共十个数表示所有的数，基数是10，因此逢十进一。例如，十进制数

654.32

可以写出该十进制数的按权展开多项式为：

$(654.32)_{10}=6\times10^2+5\times10^1+4\times10^0+3\times10^{-1}+2\times10^{-2}$

其中，10^i表示第i位的权，$(N)_{10}$表示N是十进制数。

2. 二进制（Binary）

用0和1表示所有的数，基数是2，因此逢二进一。例如，二进制数

1101.01

可以写出它的按权展开多项式为：

$(1101.01)_2=1\times2^3+1\times2^2+0\times2^1+1\times2^0+0\times2^{-1}+1\times2^{-2}$

其中，2^i表示第i位的权，$(N)_2$表示N是二进制数。

计算机内部进行算术运算时，采用的都是二进制数。这主要是由计算机中电子元件的特性决定的。计算机中的各种“门电路”只有“开”或“关”两种状态，这恰好可以用二进制的0或1表示。

3. 八进制（Octal）

用0～7表示所有的数字，逢八进一，基数为8。例如，八进制数

123.24

可以写出它的按权展开多项式为：

$(123.24)_8=1\times8^2+2\times8^1+3\times8^0+2\times8^{-1}+4\times8^{-2}$

其中，8^i表示第i位的权，$(N)_8$表示N是八进制数。

4. 十六进制（Hexadecimal）

用0～9，A～F表示所有的数字，逢十六进一，基数为16。例如，十六进制数

2F9A.42

可以写出它的按权展开多项式为：

$(2F9A.42)_{16}=2\times16^3+15\times16^2+9\times16^1+10\times16^0+4\times16^{-1}+2\times16^{-2}$

其中，16^i表示第i位的权，$(N)_{16}$表示N是十六进制数。

1.2.2 二进制的运算

1. 算术运算

在计算机中，基本的算术运算有四种，即加、减、乘、除。运算规则非常简单。

（1）加法运算。

0+0=0

0+1=1

1+0=1

1+1=10

【例2.1】 1101+1011=11000。

$$\begin{array}{r} 1101 \\ +\quad 1011 \\ \hline 11000 \end{array}$$

（2）减法运算。

0－0＝0

1－0＝1

1－1＝0

10－1＝1

【例 2.2】 1101－0110＝0111。

```
   1101
－ 0110
───────
   0111
```

（3）乘法运算。

0×0＝0

0×1＝0

1×0＝0

1×1＝1

【例 2.3】 1101×110＝100110。

```
      1101
  ×    110
──────────
      0000
     1101
 +  1101
──────────
   1001110
```

（4）除法运算。

0÷1＝0

1÷1＝1

【例 2.4】 11011÷101＝101 余 10。

```
        101
    ┌──────
101 │ 11011
     － 101
     ──────
        111
     － 101
     ──────
         10
```

2. 逻辑运算

在计算机内部除了通常的算术运算之外，还要进行逻辑运算。逻辑运算规定了两个二进制数对应数位之间的一种运算关系，不产生进位。常用的逻辑运算有“逻辑与”、“逻辑或”、“逻辑非”和“逻辑异或”运算。

（1）逻辑或。逻辑或亦称逻辑加，使用的运算符有“＋”、“∨”或者“∪”，均读“或”。它是参与运算的两个数中至少有一个为 1 时，“或”的结果为 1。运算如下。

0∨0＝0

$0 \vee 1=1$

$1 \vee 0=1$

$1 \vee 1=1$

【例 2.5】 1001∨1101＝1101。

$$\begin{array}{r} 1001 \\ \vee \quad 1101 \\ \hline 1101 \end{array}$$

（2）逻辑与。逻辑与亦称逻辑乘，使用的运算符有“·”、“∧”或者“∩”，均读“与”。它是参与运算的两个数都是 1 时，“与”的结果为 1。运算如下：

$0 \wedge 0=0$

$0 \wedge 1=0$

$1 \wedge 0=0$

$1 \wedge 1=1$

【例 2.6】 1100∧1011＝1000。

$$\begin{array}{r} 1100 \\ \wedge \quad 1011 \\ \hline 1000 \end{array}$$

（3）逻辑非。逻辑非亦称取反，它是逻辑数位的值为 1 时，“非”运算结果为 0；逻辑数位为 0 时，“非”运算的结果为 1。使用的运算符为“－”，称为“非”。

【例 2.7】 设 X＝1001，则 $\overline{X}=0110$。

（4）异或。异或亦称按位加或者模 2 加，使用的运算符为⊕。当两个逻辑数位的值相同时，“异或”运算的结果为 0，否则为 1。运算如下：

$0 \oplus 0=0$

$0 \oplus 1=1$

$1 \oplus 0=1$

$1 \oplus 1=0$

【例 2.8】 1100⊕1010＝0110。

$$\begin{array}{r} 1100 \\ \oplus \quad 1010 \\ \hline 0110 \end{array}$$

1.2.3 不同数制间的转换

1. 任意进制数转换成十进制数

任意进制数转换成十进制数的方法是“按权展开相加”，即写出该数的按权展开多项式，然后按十进制规则相加，结果就是对应的十进制数。例如：

$$\begin{aligned}(11010.101)_2 &= 1\times2^4+1\times2^3+0\times2^2+1\times2^1+0\times2^0+1\times2^{-1}+0\times2^{-2}+1\times2^{-3} \\ &= 16+8+0+2+0+0.5+0.25+0.125 \\ &= (26.625)_{10}\end{aligned}$$

$$\begin{aligned}(5407.65)_8 &= 5\times8^3+4\times8^2+0\times8^1+7\times8^0+6\times8^{-1}+5\times8^{-2} \\ &= 2560+256+0+7+0.75+0.078125\end{aligned}$$

$\approx (2823.828)_{10}$

$(16A.B)_{16}=1\times16^2+6\times16^1+10\times16^0+11\times16^{-1}$

$=256+96+10+0.6875$

$=(362.6875)_{10}$

2. 十进制转换成二进制

（1）整数部分的转换。整数部分的转换方法使用“除 2 取倒余法”，即不断地用 2 去除被转换的十进制数，取出每次的余数，直到商为 0，最后将余数按顺序写出，就是转换后的结果。

【例 2.9】 将十进制 83 转换成二进制数。

83÷2=41	………………… 1	↑ 低位
41÷2=20	………………… 1	
20÷2=10	………………… 0	
10÷2=5	………………… 0	
5÷2=2	………………… 1	
2÷2=1	………………… 0	高位
1÷2=0	………………… 1	

结果：

$(83)_{10}=(1010011)_2$

（2）小数部分的转换。小数部分的转换方法使用“乘 2 顺取整法”，即不断地用 2 去乘被转换的十进制数，取出每次的整数部分，直到乘积为 0 或达到要求的位数，最后按顺序写出，就是转换后的结果。

【例 2.10】 将十进制小数 0.8125 转换成二进制数。

高位 ↓		0.8125
		× 2
	1 ………	0.6250
		× 2
	1 ………	0.2500
		× 2
	0 ………	0.5000
		× 2
低位	1 ………	1.0000

结果：

$(0.8125)_{10}=(0.1101)_2$

多数情况下，一个十进制小数并不能精确地转换成对应的二进制小数，这时可以根据精度要求计算到一定的位数而得到一个近似值。

例如，将 0.63 转换成二进制数，小数部分乘 2 会无限循环下去，因此取小数点后 4 位小数，得到近似值 $(0.63)_{10}=(0.1010)_2$。

类似于十进制数转换成二进制数的方法，十进制整数转换成八进制整数，十进制整数转换成十六进制整数的方法可以使用“除 8 取倒余法”和“除 16 取倒余法”。十进制小数转换成八进制小数或十六进制小数可以使用“乘 8 顺取整法”和“乘 16 顺取整法”。

3. 二进制数转换成八进制数

由于 3 位二进制数的最大值是 7，所以二进制数转换成八进制数的方法是将被转换的二进制数从小数点开始向左、向右每 3 位分成一组，不足 3 位用 0 补齐，之后将每组二进制数转换成相应的 1 位八进制数。

【例 2.11】 将二进制数 10110111.01101 转换成八进制数。

划分组后及每组对应的八进制数如下：

010	110	111 .	011	010
2	6	7	3	2

结果：

$(10110111.01101)_2=(267.32)_8$

4. 二进制数转换成十六进制数

由于 4 位二进制数的最大值是 15，所以二进制数转换成十六进制数的方法是将被转换的二进制数从小数点开始向左、向右每 4 位分成一组，不足 4 位用 0 补齐，之后将每组二进制数转换成相应的 1 位十六进制数。

【例 2.12】 将二进制数 110111111.01101 转换成十六进制数。

划分组后及每组对应的十六进制数如下：

0001	1011	1111 .	0110	1000
1	B	F	6	8

结果：

$(110111111.01101)_2=(1BF.68)_{16}$

5. 八进制数和十六进制数转换成二进制数

八进制数和十六进制数转换成二进制数较为简单，只要将每一位八进制数对应转换成 3 位二进制数，每一位十六进制数对应转换成 4 位二进制数即可。

【例 2.13】 将八进制数 567.34，十六进制数 8A3E.2F 转换成二进制数。

八进制数对应转换如下：

5　　6　　7．3　　4

↓

101　　110　　111．011　　100

结果：

$(567.34)_8=(101110111.0111)_2$

十六进制数对应转换如下：

8　　A　　3　　E．2　　F

↓

1000　　1010　　0011　　1110．0010　　1111

结果：

$(8A3E.2F)_{16}=(1000101000111110.00101111)_2$

表 1.1 列出了 0～16 各数对应的不同进制数。

表 1.1　　　　　　　　0～16 所对应的不同进制的值

十进制	二进制	八进制	十六进制	十进制	二进制	八进制	十六进制
0	0	0	0	9	1001	11	9
1	1	1	1	10	1010	12	A
2	10	2	2	11	1011	13	B
3	11	3	3	12	1100	14	C
4	100	4	4	13	1101	15	D
5	101	5	5	14	1110	16	E
6	110	6	6	15	1111	17	F
7	111	7	7	16	10000	20	10
8	1000	10	8				

1.2.4　ASCII 码

信息处理时，用得更多的是非数值数据，如程序、文本中用到的各种字符、文字。字符包括字母、数字字符和各种符号等。计算机内表示字符时，使用的同样是二进制编码，编码的长度可能是 8 位、16 位等。字符编码标准使用最广泛的是美国国家信息交换标准码（ASCII，American Standard Code for Information Interchange）。ASCII 码用 8 位（bit）表示一个字符的编码，但最高位留作奇偶校验用，实际只使用 7 位。7 位编码可以表示的字符个数是 $2^7=128$ 个。表 1.2 是 ASCII 码表。

例如，大写英文字母 A 的 ASCII 码是 01000001，十进制表示是 65，十六进制表示是 41H，小写英文字母 a 的 ASCII 码的十进制表示是 97，数字符号 5 的 ASCII 码的十进制表示是 53。

ASCII 码表中前 32 个和最后一个共 33 个编码是控制字符，不能显示和打印。其余 95 个都是可显示打印的字符，称为信息码。

除 ASCII 码外，计算机中还使用另外一些编码标准，如 EBCDIC 码、Unicode 码等。

表 1.2　　　　　　　　ASCII　码　表

H / L	0000	0001	0010	0011	0100	0101	0110	0111
0000	NUL	DLE	SP	0	@	P	`	p
0001	SOH	DC1	!	1	A	Q	a	q
0010	STX	DC2	“	2	B	R	b	r
0011	ETX	DC3	#	3	C	S	c	s
0100	EOT	DC4	$	4	D	T	d	t
0101	ENQ	NAK	%	5	E	U	e	u
0110	ACK	SYN	&	6	F	V	f	v
0111	BEL	ETB	‘	7	G	W	g	w
1000	BS	CAN	）	8	H	X	h	x
1001	HT	EM	（	9	I	Y	i	y
1010	LF	SUB	*	：	J	Z	j	z
1011	VT	ESC	+	；	K	［	k	{

续表

H L	0000	0001	0010	0011	0100	0101	0110	0111
1100	FF	FS	,	<	L	\	l	|
1101	CR	GS	-	=	M	]	m	}
1110	SO	RS	.	>	N	^	n	~
1111	SI	US	/	?	O	_	o	DEL

1.3　计算机系统的组成及工作原理

1.3.1　计算机系统组成

与一般的科学仪器或机器不同，一个完整的计算机系统是由硬件系统和软件系统两个部分构成的。硬件系统是指构成计算机系统的那些由机械部件和电子元件等组成的设备和装置，它们是组成计算机系统的物质基础。软件系统是构成计算机系统的所有程序文件和数据文件的总称，它的任务是控制、管理计算机系统中的各硬件设备，并为用户使用计算机提供方便。硬件是计算机系统的躯体，软件是计算机系统的头脑和灵魂。这二者互相依存，相辅相成。只有软、硬件结合，才能使计算机的功能得以发挥。

计算机系统组成如图 1.5 所示，下面将逐一进行介绍。

- 计算机系统
  - 硬件
    - 主机
      - 中央处理器：①控制器、②运算器
      - 内存储器
    - 外设
      - 外存储器
      - ④输入设备
      - ⑤输出设备
    - （内存储器、外存储器）③存储器
  - 软件
    - 系统软件：操作系统、语言处理系统、数据库管理系统、软件工具
    - 应用软件
      - 用户程序
      - 用户软件包

图 1.5　计算机系统组成

1. 硬件系统

所谓计算机硬件系统是指那些实实在在看得到的物理实体，即由机械、光、电、磁器件构成的具有计算、控制、存储、输入和输出功能的实体部件，如主机、显示器、主板、硬盘、内存、键盘、鼠标等，通常称之为“硬件设备”。

无论哪一种计算机，一个完整的计算机硬件系统从功能角度而言都必须包括输入设备、运算器、存储器、控制器和输出设备五部分，这五部分就包括了以上所列的各种硬件。而且这五个部分都各尽其职、协调工作。这五部分的相互连接如图 1.6 所示。

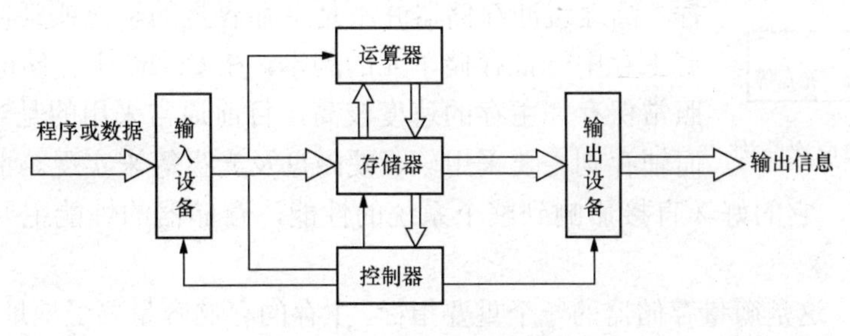

图 1.6　计算机硬件系统组成

注：⇨ 表示数据信息流向；──→ 表示控制信息流向

（1）输入设备。输入设备是计算机用来接收外界信息的设备，人们利用它送入程序、数据和各种信息。输入设备一般是由两部分组成的，即输入接口电路和输入装置。输入接口电路是输入设备中将输入装置（外设的一类）与主机相连的部件，如键盘、鼠标接口，通常集成于计算机主板上。也就是说输入装置一般必须通过输入接口电路挂接在计算机上才能使用。最常见的输入设备是键盘和鼠标。

（2）运算器。又名“算术逻辑部件”（ALU，Arithmatic Logic Unit）。它是实现各种算术运算和逻辑运算的实际执行部件。算术运算是指各种数值运算；逻辑运算则是指因果关系判断的非数值运算。运算器的核心部件就是加法器和高速寄存器，前者用于实施运算，后者用于存放参加运算的各类数据和运算结果。

（3）控制器。控制器是分析和执行指令的部件，也是统一指挥和控制计算机各部件按时序协调操作的部件。计算机之所以能自动、连续地工作就是依靠控制器的统一指挥。控制器通常是由一套复杂的电子电路组成的，现在普遍采用超大规模的集成电路。

控制器与运算器都集成在一块超大规模的芯片中，形成整个计算机系统的核心，这就是我们常说的中央处理器单元（CPU）。

（4）存储器。存储器是计算机用来存储信息的重要部件，对它的功能要求是不仅能保存大量的数据，而且能快速读出信息进行处理，或者把新的信息快速写入存储器。所以存储器设计的主要目标就是在尽可能低的价格下，提供尽可能高的速度及尽可能大的存储容量。为此，计算机中的存储器是分层次结构的，这种层次结构在不同类型的计算机中是不同的，所谓存储层次是在综合考虑容量、速度、价格的基础上建立的存储组合，以便满足系统对存储器在性能与经济两方面的要求。

在微型机中存储器分为内存和外存，外存一般被看作是一种外设，外存中的信息不能直接被处理，必须预先被送入内存，才能被处理。在大型机中一般都配有多种存储器，构成多层的存储层次，称为存储体系。如图 1.7 所示为一种典型的存储层次结构。

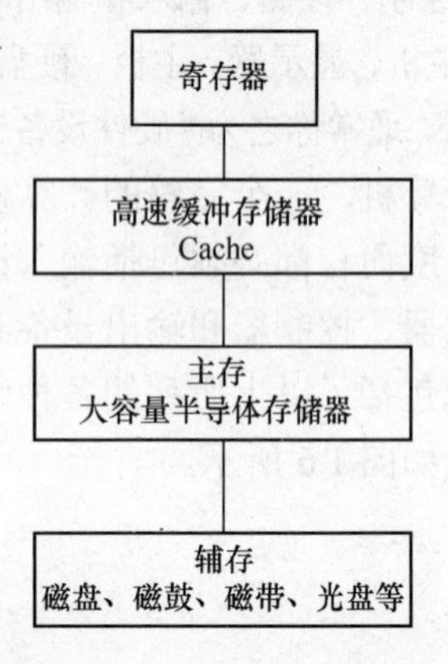

图 1.7　典型存储层次结构

它是以存取速度为主要标准依次排列的，寄存器的存取速度最快，它的编址是独立于主存的，它与主存之间的信息传输是通过指令实现的。由于它属于 CPU 的组成部分，所以也可不把它视为一级存储组织。高速缓冲存储器 Cache 采用速度很高的半导体存储器，也有把它与微处理器做在一起的。采用 Cache 后，CPU 对主存的平均访问时间可接近对于 Cache 的访问时间，因而使主存在速度上与 CPU 相匹配，使 CPU 的速度能得以充分发挥。高速缓冲存储器并不是主存容量的扩充或延伸，它仅仅保存着主存中一批存储单元的副本，在 Cache 中存储的内容在主存中照常保存。主存的速度较高，目前通常采用的是半导体存储器，而辅存则主要采用软、硬磁盘及光盘等来实现。主存是计算机存储器的主要部分，它的好坏直接影响到整个系统的性能，存储器的性能主要包括以下几个方面。

1）存储容量。这是衡量存储器的一个重要指标，主存的存储容量要受地址线宽度的限制。基本存储元是组成存储器的基础和核心，它用来存储一位二进制信息，在计算机中，人们通常将一个二进制位称为“位”（bit），将 8 位二进制位称为“字节”（Byte），而将计算机数据存储和传输的基本单位称为“字”（Word），将它所包含的二进制数的位数称为“字长”。例如，由 Pentium（586）等微处理器构成的计算机，它们的字长是 32 位，因而人们也习惯地把这种计算机称为 32 位机。存放一个机器字的存储单元，通常称为字存储单元，相应的单元地址叫字地址。而存放 1 字节的存储单元，称为字节存储单元，相应的地址称为字节地址。如果计算机中可编址的最小单位是字存储单元，则该计算机称为按字编址的计算机。如果计算机中可编址的最小单位是字节，则该计算机称为按字节编址的计算机。一个机器字可以包含数个字节，所以一个存储单元也可以包含数个能够单独编址的字节地址。多数计算机是按照字节来进行编址的，即每个地址对应 1 字节，这样做一是便于与外设交换信息，二是便于对字符进行处理。随着存储器不断扩大，人们采用了更大的单位：千字节 KB（1024B）、兆字节 MB（1024KB）、千兆字节 GB（1024MB）及兆兆字节 TB（1024GB）。

2）存取时间与存储周期。存取时间又称存储器访问时间，是指从启动一次存储器操作到完成该操作所经历的时间。具体讲，从一次读操作命令发出到该操作完成，将数据读入数据缓冲寄存器为止所经历的时间，即为存储器存取时间；存储周期是指连续启动两次独立的存储器操作（如连续两次读操作）所需间隔的最小时间。通常，存储周期略大于存取时间，其时间单位为纳秒（ns）。存取时间和存储周期是反映主存速度的重要指标。

3）功耗及可靠性。这是半导体存储器必须要考虑的两个因素，在保证速度的前提下一般应尽量减小功耗。可靠性则是指存储器对电子磁场的抗干扰性和对温度变化的抗干扰性。

4）存储器的分类。根据存储元的性能及使用方法不同，存储器有各种不同的分类方法：按存储介质的不同可分为半导体存储器、磁表面存储器（如磁盘存储器与磁带存储器）、光介质存储器；按存取方式的不同可分为随机存储器、顺序存储器、半顺序存储器；按存取功能的不同可分为只读存储器（ROM）、随机存储器（RAM）；按信息的可保存性可分为非永久性记忆存储器、永久性记忆存储器；按其在计算机系统中作用的不同可分为主存储器、辅助存储器、缓冲存储器和控制存储器等。

（5）输出设备。输出设备的功能与上面所介绍的“输入设备”相反，它是将计算机处理后的信息或中间结果以某种人们可以识别的形式表示出来。如我们在显示器上所见到的文字和图形、图像就是其中最重要的一种表示形式，还有的以二进制的 ASCⅡ码形式表示。

输出设备与输入设备一样，也包括两个部分，即输出接口电路和输出装置。输出接口电路是用来连接计算机系统与外部输出设备的，如显卡是用来连接显示器这样一种输出设备的，声卡可以连接主机与音箱之类的输出设备；打印机接口则是用来连接打印机与主机系统的。输出设备就是上面所说的显示器、音箱、打印机、绘图仪等。

2. 软件系统

软件系统一般是指在计算机上运行的各类程序及其相应的文档的集合，其层次结构如图 1.8 所示。计算机的一个基本特点就是程序存储和程序控制，可以说计算机的任何工作都有赖于程序的运行，离开了软件系统，计算机的硬件系统也就变得毫无意义了。因此只有配备了软件系统的计算机才能称为一个完整的计算机系统，未配备任何软件的计算机系统通常被称为“裸机”。软件系统通常可以分为系统软件和应用软件两大类。

（1）系统软件。系统软件是为计算机提供管理、控制、维护和服务等各项功能，充分发挥计算机性能和方便用户使用的各种程序的集合。系统软件主要包括操作系统、语言编译解释系统、服务性程序和数据库管理系统等。

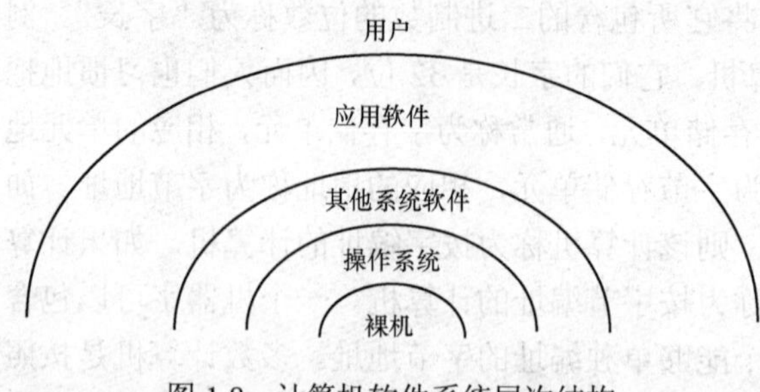

图 1.8 计算机软件系统层次结构

操作系统是系统软件中最重要的部分，是运行其他各种软件的基础，只有配备操作系统软件，计算机才能有条不紊地使用各种资源，充分发挥计算机的功能。操作系统的主要功能就是对计算机的各种资源如 CPU、存储器、外部设备等进行管理。因此，通俗地讲，操作系统就是计算机自己管理自己的软件，操作系统为用户提供了一整套的操作命令，用户通过这些命令可以非常方便地使用计算机的各种资源。目前比较常用的操作系统有 DOS、Windows、UNIX、OS/2、Linux 等。

另外，随着计算机网络的出现和发展，又出现了一些适应于计算机网络运行环境的网络操作系统，如 Netware、Windows NT 等。这些网络操作系统在单机操作系统的功能基础上又增加了网络管理的功能。

语言编译解释系统主要是用来将用户编写的各种语言的源程序转换成计算机所能识别的机器语言。计算机的运行是通过程序来完成的，而这些存储的程序实质上是一系列二进制代码的组合，被称为机器语言。机器语言是唯一能被计算机识别和执行的语言，由它编制的程序执行速度快、占用内存小，但机器语言很不直观，很难辨认和记忆，编写程序易出错而且不易阅读和修改。为此人们开发出了多种更接近于人类自然语言的高级语言，这种人们容易理解和掌握的高级语言计算机是不认识的，必须将它们转换成计算机所能识别的机器语言，这种转换就是由编译解释系统来完成的。编译和解释是两种不同的转换过程。是将源程序一次性转换成由机器语言组成的程序。这种转换的过程叫编译，负责编译的系统软件称为编译软件或编译程序，经过编译的机器语言程序在运行时可以脱离开源程序和编译程序，直接控制计算机的运行，目前大多数高级语言程序都是采用这种编译的方式。将源程序逐条进行转换，转换一条执行一条，这种转换的过程叫解释，负责转换的系统软件叫解释软件或解释程序。用这种高级语言编写的程序在运行时不能脱离解释程序，因此它占用的内存空间较大，且运行的速度也较慢，但这种方法容易进行错误检查和程序的调试，并可以方便地设置程序运行的断点，因此多用来作为程序设计的入门语言，如 dBASE Ⅲ，FOXBASE 等。

服务性程序主要包括一些诊断程序、检测调试程序、软件工具、开发制作平台及设备驱动程序等。

数据库管理系统主要是用于对数据库进行组织、整理、查询、修改等工作。

另外，还有一些专门用于网络管理的网络软件等。

（2）应用软件。应用软件是为了解决应用领域中各种实际问题而编制的软件。它主要包括用户用各种语言编写的实用程序、用各种开发制作平台和工具开发出的各种软件及各种专用软件，如文字处理软件、财会软件、计算机辅助设计与制造软件（CAD/CAM）、计算机辅助教学软件（CAI）、统计软件等。

1.3.2 计算机的基本工作原理

1. 指令和程序的概念

指令就是让计算机完成某个操作所发出的命令，即计算机完成某个操作的依据。一条指令通常由两个部分组成，前面是操作码部分，后面是操作数部分，操作码指明该指令要完成的操作，如加、减、乘、除等。操作数是指参加运算的数或者数所在的单元地址。一台计算机的所有指令的集合，称为该计算机的指令系统。

使用者根据解决某一问题的步骤，选用一条条指令进行有序的排列。计算机执行了这一指令序列，便可完成预定的任务。这一指令序列就称为程序。显然程序中的每一条指令必须是所用计算机指令系统中的指令，因此指令系统是提供给使用者编制程序的基本依据。指令系统反映了计算机的基本功能，不同的计算机其指令系统也不相同。

2. 计算机执行指令的过程

计算机执行指令一般分为两个阶段。第一阶段，将要执行的指令从内存取到CPU内。第二阶段，CPU对取入的该指令进行分析译码，判断该条指令要完成的操作，然后向某个部件发出完成该操作的控制信号，完成该指令的功能。当一条指令执行完后就进入下一条指令的取指操作。一般将第一阶段取指令的操作称为取指周期，将第二阶段称为执行周期。

3. 程序的执行过程

程序是由一系列指令的有序集合构成的,计算机执行程序就是执行这一系列指令。CPU从内存读出一条指令到CPU 内执行，该指令执行完，再从内存读出下一条指令到CPU 内执行。CPU 不断地取指令，执行指令，这就是程序的执行过程。

1.3.3 计算机的性能指标

计算机的性能指标是指能在一定程度上衡量计算机优劣的技术指标。计算机的优劣是由多项技术指标综合确定的，这些指标包括处理字长、吞吐量、响应时间、CPU时钟周期、主频等。考虑微型计算机使用的广泛性，下面主要讨论微型计算机的几个主要性能指标。

1. 字长

字长是指计算机能够直接处理的二进制信息的最大位数。字长越长，计算机的运算速度就越快，运算精度也越高，计算机的功能也就越强。字长是计算机的一个重要性能指标。按微型计算机的字长可分为8位机、16位机、32位机和64位机。目前主流的微型计算机均属于64位机。

2. 主频

主频也称作时钟频率，是指计算机CPU的时钟频率。主频的单位是MHz（兆赫）。主频的大小在很大程度上决定了计算机运算速度的快慢，主频越高，计算机的运算速度就越快。

3. 运算速度

运算速度是指计算机每秒能执行多少条指令。运算速度的单位用百万条指令/秒（MIPS）。由于执行不同的指令所需的时间不同，因此，运算速度有不同的计算方法。现在多用各种指令的平均执行时间及相应指令的运行比例来综合计算运算速度，即用加权平均法求出等效速度，作为衡量微机运算速度的标准。

4. 内存容量

内存容量是指计算机内存储器的容量，它表示内存储器所能容纳信息的字节数。由于CPU要执行的程序与要处理的数据必须存放在内存中，因此，内存容量越大，它所能存储的数据和运行的程序就越多，程序运行的速度就越高，信息处理能力也就越强。

除了上述几个主要技术指标外，还有其他一些因素，也对计算机的性能起重要作用，主要包括：①可靠性。是指微型计算机系统平均无故障工作时间。无故障工作时间越长，系统就越可靠。②可维护性。是指微机的维修效率，通常用故障平均排除时间来表示。③可用性。

是指微机系统的使用效率，可以用系统在执行任务的任意时刻所能正常工作的概率来表示。④兼容性。兼容性强的微机，有利于推广应用。⑤性能价格比。简称性价比，是一项综合性评估微机系统的性能指标。性能包括硬件和软件的综合性能，价格是整个微机系统的价格，与系统的配置有关。

1.4 操作系统概述

操作系统（OS，Operating System）是指用来控制和管理计算机硬件资源和软件资源的程序集合。它是计算机系统中极为重要的系统软件，用于统一管理计算机资源，合理地组织计算机的工作流程，协调计算机系统的各部分之间、系统与用户之间、用户与用户之间的关系。

1.4.1 操作系统的功能

操作系统的基本功能归纳起来有五个方面。

1. 进程管理

进程管理又称处理机管理，实质上是对处理机执行“时间”的管理，即如何将CPU真正合理地分配给每个任务。主要是对CPU 进行动态管理。由于CPU的工作速度要比其他硬件快得多，而且任何程序只有占有了 CPU 才能运行。因此，CPU是计算机系统中最重要、最宝贵、竞争最激烈的硬件资源。为了提高CPU的利用率，采用多道程序设计技术，当多道程序并发运行时，引进进程的概念（将一个程序分为多个处理模块，进程是程序运行的动态过程)。通过进程管理，协调多道程序之间的CPU分配调度、冲突处理及资源回收等关系。

2. 存储管理

存储管理是对存储空间的管理，主要是管理内存资源。只有被装入主存储器的程序才有可能去竞争CPU。因此，有效地利用主存储器可保证多道程序设计技术的实现，也就保证了CPU的使用效率。存储管理就是要根据用户程序的要求为用户分配主存储区域。当多个程序共享有限的内存资源时，操作系统就按某种分配原则，为每个程序分配内存空间，使各用户的程序和数据彼此隔离，互不干扰及破坏；当某个用户程序工作结束时，要及时收回它所占的主存区域，以便再装入其他程序。另外，操作系统利用虚拟内存技术，把内、外存结合起来，共同管理。

3. 设备管理

设备管理是对硬件设备的管理，其中包括对输入/输出设备的分配、启动、完成和回收。设备管理负责管理计算机系统中除了CPU和主存储器以外的其他硬件资源，是系统中最具有多样性和变化性的部分，也是系统重要资源。

操作系统对设备的管理主要体现在两个方面：

（1）它提供了用户和外设的接口。用户只需通过键盘命令或程序向操作系统提出申请，则操作系统中设备管理程序实现外部设备的分配、启动、回收和故障处理。

（2）为了提高设备的效率和利用率，操作系统还采取了缓冲技术和虚拟设备技术，尽可能使外设与处理器并行工作，以解决快速CPU与慢速外设的矛盾。

4. 文件管理

文件管理又称为信息管理，将逻辑上有完整意义的信息资源（程序和数据）以文件的形式存放在外存储器（磁盘、磁带）上的，并赋予一个名字，称为文件。文件管理是操作系统对计算机系统中软件资源的管理。通常由操作系统中的文件系统来完成这一功能。文件系统是由文件、管理文件的软件和相应的数据结构组成的。文件管理有效地支持文件的存储、检索和修改等操作，解决文件的共享、保密和保护问题，并提供方便的用户界面，使用户能实现按名存取，使得用户不必考虑文件如何保存以及存放的位置，但同时也要求用户按照操作系统规定的步骤使用文件。

5. 作业管理

作业管理包括任务管理、界面管理、人机交互、图形界面、语音控制和虚拟现实等。计算机系统的软硬件资源由前述四种管理功能负责，建立起操作系统与计算机系统的联系。那么，用户怎样通过操作系统来使用计算机系统，以便完成自己的任务呢？也就是用户程序和数据如何提交系统，系统又如何执行用户的计划？为此，操作系统还必须提供自身与用户间的接口，这部分工作就由作业管理来承担。作业管理的任务是为用户提供一个使用系统的良好环境，使用户能有效地组织自己的工作流程。用户要求计算机处理某项工作称为一个作业，一个作业包括程序、数据以及解题的控制步骤。用户一方面使用作业管理提供“作业控制语言”来书写自己控制作业执行的操作说明书；另一方面使用作业管理提供的“命令语言”与计算机资源进行交互活动，请求系统服务。

1.4.2 操作系统的分类

操作系统有各种分类方法，通常按其系统功能、运行环境及服务对象来分类。下面以操作系统所支持的用户数和应用环境为依据，介绍几种常见的操作系统类型。

1. 单用户操作系统

单用户操作系统面对单一用户，所有资源均提供给单一用户使用，用户对系统有绝对的控制权。单用户操作系统是从早期的系统监控程序发展起来的，进而成为系统管理程序，再进一步发展为独立的操作系统。它是针对一台机器、一个用户的操作系统。单用户操作系统在作业运行前，用户必须初始化所有硬件条件和环境（如寄存器状态、设备分配与状态等），设置必要的输入/输出设备，并将操作系统的一个核心部分常驻留在系统的主存储器中。然后，初始化后的系统装入并开始运行应用程序，运行完毕，系统又回到初始状态，以便下一用户能够工作。单用户操作系统是为独立用户服务的，多个用户只能分别操作，分别独占所有系统资源。例如，MS-DOS 或 PC-DOS 就是这类操作系统。

2. 批处理操作系统

在批处理系统中，用户使用系统提供的作业控制语言，描述自己对作业运行的控制意图，并将这些控制信息连同程序和数据一起作为一个作业，提交给操作员。操作员启动有关程序将一批作业输入计算机外存，由操作系统去控制、调度各作业的运行并输出结果。操作系统的内容相当丰富，功能通常分为进程管理、存储管理、设备管理、作业管理和文件管理。

3. 实时操作系统

实时操作系统一般是为专用机设计的。其特征是要对随机发出的外部事件作出及时响应并对其进行处理。它可分为实时过程控制和实时信息处理。实时系统的设计目标是实时响应及处理和高可靠性，但对系统资源利用率则要求不高，为保证高可靠性可在硬件上采用冗余措施。

4. 分时操作系统

分时操作系统也是多用户操作系统，它是把计算机的处理时间分成若干个很短的时间片，每个用户轮流占用其中的一个时间片，并按一定顺序轮流使用计算机。从外部来看，好像是一个 CPU 为多个用户“同时”服务，实施了“并行操作”。例如，UNIX 就是一种分时操作系统。

5. 网络操作系统

网络操作系统是指网络环境下的操作系统，网络用户与计算机网络之间的接口，是管理整个网络资源、方便用户上网操作的软件的集合。它除了具有通常操作系统应具备的五大部分之外，增加了网络管理模块。从网络的角度来看，其软件由服务器操作系统、工作站操作系统、通信协议软件和网络应用程序四部分组成。网络操作系统适合于多用户、多任务环境，支持网络之间、用户与服务器之间、用户与用户之间的通信，实现资源共享。

6. 分布式操作系统

分布式操作系统是在计算机网络上运行的一种操作系统，用以实现信息交流和资源共享，使多个用户协同工作，共同完成某一任务。由于分布式操作系统更强调分布式计算和处理，因此对于多机合作、系统重构、增强容错能力有更高的要求，一般希望分布式操作系统有更短的响应时间、更大的吞吐量和更高的可靠性。

1.5 多媒体技术基础

1.5.1 多媒体技术基本概念

在计算机应用领域中，媒体（medium）主要有两种含义：一是指传播信息的载体，如语言、文字、图像、音频、视频等；二是指存储信息的载体，如 ROM、RAM、磁带、磁盘、光盘等存储器。

多媒体技术中的媒体主要是指前者，多媒体技术（Multimedia Technology）就是利用计算机对文字、图形、图像、动画、音频、视频等多种媒体综合处理、建立逻辑关系和人机交互作用的技术。多媒体技术将多种媒体信息数字化，并整合在一定的交互式界面上，使计算机具有交互展示不同媒体形态的能力。

多媒体技术极大地改变了人们获取信息的传统方法，符合人们在信息时代的阅读方式。多媒体技术的发展改变了计算机的使用领域，使计算机由办公室、实验室中的专用品变成了信息社会的普通工具，广泛应用于工业生产管理、学校教育、公共信息咨询、商业广告、军事指挥与训练，甚至家庭生活与娱乐等领域。

1.5.2 多媒体的主要特征

多媒体是融合两种以上媒体的人机交互式信息交流和传播媒体，主要具有以下特征。

1. 集成性

多媒体的集成性是指以计算机为中心综合处理多种信息媒体，它包括信息媒体的集成和处理这些媒体的软硬件的集成。

2. 多样性

多媒体的多样性是指计算机所处理的信息媒体的多样化，与传统的文字、数字相比较，更多地增加了对图形、图像、音频、视频等信息媒体的处理。

3. 交互性

多媒体的交互性是指用户可以与计算机的多种信息媒体进行交互操作，并能有效地控制和使用信息。交互性不仅增加用户对信息的注意力和理解，延长了信息的保留时间，而且交互活动本身也作为一种媒体加入了信息传递和转换的过程，从而使用户获得更多的信息。

4. 实时性

多媒体的实时性是指在多媒体系统中音频媒体、视频媒体是与时间因子密切相关的，多媒体系统在处理信息时有着严格的时序要求和很高的速度要求。

5. 数字化

多媒体的数字化主要是指文字、图形、图像、动画、音频、视频等多种媒体，都是以数字的形式，在计算机内被存储和处理。

1.5.3 多媒体计算机系统的构成

多媒体计算机系统是指能把视、听和计算机交互式控制结合起来，完成对文字、图形、图像、音频、视频等信号进行获取、生成、存储、处理、回收、传输和展示的一个完整的计算机系统。通常可分为多媒体计算机硬件系统和多媒体计算机软件系统。

1. 多媒体计算机硬件系统

多媒体计算机硬件系统由主机、多媒体外部设备接口卡和多媒体外部设备构成。

（1）多媒体计算机的主机可以是大/中型计算机，也可以是工作站或者微机。

（2）多媒体外部设备接口卡根据获取、编辑音频、视频的需要插接在计算机上。常用的有声卡、视频压缩卡、VGA/TV 转换卡、视频捕捉卡、视频播放卡和光盘接口卡等。

（3）多媒体外部设备种类繁多，按功能可分：①视频/音频输入设备，包括摄像机、录像机、影碟机、扫描仪、话筒、录音机、激光唱盘和 MIDI 合成器等；②视频/音频输出设备，包括显示器、电视机、投影电视、扬声器、立体声耳机等；③人机交互设备，包括键盘、鼠标、触摸屏和光笔等；④数据存储设备，包括 CD-ROM、闪存、磁盘、打印机、可擦/写光盘等。

2. 多媒体计算机软件系统

多媒体软件系统按功能可分为系统软件和应用软件。

（1）系统软件是多媒体系统的核心，它不仅具有综合使用各种媒体、灵活调度多媒体数据进行媒体的传输和处理的能力，而且要控制各种媒体硬件设备协调地工作。多媒体系统软件主要包括多媒体操作系统、媒体素材制作软件及多媒体函数库、多媒体创作工具与开发环境、多媒体外部设备驱动软件和驱动器接口程序等。

（2）应用软件又称为多媒体应用系统，是由各种应用领域的专家和多媒体开发人员共同协作、配合，在多媒体创作平台上设计开发的面向应用领域的软件系统，是直接面向用户使用的系统，如多媒体教学软件、多媒体监控系统等。

1.5.4 多媒体技术的基本组成

多媒体技术涉及面非常广泛，这里主要介绍音频处理、视频处理、数据压缩、存储等技术。

1. 音频处理

音频是多媒体技术中的一种重要媒体，音频处理主要包括音频数字化、语音处理、语音合成及语音识别等内容。

音频数字化目前是较为成熟的技术，多媒体声卡就是采用此技术而设计的，音频数字化的质量由采样频率和采样数据位数决定。

音频采样包括两个重要的参数，即采样频率和采样数据位数。采样频率是指对声音单位时间内采样的次数，它反映采样点之间间隔的大小，间隔越小，采样频率越高，声音质量越好，而需要存储的音频数据量也越大。人耳听觉上限在20kHz左右，目前经常使用的采样频率有11kHz，22kHz和44kHz几种。采样数据位数是指每个采样点的数据表示范围，即使用多少个二进制位表示样本数据。目前常用的有8位、12位和16位三种，如果使用8位的采样数据位数，则只能表示256个不同的量化值，而16位的则可以表示65 535个不同的量化值，因此，采样位数越高，音质也越好，但需要存储的数据量也越大。通常，CD唱片采用了双声道16位采样，采样频率为44.1kHz，达到了专业级水平。

音频处理包括范围较广，但主要集中在音频压缩上。语音合成是指将文本合成为语音播放，国内外几种主要语音的合成水平均已到实用阶段，汉语合成近年来也取得长足的发展。语音识别是音频技术中难度最大的，但其应用前景广阔，一直是多媒体技术研究关注的热点之一。

2. 视频处理

视频技术起步晚，发展时间较短，但是产品的应用和普及相当广泛。视频技术包括视频数字化和视频编码技术两个方面。

视频数字化是将模拟视频信号经模—数转换和彩色空间变换转为计算机可处理的数字信号，使得计算机可以显示和处理视频信号。视频数字化后的色彩、清晰度及稳定性具有明显的改善，是今后的发展方向。视频编码技术是将数字化的视频信号经过编码成为电视信号，从而可以录制到录像带中或在电视上播放。对于不同的应用环境可以采用不同的技术。

3. 数据压缩

数据压缩是多媒体技术发展的关键技术之一，是计算机处理图像、视频以及网络传输的重要基础。由于音频数据量较小且压缩技术较为成熟，未经压缩的图像及视频信号数据量非常大，超出了目前多媒体计算机的存储和处理能力，网络传输更是难以满足应用需求，解决这一问题的最佳方法就是对数据进行压缩。

图像、视频的数据压缩可分为无损压缩和有损压缩两大类。无损压缩是对文件本身的压缩，是对文件的数据存储方式进行优化，利用数据的统计冗余，采用某种算法表示重复的数据信息，压缩文件可以完全恢复而不引起失真，不会使图像和视频细节有任何损失；有损压缩是对图像和视频文件本身的改变，压缩时保留了较多的亮度信息，而将色相和色纯度等人类视觉不敏感的信息与周围的像素进行合并，虽然不能完全恢复原始数据，但损失的部分对理解原始数据的影响非常小，却换来了大的压缩比。当然，如果压缩比过大，信息量过度减少，也会造成图像和视频质量的下降。目前，ISO制订了两个压缩标准，即JPEG和MPEG，前者为静态图像的压缩标准，后者是动态视频的压缩标准。

4. 存储

多媒体的音频、视频和图像等信息虽然经过压缩处理，但仍需要占用巨大的存储空间，而且，多媒体数据中的声音和视频图像都是与时间有关的信息，多数过程中都需要进行实时处理（压缩、传输等），因此对多媒体数据的存储技术有着很高的要求。

信息存储设备大致可以分为磁、光两大类。目前，传统的磁存储方式和设备无法满足多媒体信息存储的需求，光存储技术和磁盘阵列则是当前存储保障的主要技术。光存储技术因其容量大、可靠性好、存储成本低廉等优点，是目前多媒体信息存储的最重要的方式；磁盘阵列则是把若干硬磁盘驱动器按照一定要求组成一个整体，由阵列控制器统一管理的系统，通过利用数组方式建立磁盘组，配合数据分散排列的设计，极大提高了存储容量、传输速率和容错功能，是当前解决I/O总是滞后于CPU性能所造成的瓶颈问题的主要手段，也是多媒体技术在网络中实现的重要存储保障。

小 结

从1946年第一台现代电子计算机诞生以来，计算机的发展势不可挡，如今已遍布我们工作、生活的每一处。本章介绍了计算机的产生、发展、应用；计算机中数与数制的表示；计算机系统的组成及工作原理；操作系统基础；多媒体技术基础等内容。通过学习，能够对计算机基本知识有一个系统、全面的了解，为今后计算机的使用和学习打下基础。

第2章　Windows 操作系统

学习目的与要求

Windows XP 是 Microsoft 公司在 Windows 2000 和 Windows Me 的基础上于 2001 年底推出的新一代操作系统，XP 是英文 Experience（体验）的缩写，Microsoft 公司希望这款操作系统能够在全新技术和功能的引导下，给用户带来全新的体验。

Windows XP 采用的是Windows NT 的核心技术，它具有运行可靠、稳定而且速度快的特点，这将为用户计算机的安全正常高效运行提供保障。它不但使用更加成熟的技术，而且外观设计也焕然一新，桌面风格清新明快、优雅大方，用鲜艳的色彩取代以往版本的灰色基调，使用户有良好的视觉享受。

同时，根据不同的用户对象，Windows XP 提供了三个版本:

（1）Windows XP Home Edition

（2）Windows XP Professional

（3）Windows XP 64-Bit Edition

其中，Windows XP Professional 是为商业用户设计的，有最高级别的可扩展性和可靠性；Windows XP Home Edition 有最好的数字媒体平台，是家庭用户和游戏爱好者的最佳选择；Windows XP 64-Bit Edition 可满足专业的、技术工作站用户的需要。在本章中，我们将针对使用较多的 Windows XP Professional 来介绍。

本章主要介绍 Windows XP 桌面的组成，基本的操作对象和各种操作方法，Windows XP 提供的主要功能，如文件管理、硬件设备管理、系统设置等方面内容。这些都是用户使用 Windows XP 管理计算机应该熟悉和掌握的。

2.1　中文版 Windows XP 简介

2.1.1　认识 Windows XP 操作系统

Microsoft 公司自从推出 Windows 95 获得巨大成功之后，随后几年又陆续推出了 Windows 98、Windows 2000 及 Windows Me 三种用于 PC 的操作系统，各种版本的操作系统都以其直观的操作界面、强大的功能使众多的计算机用户能够方便快捷地使用自己的计算机，为人们的工作和学习提供了很大的便利。

Microsoft 公司于 2001 年又推出了其最新的操作系统——中文版 Windows XP，这次不再按照惯例以年份数字为产品命名，XP 是 Experience（体验）的缩写，Microsoft 公司希望这款操作系统能够在全新技术和功能的引导下，给 Windows 的广大用户带来全新的操作系统体验。根据用户对象的不同，中文版 Windows XP 可以分为家庭版的 Windows XP Home Edition、办公扩展专业版的 Windows XP Professional 和面向工作站的 Windows XP 64-Bit Edition。

中文版 Windows XP 采用的是 Windows NT/2000 的核心技术，运行非常可靠、稳定而且快速，为用户的计算机的安全、正常、高效运行提供了保障。

中文版 Windows XP 不但使用更加成熟的技术，而且外观设计也焕然一新，桌面风格清新明快、优雅大方，用鲜艳的色彩取代以往版本的灰色基调，使用户有良好的视觉享受。

中文版 Windows XP 系统大大增强了多媒体性能，对其中的媒体播放器进行了彻底改造，使之与系统完全融为一体，用户无需安装其他的多媒体播放软件，使用系统的“娱乐”功能，就可以播放和管理各种格式的音频和视频文件。

总之，在新的中文版 Windows XP 系统中增加了众多的新技术和新功能，使用户能轻松地完成各种管理和操作。

2.1.2 Windows XP 的启动和关闭

对于一台安装了 Windows XP 的计算机，加电以后就可以启动 Windows XP 了。在完成系统检查之后，将进入如图 2.1 所示的系统登录界面，在输入正确的密码后，就进入 Windows XP 的桌面了。图 2.2 显示了启动 Windows XP 系统后的桌面。

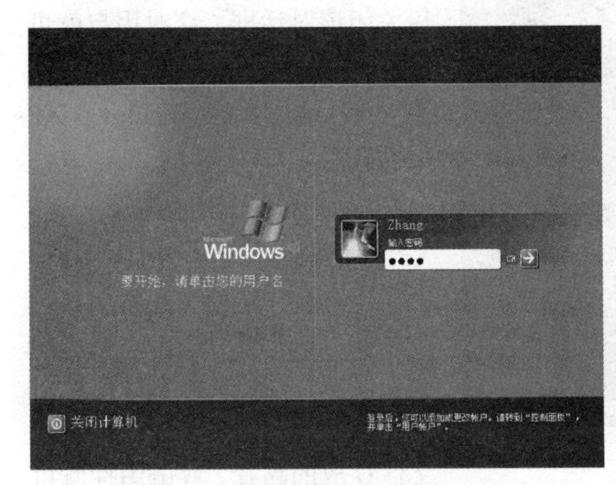

图 2.1　输入密码

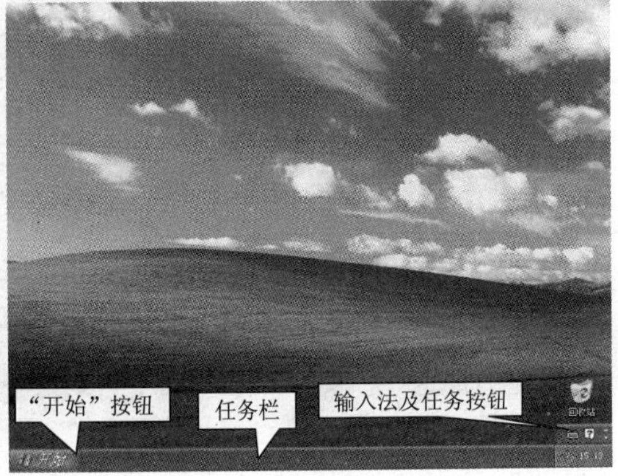

图 2.2　Windows XP 桌面

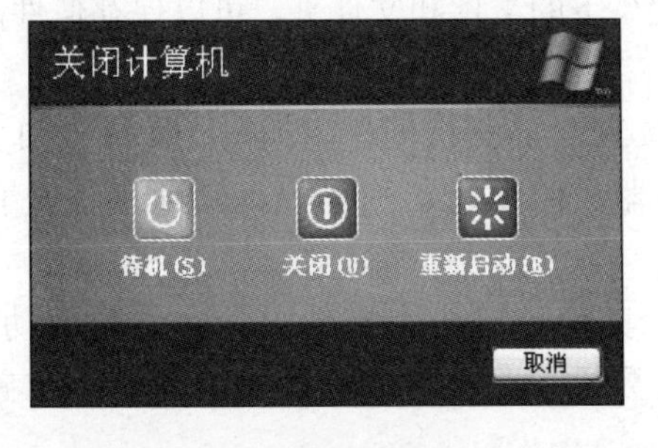

图 2.3　选择关闭计算机还是重新启动计算机

当使用完毕时，需要退出 Windows XP，关闭计算机。退出 Windows XP 的操作是使用鼠标单击“开始”按钮，在弹出的“开始”菜单中单击“关闭计算机”命令，随后系统又会弹出“关闭计算机”对话框，如图 2.3 所示。单击“关闭”按钮就可以关闭计算机了。如果单击“重新启动”按钮则不必通过开关电源，可再次加载系统。

2.1.3 Windows XP 桌面

“桌面”就是在安装好中文版 Windows XP 后，用户启动计算机登录到系统后看到的整个屏幕界面，它是用户和计算机进行交流的窗口，上面可以存放用户经常用到的应用程序和文件夹图标，用户可以根据自己的需要在桌面上添加各种快捷图标，在使用时双击图标就能够快速启动相应的程序或文件。

通过桌面，用户可以有效地管理自己的计算机，与以往任何版本的 Windows 相比，中文版 Windows XP 桌面有着更加漂亮的画面、更富个性的设置和更为强大的管理功能。

当用户安装好中文版 Windows XP 第一次登录系统后，可以看到一个非常简洁的画面，在桌面的右下角只有一个回收站的图标，如图 2.2 所示。

如果用户想恢复系统默认的图标，可执行下列操作：

（1）右键单击桌面，在弹出的快捷菜单中选择“属性”命令。

（2）在打开的“显示属性”对话框中选择“桌面”选项卡。

（3）单击“自定义桌面”按钮，这时会打开“桌面项目”对话框。

（4）在“桌面图标”选项组中选中“我的电脑”、“网上邻居”等复选框，单击“确定”按钮返回到“显示属性”对话框中。

（5）单击“应用”按钮，然后关闭该对话框，这时用户就可以看到系统默认的图标。如图 2.4 所示是作者的 Windows XP 桌面。

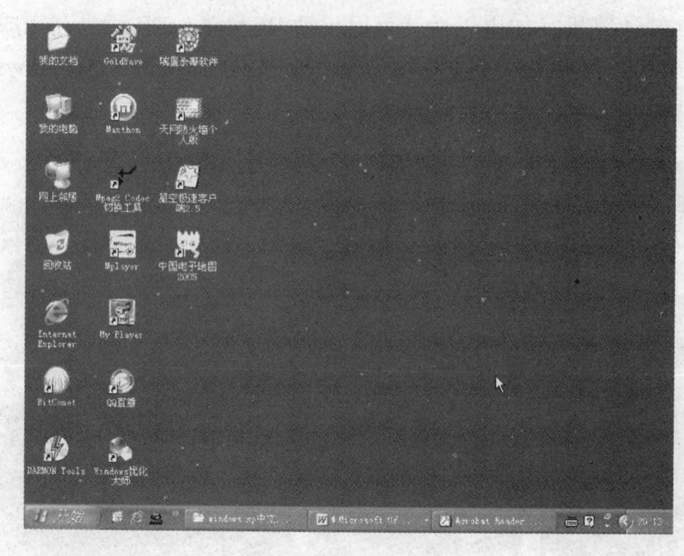

图 2.4　改变后的桌面

1. 桌面上的图标说明

“图标”是指在桌面上排列的小图像，它包含图形、说明文字两部分，如果用户把鼠标放在图标上停留片刻，桌面上会出现对图标所表示内容的说明或者是文件存放的路径，双击图标就可以打开相应的内容。

（1）“我的文档”图标：它用于管理“我的文档”下的文件和文件夹，可以保存信件、报告和其他文档，它是系统默认的文档保存位置。

（2）“我的电脑”图标：用户通过该图标可以实现对计算机硬盘驱动器、文件夹和文件的管理，用户可以访问连接到计算机的硬盘驱动器、照相机、扫描仪、其他硬件及有关信息。

（3）“网上邻居”图标：该项中提供了网络上其他计算机上文件夹和文件访问功能，在双击展开的窗口中用户可以查看工作组中的计算机、查看网络位置及添加网络位置等工作。

（4）“回收站”图标：在回收站中暂时存放着用户已经删除的文件或文件夹等信息，当用户还没有清空回收站时，可以从中还原删除的文件或文件夹。

（5）“Internet Explorer”图标：用于浏览互联网上的信息，通过双击该图标可以访问互联网资源。

2. 创建桌面图标

桌面上的图标实质上就是打开各种程序和文件的快捷方式，用户可以在桌面上创建自己经常使用的程序或文件的图标，这样使用时直接在桌面上双击即可快速启动该项目。

创建桌面图标可执行下列操作：

（1）右键单击桌面上的空白处，在弹出的快捷菜单中选择“新建”命令。

（2）利用“新建”命令下的子菜单，用户可以创建各种形式的图标，如文件夹、快捷方式、文本文档等，如图 2.5 所示。

（3）当用户选择了所要创建的选项后，在桌面会出现相应的图标，用户可以为它命名，以便于识别。

其中，当用户选择了“快捷方式”命令后，出现一个“创建快捷方式”向导，该向导会帮助用户创建本地或网络程序、文件、文件夹、计算机或 Internet 地址的快捷方式，可以手动键入项目的位置，也可以单击“浏览”按钮，在打开的“浏览文件夹”窗口中选择快捷方式的目标，确定后，即可在桌面上建立相应的快捷方式。

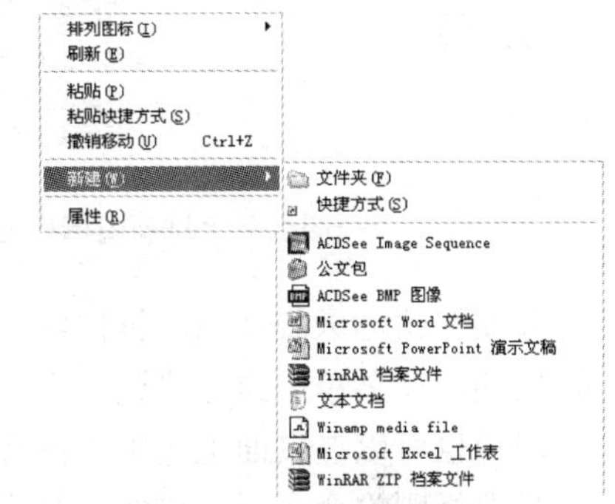

图 2.5 “新建”命令

3. 图标的排列

当用户在桌面上创建了多个图标时，如果不进行排列，就会显得非常凌乱，这样不利于用户选择所需要的项目，而且影响视觉效果。使用排列图标命令，可以使用户的桌面看上去整洁而富有条理。

用户需要对桌面上的图标进行位置调整时，可在桌面上的空白处右击，在弹出的快捷菜单中选择“排列图标”命令，在子菜单项中包含了多种排列方式，如图 2.6 所示。

（1）名称：按图标名称开头的字母或拼音顺序排列。

（2）大小：按图标所代表文件的大小顺序来排列。

（3）类型：按图标所代表的文件的类型来排列。

（4）修改时间：按图标所代表文件的最后一次修改时间来排列。

当用户选择“排列图标”子菜单中的几项后，在其旁边出现“√”标志，说明该选项被选中，再次选择这个命令后，“√”标志消失，即表明取消了此选项。

如果用户选择了“自动排列”命令，在对图标进行移动时会出现一个选定标志，这时只能在固定的位置将各图标进行位置互换，而不能拖动图标到桌面上任意位置。

而当选择了“对齐到网格”命令后，当调整图标的位置时，它们总是成行成列地排列，也不能移动到桌面上任意位置。

选择“在桌面上锁定 Web 项目”可以使活动的 Web 页变为静止的图画。

当用户取消了“显示桌面图标”命令前的“√”标志后，桌面上将不显示任何图标。

4. 图标的重命名与删除

若要给图标重新命名，就可执行下列操作：

（1）在该图标上右击。

（2）在弹出的快捷菜单中选择“重命名”命令，如图 2.7 所示。

（3）当图标的文字说明位置呈反色显示时，用户可以输入新名称，然后在桌面上任意位置单击，即可完成对图标的重命名。

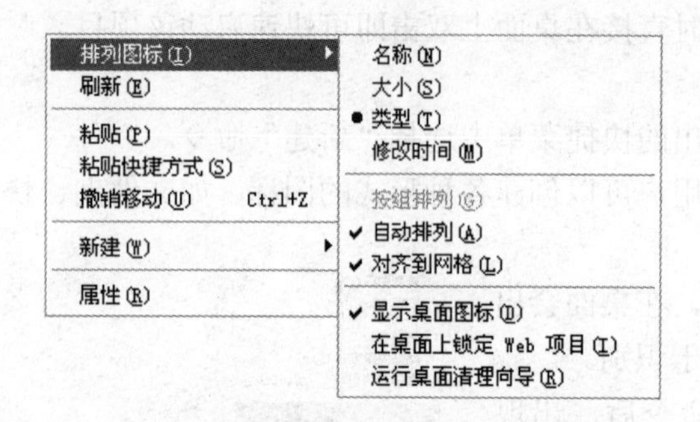

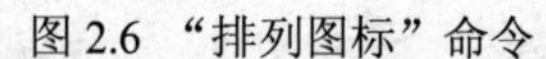
图 2.6 “排列图标”命令

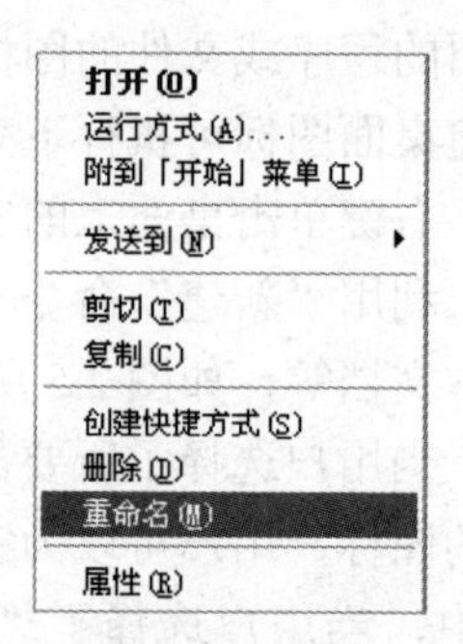

图 2.7 “重命名”命令

桌面的图标失去使用的价值时，就需要删掉。同样，在所需要删除的图标上右键单击，在弹出的快捷菜单中执行“删除”命令。

用户也可以在桌面上选中该图标，然后在键盘上按 Delete 键直接删除。

当选择删除命令后，系统会弹出一个对话框询问用户是否确实要删除所选内容并移入回收站。用户单击“是”按钮，删除生效，单击“否”按钮或者是单击对话框的关闭按钮，此次操作取消。

2.1.4 鼠标的使用

鼠标是 Windows 环境下的一种重要的输入设备，用以选择窗口命令、运行程序。在 Windows XP 默认状态下，鼠标以箭头符号出现在桌面上。目前，常用的鼠标有三键，左键用于确认和选择，右键用于弹出快捷菜单，中键用于屏幕滚动。对于习惯左手的用户，左右键的功能可以互换。下面以右手操作说明鼠标的基本使用方法。

（1）单击：按一下鼠标左键，主要用于选择某一对象。

（2）双击：将鼠标指针指向某一对象，然后快速按动鼠标左键两次。双击主要用于启动程序或打开文件夹。

（3）右键单击：将鼠标指针指向某一位置或对象，然后按下并释放鼠标右键。单击右键，将根据光标所指的对象，弹出一个快捷菜单，其中包括对该对象的属性及操作命令。

（4）拖动：将鼠标指针指向某一对象，按住鼠标左键的同时移动鼠标，待鼠标指针指向目标位置后松开鼠标左键。

2.1.5 任务栏的使用

任务栏是位于桌面最下方的一个小长条，它显示了系统正在运行的程序和打开的窗口、当前时间等内容，用户通过任务栏可以完成许多操作，而且也可以对它进行一系列的设置。

1. 任务栏的组成

任务栏可分为“开始”菜单按钮、快速启动工具栏、窗口按钮栏和通知区域等几部分，如图 2.8 所示。

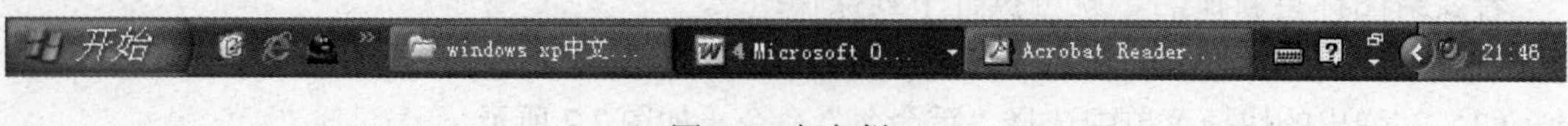

图 2.8 任务栏

（1）“开始”菜单按钮：单击此按钮，可以打开“开始”菜单，在用户操作过程中，要用它打开大多数的应用程序，详细内容会在以后的章节中讲到。

（2）快速启动工具栏：它由一些小型的按钮组成，单击可以快速启动程序，一般情况下，它包括网上浏览工具 Internet Explorer（简称 IE）图标、收发电子邮件的程序 Outlook Express 图标和显示桌面图标等。

（3）窗口按钮栏：当用户启动某项应用程序而打开一个窗口后，在任务栏上会出现相应的有立体感的按钮，表明当前程序正在被使用。在正常情况下，按钮是向下凹陷的，而把程序窗口最小化后，按钮则是向上凸起的，这样可以使用户观察更方便。

（4）语言栏：在此用户可以选择各种语言输入法，单击按钮，在弹出的菜单中进行选择可以切换为中文输入法，语言栏可以最小化以按钮的形式在任务栏显示，单击右上角的还原小按钮，它也可以独立于任务栏之外。

如果用户还需要添加某种语言，可在语言栏任意位置右击，在弹出的快捷菜单中选择“设置”命令，即可打开“文字服务和输入语言”对话框，用户可以设置默认输入语言，对已安装的输入法进行添加、删除，添加世界各国的语言以及设置输入法切换的快捷键等操作，如图 2.9 所示。

（5）隐藏和显示按钮：按钮的作用是隐藏不活动的图标和显示隐藏的图标。如果用户在任务栏属性中选择“隐藏不活动的图标”复选框，系统会自动将用户最近没有使用过的图标隐藏起来，以使任务栏的通知区域不至于很杂乱，它在隐藏图标时会出现一个小文本框提醒用户。

（6）音量控制器：即小喇叭形状的按钮，单击它后会出现一个音量控制对话框，用户可以通过拖动上面的小滑块来调整扬声器的音量，当选择“静音”复选框后，扬声器的声音消失，如图 2.10 所示。

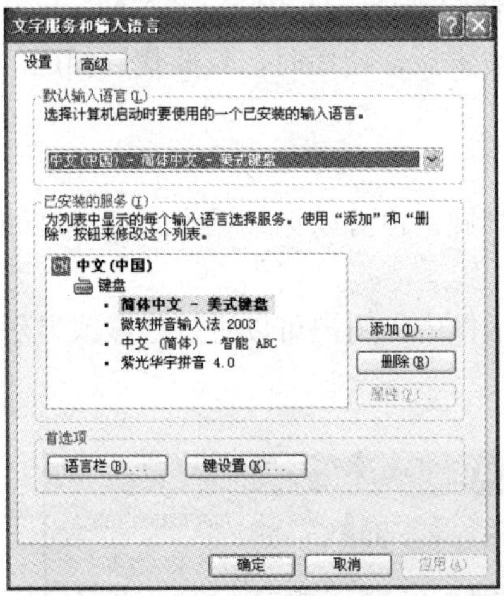

图 2.9　“文字服务和输入语言”对话框

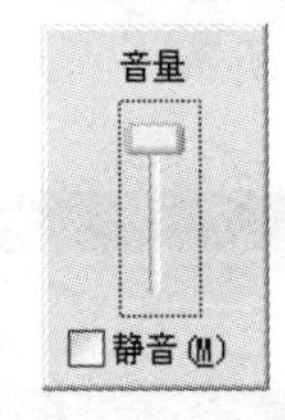

图 2.10　音量控制器

当用户双击音量控制器按钮，或者右击该按钮时，在弹出的快捷菜单中选择“打开音量控制”命令，可以打开“音量控制”窗口，用户可以调整音量控制、波形、软件合成器等各项内容，如图 2.11 所示。

（7）日期指示器：在任务栏的最右侧，显示了当前的时间，把鼠标在上面停留片刻，会出现当前的日期，双击后打开“日期和时间属性”对话框，在“时间和日期”选项卡中，用户可以完成时间和日期的校对，在“时区”选项卡中，用户可以进行时区的设置，而使用与 Internet 时间同步可以使本机上的时间与互联网上的时间保持一致。

2. 自定义任务栏

系统默认的任务栏位于桌面的最下方，用户可以根据自己的需要把它拖到桌面的任何边缘处及改变任务栏的宽度，通过改变任务栏的属性，还可以让它自动隐藏。

（1）任务栏的属性。用户在任务栏上的非按钮区域右键单击，在弹出的快捷菜单中选择“属性”命令，即可打开“任务栏和「开始」菜单属性”对话框，如图 2.12 所示。

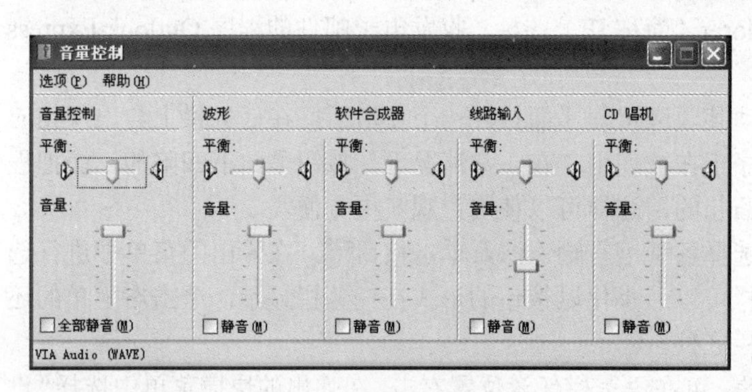

图 2.11 “音量控制”窗口

在“任务栏外观”选项组中，用户可以通过对复选框的选择来设置任务栏的外观。

1）锁定任务栏。锁定后，任务栏不能被随意移动或改变大小。

2）自动隐藏任务栏。当用户不对任务栏进行操作时，它将自动消失，当用户需要使用时，可以把鼠标放在任务栏位置，它会自动出现。

3）将任务栏保持在其他窗口的前端。如果用户打开很多的窗口，任务栏总是在最前端，而不会被其他窗口盖住。

4）分组相似任务栏按钮。把相同的程序或相似的文件归类分组使用同一个按钮，这样不至于在用户打开很多的窗口时，按钮变得很小而不容易被辨认，使用时，只要找到相应的按钮组就可以找到要操作的窗口名称。

5）显示快速启动。选择后将显示快速启动工具栏。

在“通知区域”选项组中，用户可以选择是否显示时钟，也可以把最近没有点击过的图标隐藏起来以便保持通知区域的简洁明了。

单击“自定义”按钮，在打开的“自定义通知”对话框中，用户可以进行隐藏或显示图标的设置，如图 2.13 所示。

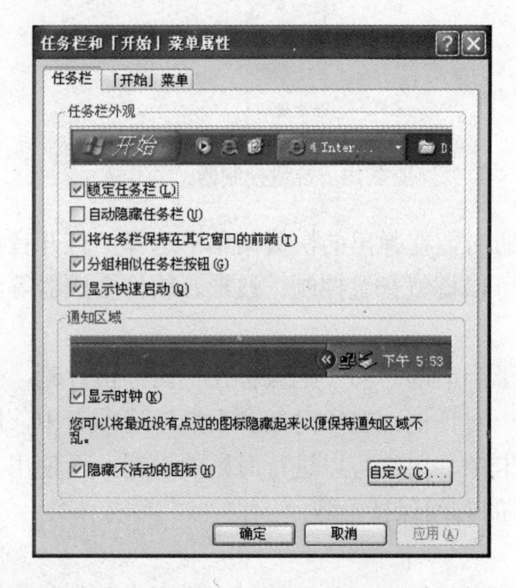

图 2.12 “任务栏和「开始」菜单属性”对话框

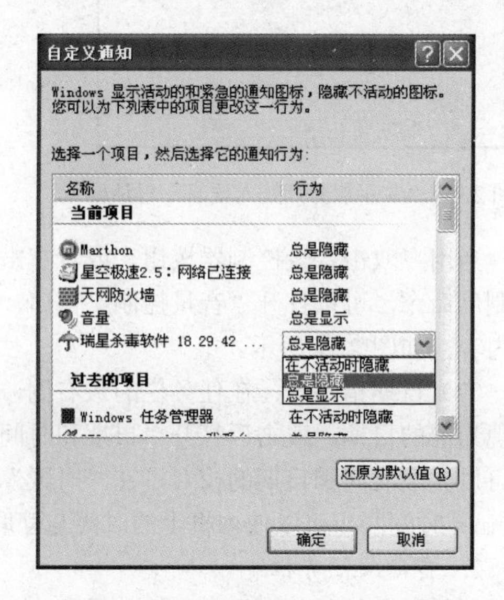

图 2.13 “自定义通知”对话框

（2）移动任务栏。当任务栏位于桌面的下方妨碍了用户的操作时，可以把任务栏拖动到桌面的任意边缘，在移动时，用户先确定任务栏处于非锁定状态，然后在任务栏上的非按钮区按下鼠标左键拖动到所需要边缘再放手，这样任务栏就会改变位置，如图 2.14 所示。

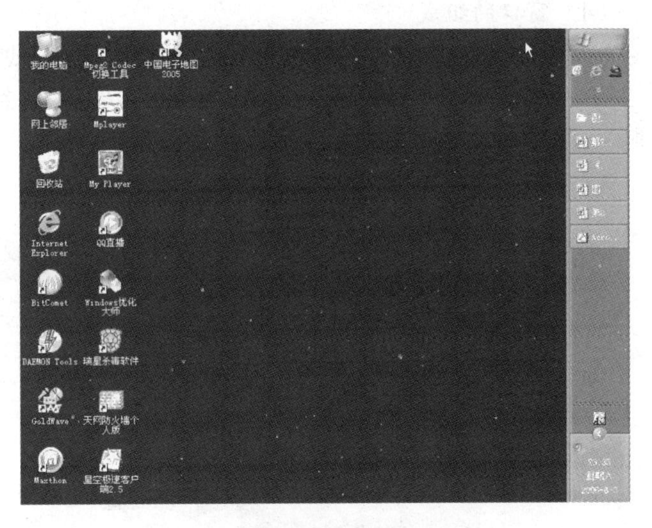

图 2.14　将任务栏拖动到桌面对右边

（3）改变任务栏的大小。有时用户打开的窗口比较多而且都处于最小化状态时，在任务栏上显示的按钮会变得很小，用户观察会很不方便，这时，可以改变任务栏的宽度来显示所有的窗口，把鼠标放在任务栏的上边缘，当出现双箭头指示时，按下鼠标左键不放拖动到合适位置再松开手，任务栏中即可显示所有的按钮，如图 2.15 所示。

注 意

在 Windows XP 中，有一个锁定任务栏的命令，其作用是将任务栏固定在它所在的位置上，因此，在改变任务栏的位置、大小之前，需要先将该功能取消，如图 2.16 所示。

图 2.15　改变任务栏的大小

图 2.16　取消“锁定任务栏”菜单

3. 使用快速启动工具栏

在任务栏的“开始”按钮右侧有一个快速启动工具栏，单击其中的按钮可分别显示桌面、启动 Outlook Express 和启动 IE 浏览器。用户也可根据需要向快速启动工具栏中添加按钮，或者删除其中的按钮。如果要向快速启动工具栏中添加按钮，只需将图标拖动到快速启动工具栏中，如图 2.17 所示。

图 2.17　快速启动工具栏

2.1.6　Windows XP 的窗口

窗口是 Windows 系统中的基本对象，是应用程序运行以及用户交互的重要界面。当用户打开一个文件或者是应用程序时，都会出现一个窗口，窗口是用户进行操作时的重要组成部分，熟练地对窗口进行操作，会提高用户的工作效率。

1. 窗口的组成

启动一个应用程序时，Windows XP 会在屏幕上划定一个矩形的区域作为与用户进行沟通的桥梁，这就是通常所说的窗口。例如，双击桌面上“我的电脑”图标，将打开“我的电脑”窗口。标准窗口的组成元素如图 2.18 所示。

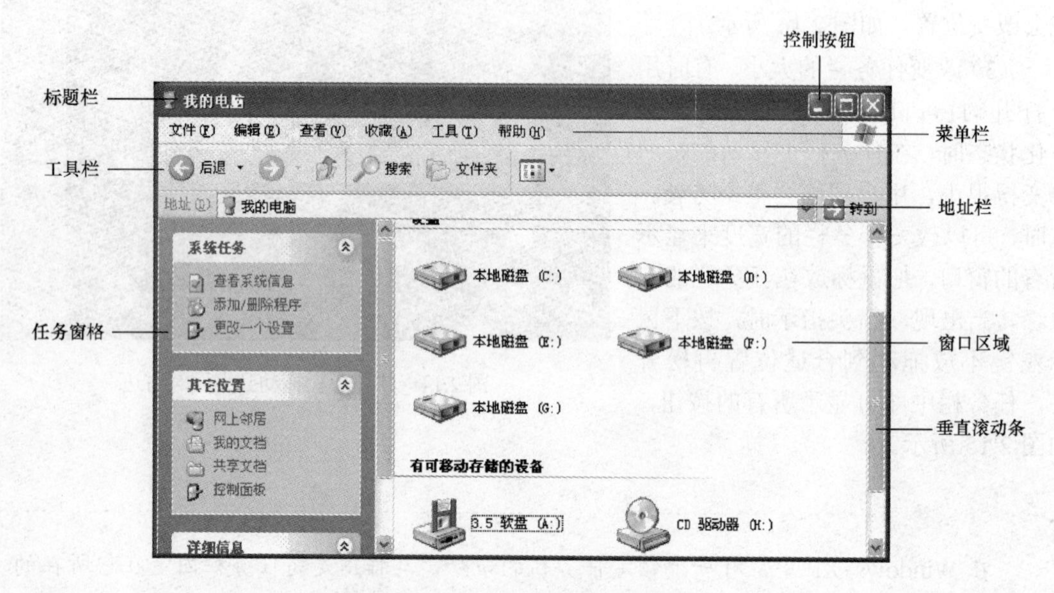

图 2.18　标准窗口的组成元素

（1）标题栏：位于窗口的最上部，它标明了当前窗口的名称，左侧有控制菜单按钮，右侧有最小化、最大化或还原及关闭按钮。

（2）菜单栏：在标题栏的下面，其中分类存储了可在程序中执行的各项操作。通常情况下，单击主菜单名称可打开一个下拉列表，如图 2.19 所示。

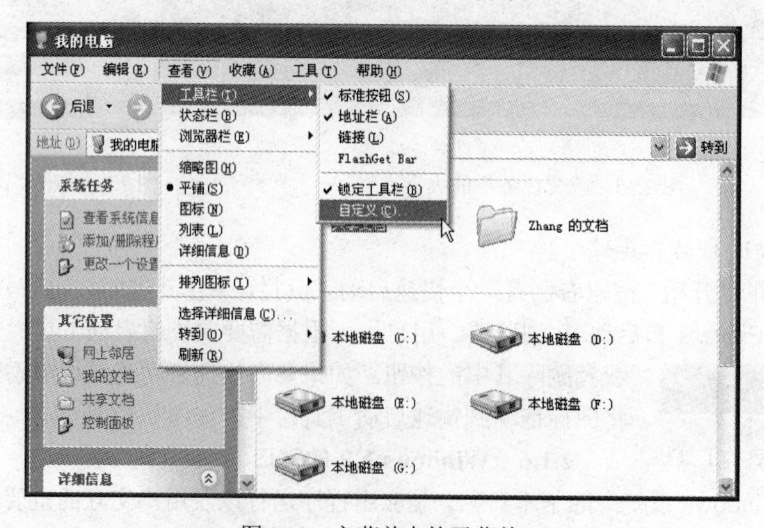

图 2.19　主菜单中的子菜单

菜单项通常可分为如下三类：

1）如果菜单项名称后面带有省略号“…”，则表示选择该菜单项时，系统将打开一个对话框。例如，在图 2.19 中选择“自定义”子菜单项，则系统会自动打开“自定义工具栏”对话框。

2）如果菜单项名称后面带有三角号“▶”，表示该菜单项还有子菜单。如图 2.19 中的“工具栏”菜单项。

3）如果菜单项名称后面未出现任何符号，表示选择该菜单项将执行一个命令。

（3）工具栏：为了方便用户执行某些最常用的操作，大部分程序都设计了一组工具按钮，用户可直接单击这些按钮来执行命令。为了方便用户使用，每个工具栏按钮都有一个简要说明其作用的提示，当用户将光标移至工具按钮上方时，系统将自动显示该提示信息。

（4）地址栏：地址栏用于显示、输入文件夹路径或网页地址。其中，在地址栏中输入文件夹路径后，按 Enter 键或单击其后的“转到”按钮，系统将打开该文件夹，这与在下面的窗口区直接双击盘符或文件夹名称来打开文件夹是一样的。如果计算机已经连接到 Internet，在地址栏中输入网页地址后，系统将自动启动 IE 浏览器打开网页。

（5）任务窗格与窗口区域：任务窗格用于快速地执行一些与当前状态相关的操作。窗口区域主要用于显示与当前操作相关的具体内容。

（6）滚动条：当窗口区域内容较多时，用户只能看见其中的部分内容，要想查看其他部分的内容，可以拖动滚动条。

2. 窗口的操作

窗口操作在 Windows 系统中是很重要的，不但可以通过鼠标使用窗口上的各种命令来操作，而且可以通过键盘来使用快捷键操作。基本的操作包括缩放、移动、排列等。

（1）移动窗口：将鼠标指针指向窗口的标题栏，然后用鼠标拖动，可以在桌面上移动窗口。

（2）改变窗口大小：将鼠标指针指向窗口的左边框或右边框，当鼠标指针变成“↔”形状时，向左或向右拖动鼠标可以改变窗口宽度；将鼠标指针指向窗口的上边框或下边框，当鼠标指针变成“↕”形状时，向上或向下拖动鼠标可以改变窗口高度。

（3）最大化、最小化窗口：当用户在对窗口进行操作的过程中，可以根据自己的需要，把窗口最小化、最大化等。

1）最小化按钮▁：在暂时不需要对窗口操作时，可把它最小化以节省桌面空间，用户直接在标题栏上单击此按钮，窗口会以按钮的形式缩小到任务栏。

2）最大化按钮□：窗口最大化时铺满整个桌面，这时不能再移动或者是缩放窗口。用户在标题栏上单击此按钮即可使窗口最大化。

3）还原按钮⧉：当把窗口最大化后想恢复原来打开时的初始状态，单击此按钮即可实现对窗口的还原。

（4）关闭窗口：用户完成对窗口的操作后，在关闭窗口时有下面几种方式：

1）直接在标题栏上单击“关闭”按钮☒。

2）双击控制菜单按钮。

3）单击控制菜单按钮，在弹出的控制菜单中选择“关闭”命令。

4）按组合键 Alt+F4。

如果用户打开的窗口是应用程序，可以在“文件”菜单中选择“退出”命令，同样也能关闭窗口。

如果所要关闭的窗口处于最小化状态，可以在任务栏用右键单击该窗口的按钮，然后在弹出的快捷菜单中选择“关闭”命令。

用户在关闭窗口之前要保存所创建的文档或者所做的修改，如果忘记保存，当执行了“关闭”命令后，就会弹出一个对话框，询问是否要保存所做的修改，选择“是”后保存关闭，选择“否”后不保存关闭，选择“取消”则不能关闭窗口，可以继续使用该窗口。

（5）切换窗口：可以同时打开多个窗口，但此时只有一个窗口是活动窗口，其特征是标题栏的颜色为深蓝色，且该窗口处于其他窗口之上。其他窗口是非活动窗口，标题栏的颜色为深灰色。所有打开的窗口在任务栏上都对应一个应用程序按钮。当需要在各个窗口之间进行切换时，可以采用以下几种切换方式：

1）当窗口处于最小化状态时，用户在任务栏上选择所要操作窗口的按钮，然后单击即可完成切换。当窗口处于非最小化状态时，可以在所选窗口的任意位置单击，当标题栏的颜色变为深蓝色时，表明完成对窗口的切换。

2）按组合键 Alt+Tab 来完成切换，用户可以在键盘上同时按 Alt 和 Tab 两个键，屏幕上会出现切换任务栏，在其中列出了当前正在运行的程序，用户这时可以按住 Alt 键，然后在键盘上按 Tab 键从“切换任务栏”中选择所要打开的窗口，选中后再松开两个键，选择的窗口即可成为当前窗口。

3）排列窗口：当打开多个窗口时，可以改变它们的排列方式。方法是用鼠标右键单击任务栏的空白处，在弹出的快捷菜单中选择排列方式，如层叠窗口、横向平铺窗口或纵向平铺窗口，如图 2.20 所示。

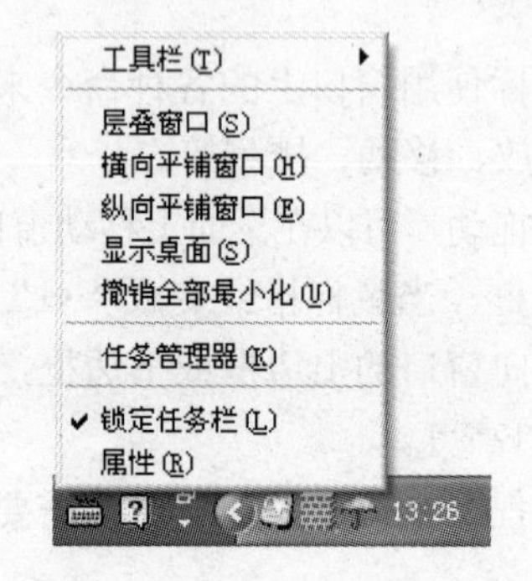

图 2.20　任务栏的快捷菜单

在选择了某项排列方式后，在任务栏快捷菜单中会出现相应的撤销该选项的命令，例如，用户执行了“层叠窗口”命令后，任务栏的快捷菜单会增加一项“撤销层叠”命令，当用户执行此命令后，窗口恢复原状。

2.1.7　对话框的使用

对话框在中文版 Windows XP 中占有重要的地位，是用户与计算机系统之间进行信息交流的窗口，在对话框中用户通过对选项的选择，对系统进行对象属性的修改或者设置。

对话框的组成和窗口有相似之处，例如都有标题栏，但对话框要比窗口更简洁、更直观、更侧重于与用户的交流，它一般包含有标题栏、选项卡与标签、文本框、列表框、命令按钮、单选按钮和复选框等几部分。

（1）标题栏：位于对话框的最上方，系统默认的是深蓝色，上面左侧标明了该对话框的名称，右侧有关闭按钮，有的对话框还有帮助按钮。

（2）选项卡和标签：在系统中有很多对话框都是由多个选项卡构成的，选项卡上写明了标签，以便于进行区分。用户可以通过各个选项卡之间的切换来查看不同的内容，在选项卡中通常有不同的选项组。例如，在“显示属性”对话框中包含了“主题”、“桌面”等五个选项卡，在“屏幕保护程序”选项卡中又包含了“屏幕保护程序”、“监视器的电源”两个选项组，如图 2.21 所示。

（3）文本框：在有的对话框中需要用户手动输入某项内容，还可以对各种输入内容进行修改和删除操作。一般在其右侧会带有向下的箭头，可以单击箭头在展开的下拉列表中查看最近曾经输入过的内容。比如在桌面上单击“开始”按钮，选择“运行”命令，可以打开“运行”对话框，这时系统要求用户输入要运行的程序或者文件名称，如图 2.22 所示。

（4）列表框：有的对话框在选项组下已经列出了众多的选项，用户可以从中选取，但是通常不能更改。比如前面讲到的“显示属性”对话框中的“桌面”选项卡，系统自带了多张图片，用户是不可以进行修改的。

（5）命令按钮：它是指在对话框中圆角矩形并且带有文字的按钮，常用的有“确定”、“应用”、“取消”等。

图 2.21 “显示属性”对话框

图 2.22 “运行”对话框

（6）单选按钮：它通常是一个小圆形，其后面有相关的文字说明，当选中后，在圆形中间会出现一个小圆点。在对话框中通常是一个选项组中包含多个单选按钮，当选中其中一个后，别的选项是不可以选的。

（7）复选框：它通常是一个小正方形，在其后面也有相关的文字说明，当用户选择后，在正方形中间会出现一个“√”标志，它是可以任意选择的。

另外，在有的对话框中还有调节数字的按钮，它由向上和向下两个箭头组成，用户在使用时分别单击箭头即可增加或减少数值，如图 2.23 所示。

对话框不能像窗口那样任意改变大小，在标题栏上也没有最小化、最大化按钮，取而代之的是帮助按钮。当用户在操作对话框时，如果不清楚某选项组或者按钮的含义，就可以在标题栏上单击帮助按钮。这时在鼠标旁边会出现一个问号，然后用户可以在自己不明白的对象上单击，就会出现一个对该对象进行详细说明的文本框。在对话框内任意位置或者在文本框内单击，说明文本框消失。

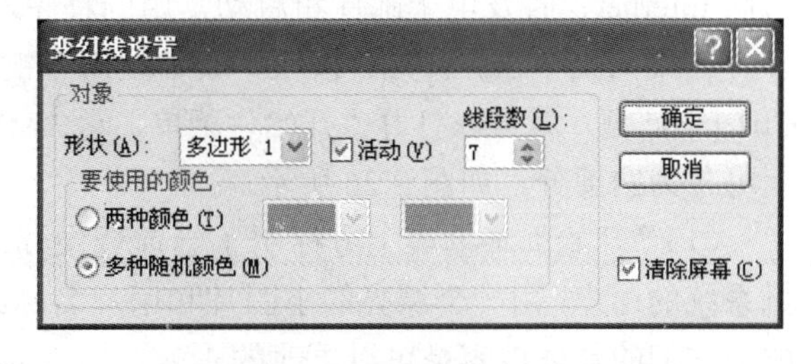

图 2.23 “变幻线设置”对话框

2.1.8 中文输入法

在使用 Windows XP 时，用户经常需要输入汉字。例如，以中文名称命名文件或文件夹，在文档或图像中输入中文等。Windows XP 提供了多种常用的中文输入法，如全拼输入法、双拼输入法、智能 ABC 输入法等。要选择输入法，可使用语言栏。

图 2.24 语言栏

安装好 Windows XP 后，语言栏将以独立形式存在，如图 2.24 所示。用户可以移动语言栏的位置，在语言栏中选择输入法，或者最小化语言栏。

若要移动语言栏的位置，可在语言栏中单击还原按钮，然后将鼠标指针移至语言栏的左侧位置，待光标呈十字形状时拖动，即可以移动语言栏的位置。

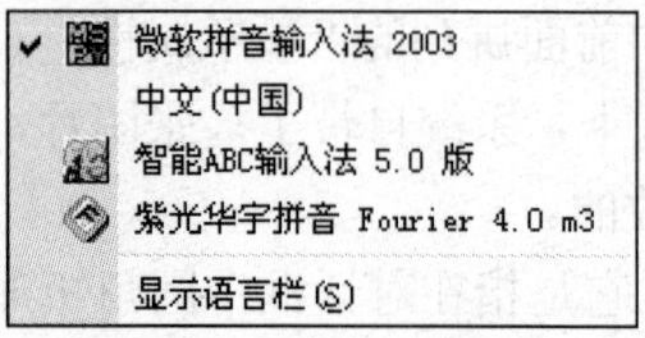

若要在语言栏中选择输入法，可首先单击输入法图标，然后从弹出的菜单中选择所需的输入法，如图 2.25 所示。

微软拼音输入法 2003
中文(中国)
智能ABC输入法 5.0 版
紫光华宇拼音 Fourier 4.0 m3
显示语言栏(S)

图 2.25 选择所需的输入法

若要最小化语言栏，则直接单击语言栏中的最小化按钮即可。

除用鼠标单击输入法图标进行切换外，还可以使用键盘命令进行切换，具体组合情况如下。

Ctrl＋空格：中英文切换　　Ctrl＋Shift：中文输入法之间切换
Shift＋空格：全角半角切换　　Ctrl＋句点：中英文标点切换

2.2 使用“开始”菜单

“开始”菜单在中文版 Windows 中占有重要的位置，通过它可以打开大多数应用程序、查看计算机中已保存的文档、快速查找所需要的文件或文件夹等内容，以及注销用户和关闭计算机。在中文版 Windows XP 中的“开始”菜单一改过去 Windows 惯用的风格，全新的设计外观更加漂亮、易于识别，为用户提供了更为便捷的操作空间。

2.2.1 “开始”菜单的组成

中文版 Windows XP 系统中默认的“开始”菜单充分考虑到用户的视觉需要，设计风格清新、明朗，“开始”按钮由原来的灰色改为鲜艳的绿色，打开后的显示区域比以往更大，而且布局结构也更利于用户使用，通过“开始”菜单可以方便地访问 Internet、收发电子邮件和启动常用的程序。

在桌面上单击“开始”按钮，或者按组合键 Ctrl＋Esc 键，就可以打开“开始”菜单，它大体上可分为四部分，如图 2.26 所示。

（1）“开始”菜单最上方标明了当前登录计算机系统的用户，由一个漂亮的小图片和用户名称组成，它们的具体内容是可以更改的。

图 2.26 “开始”菜单

（2）在“开始”菜单的中间部分左侧是用户常用的应用程序的快捷启动项，根据其内容的不同，中间会有不很明显的分组线进行分类，通过这些快捷启动项，用户可以快速启动应用程序；在右侧是系统控制工具菜单区域，比如“我的电脑”、“我的文档”、“搜索”等选项，通过这些菜单项用户可以实现对计算机的操作与管理。

（3）在“所有程序”菜单项中显示计算机系统中安装的全部应用程序。

（4）在“开始”菜单最下方是计算机控制菜单区域，包括“注销”和“关闭计算机”两个按钮，用户可以在此进行注销用户和关闭计算机的操作。

2.2.2 “开始”菜单操作

当用户在使用计算机时，利用“开始”菜单可以完成启动应用程序、打开文档以及寻求帮助等工作，一般的操作都可以通过“开始”菜单来实现。

1. *启动应用程序*

用户在启动某应用程序时，可以在桌面上创建快捷方式，直接从桌面上启动，也可以在任务栏上创建工具栏启动，但是大多数人在使用计算机时，还是习惯使用“开始”菜单进行启动。

当用户启动应用程序时，可单击“开始”按钮，在打开的“开始”菜单中把鼠标指向“所有程序”菜单项。这时会出现“所有程序”的级联子菜单，在其级联子菜单中可能还会有下一级的级联菜单。当其选项旁边不再带有黑色的箭头时，单击该程序名，即可启动此应用程序。

现在以启动 Word 2003 这个程序来说明此项操作的步骤：

（1）在桌面上单击“开始”按钮，把鼠标指向“所有程序”选项。

（2）在“所有程序”选项下的级联菜单中执行“Microsoft Office”→“Microsoft Office Word 2003”命令，这时，用户就可以打开 Word 2003 的界面了，如图 2.27 所示。

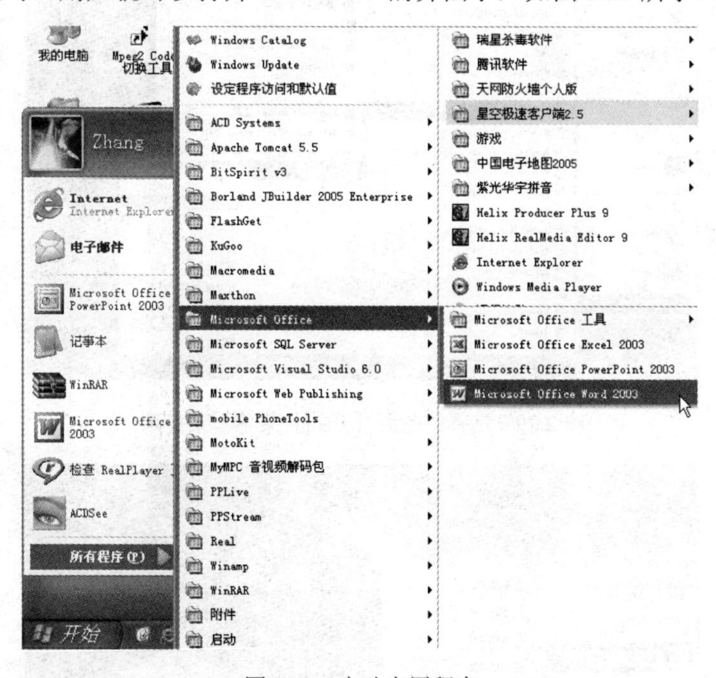

图 2.27　启动应用程序

2. *运行命令*

在“开始”菜单中选择“运行”命令，可以打开“运行”对话框，利用这个对话框用户能打开程序、文件夹、文档或者是网站，使用时需要在“打开”文本框中输入完整的程序或文件路径以及相应的网站地址，当用户不清楚程序或文件路径时，也可以单击“浏览”按钮，在打开的“浏览”窗口中选择要运行的可执行程序文件，然后单击“确定”按钮，即可打开相应的窗口。

“运行”对话框具有记忆性输入的功能，它可以自动存储用户曾经输入过的程序或文件路径，当用户再次使用时，只要在“打开”文本框中输入开头的一个字母，在其下拉列表框中

图 2.28 “运行”对话框

即可显示以这个字母开头的所有程序或文件的名称，用户可以从中进行选择，从而节省时间，提高工作效率，如图 2.28 所示。

3. 将程序放在“开始”菜单上方

如果用户有一些经常使用的程序，可通过将其放在“开始”菜单的上方，使启动过程更加简便。为此，可选择“开始”→“所有程序”菜单，在显示的程序菜单项上右击，从弹出的快捷菜单中选择“附到「开始」菜单”菜单项，如图 2.29 所示，即可将选中的程序放置到“开始”菜单上方，如图 2.30 所示。

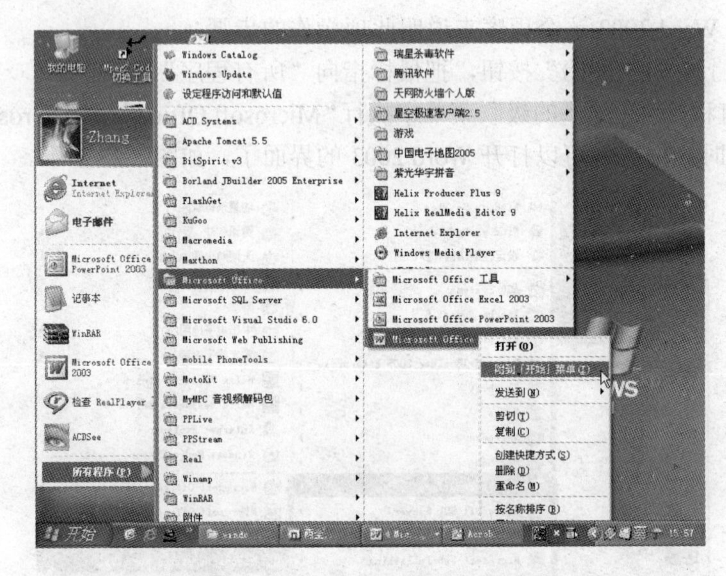

图 2.29 选择“附到「开始」菜单”菜单项

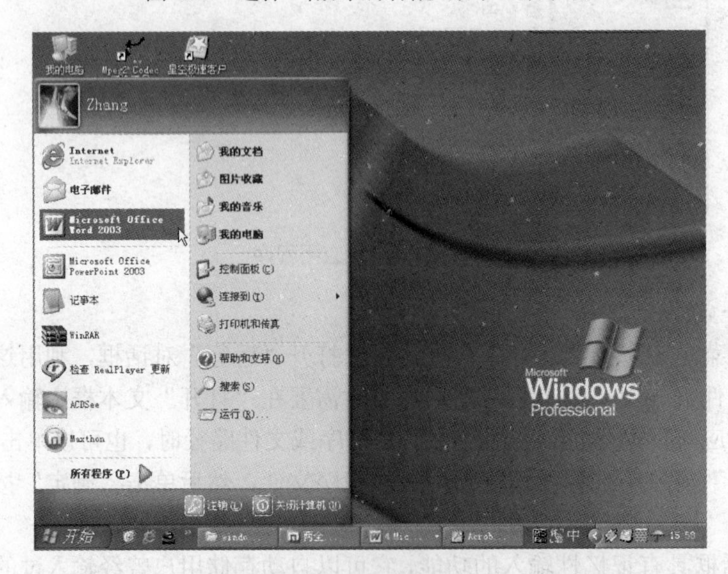

图 2.30 将经常使用的程序放置到“开始”菜单上方

2.2.3　自定义“开始”菜单

用户不但可以方便地使用“开始”菜单，而且可以根据自己的爱好和习惯自定义“开始”菜单，下面分别介绍中文版 Windows XP 默认和经典“开始”菜单的自定义方式。

1. 自定义默认“开始”菜单

当用户第一次启动中文版 Windows XP 后，系统默认的是 Windows XP 风格的“开始”菜单，用户可以通过改变“开始”菜单属性对它进行设置。

（1）在任务栏的空白处或者在“开始”按钮上右键单击，然后从弹出的快捷菜单中选择“属性”命令，就可以打开“任务栏和「开始」菜单属性”对话框，在“「开始」菜单”选项卡中，用户可以选择系统默认的“开始”菜单，或者是经典的“开始”菜单，选择默认的“开始”菜单会使用户很方便地访问 Internet、电子邮件和经常使用的程序，如图 2.31 所示。

（2）在“「开始」菜单”选项卡中单击“自定义”按钮，打开“自定义「开始」菜单”对话框，如图 2.32 所示。

图 2.31 “任务栏和「开始」菜单属性”对话框　　图 2.32 “常规”选项卡

在“为程序选择一个图标大小”选项组中，用户可以选择在“开始”菜单中显示大图标或者是小图标。

在“开始”菜单中会显示用户经常使用程序的快捷方式。用户可以在“程序”选项组中定义所显示程序名称的数目，系统默认为 6 个。用户可以根据需要任意调整其数目，系统会自动统计使用频率最高的程序，然后在“开始”菜单中显示。

如果用户不需要在“开始”菜单中显示快捷方式或者要重新定义显示数目时，可以单击“清除列表”按钮清除所有的列表，它只是清除程序的快捷方式并不会删除这些程序。

“在「开始」菜单上显示”选项组中，用户可以选择浏览网页的工具和收发电子邮件的程序，在“Internet”下拉列表框中提供了 Internet Explorer 和 MSN Explorer 两种浏览工具，在“电子邮件”选项组中，为用户提供了可用于收发电子邮件的所有程序，当用户取消了这两个复选框的选择时，“开始”菜单中将不显示这两项。

（3）完成常规设置后，可以切换到“高级”选项卡中进行高级设置，如图 2.33 所示。

在“「开始」菜单设置”选项组中，“当鼠标停止在它们上面时打开子菜单”指用户把鼠标放在“开始”菜单的某一选项上，系统会自动打开其级联子菜单，如果不选择这个复选框，用户必须单击此菜单项才能打开。“突出显示新安装的程序”指用户在安装完一个新应用程序后，在“开始”菜单中将以不同的颜色突出显示，以区别于其他程序。

在“「开始」菜单项目”列表框中提供了常用的选项，用户可以将它们添加到“开始”菜单，在有些选项中用户可以通过单选按钮来让它显示为菜单、链接或者不显示该项目。当显示为“菜单”时，在其选项下会出现级联子菜单，而显示为“链接”时，单击该选项会打开一个链接窗口。

在“最近使用的文档”选项组中，用户如果选择“列出我最近打开的文档”复选框，“开始”菜单中将显示这一菜单项，用户可以对自己最近打开的文档进行快速的再次访问。当打开的文档太多需要进行清理时，可以单击“清除列表”按钮，这时在“开始”菜单中“我最近打开的文档”子菜单为空，此操作只是在“开始”菜单中清除其列表，而不会对所保存的文档产生影响。

（4）当用户在“常规”和“高级”选项卡中设置好之后，单击“确定”按钮，会回到“任务栏和「开始」菜单属性”对话框中，在对话框中单击“应用”按钮，然后单击“确定”按钮关闭对话框，当用户再次打开“开始”菜单时，所做的设置就会生效了。

2. 自定义经典“开始”菜单

对于那些曾经使用过 Windows 98 的人来说，有时可能更喜欢原来的“开始”菜单样式。为此可以将“开始”菜单改为经典样式。

在“任务栏和「开始」菜单属性”对话框中选择“「开始」菜单”选项卡，并在该选项卡中选中“经典「开始」菜单”按钮，即可将“开始”菜单切换为经典样式，如图 2.34 所示。

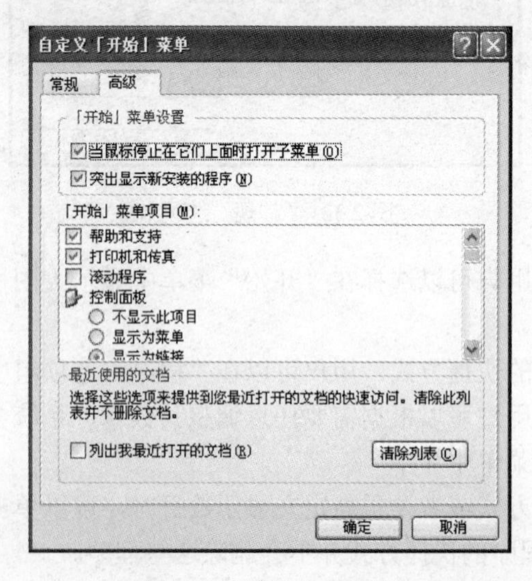

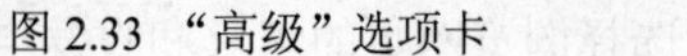

图 2.33 “高级”选项卡

图 2.34 选中“经典「开始」菜单”按钮

2.3 管理文件和文件夹

文件和文件夹是计算机中比较重要的概念之一，在 Windows XP 中，几乎所有的任务都要涉及文件和文件夹的操作。这一节将要介绍设置文件和文件夹、搜索文件和文件夹、共享文件夹及自定义文件夹和如何使用资源管理器管理文件和文件夹等内容。相信通过这一节的学习，用户会对管理文件和文件夹有一个较为系统的了解。

2.3.1 文件管理概述

文件就是用户赋予了名字并存储在磁盘上的信息的集合，它可以是用户创建的文档，也可以是可执行的应用程序或一张图片、一段声音等。文件夹是系统组织和管理文件的一种形式，是为方便用户查找、维护和存储而设置的，用户可以将文件分门别类地存放在不同的文件夹中。在文件夹中可存放所有类型的文件和下一级文件夹、磁盘驱动器及打印队列等内容。

在 Windows XP 中，文件的存储方式呈树状结构。其中，磁盘位于最上层，其下可以包括各种文件与文件夹。对于每个文件夹而言，其下也可包括多个文件与文件夹，依次类推，如图 2.35 所示。采用树状结构来管理文件的主要优点是，整个文件结构非常直观，让人一目了然。

图 2.35 Windows XP 中的文件与文件夹

总的来说，文件管理主要涉及以下几个方面内容：

（1）浏览磁盘上的文件与文件夹。通过浏览磁盘上的文件，用户可以了解磁盘上有哪些文件和文件夹。

（2）创建文件。要创建文件，通常需要借助各种程序。例如，利用 Word 软件可创建 Word 文档。

（3）创建、删除、重命名、复制文件夹，以及移动文件夹的位置。

（4）删除、重命名、复制文件，以及移动文件的位置。

以上各项任务中，除创建文件外，其他所有任务都可借助"我的电脑"或"资源管理器"窗口来完成。

2.3.2 浏览文件和文件夹

要浏览磁盘上的文件或文件夹，应首先打开"我的电脑"窗口，然后双击相应的磁盘、文件夹即可。在该过程中，用户还可以通过单击后退按钮 后退 切换到前一画面，或单击向上按钮切换到当前文件夹的上层文件夹。

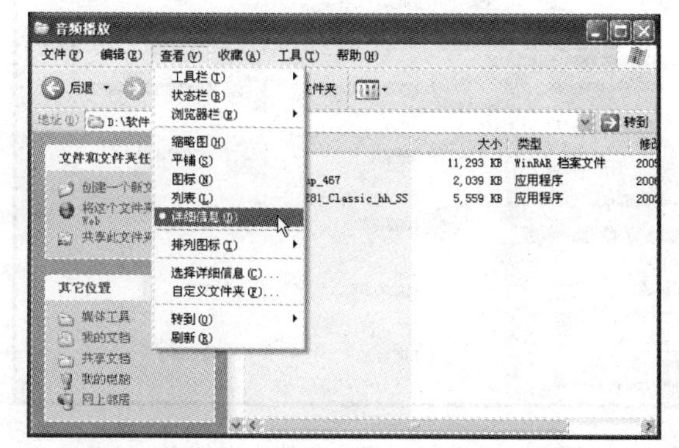

图 2.36 设置文件的浏览方式

在浏览文件与文件夹时，基于不同的目的，用户还可以通过在"我的电脑"窗口中选择"查看"菜单中的适当菜单项，改变文件的排列方式。例如，为了了解文件的尺寸、类型、修改时间等，可以以"详细信息"方式浏览文件，如图 2.36 所示。

如果选择"排列图标"菜单项，还可以

按名称、大小、类型、修改时间等排列文件。

2.3.3 操作文件和文件夹

1. 创建文件夹

要创建新文件夹，应首先在“我的电脑”窗口中双击要建立新文件夹的驱动器或文件夹，然后选择“文件”→“新建”→“文件夹”菜单，或者在窗口区域空白处右击，在弹出的快捷菜单中选择“新建”→“文件夹”菜单，此时新建的文件夹被自动命名为“新建文件夹”并出现在所选择的驱动器或文件夹中，如图2.37所示。

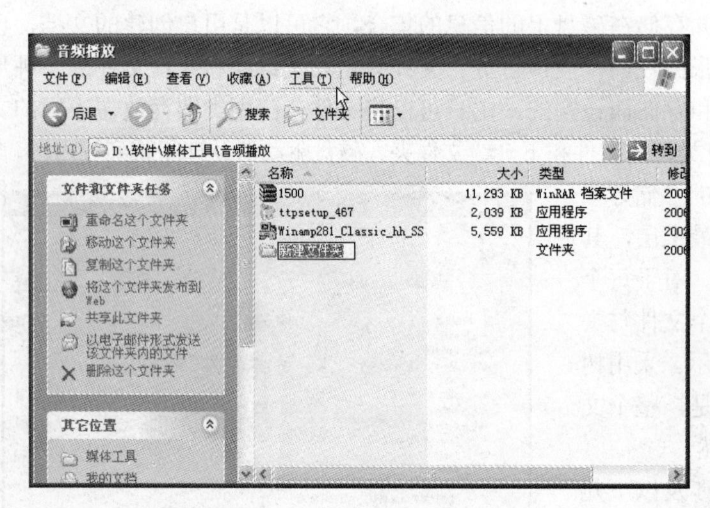

图2.37 新建文件夹

在新建的文件夹名称文本框中输入文件夹的名称，按Enter键或用鼠标单击其他地方即可。

注 意

在Windows XP中，文件和文件夹的名称最多可由255个英文字符或127个汉字组成，或者混合使用字符、汉字、数字甚至空格。但是，文件或文件夹名称中不能含有“\”、“/”、“:”、“<”、“>”、“?”、“|”等字符。

2. 选择文件或文件夹

在管理文件时，用户经常需要移动、复制、删除、重命名文件或文件夹。在这些操作之前，用户必须首先选中这些文件或文件夹。

要选择一个文件或文件夹，只需要单击该文件或文件夹就可以了。如果希望选择一组相邻的文件或文件夹，可以在单击选择第一个文件或文件夹后按Shift键，然后单击选择最后一个文件夹，如图2.38所示。

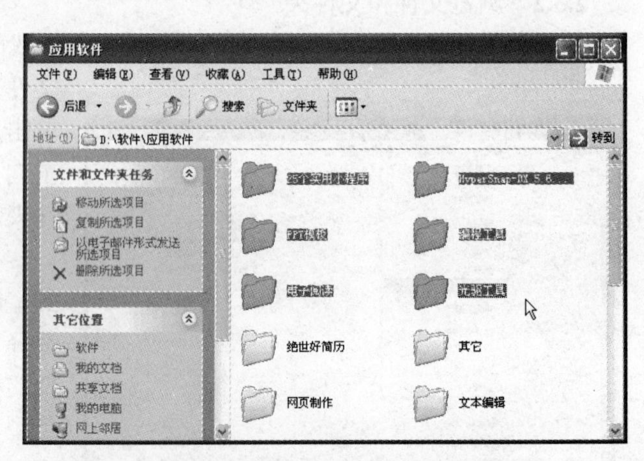

图2.38 选择相邻的文件或文件夹

如果当前已经选中了一个或多个文件或文件夹，则通过在单击文件或文件夹时按Ctrl键，可取消某个已经选中的文件夹，或者选择某个尚未选中的文件或文件夹。例如，要取消上图中已经选中的“PPT模板”文件夹，可首先按Ctrl键，然后单击该文件夹名称，如图2.39所示。

3. 移动和复制文件或文件夹

在实际应用中，有时用户需要将某个文件或文件夹移动或复制到其他地方以方便使用，这时就需要用到移动或复制命令。移动文件或文件夹就是将文件或文件夹放到其他地方，执行移动命令后，原位置的文件或文件夹消失，出现在目标位置；复制文件或文件夹就是将文件或文件夹复制一份，放到其他地方，执行复制命令后，原位置和目标位置均有该文件或文件夹。

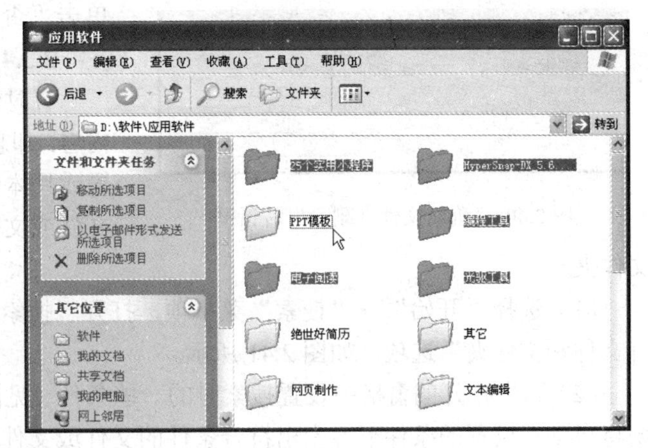

图 2.39　取消选中的文件或选取未选取的文件

移动和复制文件或文件夹的操作步骤如下：

（1）选择要进行移动或复制的文件或文件夹。

（2）单击“编辑”→“剪切”或“复制”命令，或在选中的文件或文件夹上右击，在弹出的快捷菜单中选择“剪切”或“复制”命令。

（3）选择目标位置。

（4）选择“编辑”→“粘贴”命令，或在空白处右击，在弹出的快捷菜单中选择“粘贴”命令即可。

4. 重命名文件或文件夹

重命名文件或文件夹就是给文件或文件夹重新命名一个新的名称，使其可以更符合用户的要求。

重命名文件或文件夹的具体操作步骤如下：

（1）选择要重命名的文件或文件夹。

（2）单击“文件”→“重命名”命令，或在选中的文件或文件夹上右击，在弹出的快捷菜单中选择“重命名”命令。

（3）这时文件或文件夹的名称将处于编辑状态（蓝色反白显示），用户可直接输入新的名称进行重命名操作。

5. 删除文件或文件夹

当有的文件或文件夹不再需要时，用户可将其删除掉，以利于对文件或文件夹进行管理。删除后的文件或文件夹将被放到“回收站”中，用户可以选择将其彻底删除或还原到原来的位置。

删除文件或文件夹的操作如下：

（1）选定要删除的文件或文件夹。若要选定多个相邻的文件或文件夹，可按 Shift 键进行选择；若要选定多个不相邻的文件或文件夹，可按 Ctrl 键进行选择。

（2）选择“文件”→“删除”命令，或在选中的文件或文件夹上右击，在弹出的快捷菜单中选择“删除”命令。

（3）弹出“确认文件删除”对话框，如图 2.40 所示。

（4）若确认要删除该文件或文件夹，可单击“是”按钮；若不删除该文件或文件夹，可单击“否”按钮。

图 2.40 “确认文件夹删除”对话框

2.3.4 搜索文件和文件夹

有时候用户需要查看某个文件或文件夹的内容，却忘记了该文件或文件夹存放的具体的位置或具体名称，这时候 Windows XP 提供的搜索文件或文件夹功能就可以帮用户查找该文件或文件夹。

（1）选择“开始”→“搜索”菜单项，打开“搜索结果”窗口，在左边窗格中单击“所有文件和文件夹”选项，如图 2.41 所示。

（2）再在打开的窗格中设置搜索时的一些条件（见图 2.42），然后单击“搜索”按钮，系统将自动在设置的条件下搜索出符合条件的文件或文件夹。

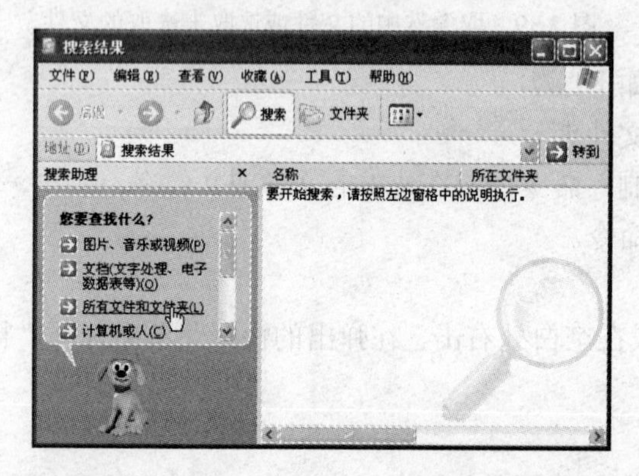

图 2.41 选择“所有文件和文件夹”选项

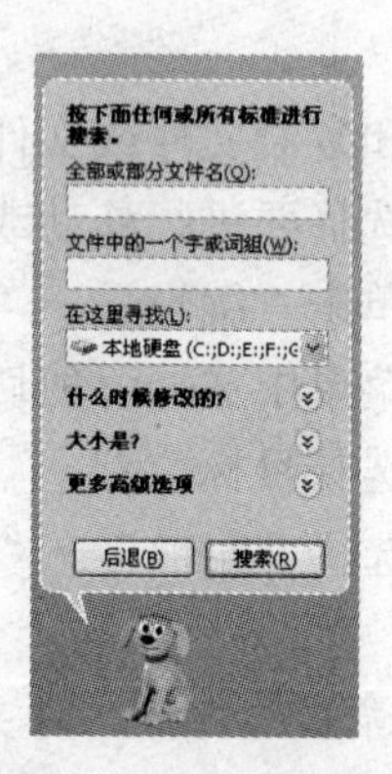

图 2.42 设置搜索条件

2.3.5 设置共享文件夹

Windows XP 网络方面的功能设置更加强大，用户不仅可以使用系统提供的共享文件夹，而且可以设置自己的共享文件夹，与其他用户共享自己的文件。

系统提供的共享文件夹被命名为“共享文档”，双击“我的电脑”图标，在“我的电脑”窗口中可看到该共享文件夹。若用户想将某个文件或文件夹设置为共享，可选定该文件或文件夹，将其拖到“共享文档”共享文件夹中即可。

设置用户自己的共享文件夹的操作如下：

（1）选定要设置共享的文件夹。

（2）选择“文件”→“共享”命令，或在选中的文件夹上右击，在弹出的快捷菜单中选择“共享”命令。

（3）打开“属性”对话框中的“共享”选项卡，如图 2.43 所示。

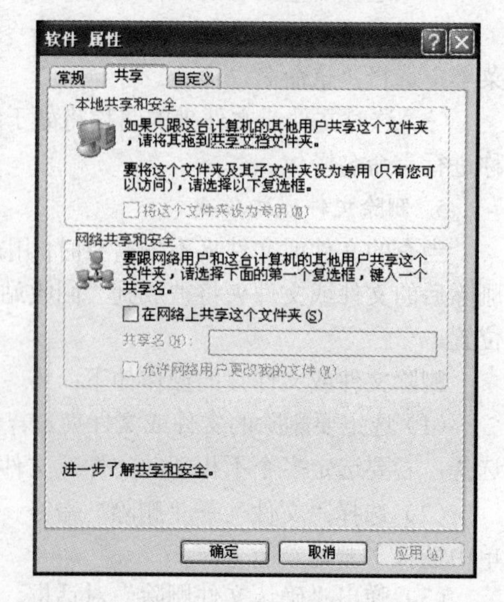

图 2.43 “共享”选项卡

（4）选中“在网络上共享这个文件夹”复选框，

这时“共享名”文本框和“允许网络用户更改我的文件”复选框变为可用状态。用户可以在“共享名”文本框中更改该共享文件夹的名称；若清除“允许网络用户更改我的文件”复选框，则其他用户只能看该共享文件夹中的内容，而不能对其进行修改。

（5）设置完毕后，单击“确定”按钮即可。

注 意

在“共享名”文本框中更改的名称是其他用户连接到此共享文件夹时将看到的名称，文件夹的实际名称并没有改变。

2.3.6　使用资源管理器

资源管理器可以以分层的方式显示计算机内所有文件的详细情况。使用资源管理器可以更方便地实现浏览、查看、移动和复制文件或文件夹等操作，用户可以不必打开多个窗口，而只在一个窗口中就可以浏览所有的磁盘和文件夹。

打开资源管理器的步骤如下：

（1）选择“开始”→“所有程序”→“附件”→“Windows 资源管理器”菜单。打开“Windows 资源管理器”窗口，如图 2.44 所示。

（2）在该窗口中，左边的窗格显示了所有磁盘和文件夹的列表，右边的窗格用于显示选定的磁盘和文件夹中的内容。

（3）在左边的窗格中，若驱动器或文件夹前面有“＋”号，表明该驱动器或文件夹有下一级子文件夹，单击该“＋”号可展开其所包含的子文件夹，当展开驱动器或文件夹后，“＋”号会变成“－”号，表明该驱动器或文件夹已展开，单击“－”号，可折叠已展开的内容。例如，单击左边窗格中“我的电脑”前面的“＋”号，将显示“我的电脑”中所有的磁盘信息，选择需要的磁盘前面的“＋”号，将显示该磁盘中所有的内容。

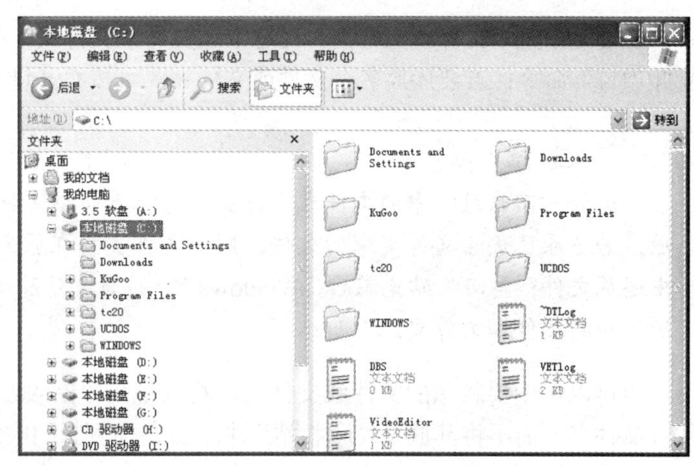

图 2.44　“Windows 资源管理器”窗口

（4）若要移动或复制文件或文件夹，在选中的文件或文件夹上右击，在弹出的快捷菜单中选择“剪切”或“复制”命令。

（5）单击要移动或复制到的磁盘前的加号，打开该磁盘，选择要移动或复制到的文件夹。

（6）在空白处右击，在弹出的快捷菜单中选择“粘贴”命令即可。

注 意

用户也可以通过右击“开始”按钮，在弹出的列表中选择“资源管理器”命令，打开 Windows 资源管理器，或右击“我的电脑”图标，在弹出的快捷菜单中选择“资源管理器”命令打开 Windows 资源管理器。

2.3.7 回收站的管理

“回收站”为用户提供了一个安全的删除文件或文件夹的解决方案，用户从硬盘中删除文件或文件夹时，Windows XP 会将其自动放入“回收站”中，直到用户将其清空或还原到原位置。

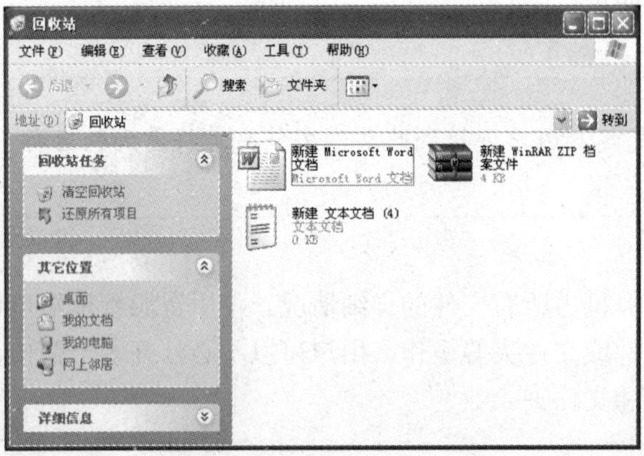

图 2.45 “回收站”窗口

1. 清除及还原“回收站”中的文件

清除或还原“回收站”中文件或文件夹的操作步骤如下：

（1）双击桌面上的“回收站”图标。

（2）打开“回收站”窗口，如图 2.45 所示。

（3）若要删除“回收站”中所有的文件和文件夹，可单击“回收站任务”窗格中的“清空回收站”命令；若要还原所有的文件和文件夹，可单击“回收站任务”窗格中的“还原所有项目”命令；若要还原某个文件或文件夹，可选中该文件或文件夹，单击“回收站任务”窗格中的“恢复此项目”命令；若要还原多个文件或文件夹，可按 Ctrl 键，选定文件或文件夹进行还原。

注 意

删除“回收站”中的文件或文件夹，意味着将该文件或文件夹彻底删除，无法再还原；若还原已删除文件夹中的文件，则该文件夹将在原来的位置重建，然后在此文件夹中还原文件；当回收站充满后，Windows XP 将自动清除“回收站”占用的空间以存放最近删除的文件和文件夹。

也可以选中要删除的文件或文件夹，将其拖到“回收站”中进行删除。若想直接删除文件或文件夹，而不将其放入“回收站”中，可在拖到“回收站”时按 Shift 键，或选中该文件或文件夹，按组合键 Shift＋Delete。

2. 设置“回收站”属性

事实上，“回收站”只不过是 Windows XP 在每个硬盘上保留的一个特殊区域。通常情况下，“回收站”的容量占每个硬盘容量的 10%。但是，用户可以根据情况调整“回收站”的容量。调整“回收站”容量的步骤如下：

（1）在桌面上右击“回收站”图标，在弹出的快捷菜单中选择“属性”菜单，打开“回收站 属性”对话框。

（2）在“回收站 属性”对话框中拖动滑块，调整“回收站”占整个硬盘空间的比例（见图 2.46），然后单击“确定”按钮就可以了。

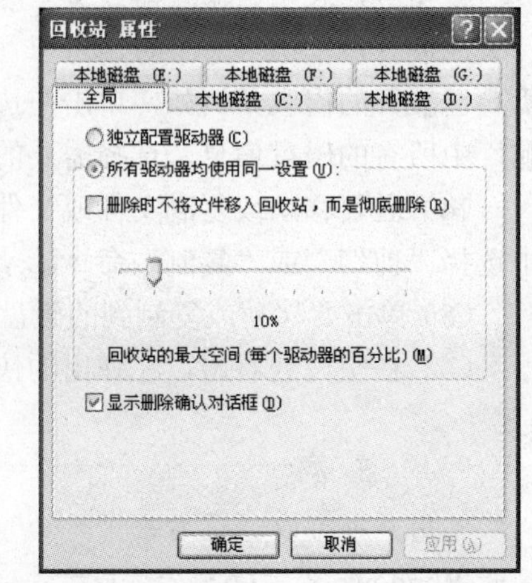

图 2.46 设置“回收站”属性

2.4　Windows 附件程序

中文版 Windows XP 的“附件”程序为用户提供了许多使用方便而且功能强大的工具，当用户要处理一些要求不是很高的工作时，可以利用附件中的工具来完成。例如，使用“画图”工具可以创建和编辑图画，以及显示和编辑扫描获得的图片；使用“计算器”来进行基本的算术运算；使用“写字板”进行文本文档的创建和编辑工作。进行以上工作虽然也可以使用专门的应用软件，但是运行程序要占用大量的系统资源，而附件中的工具都是非常小的程序，运行速度比较快，这样用户可以节省很多的时间和系统资源，有效地提高工作效率。

2.4.1　记事本

Windows 中的“记事本”是一个纯文本编辑程序，所谓纯文本是指用记事本编辑的文本信息，完全是可显示打印的字符和文字，不附加任何格式的控制码。这样的文本编辑器尤其适合用来编写程序。

在 Windows XP 系统中的“记事本”又新增了一些功能，比如可以改变文档的阅读顺序，可以使用不同的语言格式来创建文档，能以若干不同的格式打开文件。

启动记事本时，用户可依以下步骤来操作：

单击“开始”按钮，选择“所有程序”→“附件”→“记事本”命令，即可启动“记事本”程序窗口，打开窗口就可以在“记事本”文本区域输入文本了，如图 2.47 所示。

编辑结束后或编辑过程中可以保存文档。保存文档通过 “文件”菜单中的“保存”或“另存为”命令。如果选择“另存为”，或打开“记事本”窗口后是第一次选取“保存”命令，则都会弹出“另存为”对话框，用户可以从中选择要保存到的目标文件夹并可以为要保存的文件命名。如图 2.48 所示，在“另存为”对话框中选择了“我的文档”目标文件夹，并为要保存的文件命名为“陋室铭”。单击“保存”按钮后，文件“陋室铭.txt”就存储在“我的文档”中了。以后只要单击“保存”命令，就可以将文件“陋室铭.txt”默认地存储到该文件夹中。

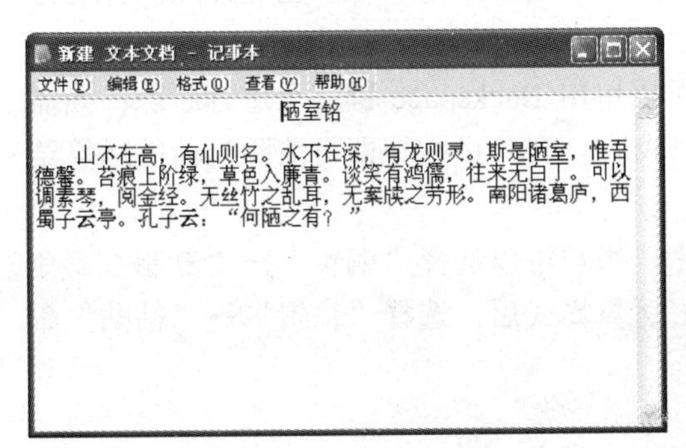

图 2.47　输入了文本的“记事本”窗口

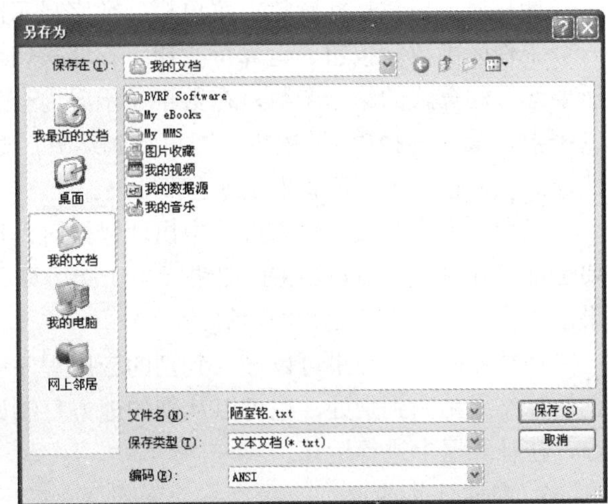

图 2.48　将文档“陋室铭”存储到“我的文档”中

“记事本”默认的扩展名是“.txt”。

下次若要重新打开该文件，可在“记事本”窗口中单击“文件”→“打开”命令，在弹

图 2.49 “打开”对话框中选中文件“陋室铭”

出的“打开”对话框中单击“我的文档”，之后选中文件“陋室铭”，单击“打开”按钮后，文件“陋室铭”的内容就又出现在“记事本”窗口的文本区了。如图 2.49 所示是“打开”对话框中准备打开文件“陋室铭”时的情况。

除编辑文本外，还可以设置文本的字体、字形与字号。设置字体或字号时，需要先选定文本，然后打开“格式”→“字体”命令，选择所需要的字体和字号即可。

有关选定、编辑文本等更详细的操作请参阅第 3 章 Word 文字处理软件的相关内容。

2.4.2 计算器

计算器可以帮助用户完成数据的运算，它可分为“标准计算器”和“科学计算器”两种，“标准计算器”可以完成日常工作中简单的算术运算，“科学计算器”可以完成较为复杂的科学运算，比如函数运算等，运算的结果不能直接保存，而是将结果存储在内存中，以供粘贴到别的应用程序和其他文档中，它的使用方法与日常生活中所使用的计算器的方法一样，可以通过鼠标单击计算器上的按钮来取值，也可以通过从键盘上输入来操作。

1. 标准计算器

在处理一般的数据时，用户使用“标准计算器”就可以满足工作和生活的需要了，单击“开始”按钮，选择“所有程序”→“附件”→“计算器”命令，即可打开“计算器”窗口，系统默认为“标准计算器”，如图 2.50 所示。

计算器窗口包括标题栏、菜单栏、数字显示区和工作区等。

工作区由数字按钮、运算符按钮、存储按钮和操作按钮组成。当用户使用时可以先输入所要运算的算式的第一个数，在数字显示区内会显示相应的数，然后选择运算符，再输入第二个数，最后选择“=”按钮，即可得到运算后数值。在键盘上输入时，也是按照同样的方法，到最后按 Enter 键即可得到运算结果。

当用户在进行数值输入过程中出现错误时，可以单击 Backspace 键逐个进行删除；当需要全部清除时，可以单击 CE 按钮。当一次运算完成后，单击 C 按钮即可清除当前的运算结果，再次输入时可开始新的运算。

计算器的运算结果可以导入到别的应用程序中，用户可以选择“编辑”→“复制”命令把运算结果粘贴到别处，也可以从别的地方复制好运算算式后，选择“编辑”→“粘贴”命令，在计算器中进行运算。

2. 科学计算器

当用户从事非常专业的科研工作时，要经常进行较为复杂的科学运算，可以选择“查看”→“科学型”命令，弹出“科学计算器”窗口，如图 2.51 所示。

此窗口增加了数基数制选项、单位选项及一些函数运算符号，系统默认的是十进制，当用户改变其数制时，单位选项、数字区、运算符区的可选项将发生相应的改变。

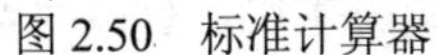
图 2.50　标准计算器

图 2.51　科学计算器

用户在工作过程中，也许需要进行数制的转换，这时可以直接在数字显示区输入所要转换的数值，也可以利用运算结果进行转换，选择所需要的数制，在数字显示区会出现转换后的结果。

另外，科学计算器可以进行一些函数的运算，使用时要先确定运算的单位，在数字区输入数值，然后选择函数运算符，再单击“=”按钮，即可得到结果。

2.4.3　画图

“画图”程序是一个位图编辑器，可以对各种位图格式的图画进行编辑。用户可以自己绘制图画，也可以对扫描的图片进行编辑修改，在编辑完成后，可以以 BMP、JPG、GIF 等格式存档，用户还可以将其发送到桌面和其他文本文档中。

1. 认识“画图”界面

当用户要使用画图工具时，可单击“开始”按钮，单击“所有程序”→“附件”→“画图”，这时用户可以进入“画图”窗口，如图 2.52 所示，为程序默认状态。

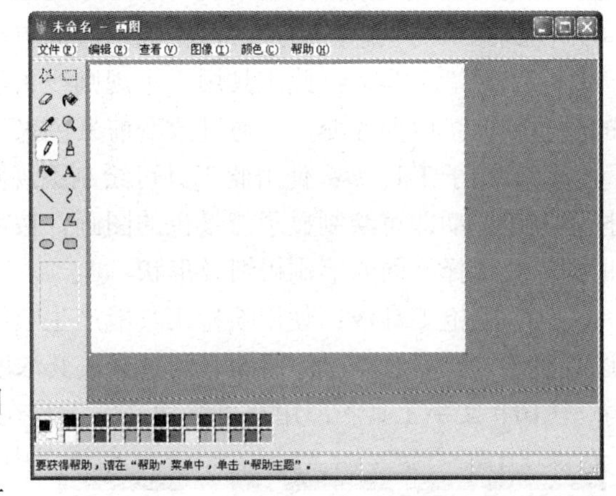

图 2.52　“画图”窗口

下面来简单介绍程序界面的构成。

（1）标题栏：在这里标明了用户正在使用的程序和正在编辑的文件。

（2）菜单栏：此区域提供了用户在操作时要用到的各种命令。

（3）工具箱：它包含了十六种常用的绘图工具和一个辅助选择框，为用户提供多种选择。

（4）颜料盒：它由显示多种颜色的小色块组成，用户可以随意改变绘图颜色。

（5）状态栏：它的内容随光标的移动而改变，标明了当前鼠标所处位置的信息。

（6）绘图区：处于整个界面的中间，为用户提供画布。

2. 使用工具箱

在“工具箱”中，为用户提供了十六种常用的工具，每当选择一种工具时，在下面的辅助选择框中会出现相应的信息，比如当选择“放大镜”工具时，会显示放大的比例，当选择“刷子”工具时，会出现刷子大小及显示方式的选项，用户可自行选择。

（1）裁剪工具：利用此工具，可以对图片进行任意形状的裁切。单击此工具按钮，按左键不松开，对所要进行的对象进行圈选后再松开手，此时出现虚框选区，拖动选区，即可看到效果。

（2）选定工具：此工具用于选中对象。使用时单击此按钮，拖动鼠标左键，可以拉出一个矩形选区对所要操作的对象进行选择，用户可对选中范围内的对象进行复制、移动、剪切等操作。

（3）橡皮工具：此工具用于擦除绘图中不需要的部分，用户可根据要擦除的对象范围大小，来选择合适的橡皮擦，橡皮工具根据其背景而变化，当用户改变其背景色时，橡皮会转换为绘图工具，类似于刷子的功能。

（4）填充工具：运用此工具可对一个选区内进行颜色的填充，来达到不同的表现效果，用户可以从颜料盒中进行颜色的选择，选定某种颜色后，单击改变前景色，右击改变背景色，在填充时，一定要在封闭的范围内进行，否则整个画布的颜色会发生改变，达不到预想的效果。在填充对象上单击填充前景色，右击填充背景色。

（5）取色工具：此工具的功能等同于在颜料盒中进行颜色的选择。运用此工具时可单击该工具按钮，在要操作的对象上单击，颜料盒中的前景色随之改变，而对其右击，则背景色会发生相应的改变。当用户需要对两个对象进行相同颜色填充，而这时前景色、背景色的颜色已经调乱时，可采用此工具，能保证其颜色的绝对相同。

（6）放大镜工具：当用户需要对某一区域进行详细观察时，可以使用放大镜进行放大，选择此工具按钮，绘图区会出现一个矩形选区，选择所要观察的对象，单击即可放大，再次单击回到原来的状态，用户可以在辅助选框中选择放大的比例。

（7）铅笔工具：此工具用于不规则线条的绘制。直接选择该工具按钮即可使用，线条的颜色依前景色而改变，可通过改变前景色来改变线条的颜色。

（8）刷子工具：使用此工具可绘制不规则的图形。使用时单击该工具按钮，在绘图区按下左键拖动即可绘制显示前景色的图画，按下右键拖动可绘制显示背景色图画。用户可以根据需要选择不同的笔刷粗细及形状。

（9）喷枪工具：使用喷枪工具能产生喷绘的效果。选择好颜色后，单击此按钮，即可进行喷绘，在喷绘点上停留的时间越久，其浓度越大，反之，浓度越小。

（10）文字工具：用户可采用文字工具在图画中加入文字。单击此按钮，“查看”菜单中的“文字工具栏”便可以用了，执行此命令，这时就会弹出“文字工具栏”，用户在文字输入框内输完文字并且选择后，可以设置文字的字体、字号，给文字加粗、倾斜、加下划线，改变文字的显示方向等，如图 2.53 所示。

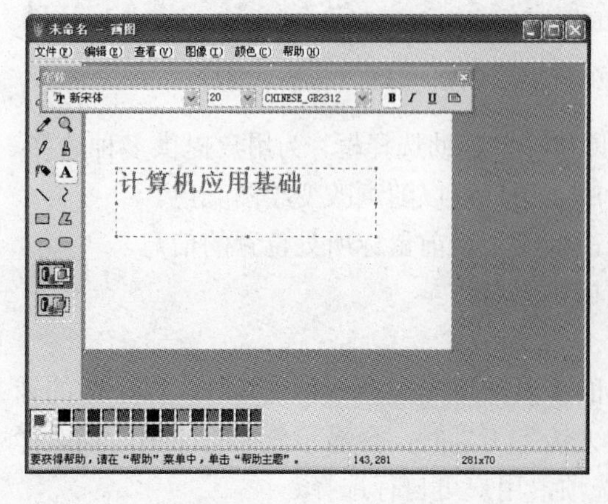

图 2.53　文字工具

（11）直线工具：此工具用于直线线条的绘制。先选择所需要的颜色及在辅助选择框中选择合适的宽度，单击直线工具按钮，拖动鼠标至所需要的位置再松开，即可得到直线，在拖动的过程中同时按 Shift 键，可起到约束的作用，这样可以画出水平线、垂直线或与水平线成 45°的线条。

（12）曲线工具：此工具用于曲线线条的绘制。先选择好线条的颜色及宽度，然后单击曲线按钮，拖动鼠标至所需要的位置再松开，然后在线条上选择一点，移动鼠标则线条会随之变化，调整至合适的弧度即可。

（13）矩形工具、椭圆工具、圆角矩形工具：这三种工具的应用基本相同。当单击该工具按钮后，在绘图区直接拖动即可拉出相应的图形，在其辅助选择框中有三种选项，包括以前景色为边框的图形、以前景色为边框背景色填充的图形、以前景色填充没有边框的图形，在拖动鼠标的同时按 Shift 键，可以分别得到正方形、正圆、正圆角矩形工具。

（14）多边形工具：利用此工具用户可以绘制多边形。选定颜色后，单击该工具按钮，在绘图区拖动鼠标左键，当需要弯曲时松开手，如此反复，到最后时双击，即可得到相应的多边形。

3. 图像及颜色的编辑

在画图工具栏的“图像”菜单中，用户可对图像进行简单的编辑，下面来学习相关的内容。

（1）在“翻转和旋转”对话框内，有三个复选框，即水平翻转、垂直翻转及按一定角度旋转，用户可以根据自己的需要进行选择，如图 2.54 所示。

（2）在“拉伸和扭曲”对话框内，有拉伸和扭曲两个选项组，用户可以选择水平和垂直方向拉伸的比例和扭曲的角度，如图 2.55 所示。

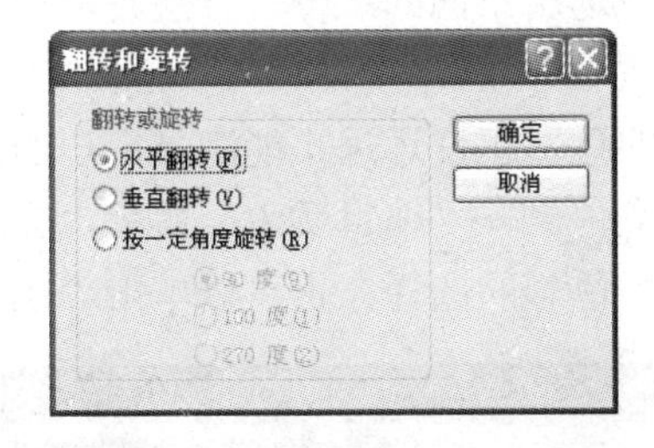

图 2.54　“翻转和旋转”对话框

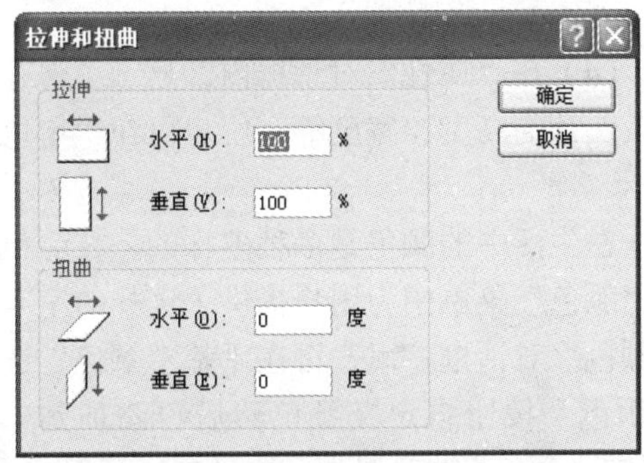

图 2.55　“拉伸和扭曲”对话框

（3）选择“图像”下的“反色”命令，图形即可呈反色显示，图 2.56 和图 2.57 是执行“反色”命令后的两幅对比图。

图 2.56　反色前

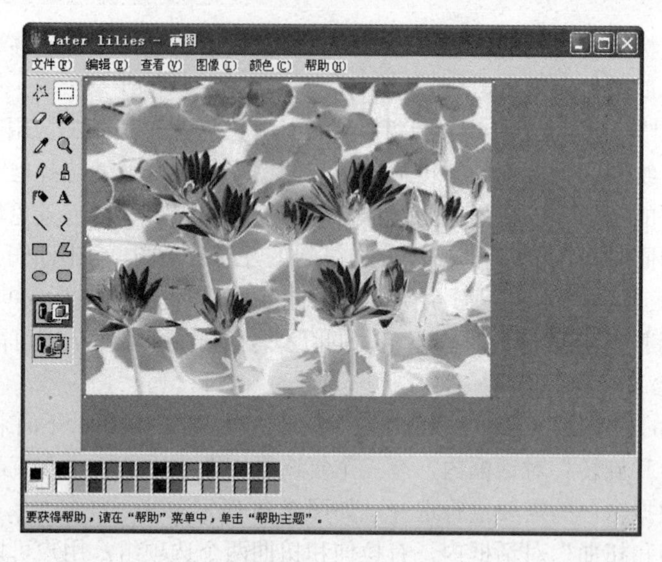

图 2.57 反色后

（4）在“属性”对话框内，显示了保存过的文件属性，包括保存的时间、大小、分辨率以及图片的高度、宽度等，用户可在“单位”选项组下选用不同的单位进行查看，如图 2.58 所示。

在生活中的颜色是多种多样的，在颜料盒中提供的色彩也许远远不能满足用户的需要，在“颜色”菜单中为用户提供了选择的空间，执行“颜色”→“编辑颜色”命令，弹出“编辑颜色”对话框，用户可在“基本颜色”选项组中进行色彩的选择，也可以单击“规定自定义颜色”按钮自定义颜色然后再添加到“自定义颜色”选项组中，如图 2.59 所示。

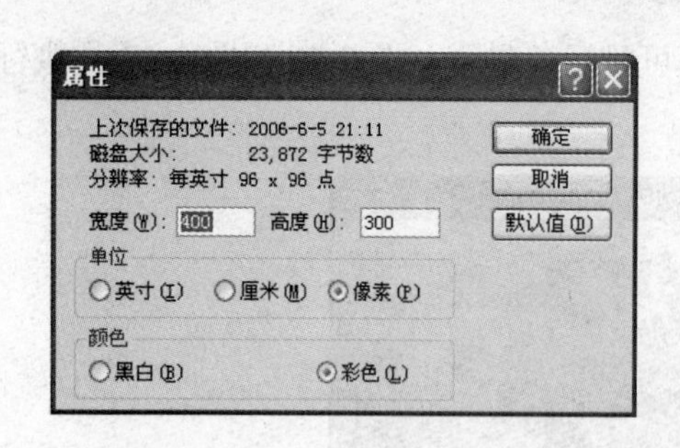

图 2.58 “属性”对话框

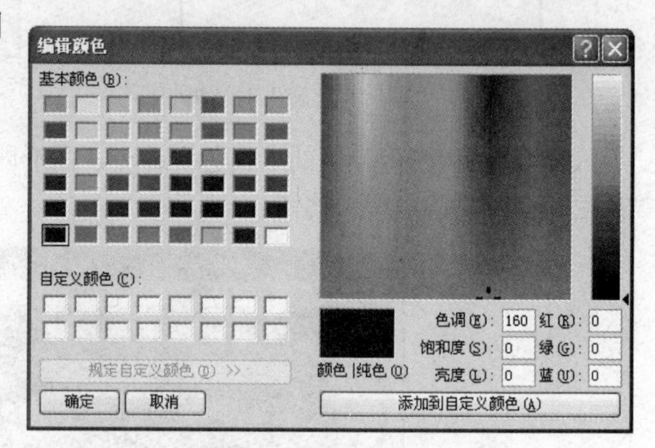

图 2.59 “编辑颜色”对话框

当用户的一幅作品完成后，可以设置为墙纸，还可以打印输出，具体的操作都是在“文件”菜单中实现的，用户可以直接执行相关的命令并根据提示操作，这里不再过多叙述。

4. 页面设置

在用户打印之前可以进行纸张和打印方向的选择。用户可以通过选择“文件”菜单中的“页面设置”命令来实现，如图 2.60 所示。

在“纸张”选项组中，单击向下的箭头，会弹出一个下拉列表框，用户可以选择纸张的大小及来源，可从“纵向”和“横向”复选框中选择纸张的方向，还可进行页边距及缩放比例的调整，当一切设置好之后，用户就可以进行绘画的工作了。

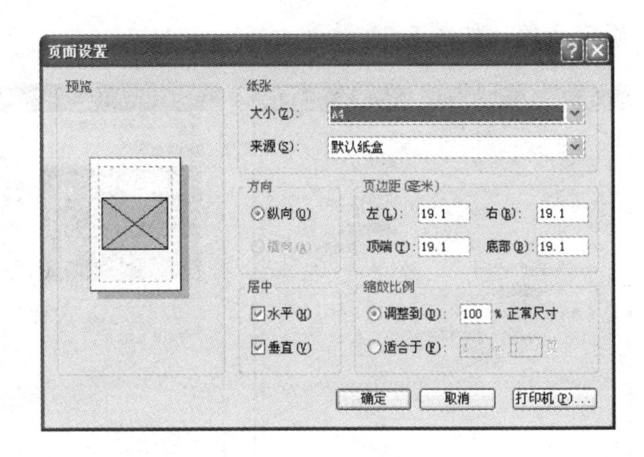

图 2.60 “页面设置”对话框

2.4.4　命令提示符

“命令提示符”也就是 Windows 下的“MS-DOS 方式”。虽然随着计算机产业的发展，Windows 操作系统的应用越来越广泛，DOS 面临着被淘汰的命运，但是因为它运行安全、稳定，有的用户还在使用，所以一般 Windows 的各种版本都与其兼容。用户可以在 Windows 系统下运行 DOS，中文版 Windows XP 中的命令提示符进一步提高了与 DOS 下操作命令的兼容性，用户可以在命令提示符直接输入中文调用文件。

1. 应用命令提示符

当用户需要使用 DOS 时，可以在桌面上单击“开始”按钮，选择“所有程序”→“附件”→“命令提示符”命令，便可启动 DOS 界面窗口，即“命令提示符”窗口，如图 2.61 所示。

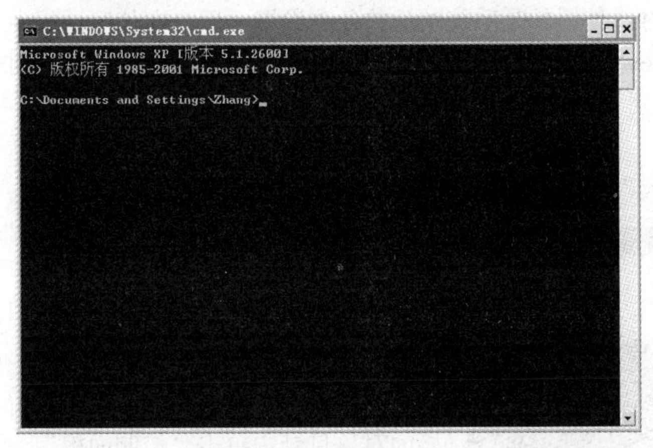

图 2.61 “命令提示符”窗口

这时用户已经看到 DOS 界面，可以执行 DOS 命令来完成日常工作。

在工作区域内右键单击鼠标，会出现一个编辑快捷菜单，用户可以先选择对象，然后可以进行“复制”、“粘贴”、“查找”等编辑工作。

关闭“命令提示符”窗口除可以使用常规的关闭窗口的操作外，还可以在“命令提示符”下输入“exit”命令来退出“命令提示符”窗口。

2. 设置命令提示符的属性

在命令提示符中，默认的是白字黑底显示，用户可以通过“属性”来改变其显示方式、字体字号等一些属性。

在命令提示符的标题栏上右击，在弹出的快捷菜单中选择“属性”命令，这时进入“命令提示符属性”对话框。

（1）在“选项”中，用户可以改变光标大小，其显示方式，包含“窗口”和“全屏显示”两种方式，在“命令记录”选项组中可以改变缓冲区的大小和数量，如图 2.62 所示。

（2）在“字体”选项卡中，为用户提供了“点阵字体”和“新宋体”两种字体，用户还可以选择不同的字号。

（3）在“布局”选项卡中，用户可以自定义屏幕缓冲区大小及窗口的大小，在“窗口位置”选项组中，显示了窗口在显示器上所处的位置，如图 2.63 所示。

（4）在“颜色”选项卡，用户可以自定义屏幕文字、背景以及弹出窗口文字、背景的颜色，用户可以选择所列出的小色块，也可以在“选定的颜色值”中输入精确的 RGB 比值来确定颜色，如图 2.64 所示。

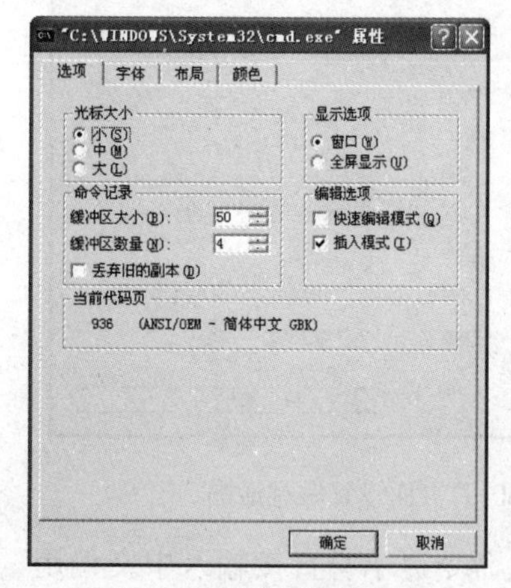

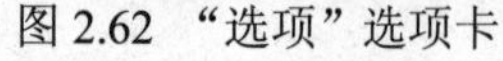
图 2.62 “选项”选项卡

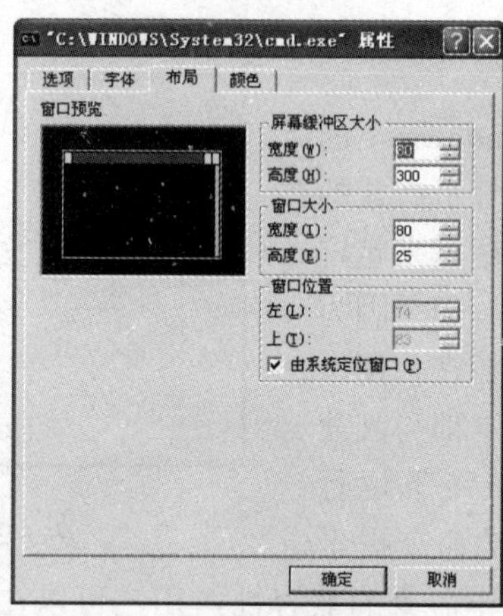

图 2.63 “布局”选项卡

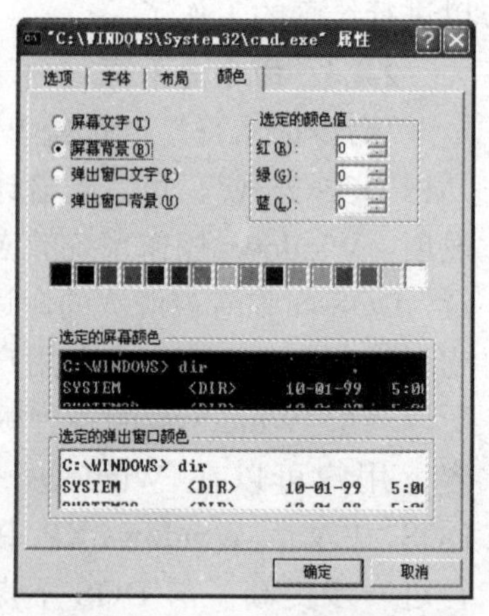

图 2.64 “颜色”选项卡

2.5 系统设置及管理维护

Windows XP 在安装后最初运行时，使用的是系统默认的各项设置。用户在使用过程中常常需要一些个性化的更改，使 Windows XP 更符合个人的工作习惯，这可以通过“控制面板”来实现。“控制面板”提供了用户对系统参数进行设置的界面。

2.5.1 认识“控制面板”

可以通过多种方式打开“控制面板”：

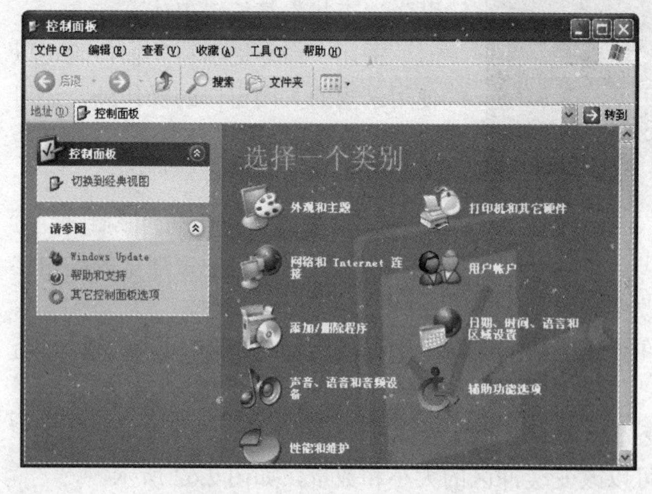

图 2.65 “控制面板”窗口

（1）单击“开始”→“控制面板”命令。

（2）在“我的电脑”任务窗格中单击“控制面板”选项。

（3）在“资源管理器”窗口左窗格的对象目录中单击“控制面板”。

图 2.65 是打开的“控制面板”窗口，单击该窗口左边窗格的“切换到经典视图”可以使“控制面板”中的图标按照经典样式排列，如图 2.66 所示。通过“控制面板”可以设置的系统项目很多。以下的各种操作以经典视图为例进行介绍。

2.5.2 调整鼠标和键盘

鼠标和键盘是操作计算机过程中使用最频繁的设备之一，几乎所有的操作都要用到鼠标和键盘。在安装 Windows XP 时系统已自动对鼠标和键盘进行过设置，但这种默认的设置可能并不符合用户个人的使用习惯，这时用户可以按个人的喜好对鼠标和键盘进行一些调整。

1. 调整鼠标

调整鼠标的具体操作如下：

（1）在“控制面板”窗口中双击“鼠标”图标，打开“鼠标属性”对话框，选择“鼠标键”选项卡，如图 2.67 所示。

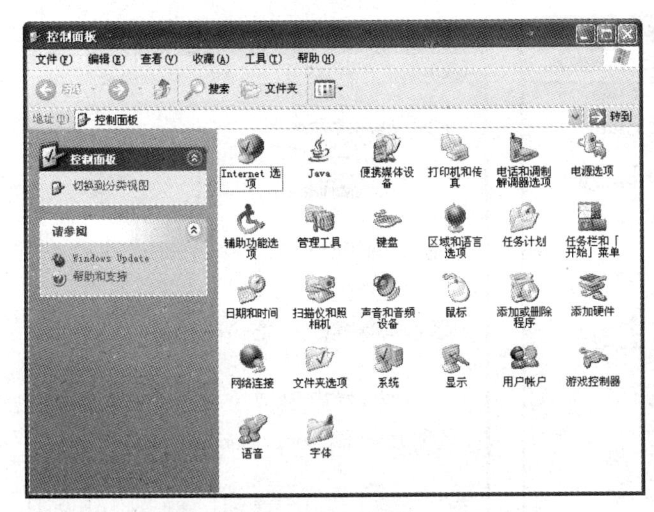

图 2.66　切换到经典视图的“控制面板”

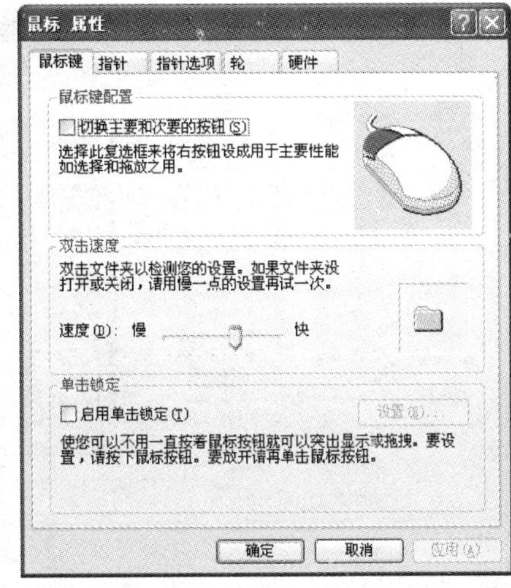

图 2.67　“鼠标键”选项卡

（2）在该选项卡中，“鼠标键配置”选项组中，系统默认左边的键为主要键，若选中“切换主要和次要的按钮”复选框，则设置右边的键为主要键；在“双击速度”选项组中拖动滑块可调整鼠标的双击速度，双击旁边的文件夹可检验设置的速度；在“单击锁定”选项组中，若选中“启用单击锁定”复选框，则可以在移动项目时不用一直按着鼠标键就可实现，单击“设置”按钮，在弹出的“单击锁定的设置”对话框中可调整实现单击锁定需要按鼠标键或轨迹球按钮的时间，如图 2.68 所示。

（3）选择“指针”选项卡，如图 2.69 所示。

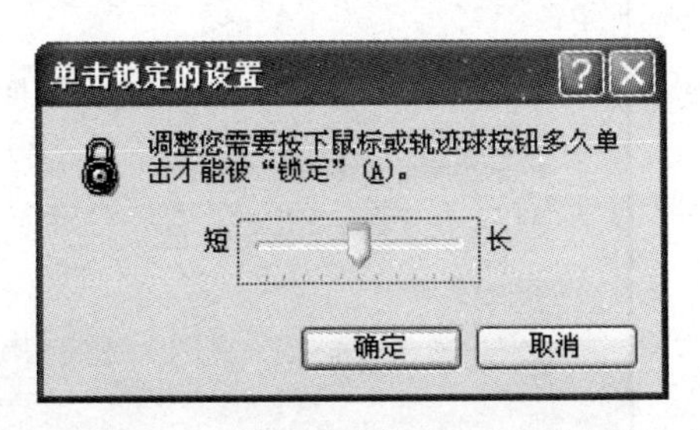

图 2.68　“单击锁定的设置”对话框

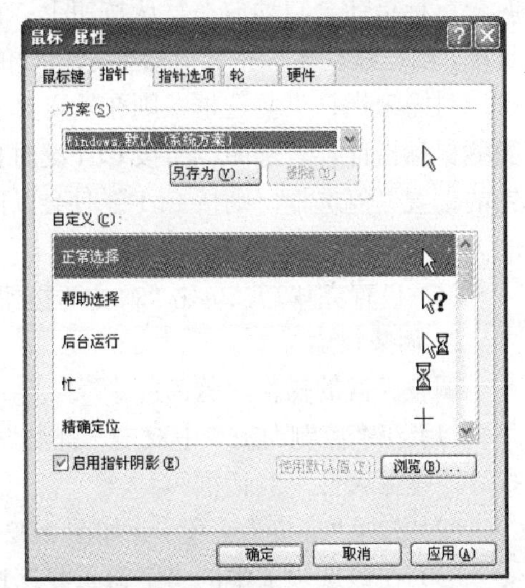

图 2.69　“指针”选项卡

在该选项卡中，“方案”下拉列表提供了多种鼠标指针的显示方案，用户可以选择一种喜欢的鼠标指针方案；在“自定义”列表框中显示了该方案中鼠标指针在各种状态下显示的样式，若用户对某种样式不满意，可选中它，单击“浏览”按钮，打开“浏览”对话框，如图 2.70 所示。

在该对话框中选择一种喜欢的鼠标指针样式，在预览框中可看到具体的样式，单击“打开”按钮，即可将所选样式应用到所选鼠标指针方案中。如果希望鼠标指针带阴影，就可选中“启用指针阴影”复选框。

（4）选择“指针选项”选项卡，如图 2.71 所示。

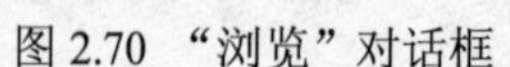
图 2.70 “浏览”对话框

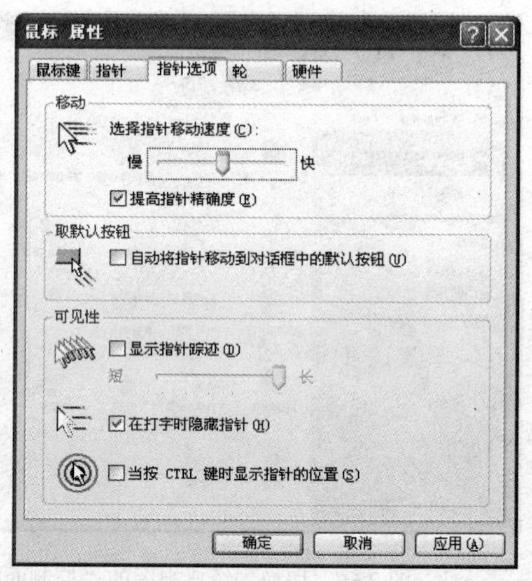

图 2.71 “指针选项”选项卡

在该选项卡中，在“移动”选项组中可拖动滑块调整鼠标指针的移动速度；在“取默认按钮”选项组中，选中“自动将指针移动到对话框中的默认按钮”复选框，则在打开对话框时，鼠标指针会自动放在默认按钮上；在“可见性”选项组中，若选中“显示指针轨迹”复选框，则在移动鼠标指针时会显示指针的移动轨迹，拖动滑块可调整轨迹的长短，若选中“在打字时隐藏指针”复选框，则在输入文字时将隐藏鼠标指针，若选中“当按 Ctrl 键时显示指针的位置”复选框，则按 Ctrl 键时会以同心圆的方式显示指针的位置。

（5）设置完毕后，单击“确定”按钮即可。

2. 调整键盘

调整键盘的操作步骤为：

（1）在“控制面板”中双击“键盘”图标，打开“键盘属性”对话框。

（2）选择“速度”选项卡，如图 2.72 所示。

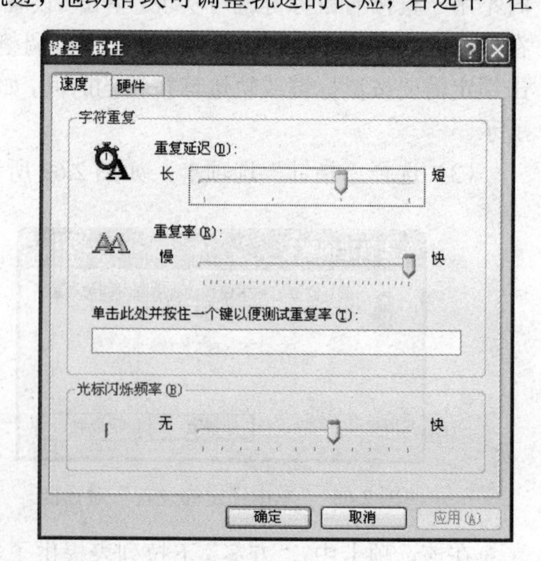

图 2.72 “速度”选项卡

（3）在该选项卡中的“字符重复”选项组中，拖动“重复延迟”滑块，可调整在键盘上按住一个键需要多长时间才开始重复输入该键，拖动“重复率”滑块，可调整输入重复字符的速率；在“光标闪烁频率”选项组中，拖动滑块，可调整光标的闪烁频率。

（4）设置完毕后，单击“确定”按钮即可。

2.5.3 设置桌面背景及屏幕保护

桌面背景就是用户打开计算机进入 Windows XP 操作系统后，所出现的桌面背景颜色或图片。屏幕保护就是若在一段时间内不用计算机，设置了屏幕保护后，系统会自动启动屏幕保护程序，以保护显示屏幕不被烧坏。

1. 设置桌面背景

用户可以选择单一的颜色作为桌面的背景，也可以选择类型为 BMP、JPG 等位图文件作为桌面的背景图片。设置桌面背景的操作步骤如下：

（1）右击桌面任意空白处，在弹出的快捷菜单中选择“属性”命令，或在“控制面板”窗口中双击“显示”图标。

（2）打开“显示属性”对话框，选择“桌面”选项卡，如图 2.73 所示。

（3）在“背景”列表框中可选择一幅喜欢的背景图片，在选项卡中的显示器中将显示该图片作为背景图片的效果，也可以单击“浏览”按钮，在本地磁盘或网络中选择其他图片作为桌面背景。在“位置”下拉列表中有居中、平铺和拉伸三种选项，可调整背景图片在桌面上的位置。若用户想用纯色作为桌面背景颜色，可在“背景”列表中选择“无”选项，在“颜色”下拉列表中选择喜欢的颜色，单击“应用”按钮即可。

2. 设置屏幕保护

在实际使用中，若彩色屏幕的内容一直固定不变，间隔时间较长后可能会造成屏幕的损坏，因此若在一段时间内不用计算机，可设置屏幕保护程序自动启动，以动态的画面显示屏幕，以保护屏幕不受损坏。

设置屏幕保护的操作步骤如下：

（1）右击桌面任意空白处，在弹出的快捷菜单中选择“属性”命令，或在“控制面板”窗口中双击“显示”图标。

（2）打开“显示属性”对话框，选择“屏幕保护程序”选项卡，如图 2.74 所示。

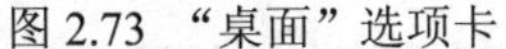

图 2.73 “桌面”选项卡

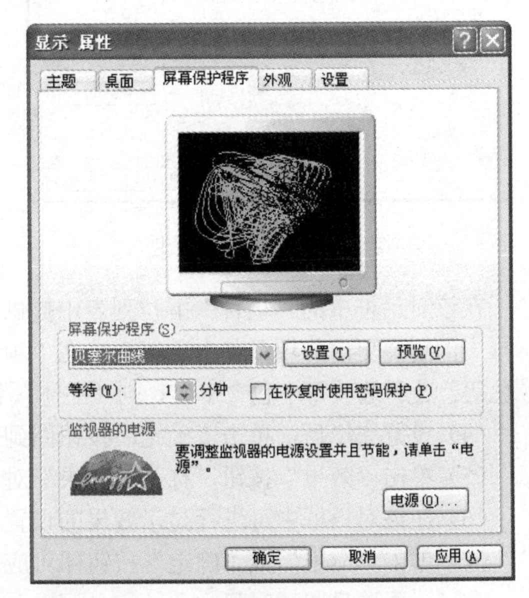

图 2.74 “屏幕保护程序”选项卡

（3）在该选项卡的“屏幕保护程序”选项组中的下拉列表中选择一种屏幕保护程序，在选项卡的显示器中即可看到该屏幕保护程序的显示效果。单击“设置”按钮，可对该屏幕保护程序进行一些设置；单击“预览”按钮，可预览该屏幕保护程序的效果，移动鼠标或操作键盘即可结束屏幕保护程序；在“等待”文本框中可输入或调节微调按钮确定，若计算机多长时间无人使用则启动该屏幕保护程序。

2.5.4 更改显示外观

更改显示外观就是更改桌面、消息框、活动窗口和非活动窗口等的颜色、大小、字体等。在默认状态下，系统使用的是“Windows 标准”的颜色、大小、字体等设置。用户也可以根据自己的喜好设计自己的关于这些项目的颜色、大小和字体等显示方案。

更改显示外观的操作步骤如下：

（1）右击桌面任意空白处，在弹出的快捷菜单中选择“属性”命令，或在“控制面板”窗口中双击“显示”图标。

（2）打开“显示属性”对话框，选择“外观”选项卡，如图 2.75 所示。

（3）在该选项卡中的“窗口和按钮”下拉列表中有“Windows XP 样式”和“Windows 经典样式”两种样式选项。用户可以设置“色彩方案”和“字体大小”。单击“高级”按钮，将弹出“高级外观”对话框，如图 2.76 所示。

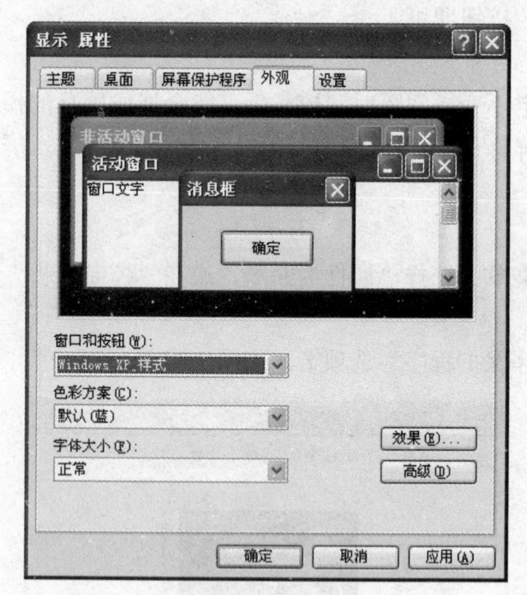

图 2.75 “外观”选项卡

图 2.76 “高级外观”对话框

在该对话框中的“项目”下拉列表中提供了所有可进行更改设置的选项，用户可单击显示框中的想要更改的项目，也可以直接在“项目”下拉列表中进行选择，然后更改其大小和颜色等。若所选项目中包含字体，则“字体”下拉列表变为可用状态，用户可对其进行设置。

（4）设置完毕后，单击“确定”按钮回到“外观”选项卡中。

（5）单击“效果”按钮，打开“效果”对话框，如图 2.77 所示。

（6）在该对话框中可进行显示效果的设置，单击“确定”按钮回到“外观”选项卡中。

（7）单击“应用”或“确定”按钮即可应用所选设置。

2.5.5 更改日期和时间

在任务栏的右端显示有系统提供的时间，将鼠标指向时间栏稍有停顿即会显示系统日期。

若用户不想显示日期和时间，或需要更改日期和时间可按以下步骤进行操作。

（1）双击时间栏，或在“控制面板”窗口中双击“日期和时间”图标。

（2）打开“日期和时间属性”对话框，选择“日期和时间”选项卡，如图 2.78 所示。

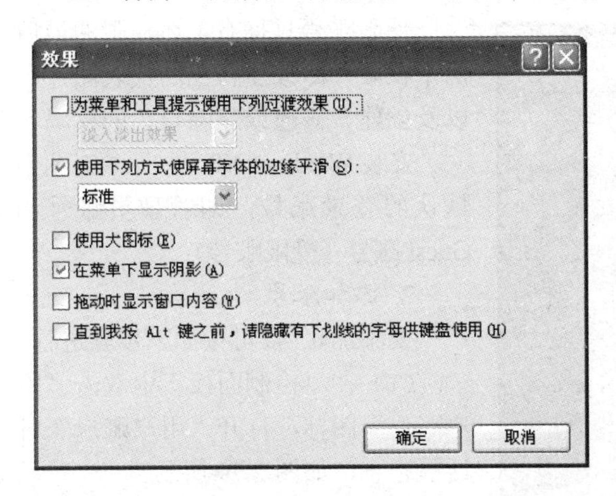

图 2.77 “效果”对话框

图 2.78 “时间和日期”选项卡

（3）在“日期”选项组中的“年份”框中可按微调按钮调节准确的年份，在“月份”下拉列表中可选择月份，在“日期”列表框中可选择日期和星期；在“时间”选项组中的“时间”文本框中可输入或调节准确的时间。

（4）更改完毕后，单击“应用”或“确定”按钮即可。

2.5.6 设置多用户使用环境

在实际生活中，多用户使用一台计算机的情况经常出现，而每个用户的个人设置和配置文件等均会有所不同，这时用户可进行多用户使用环境的设置。使用多用户使用环境设置后，不同用户用不同身份登录时，系统就会应用该用户身份的设置，而不会影响到其他用户的设置。

在多用户管理方面，Windows XP 考虑得十分周到。现在，如果多个用户使用同一台计算机，可以通过创建多个账号使各用户做到如下几点：

（1）分别定制各自的桌面；

（2）各用户分别拥有自己的收藏夹和最近访问的 Web 站点；

（3）可以保护某些重要的计算机设置；

（4）各用户都拥有自己的“我的文档文件夹”，并可以使用密码保护自己的私有文件。

此外，用户还可在各账号之间自由切换，而不必关闭程序。

1. 账号类型

Windows XP 提供了两种账号类型，即管理员账号和受限账号。其中管理员账号可以改变计算机的全部设置，如：

（1）安装程序和硬件；

（2）改变系统设置；

（3）访问和阅读所有非私有文件；

（4）创建和删除账号；

（5）改变他人和自己的账号名称和类型；

（6）改变自己的代表图片；

（7）创建、修改或删除自己的密码。

图 2.79 “用户账户”对话框之一

受限账号只拥有上述权限的最后两个权限，即改变自己的代表图片，以及创建、修改或删除自己的密码。

安装 Windows XP 后，系统有两个默认的登录账号，即管理员账号和 Guest 账号（受限账号）。

2. 添加账号

要添加账号，可按如下步骤进行：

（1）在“控制面板”中双击“用户账户”图标，打开“用户账户”对话框之一，如图 2.79 所示。

（2）在该对话框中的“挑选一项任务…”选项组中可选择“更改用户”、“创建一个新用户”或“更改用户登录或注销的方式”三种选项；在“或挑一个账户做更改”选项组中可选择“计算机管理员”账户或“来宾”账户。

（3）例如，若用户要进行用户账户的更改，可单击“更改用户”命令，打开“用户账户”对话框之二，如图 2.80 所示。

图 2.80 “用户账户”对话框之二

（4）在该对话框中选择要更改的账户，如选择“计算机管理员”账户，打开“用户账户”对话框之三，如图 2.81 所示。

（5）在该对话框中，用户可选择“更改我的名称”、“更改我的密码”、“更改我的图片”、“更改我的账户类型”等选项。例如，选择“更改我的密码”选项。

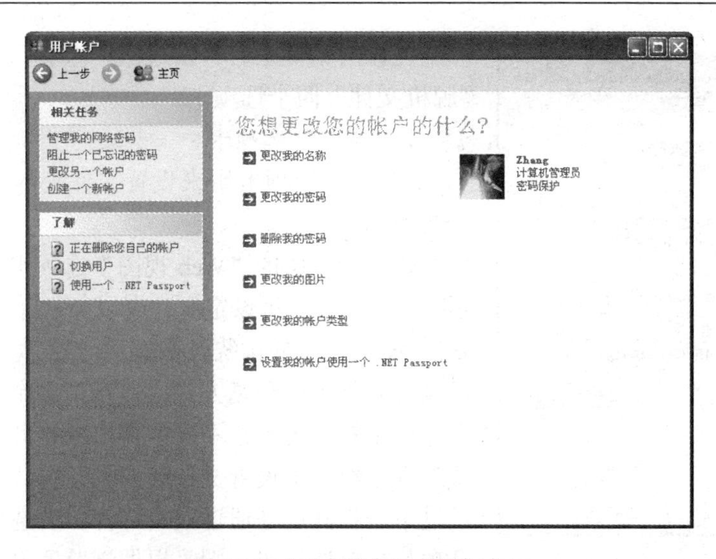

图 2.81 “用户账户”对话框之三

（6）弹出“用户账户”对话框之四，如图 2.82 所示。

（7）在该对话框中输入密码及密码提示，单击“更改密码”按钮，即可更改登录该用户账户的密码。

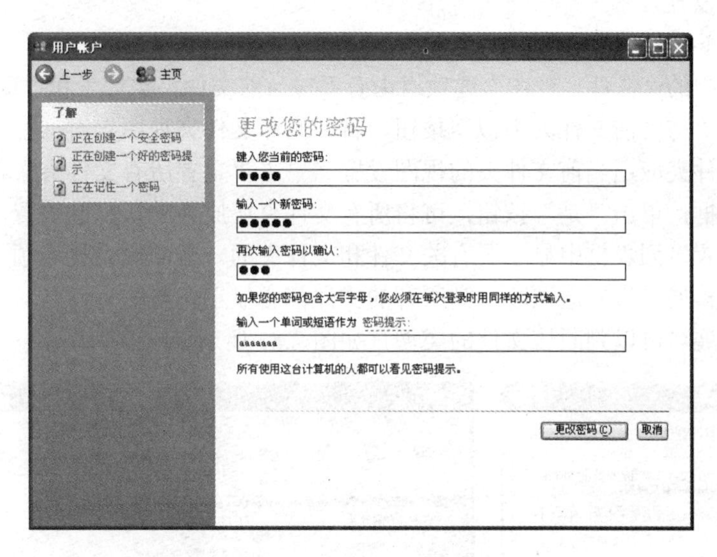

图 2.82 “用户账户”对话框之四

若用户要更改其他用户账号选项或创建新的用户账号等，可单击相应的命令选项，按提示信息操作即可。

2.5.7 文件及文件夹的设置

“文件夹选项”对话框，是系统提供给用户设置文件夹的常规及显示方面的属性，设置关联文件的打开方式及脱机文件等的窗口。

打开“文件夹选项”对话框的方法为：在“控制面板”中双击“文件夹选项”图标，就可以打开“文件夹选项”对话框；也可以通过在“我的电脑”窗口中，单击“工具”→“文件夹选项”命令，打开“文件夹选项”对话框。

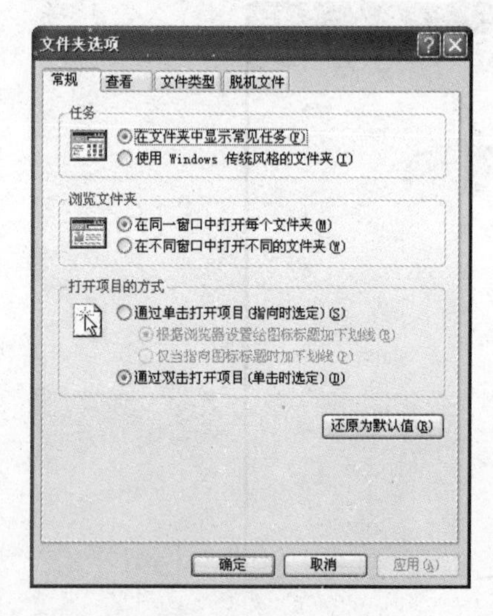

图 2.83 “常规”选项卡

在该对话框中有“常规”、“查看”、“文件类型”和“脱机文件”四个选项卡。

1.“常规”选项卡

“常规”选项卡用来设置文件夹的常规属性，如图 2.83 所示。

该选项卡中的“Web 视图”选项组可设置文件夹显示的视图方式，可设定文件夹以 Web 页的方式显示，还是以 Windows 的传统风格显示；“浏览文件夹”选项组可设置文件夹的浏览方式，在打开多个文件夹时是在同一窗口中打开还是在不同的窗口中打开；“打开项目的方式”选项组用来设置文件夹的打开方式，可设定文件夹通过单击打开还是通过双击打开。若选择“通过单击打开项目”单选按钮，则“根据浏览器设置给图标标题加下画线”和“仅当指向图标标题时加下画线”选项变为可用状态，可根据需要选择在何时给图标标题加下画线。在“打开项目的方式”选项组下面有一个“还原为默认值”按钮，单击该按钮，可还原为系统默认的设置方式。单击“应用”按钮，即可应用设置方案。

2.“查看”选项卡

在该选项卡中的“文件夹视图”选项组中有“与当前文件夹类似”和“重置所有文件夹”两个按钮。单击“与当前文件夹类似”按钮，将弹出“文件夹视图”对话框，单击“是”按钮，可使所有文件夹应用当前文件夹的视图设置。单击“重置所有文件夹”按钮，弹出“文件夹视图”对话框，单击“是”按钮，可将所有文件夹还原为默认视图设置。

在“高级设置”列表框中显示了有关文件和文件夹的一些高级设置选项。当取消“隐藏已知文件类型的扩展名”复选框时，则所有的文件都会显示完整的文件名，包括主文件名和扩展名，通过扩展名可以判断该文件的类型，如图 2.85 所示。

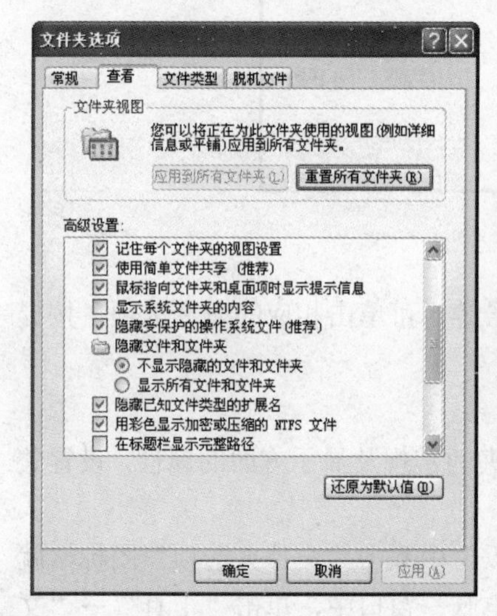

图 2.84 “查看”选项卡

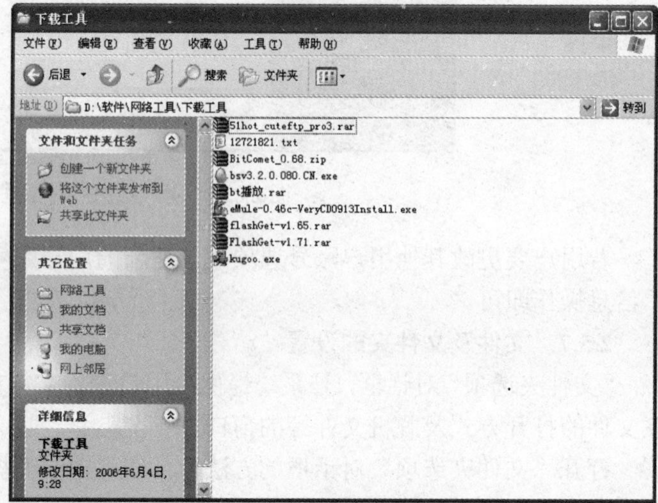

图 2.85 显示文件的扩展名

2.5.8　系统还原

在使用计算机的过程中，如果用户对计算机系统做了有害的更改，影响了其运行速度，或者出现严重的故障，可以使用中文版 Windows XP 中新增的“系统还原”这一功能，应用系统还原可以将做过改动的计算机返回到一个较早的时间的设置，而不会丢失用户最近进行的工作，如保存的文档、电子邮件等。

计算机会自动创建还原点，但用户自己也可以通过手动的方式即使用“系统还原向导”创建自己的还原点，如果用户已对系统进行了很大的更改，例如安装新的程序或更改注册表，使用“系统还原”可以方便而且快捷地使系统恢复到原来的状态。

具体的操作步骤如下：

（1）选择“开始”→“所有程序”→“附件”→“系统工具”→“系统还原”命令，这时打开“欢迎使用系统还原”界面。

（2）选择“恢复到我的计算机到一个较早的时间”，单击“下一步”按钮，出现“选择一个还原点”对话框，如图 2.86 所示。

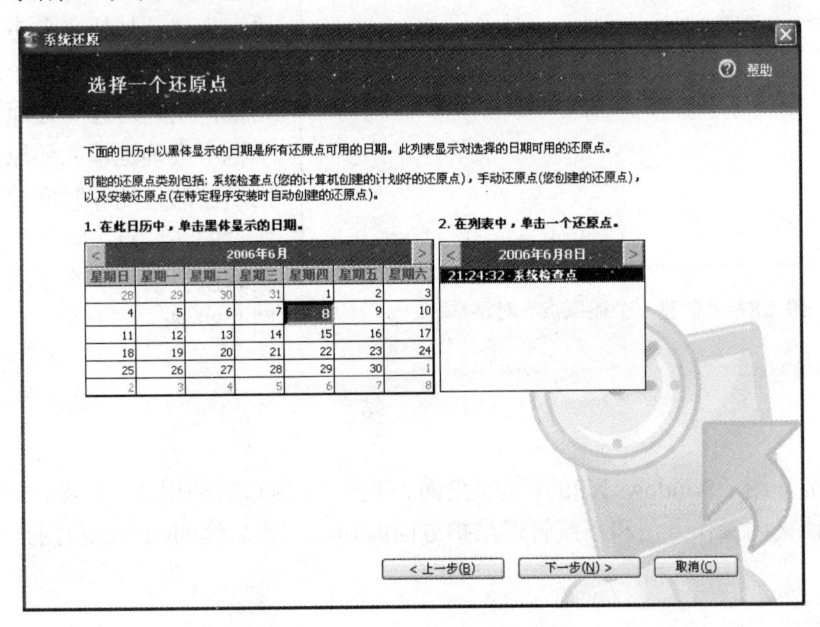

图 2.86　“选择一个还原点”对话框

在这个对话框中用户可以选择一个还原点，左侧的日历中以黑体显示的日期是所有还原点可用的日期，用户可以单击黑体显示的日期来选择还原点。当在日历中选择一个还原点后，在右侧的列表中会出现该还原点的详细资料，如创建的时间和内容等，用户也可以直接单击这个列表两侧的箭头来选择还原点。

在这个对话框中存在的还原点包括三种类型。

1）系统检查点：计算机创建的计划好的还原点。

2）手动还原点：用户自己创建的还原点。

3）安装还原点：在特定的程序安装时自动创建的还原点。

（3）当用户选择一个还原点以后，单击“下一步”按钮继续，这时会打开“确认还原点选择”对话框，在此提醒用户在继续系统还原前，要保存对系统资源所做的改动并关闭所有打开的程序，否则在恢复过程中关闭系统时，会造成信息的丢失。

（4）当用户确认还原之后，可以继续进行，这时计算机会收集关于所选择的还原点的信息，收集完信息后，屏幕上会出现一个“系统还原”对话框，显示了正在还原文件的进度。

（5）当还原完成后，系统将以用户所选择的还原点的日期和时间设置重启动。

系统还原操作是可逆的，当用户在执行了还原操作后，如果感觉效果不理想，可以撤销此次操作。

在用户使用计算机的过程中，计算机会自动在计划的时间内或安装特定程序之前创建还原点，当然，用户也可以使用“系统还原向导”在计算机计划之外的时间内手动创建自己的还原点。

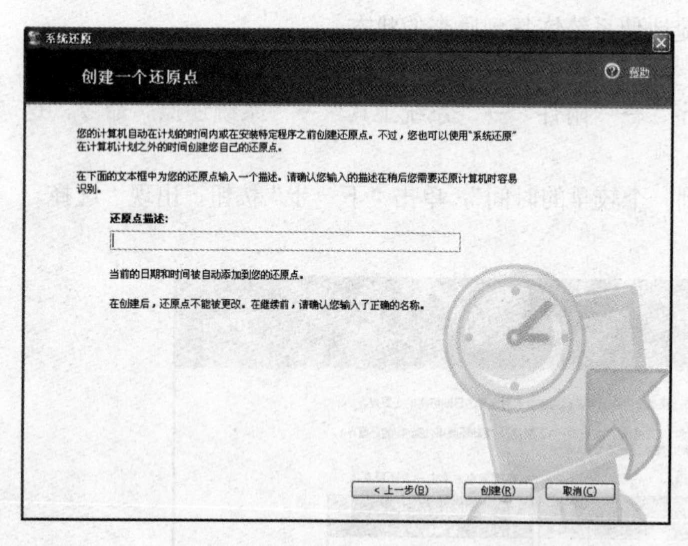

图 2.87 “创建一个还原点”对话框

在“欢迎使用系统还原”对话框中，用户可以选择“创建一个还原点”单选按钮，单击“下一步”按钮，打开“创建一个还原点”对话框，用户可在“还原点描述”文本框中准确地输入还原点的描述，则当前的日期和时间被自动添加到所设的还原点，单击“创建”按钮，这时就会创建一个新的还原点，如图 2.87 所示。

小　结

本章详细介绍了Windows XP的特点，桌面、任务栏、窗口等的用法，主要介绍了Windows中文件和文件夹的操作方法和系统管理维护方面的知识，为后续的Office操作打下基础。

上　机　实　训

实训目的

（1）了解 Windwos 的特点、功能、配置和运行环境。

（2）掌握“我的电脑”和“资源管理器”的使用。

（3）掌握文件和文件夹的基本操作。

实训内容

要求：

实训 1　Windows 操作。

在磁盘上建立考生文件夹（班级＋学号＋姓名），完成以下操作：

（1）在C盘中查找文件“notepad.exe”，将其复制到考生文件夹，并改名为“记事本.exe”，文件属性改为“只读和隐藏”。

（2）在考生文件夹下创建一个文本文件“概述.txt”，文件内容为“界面美观，阅读舒适”。并设置文件仅具有只读、存档属性。

（3）在考生文件夹中创建 c:\windows\notepad.exe 的快捷方式，取名为“记事本”。

（4）在考生文件夹中创建 c:\program files 的快捷方式，命名为“program files”。

（5）查找 C:\WINDOWS 文件夹中所有的 BMP 格式的图像文件（*.bmp），将其复制到考生文件夹中。

（6）设置任务栏，在“开始”菜单中使用小图标，且任务栏自动隐藏。

（7）将任务栏停靠在桌面上方，并不显示“快速启动”工具栏。

（8）删除“开始”菜单中“我最近的文档”菜单的内容。

（9）默认情况下，任务栏上有输入法指示器，现在请将输入法指示器隐藏起来。

（10）设置鼠标，使其显示指针轨迹。

（11）更改系统桌面墙纸，且显示方式拉伸。

（12）将计算机的屏幕保护程序设为“三维飞行物”，样式为“带纹理的旗帜”，等待 30 分钟，其余采用默认设置。

实训 2 文件和文件夹操作。

在磁盘上建立考生文件夹（班级＋学号＋姓名），完成以下操作：

（1）在考生文件夹中建立 2 个文件夹，并命名为 fld1 和 fld2。

（2）打开“记事本”，输入古诗：

赤 壁

折戟沉沙铁未销，

自将磨洗认前朝。

东风不予周郎便，

铜雀春深锁二乔。

将其以文件名“赤壁”存入文件夹 fld1 中。

（3）新建空白文档并输入：

凉 州 词

黄河远上白云间，

一片孤城万仞山。

羌笛何须怨杨柳，

春风不度玉门关。

将其以文件名“凉州词”存入文件夹 fld2 中。

（4）将 fld1 中的文件复制到 fld2 中。

（5）删除文件夹 fld1 中的文件。

（6）在文件夹 fld1 中创建子文件夹 fld1-1，fld1-2。

（7）将文件夹 fld2 中的两个文件分别移动到 fld1-1 和 fld1-2 中。

（8）彻底删除文件夹 fld2。

（9）将文件夹 fld1 重命名为“古诗二首”。

实训 3 文件和文件夹查找操作。

在磁盘上建立考生文件夹（班级＋学号＋姓名），完成以下操作：

（1）查找 C 盘中文件名为 Command 的文件。

（2）查找 D 盘中所有以 txt 为扩展名的文件。

（3）查找计算机中所有前 3 天修改或建立的文件或文件夹。

（4）查找计算机中大小至多有 250KB 的所有文件或文件夹。

第3章　Word文字处理软件

学习目的与要求

本章主要讲述 Word 2003 的特点和功能、文档的创建与编辑、文档的格式编排、文档的打印设置等 Word 基本操作，以及表格处理、图文处理、邮件合并等 Word 应用操作。读者通过本章的学习可以掌握关于 Word 2003 的最基本和最常用的操作。对于计算机的初学者来说，必须认真学习本章，从而打下扎实的计算机应用基础。

3.1　Word　概　述

Word 2003 中文版是 Microsoft Office 2003 套装办公软件之一，是目前最受欢迎的文字处理程序之一，与 Excel 2003、Access 2003 等共同构成一个集文字处理、图表生成和数据管理于一体的综合系统。

Word 2003 是 Word 的常用版本，它具有运行速度快、技术先进、功能齐全等特点，同时也是 Office 系列软件中普及程度最广，使用频率最高的组件之一，广泛应用于各种办公文件、商业资料、科技文章以及各类书信的文档编辑。它包括文字编辑、表格制作、图文混排以及 WEB 文档等各项功能，适合众多的普通计算机用户、办公人员、排版人员使用。学用文字处理是学习计算机操作的重要一课。

3.1.1　Word 的启动和退出

1. Word 的启动

安装 Office 2003 中文版以后，就可以启动中文 Word 2003 了。Word 2003 的启动方式有多种。

（1）从"开始"菜单启动 Word 2003。从"开始"菜单启动 Word 2003 是最常用、最简单的方式。首先单击屏幕底部任务栏中的"开始"按钮，将鼠标指针指向菜单中的"程序"项，再指向"程序"菜单中的 Microsoft Office，选择 Microsoft Word 即可，如图 3.1 所示。

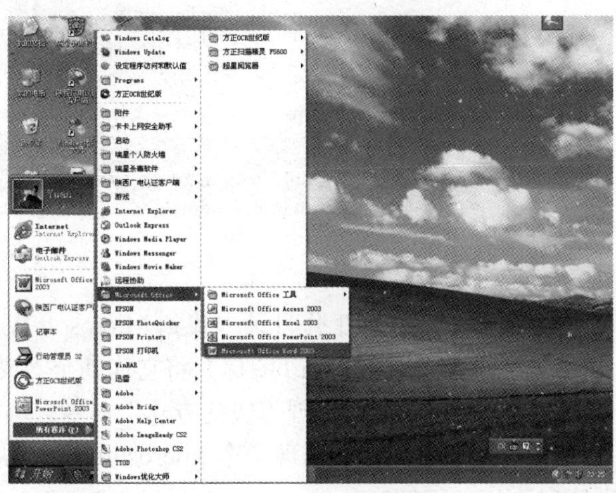

图 3.1　Word 2003 的启动

（2）双击已存在的 Word 文件启动 Word 2003。Windows 系统提供了应用程序与该文档的链接关系，从而将启动 Office 2003 软件与双击相应程序文档的动作联系起来。因此，当双击任何一个文件夹中的 Word 文档图标时，系统就会自动启动与之相关联的 Word 应用程序，如图 3.2 所示。

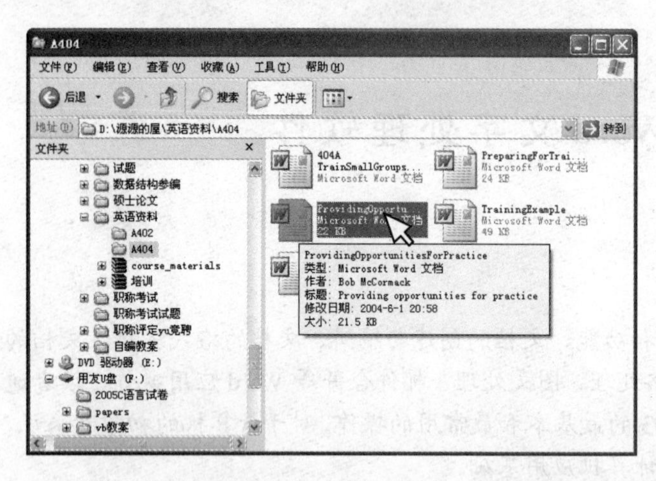

图 3.2 双击已存在的 Word 文件启动 Word 2003

在“程序”菜单中指向“附件”子菜单，单击“Windows 资源管理器”，双击任意 Word 文档（.DOC）的图标，就能够在启动 Word 2003 的同时打开该文件。

（3）利用最近打开的文档启动 Word 2003。在“开始”菜单→“我最近的文档”子菜单中，单击 Office 2003 系列文档的图标，即可启动与之相对应的应用程序，并且在启动的同时打开该文档，如图 3.3 所示。

（4）用桌面快捷方式启动 Word 2003。在 Windows 95 / 98、Windows NT、Windows 2000、Windows XP 或 Windows 2003 中，快捷方式使用户能够迅速访问程序与文档。只需在桌面上双击快捷方式图标即可，而不必再从“开始”菜单中启动或在“Windows 资源管理器”里查找。为 Word 2003 建立一个快捷方式，以便以后可以从桌面上迅速打开 Word 2003，具体操作步骤如下：

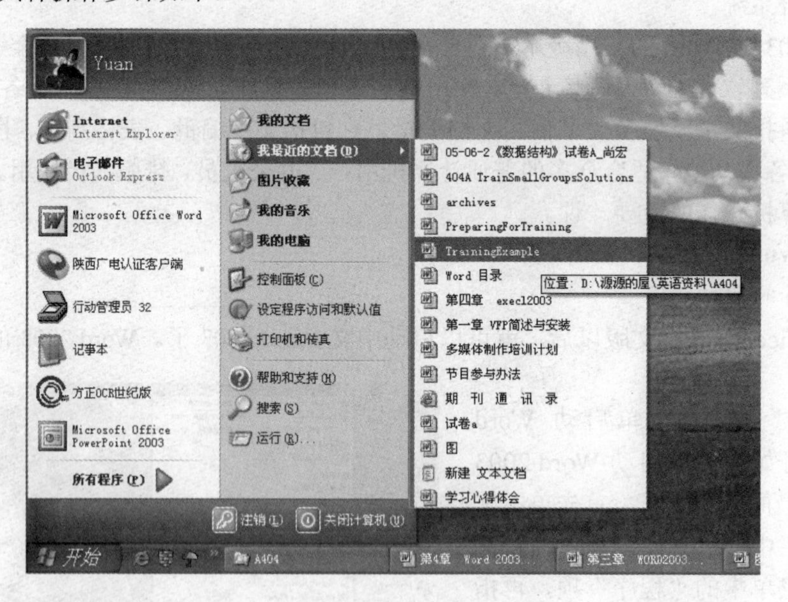

图 3.3 使用常用文档 Word 2003

1）在 Office2003 工作目录中找到 Microsoft Word 图标。

2）右击 Microsoft Word 图标并将它拖动至“桌面”上，释放鼠标右键，会出现一个快捷菜单，选择“在当前位置创建快捷方式”命令。

3）这时在桌面上会出现一个 Microsoft Word 快捷方式图标，如图 3.4 所示，双击它即可迅速启动 Word 2003。

启动 Word 2003 时，屏幕会显示如图 3.5 所示画面。

2. Word 的退出

当用户完成操作后，需要退出 Word 2003 时，可以采用以下几种方法。

图 3.4　Word 2003 快捷方式

图 3.5　Word 2003 的启动时画面

（1）双击 Word 2003 应用程序窗口左侧的控制菜单图标。

（2）单击应用程序窗口右上角的“关闭”按钮。

（3）按组合键 Alt＋F4。

（4）选择“文件”菜单→“退出”命令，如图 3.6 所示。

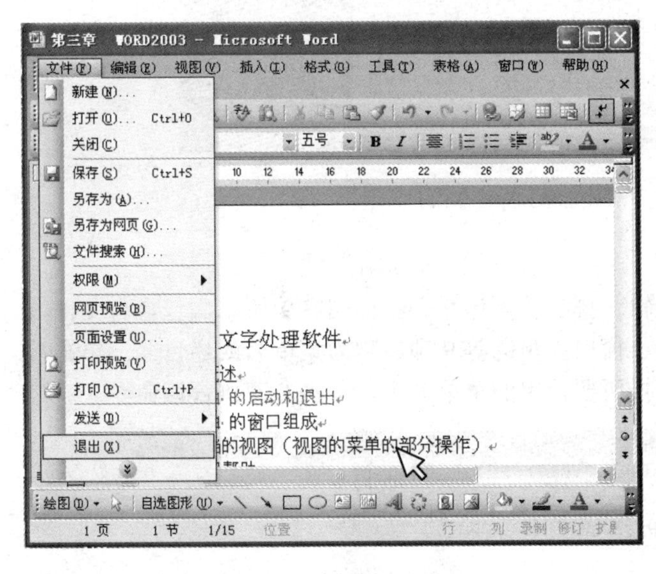

图 3.6　Word 2003 的退出

若对文档进行过编辑修改而没有保存，Word 2003 将显示一个是否保存信息的警告框，询问用户是否保存更改后的内容，如图 3.7 所示。单击“是”按钮，Word 2003 将保存修改后的文档，然后退出；单击“否”按钮，不保存所做的修改，直接退出；单击“取消”按钮，则继续在 Word 2003 中，既不保存文档也不退出。

图 3.7　是否保存信息警告框

3.1.2　Word 的窗口组成

启动 Word 2003 后，其主窗口如图 3.8 所示。下面我们就来了解 Word 2003 窗口的主要组成。

1. 标题栏

标题栏位于窗口的最上端，左边依次为控制菜单按钮、文档名称和程序窗口名称，右边依次为 Word 2003 应用程序窗口最小化按钮/最大化按钮、还原按钮和关闭按钮。

单击控制菜单按钮可改变 Word 2003 应用程序窗口的大小，移动、恢复、最小化、最大化及关闭窗口。双击此按钮将退出 Word 2003。

标题栏显示文档名称和程序窗口名称，如文档 1—Microsoft Word，其中 Microsoft Word 为窗口名称，文档 1 为当前正在编辑的文档名称。新建文档的默认文件名为文档 1、文档 2

等，存盘时可另行更名。

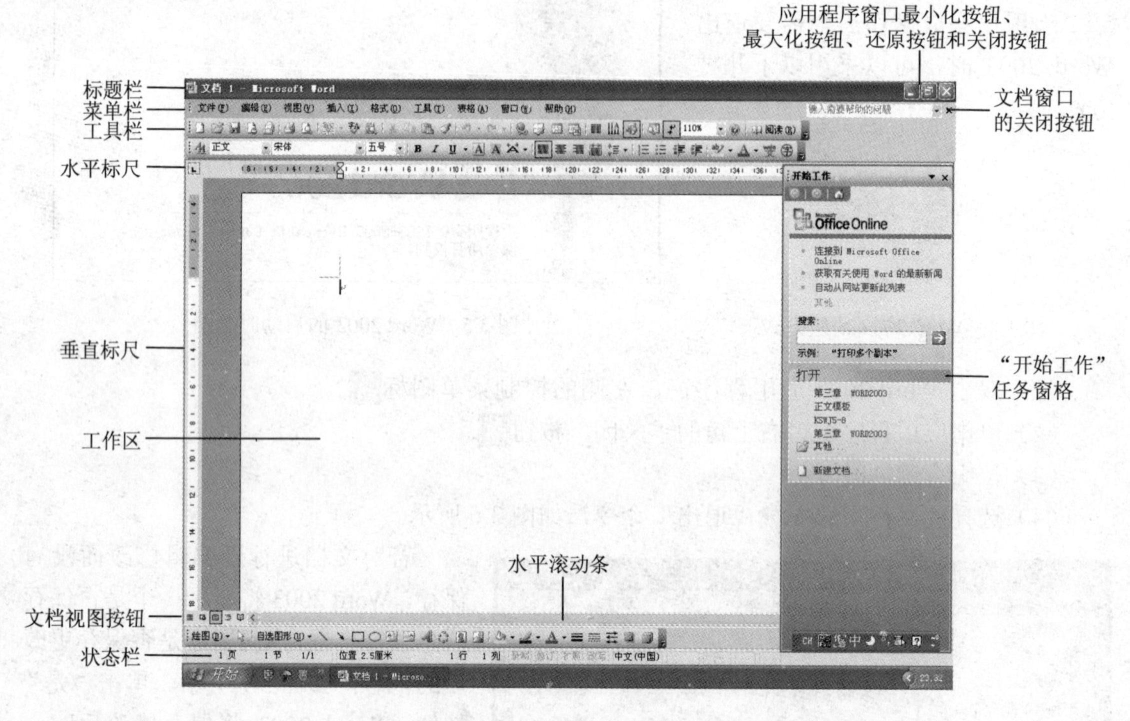

图 3.8 Word 2003 的主窗口

2. 菜单栏

菜单栏位于窗口的第二行，提供编辑、排版等操作命令。如图 3.9 所示，包含有文件、编辑、视图、插入、格式、工具、表格、窗口和帮助等 9 项，称为菜单名或栏目名。单击某一菜单名，弹出下拉式菜单，可从中选择所要使用的菜单命令，单击左键执行该命令。

图 3.9 Word 2003 菜单栏

若在下拉式菜单的下方有一个向下的箭头，单击箭头或等待片刻，菜单中会出现更多的命令项，如图 3.10 所示。

3. 工具栏

工具栏位于菜单栏下方。Word 2003 将常用的菜单命令制成工具按钮列在工具栏中，单击这些按钮即可实现相应的操作，这样比在菜单栏中寻找命令项更方便快捷。通常，在 Word 2003 窗口中显示的是"常用"工具栏和"格式"工具栏，如图 3.11 所示。"常用"工具栏主要是用于处理和编辑文档。"格式"工具栏主要用于对字符和段落进行格式编排。将光标在工具按钮上停留片刻，旁边将会显示该按钮的功能名称。

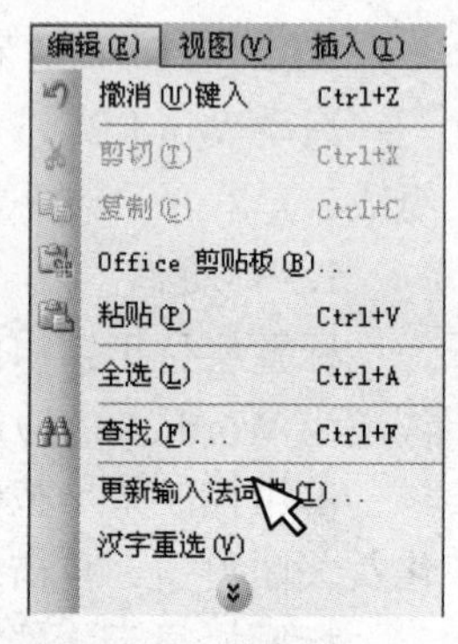

图 3.10 "编辑菜单"

4. 标尺

标尺是 Word 2003 用来精确定位的工具，可快速改变边界和缩进情况。水平标尺上有 3 个游标，上面的游标表示段落第一行的起始位置，下面左边的游标表示段落其他行或所有行的起始位置，右边的游标表示段落所有行的右边界。详见 3.3.2 节段落设置。

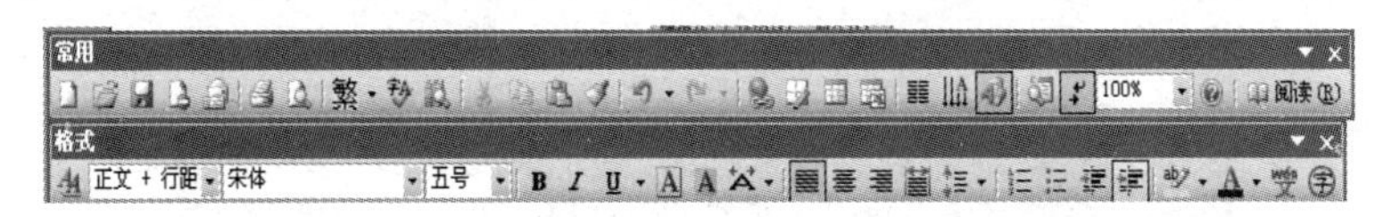

图 3.11　“常用”工具栏和“格式”工具栏

5. 工作区

工作区是指窗口中间的空白处，是用户输入和编辑文本、绘制图形、引入图片的地方。光标进入工作区会变成“I”形。工作区中闪烁的竖条代表插入点，指示下一个输入字符的位置；一个弯曲的箭头为回车标记或段落标记，代表段落结束。

6. 滚动条

单击垂直或水平滚动条，或拖动滚动条中的方块，可调整文档的显示部分。

7. 视图按钮

在水平滚动条的左端有普通视图、Web 版式视图、页面视图、大纲视图和阅读版式 5 个按钮。利用这 5 个按钮可切换文档显示的方式。详见 3.1.3 节文档的视图。

8. 状态栏

状态栏位于 Word 2003 窗口的最下方，用来显示插入点所在页的一些附加信息。

9. 快捷菜单

在不同的使用场合具有不同的内容和功能，这样可以使用户更加方便快捷地实现操作。例如，在进行文档编辑工作时，需要复制一段内容，可以先进行选取，然后将鼠标指针指向被选中的内容，当指针形状变为箭头时，右击或按组合键 Shift+F10，将出现一个快捷菜单，如图 3.12 所示。利用这个快捷菜单，可以方便地进行文档的编辑工作。如果菜单中的某些命令呈灰色，则表示该命令当前不可执行。

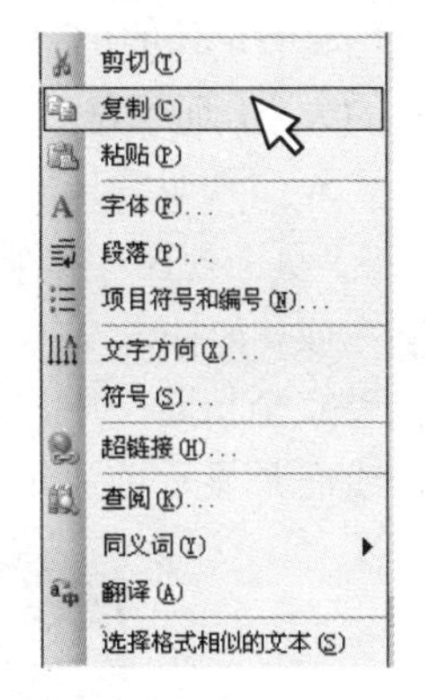

图 3.12　快捷菜单

3.1.3　文档的视图

Word 2003 提供了多种查看文档的方式，同一文档可按不同需要以多种方式显示在屏幕上。“文档视图”按钮位于文档编辑区的左下角，如图 3.13 所示，通过“文档视图”按钮可快速切换 “普通视图”、“Web 版式视图”、“页面视图”、“大纲视图”和“阅读版式”五种视图方式。

通过“视图”菜单的命令选项可选择以上五种视图方式以及“文档结构图”、“缩略图”、“页眉和页脚”、“显示比例”、“全屏显示”等 10 种方式，如图 3.14 所示。

图 3.13　文档视图按钮

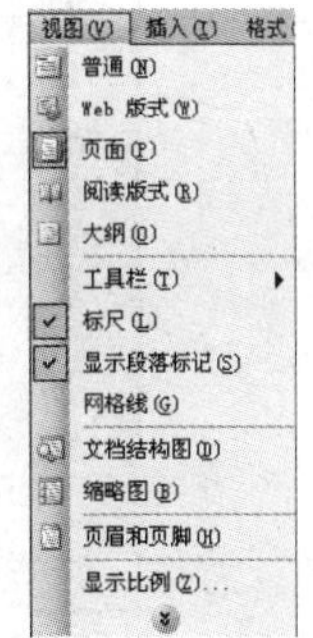

图 3.14　视图菜单

1. “普通视图”

“普通视图”布局简单，不显示页边距、页眉、页脚等信息。文本输入超过一页，编辑窗口将出现一条虚线，这就是分页符，如图 3.15 所示。

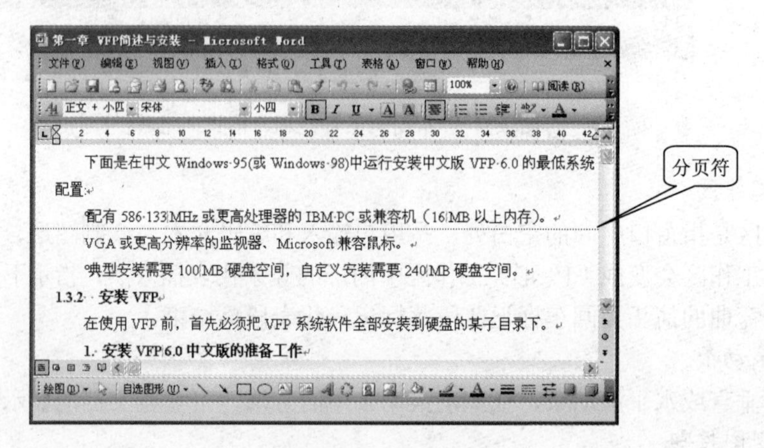

图 3.15 “普通视图”显示效果

2. “WEB 版式视图”

使用“WEB 版式视图”可显示文档在 IE 浏览器中的外观。该视图优点是优化了屏幕布局，文档具有最佳的屏幕外观，使联机阅读更容易。特点是正文显示得更大，并且自动换行以适应窗口的大小，而不是以实际的打印效果显示。另外，可对文档的背景、浏览、制作网页等进行设置。

3. “页面视图”

“页面视图”能够显示出标尺、插入的页眉和页码等内容，很多操作必须在“页面视图”下完成，如插入文本框、绘制图形及插入艺术字等。“页面视图”屏幕显示效果和文档的打印效果完全相同，用户可以查看打印页面中的文本、图片和其他元素的位置。分页符不是一条虚线而是显示页边距，如图 3.16 所示。

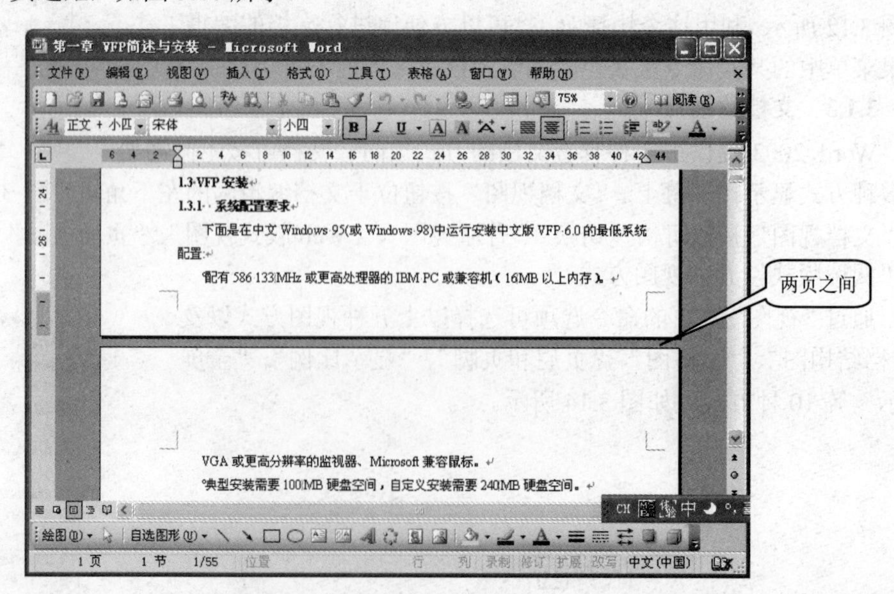

图 3.16 “页面视图”显示效果

4. “大纲视图”

“大纲视图”用于显示、修改或创建文档的大纲。切换到“大纲视图”方式中，系统将自动打开“大纲”工具栏，该工具栏中包含了“大纲视图”中最常用的操作。在大纲视图方式中，用户可以折叠文档，只查看文档的主标题，也可以展开文档，查看全部内容，如图 3.17 所示。

5. “阅读版式”

“阅读版式”视图将会隐藏“阅读版式”和“审阅”工具栏以外的所有工具栏，便于用户阅读，优化阅读。“阅读版式”视图在缩小页面的同时不改变文字的大小，如图 3.18 所示。

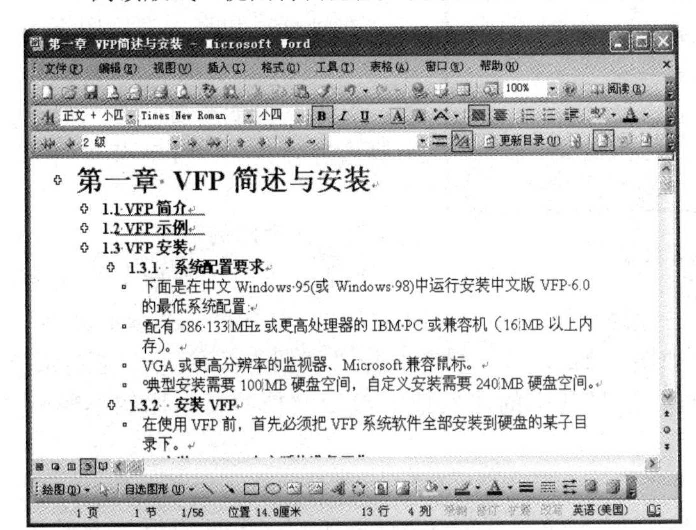

图 3.17 “大纲视图”显示效果

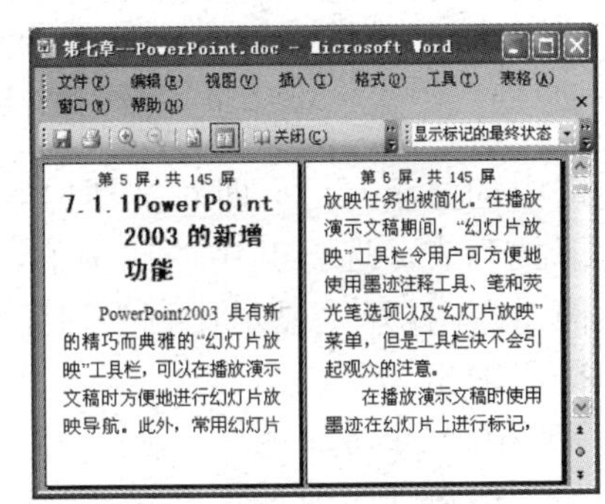

图 3.18 “阅读版式”视图显示效果

6. “文档结构图”

“文档结构图”在一个单独的窗格中显示文档标题，用户可以通过文档结构图在整个文档中快速浏览并定位特定的文档内容，如图 3.19 所示。

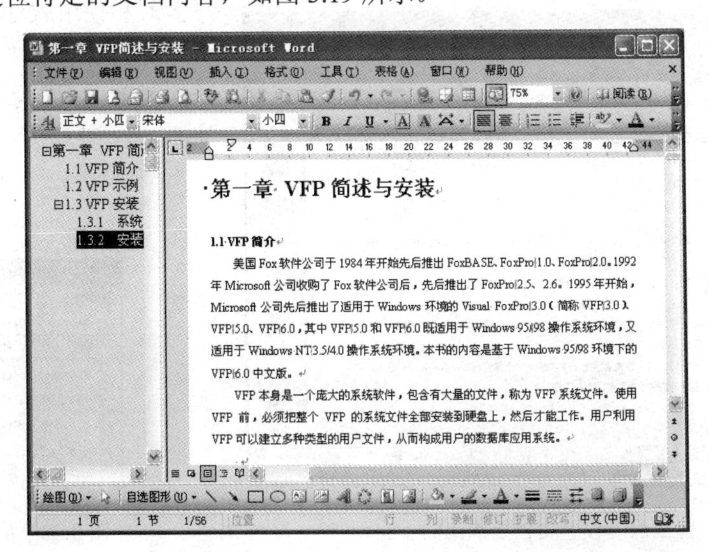

图 3.19 “文档结构图”显示效果

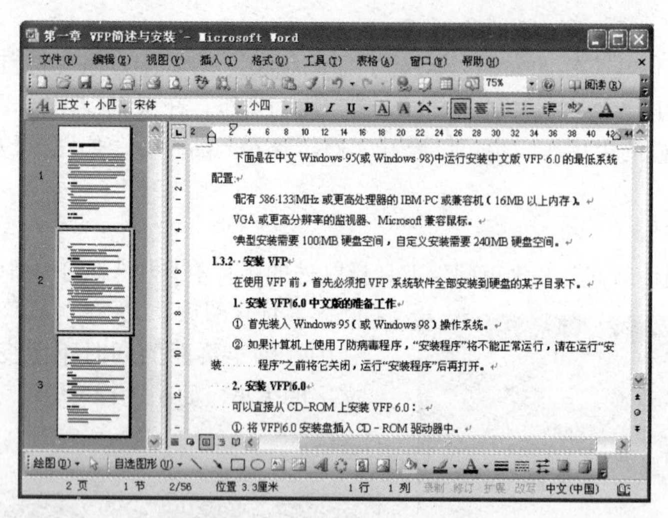

图 3.20 “缩略图”显示效果

7. “缩略图”

在“缩略图”视图中，用户在窗口左边直接选择要查看的缩略图，即可迅速查看相应的页面，加快工作效率，如图 3.20 所示。

8. “页眉和页脚”

在“页眉和页脚”视图下，用户可根据需要插入和编辑页码、页数、日期和时间等页眉和页脚内容。详见 3.4.2 节页眉和页脚。

9. “显示比例”

“显示比例”是指文档在窗口中的显示尺寸，即对文档内容进行缩放。方法是单击“常用”工具栏上“显示比例”下拉列表，选择其中的比例值，如图 3.21 所示。或者选择“视图”菜单 →“显示比例...”，打开“显示比例”对话框，选择其中的比例值。改变文档的显示比例不影响打印输出。

10. “全屏显示”

选择“视图”菜单→“全屏显示”，屏幕只显示 Word 的工作区，并出现“全屏显示”工具栏。单击“全屏显示”工具栏→“关闭全屏显示”按钮，即可回到正常编辑状态。

3.1.4 使用帮助

联机帮助功能使用户在遇到问题时，无需退出当前应用程序就能获得帮助信息，它在用户学习和使用软件中承担着重要的引导任务。单击“帮助”菜单，打开的菜单中列出了所有帮助选项，如图 3.22 所示。

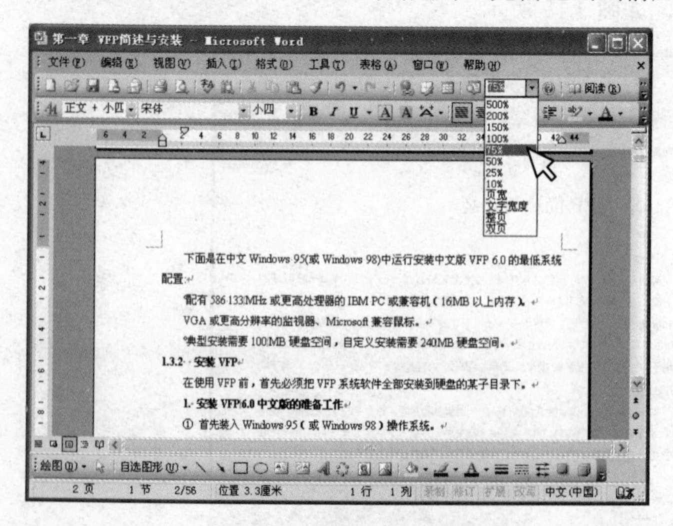

图 3.21　设置文档显示比例

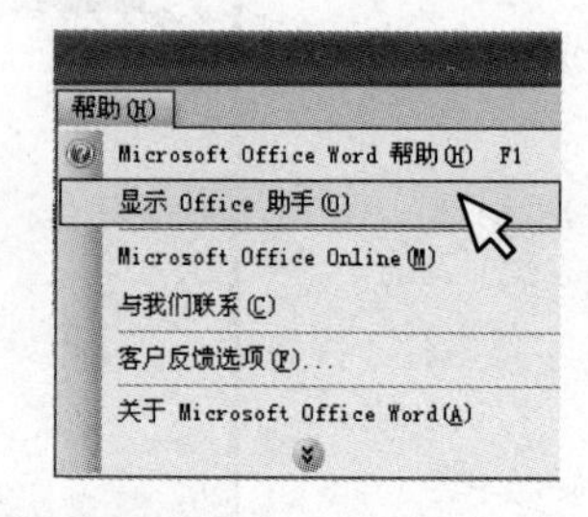

图 3.22　帮助菜单

（1）选择“显示 Office 助手”菜单项，屏幕中会出现如图 3.23 所示的 Office 助手。Word

2003 的“Office 助手”功能使用了“IntelliSense 自然语言”技术，可根据用户当前的操作提示不同的帮助主题，也可由用户键入帮助要求来获得答案。

(2)在出现 Office 助手的气球中输入想获取帮助的内容，例如，输入“脚注”，如图 3.23 所示。

（3）单击“搜索”按钮，会出现“搜索结果”任务窗格，如图 3.24 所示，显示出用户想获取帮助的信息。

（4）如果用户的计算机连接了 Internet，还可以使用 Microsoft Office Online 来获取帮助，如图 3.25 所示，“搜索结果”任务窗格显示正在连接 Internet。

图 3.23　Office 助手

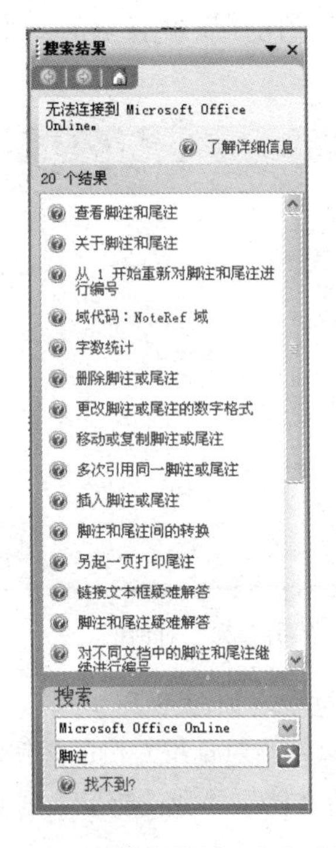

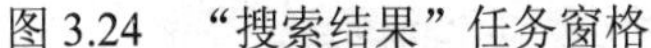

图 3.24　“搜索结果”任务窗格

图 3.25　获取联机帮助

3.2　Word 文档的创建与编辑

3.2.1　文档的创建和保存

1. 文档的建立

启动 Word 2003 应用程序后，Word 2003 会自动创建一个名称为“文档 1”的空白文档，如图 3.8 所示。

在操作过程中，如果要创建新的文档，可以使用下面三种方法。

方法一：使用快捷键 Ctrl＋N。

方法二：单击“常用”工具栏的“新建空白文档”按钮。

方法三：执行“文件”菜单 →“新建...”，启动并使用“新建文档”任务窗格，如图 3.26 所示。

如果使用前两种方法，Word 2003 将基于通用模板创建新的空白文档；使用方法三，有比较多的文档类型可以选择。在任务窗格中，可以新建“空白文档”、“XML 文档”、“网页”和“电子邮件”，也可以根据原有文档或模板创建新文档。

2. 文档的保存

在使用 Word 2003 编辑文档时，保存文档的操作非常重要，为了有效地避免因停电、死机等意外事故造成的损失，每隔一段时间就要对文档保存一次。

（1）保存新建文档的操作步骤。

1）选择“文件”菜单→“保存”命令，如果用户是第一次保存当前文档，将打开如图 3.27 所示的“另存为...”对话框。还可以单击常用工具栏的保存按钮或组合键 Ctrl＋S 来实现保存文档操作。

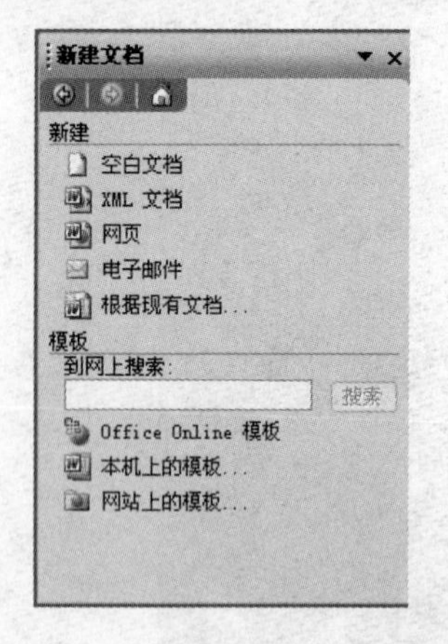

图 3.26 “新建文档”任务窗格

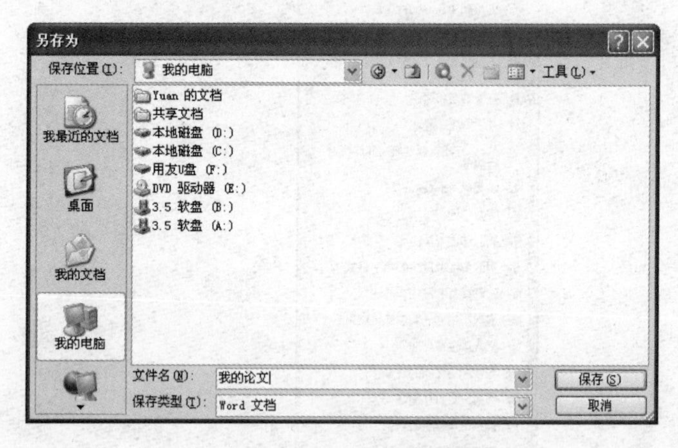

图 3.27 “另存为”对话框

2）在“保存位置”下拉列表中选择一个保存文件的位置，如图 3.28 所示。当前文档要保存在 D:\WUTemp\论文。在“另存为...”对话框中，可以使用对话框左侧的按钮，快速的找到常用的保存位置，如“我最近的文档”、“桌面”、“我的文档”、“我的电脑”等。

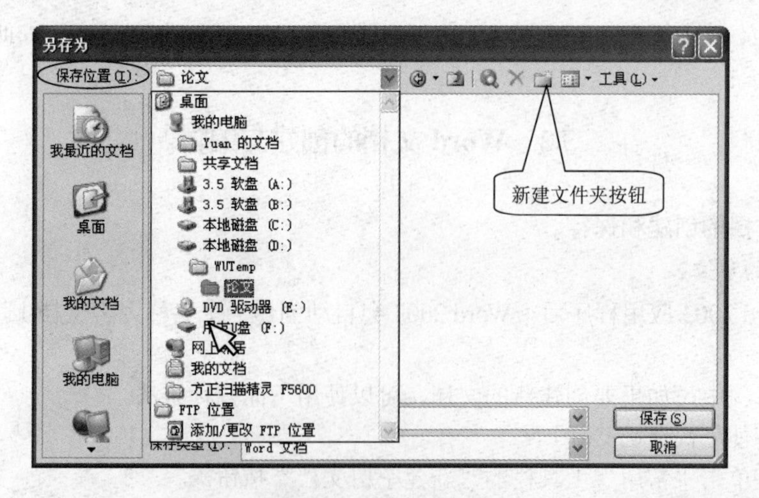

图 3.28 设置保存位置

另外，“另存为...”对话框中还提供了工具按钮，如“新建文件夹”按钮，可以在用户保存时，建立新的保存位置。

3）在“文件名”文本框中输入文档的名称。若不输入，则 Word 会以文档的开头的第一句话作为文件名进行保存，如图 3.29 所示。

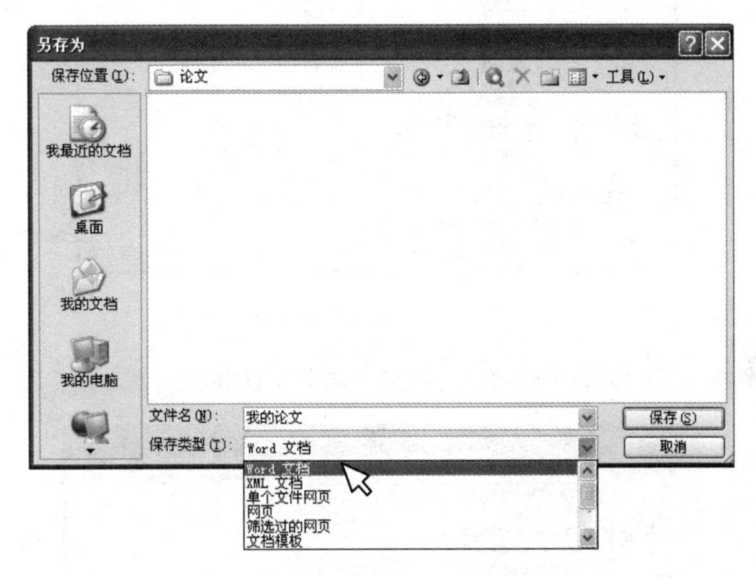

图 3.29　设置保存文件类型

文件名中可以有空格，可以区分大写字母和小写字母，最多可包含 255 个字符，但不能出现下列字符：'/'、'>'、'<'、'*'、'?'、' “ ” '、'|'、'：'、'；'。

4）在“保存类型”下拉列表框中选择以何种文件格式保存当前文件，如图 3.29 所示。可以选择 Word 文档、纯文本、网页、文档模板等来保存文档。一般保存为 Word 文档时，可以只需要输入文件名，其默认扩展名为 .doc。

5）最后，单击“保存”按钮完成保存文档的操作。

（2）保存已有文档的操作。

1）如果用户不是第一次保存当前文档，即当前文档已被保存过，则选择“文件”菜单“保存”命令，或单击常用工具栏的保存按钮或组合键 Ctrl＋S 来实现保存文档操作。但不会出现“另存为”对话框，而是在前一次保存的基础上再次保存替换原有文档内容，实现文档的更新。

2）如果不想替换原有文档内容，又要保存修改后的文档内容，可以选择“文件”菜单“另存为...”命令，在打开“另存为”对话框后进行相应的设置（如更改文件名、更改保存位置等）。

（3）全部保存的操作。

如果在按下 Shift 键的同时打开“文件”菜单，则“文件”菜单中将新增一个“全部保存”命令，选择“全部保存”命令，可将所有已经打开的文档逐一保存。

3.2.2　文档的打开和关闭

1. 文档的打开

（1）选择“文件”菜单→“打开...”命令，或者单击“常用”工具栏中打开按钮，则会弹出“打开”对话框。在查找范围下拉列表中选择文档所在的位置，如图 3.30 所示。

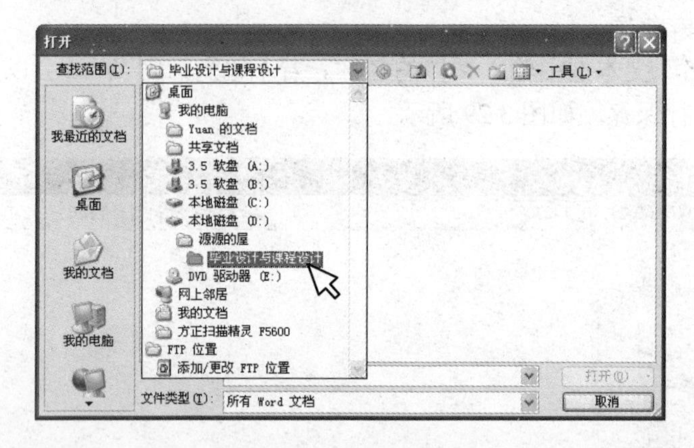

图 3.30 “打开”对话框

（2）在文件类型下拉列表中选择文件类型，如图 3.31 所示。

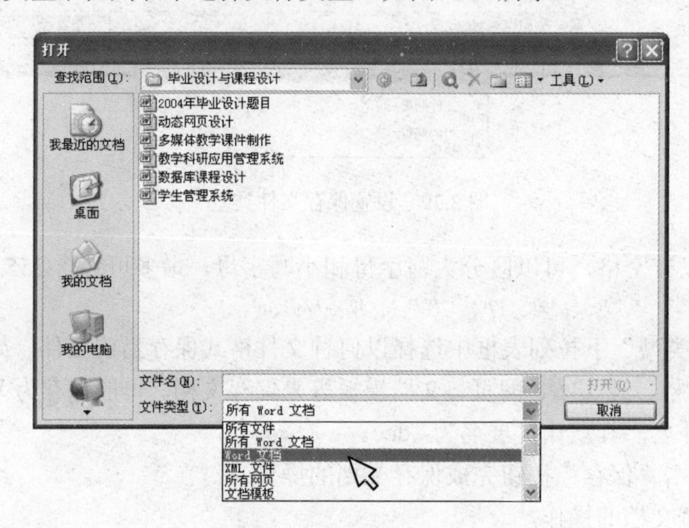

图 3.31 选择打开文件类型

（3）然后在文件列表中选择需要打开的文档，如图 3.32 所示。

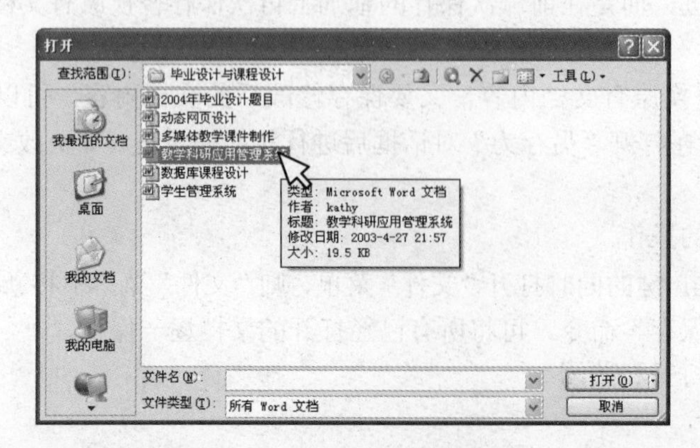

图 3.32 选择要打开的文件

（4）单击“打开”按钮，打开需要的文件。另外，单击“打开”按钮的下三角按钮，还可以选择打开方式，如只读方式、副本方式等，如图 3.33 所示。

2. 文档的关闭

完成文档的创建、编辑和保存之后，接着要做的是关闭文档，关闭文档的操作很简单，一般有以下两种方法。

方法一：在文档窗口右上角有一个“关闭”按钮×，单击此按钮可以关闭文档。

方法二：选择“文件”菜单 →“关闭”命令，如图 3.34 所示。如果按下 Shift 键的同时打开“文件”菜单，则“文件”菜单中将新增一个“全部关闭”命令，选择“全部关闭”命令，可将所有已经打开的文档逐一关闭。当然，如果有没有保存的文档，则 Word 2003 会弹出是否保存信息警告框。

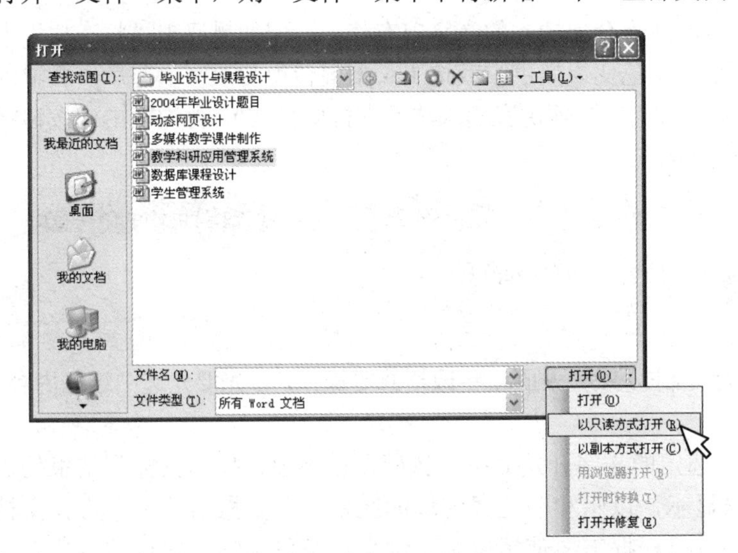

图 3.33　选择打开方式

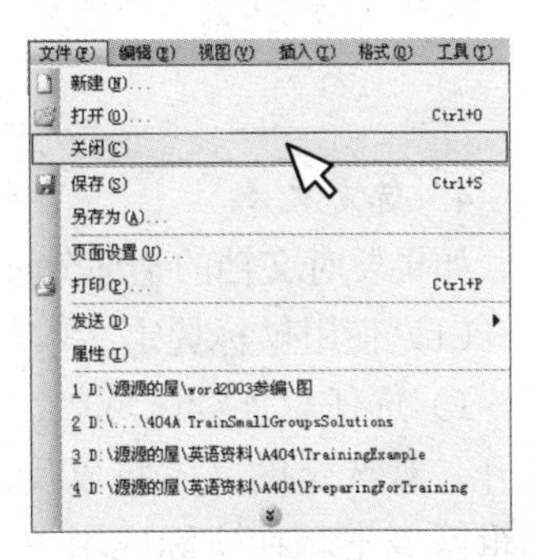

图 3.34　关闭文档窗口

以上的操作只是关闭文档的操作，并不会退出 Word 2003 应用程序。

3.2.3　文档的编辑

1. 输入文本

输入文字时，文字会出现在插入点前（也称当前位置，即那个一直闪动的小竖条，其状态显示在 Word 状态栏中）。如果要在文字中间插入新的内容，可将鼠标指针移动到相应位置单击，插入点即移到该位置，也可以按方向键移动插入点。

在页面视图中，录入文字达到一行的最右侧会自动换行。按 Enter 键可以另起一段。

2. “即点即输”

Word 2003 提供了“即点即输”的功能，即在空白文档的任意位置进行文本输入。前提是“工具”菜单 →“选项”，切换到“编辑”选项卡，选中“即点即输”复选框。

使用“即点即输”的功能进行文本输入时，需要先将 Word 视图模式切换到页面视图模式，“即点即输”功能的方便之处在于可以在文档的指定区域中快速插入文字、图形或其他内容。

在 Word 2003 中，只要将鼠标指针移到空白文档的不同区域时，指针形状都会发生变化，这表明将要应用的格式有所不同，这时双击，则文本将应用该格式。鼠标指针主要有以下几种形状：

（1）当鼠标指针移到文档左侧时显示为 I≡ 形状，这表示输入的文本将应用左对齐的格式。

（2）当鼠标指针移到文档中间时显示为形状，就表示输入的文本将应用居中对齐的格式。

（3）当鼠标指针移到文档右侧时显示为形状，就表示输入的文本将应用右对齐的格式。

（4）当鼠标指针移到文档左侧与所设的页边距相隔两个字符的位置时显示为形状，表示输入的文本将应用左缩进的格式。

（5）当文档包含有图形时，鼠标指针移到图形周围会显示为或形状，表示输入的文本将应用左右文字环绕的格式。

3. 插入和改写文字

在语句中插入文字时，原有的文字会随插入的文字向右移动。但如果双击“状态栏”上的“改写”按钮（其字体颜色将由灰色变为黑色）或按 Insert 键转换为改写状态后，新输入的文字会把右侧已有的文字覆盖（注意：微软拼音输入法不支持此模式），再次双击此按钮将返回“插入”状态，如图 3.35 所示。

图 3.35　插入和改写文字

4. 选定文本

如果要对文档的某部分进行复制、移动、删除、更改格式等操作，首先要先选中这些内容。

（1）使用鼠标选定文本。

1）选任意连续区域。在要选定的文字开始处按住鼠标左键不放，拖动鼠标到结束处再放开。被选定的文本将以反白显示，以示和非选择区域的区别。若要撤消选定，可在文档编辑区单击。在实际应用中，可以根据需要使用鼠标、键盘以及鼠标键盘配合的方式选定文本。

2）选定一行或连续的若干行。当要选中的文本是一行或几行的文本内容时，还可以利用选定栏来选取。选定栏是文档窗口左边界到正文左边之间的不可见栏，在此栏内鼠标指针变成右斜的形状；先将光标移到文本左侧的选定栏中，单击可选中光标所在的行，如图 3.36 所示。如果是在选定栏内做拖动操作，则可以选中鼠标指针拖动所经过的多行文本。

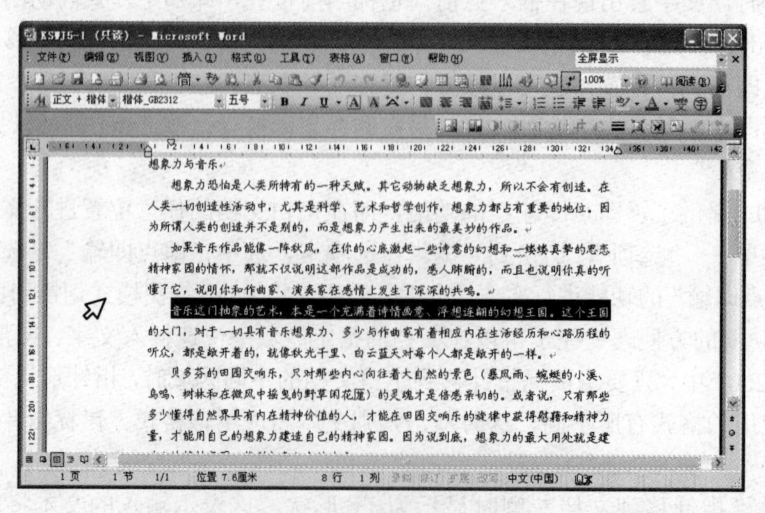

图 3.36　利用选定栏选定文本

3）选定一个段落。如果是在选定栏内双击，则可选中光标所在的段落。

4）选定连续文本。先使用鼠标将光标放置在某区域开头，再按 Shift 键，单击连续区域的末尾。

5）选定不连续文本。先使用鼠标选择某些区域，再按 Ctrl 键，使用鼠标选择其他不连续区域。

6）选定全文。如果在选定栏内按住 Ctrl 键不放的情况下再单击，即可选中整篇文档。也可以在选定栏内连续三击鼠标左键。

7）选定一个句子。按 Ctrl 键，同时在要选择的句子上单击。

8）选定一个词。在要选择的词上双击。

9）选定一个矩形区域。先按住 Alt 键不放，然后移动鼠标指针到要选中的文本之前，按住鼠标并拖动至要选中的文本之后释放鼠标即可，如图 3.37 所示。

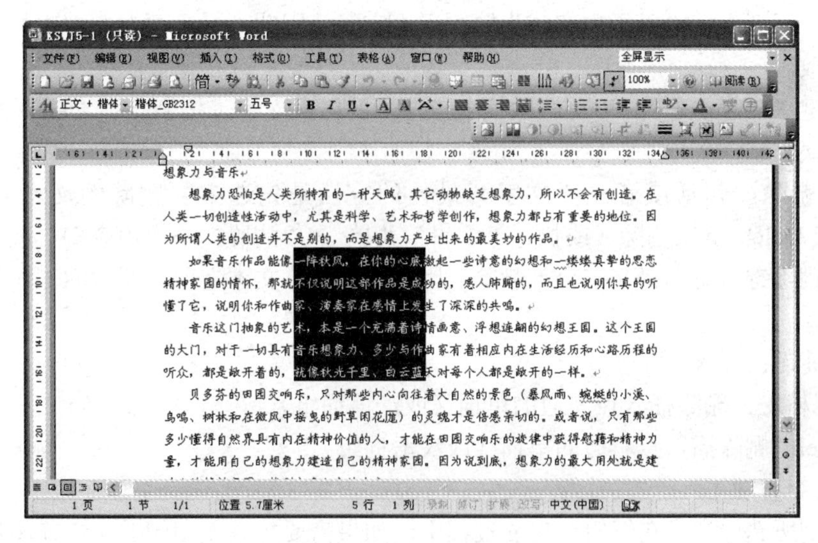

图 3.37　选取矩形区域文本

（2）使用键盘选中文本。对于习惯用键盘操作的用户来说，用键盘来选中文本会比使用鼠标选中文本更快、更准确。例如，要选中整篇文档，用鼠标选择则比较麻烦，而用键盘操作只需按组合键 Ctrl＋A 或者按组合键 Ctrl＋5（小键盘上的数字键 5）就可以了。而当要选中某几个字符时，则只要定位光标位置，然后按 Shift＋方向键（→ ← ↑ ↓键盘上的 4 个方向键）就可以完成选取。具体选择方法如表 3.1 所示。

表 3.1　　　选择文本快捷键

按　键	作　用	按　键	作　用
Shift＋↑	向上选定一行	Ctrl＋Shift＋←	选定内容扩展至单词开头
Shift＋↓	向下选定一行	Ctrl＋Shift＋→	选定内容扩展至单词结尾
Shift＋→	向左选定一个字符	Ctrl＋Shift＋↑	选定内容扩展至段首
Shift＋←	向右选定一个字符	Ctrl＋Shift＋↓	选定内容扩展至段尾

续表

按　键	作　用	按　键	作　用
Shift＋Home	选定内容扩展至行首	Alt＋Ctrl＋Shift＋PgUp	选定内容至文档窗口开始处
Shift＋End	选定内容扩展至行尾	Ctrl＋Shift＋Home	选定内容至文档开始处
Shift＋PgUp	选定内容向上扩展一屏	Ctrl＋Shifi＋End	选定内容至文档结尾处
Shift＋PgDn	选定内容向下扩展一屏	先按F8，再按方向键	扩展选取文档中具体某个位置
Alt＋Ctrl＋Shift＋PgDn	选定内容至文档窗口结尾处	Ctrl＋A或Ctrl＋5（小键盘）	选定整个文档

5. 删除错误

在撰写文档时，多少会出现一些错误，如因输入不正确而产生的一些文字输入错误、单词拼写错误，无意中多输入了内容或少输入了内容等。因此，就需要对文档中的文本内容进行编辑和修改。

按退格键 Backspace“←”可删除插入点左侧的错误文字，按删除键 Delete 可删除插入点右侧的错误文字。

如果要删除一句话或者一段文字，最佳的方法是先选中要删除的文本，然后再按 Backspace 或 Delete 键来删除（或执行“编辑”菜单 →“清除”→“内容”），选中文字块再按退格键或删除键可将选择文字全部删除。因此，在删除文本之前，要做的工作就是先选中文本。

其他快捷键：

Ctrl＋退格键：删除插入点左边的单词（或汉语词组）。

Ctrl＋Del：删除插入点右边的单词（或汉语词组）。

6. 复制和移动

（1）复制所选内容。在编辑文档的过程中，如果需要相近或相同的文本或图片，可以将原文本或图片进行复制粘贴，然后稍作修改甚至不做修改，这样可以避免重复操作，节省时间和精力。

要复制文本或图片就必须先选中文本或图片，复制操作可以使用菜单命令，也可以使用工具按钮或快捷键，其中最常用的方法是使用快捷键进行复制。

复制和粘贴操作的步骤如下。

1）在文档中选中要复制的内容，如图 3.38 所示，然后按组合键 Ctrl＋C。也可以单击工具栏中的“复制”按钮，或者是选择“编辑”菜单 →“复制”命令。

2）此时，所选中内容被复制到了 Office 的剪贴板中，接着，移动鼠标指针将光标定位到要粘贴的位置。

3）按组合键 Ctrl＋V，也可以单击工具栏上的“粘贴”按钮，或者选择“编辑”菜单→“粘贴”命令，就可以将复制后的内容粘贴到指定的位置，如图 3.39 所示。

（2）移动所选内容。在编辑文档的过程中，如果需要移动文本或图片，可以先选中文本或图片，然后进行剪切操作。剪切操作可以使用菜单命令，也可以使用工具按钮或快捷键，其中最常用的方法是使用快捷键进行剪切。

剪切和粘贴操作的步骤如下。

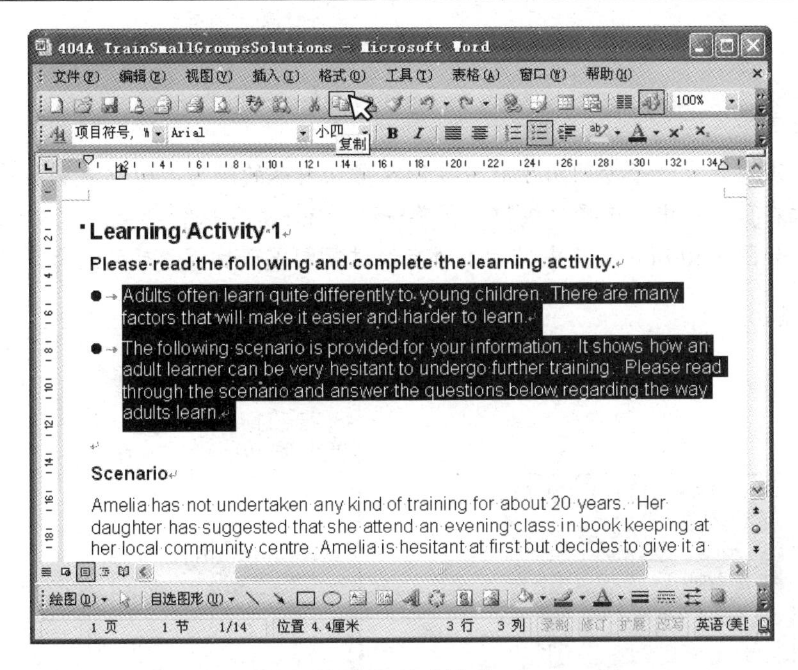

图 3.38　复制文本

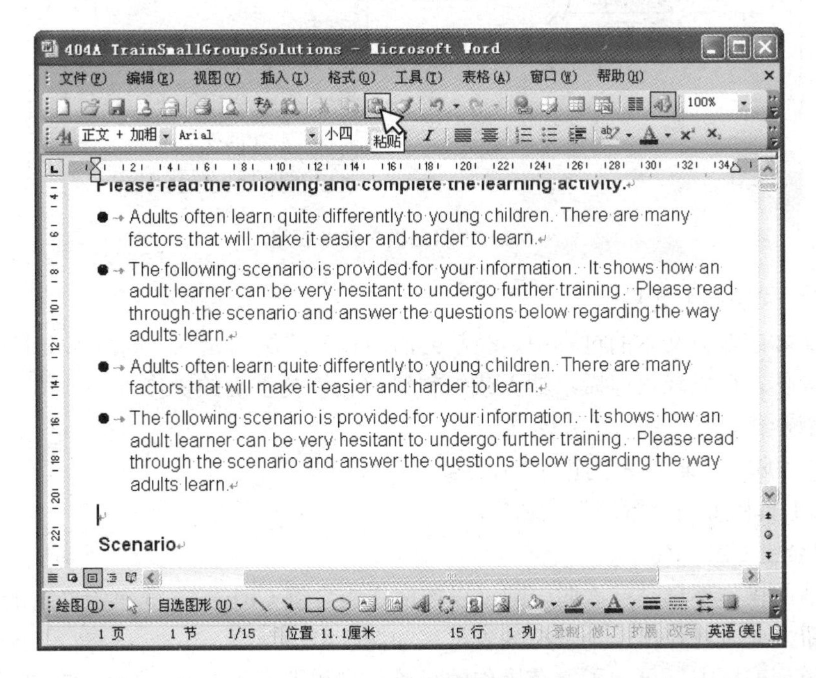

图 3.39　粘贴文本

1）在文档中选中要剪切的内容，然后按组合键 Ctrl+X。也可以单击工具栏中的“剪切”按钮，或者是选择“编辑”菜单 →“剪切”命令。

2）此时，所选中的内容被剪切到了 Office 的剪贴板中，接着，移动鼠标指针将光标定位到要粘贴的位置。

3）按组合键 Ctrl+V，也可以单击工具栏上的“粘贴”按钮，或者选择“编辑”菜单 →

“粘贴”命令，就可以将剪切后的内容粘贴到指定的位置。

Office 剪贴板是一个专门用于放置复制及剪切内容的场所，所有复制和剪切后的内容都会被放在剪贴板中。选择“编辑”菜单→“Office 剪贴板”命令，将显示“剪贴板”任务窗格，如图 3.40 所示，其中显示了所有经过复制或剪切操作后的内容，从中可以有选择地粘贴。

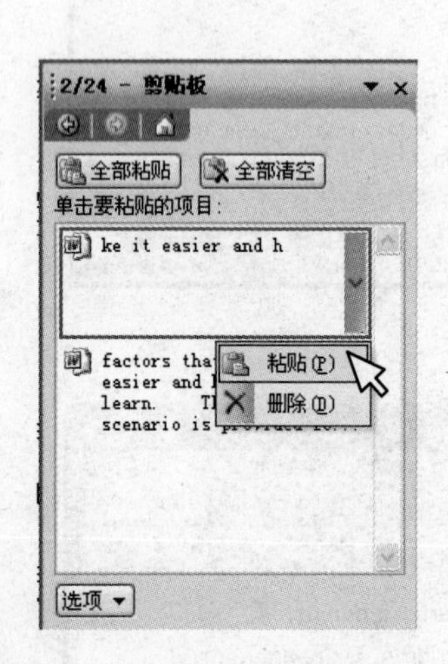

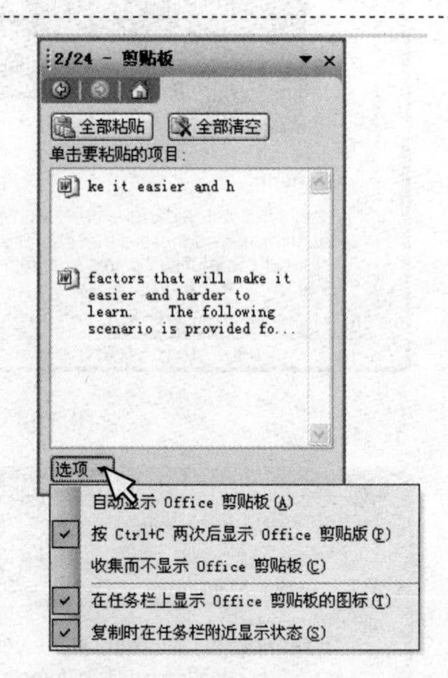

图 3.40 “剪贴板”任务窗格

7. 撤消、恢复或重复操作

在输入文本或编辑文本的过程中，经常会出现输入或编辑错误。利用 Word 提供的撤消、恢复或重复操作，可以轻松地撤消输入或编辑错误，恢复正确的操作。

（1）撤消操作。

1）选择“编辑”菜单→“撤消”命令。

2）单击工具栏上的“撤消”按钮。

3）按组合键 Ctrl+Z。

当要撤消的操作不只是一次时，则可以按多次组合键 Ctrl+Z，或单击“撤消”按钮右侧的下三角按钮，此时将弹出一个下拉列表框，如图 3.41 所示。

在该下拉列表框中，显示了所有操作的记录。如果要撤消某几步操作，只要移动鼠标指针至列表框中，选中要撤消的操作步骤，然后单击即可。

（2）恢复操作。恢复操作与撤消操作刚好相反，它的作用是恢复已经被撤消的操作。当执行了撤消操作后，在“撤消”按钮右侧的“恢复”按钮就会被置亮，表示可以使用。恢复操作的方法如下。

1）选择“编辑”→“恢复”命令。

2）单击工具栏上的“恢复”按钮。

3）按组合键 Ctrl+Y。

若要恢复多次操作，则可以单击“恢复”按钮右侧的下三角按钮，也将弹出一个下拉列表框，如图 3.42 所示。在打开的列表框中选择要恢复的操作，然后单击即可。

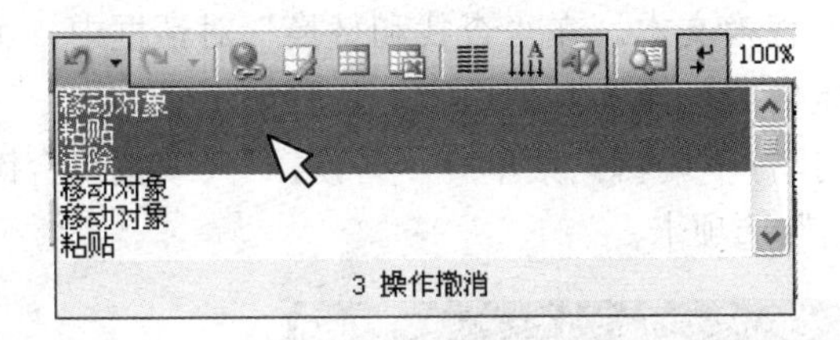

图 3.41　撤消操作

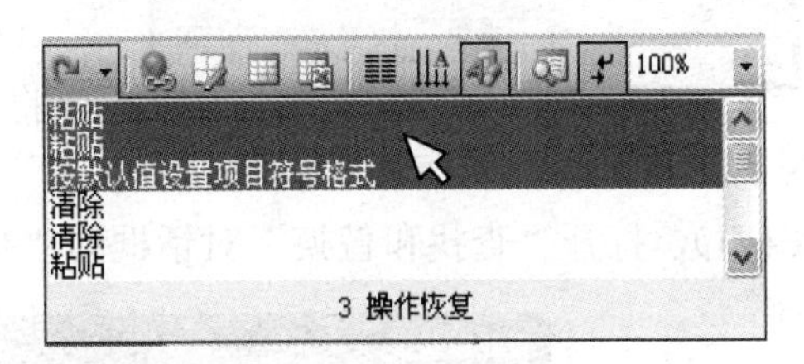

图 3.42　恢复操作

注 意

撤消和恢复的操作适用于 Word 中的任何一项操作，不管是输入文本、设置文本格式，还是图形和表格的操作，都可以使用撤消和恢复的操作。

（3）重复操作。重复操作是重复上一次的操作。既可以重复上一次输入的文字，也可以重复上一次插入的图形。重复操作的方法如下。

1）选择“编辑”→“重复”命令。

2）按 F4 键。

3）按组合键 Ctrl+Y。

例如，上一次的操作是输入“重复”两个字，那么按一下 F4 键或组合键 Ctrl+Y 进行重复操作时，就又会输入一个“重复”。如果上一次操作是插入某一个图形，那么，按一下 F4 键则又会出现与上一次插入的图形相同的图形。

8. 查找与替换文本

使用 Word 的查找功能可以快速地查出并定位到查找对象，其中，查找文本最为常用。此外，还可以查找特定格式文本、特殊符号和标记等。

（1）常规查找。

1）执行“编辑”→“查找...”（或按组合键 Ctrl+F），打开“查找和替换”对话框中的“查找”选项卡，如图 3.43 所示。

2）在“查找内容”框中输入要查找的内容，如查找“文本”两个字。也可以先在文档中选中一个要查找的对象，打开“查找和替换”对话框后，它将自动出现在“查找内容”框中（仅限于文本）。

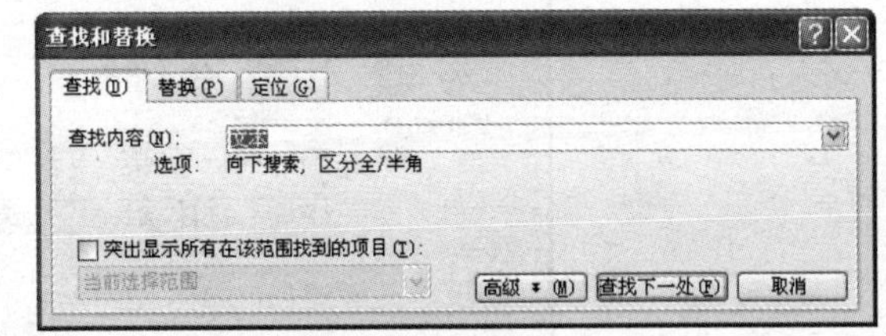

图 3.43　“查找和替换”对话框

3）单击“查找下一处”按钮，Word 即从插入点开始查找。

4）向下找到第一个匹配的文本后，Word 会自动选中该文本。此时不必关闭对话框，可直接对选中文本进行编辑和修改，如果想继续查找，可单击“查找下一处”按钮。文档全部搜索完毕后，会提示已经完成搜索，如图 3.44 所示。

“查找”选项卡中存在一个“突出显示所有在该范围找到的项目”复选框，如果选中它，

图 3.44 提示 Word 已完成搜索的对话框

“查找下一处”按钮字体将变为“查找全部”按钮，单击此按钮，即可在全文档或页眉页脚内搜索符合要求的目标，如图 3.45 所示。

（2）替换文本。在“查找和替换”对话框中，可以将指定内容替换为其他内容。步骤如下。

1）执行“编辑”菜单→“替换...”（或按组合键 Ctrl＋H），打开“查找和替换”对话框的“替换”选项卡。

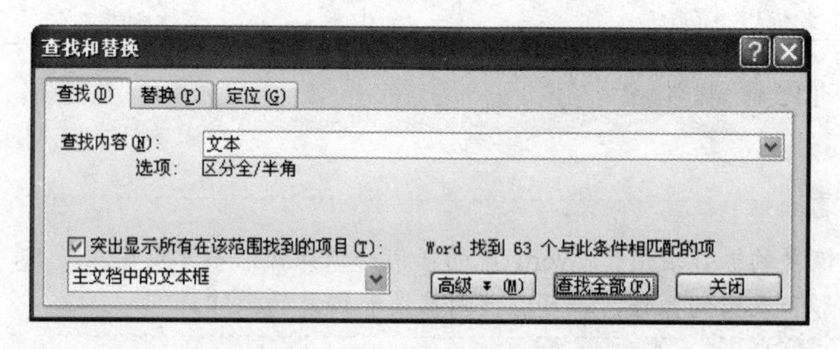

图 3.45 “查找全部”按钮

2）在“查找内容”框中输入要查找的内容，本例输入“文本”。如果有其他要求，就可单击“高级”按钮，显示窗口的高级选项。例如，设定替换格式为“粗体”。

3）在“替换为”框中设置替代内容，可输入文本、设置文本格式，也可以单击“特殊字符”按钮进行设置。

4）单击“查找下一处”按钮，Word 即从插入点开始查找，找到符合条件的目标后，将自动选中对象，如果需要替换，可单击“替换”按钮。如果要一次性替换全部的查找对象，可单击“全部替换”按钮。

例如，将查找对象“文本”，替换为粗体，红色字体的“文本内容”，如图 3.46 所示。

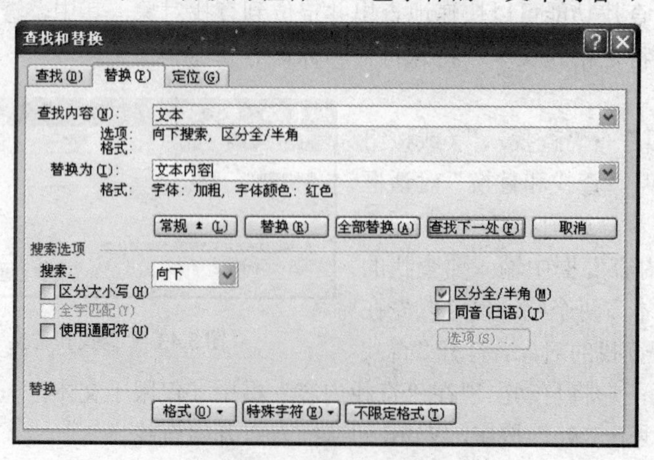

图 3.46 “替换”选项卡

9. 插入符号

（1）将插入点置于要插入符号的位置。

（2）执行“插入”菜单→“符号...”，打开“符号”对话框的“符号”选项卡，如图 3.47

所示。在字体下拉列表中提供了汉字的各种字体以及其他符号字体。

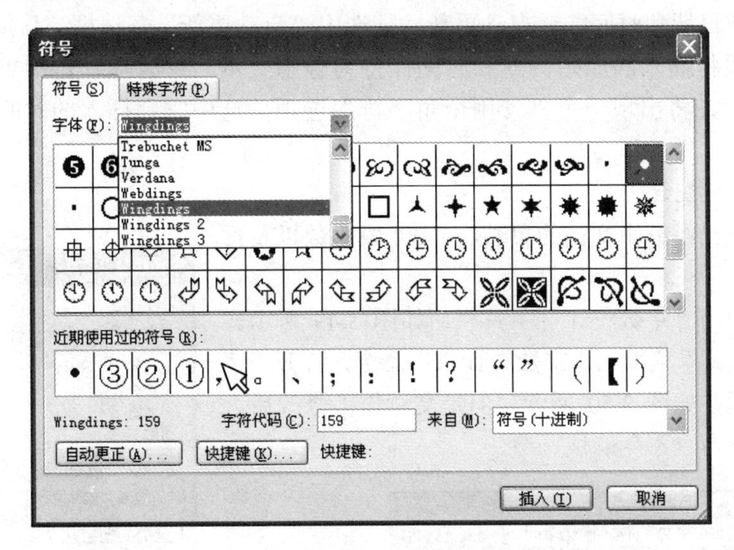

图 3.47 “符号”对话框

（3）选择一种字体（以 Wingdings 为例）。如果该字体有多种子集，就还可选择一种子类别。

（4）单击选择要插入的符号（以符号 • 为例），单击“插入”按钮，在文档中插入该符号。

（5）单击“关闭”按钮关闭对话框。

在“符号”对话框中还提供了以下功能。

（1）选定一种符号后，单击“自动更正...”按钮，打开“自动更正”对话框，可设置该符号的自动更正输入方式。

（2）选定一种常用的符号，单击“快捷键...”按钮，打开“自定义键盘”对话框，可对其设置一组快捷键，以后就可以利用快捷键输入该符号。注意：某些符号已经预设了快捷键，选择这些符号，快捷键将显示在“符号”选项卡的下方。

（3）如要输入 Unicode 字符，可先键入十六进制的 Unicode 字符代码，然后按组合键 Alt＋X；如要输入 ANSII 字符，可在按下 Alt 键的同时在数字键盘上按相应的十进制的字符代码。

（4）在“符号”选项卡中，存在一个“近期使用过的符号”栏，如果要使用最近用过的符号，可以直接在里面选择。

10. 插入日期和时间

在文档中插入日期和时间的方法如下。

（1）将光标置于要插入日期或时间的位置。

（2）执行“插入”菜单 →“日期和时间...”，打开“日期和时间”对话框，如图 3.48 所示。

（3）在“语言”框中选择应用的语言。

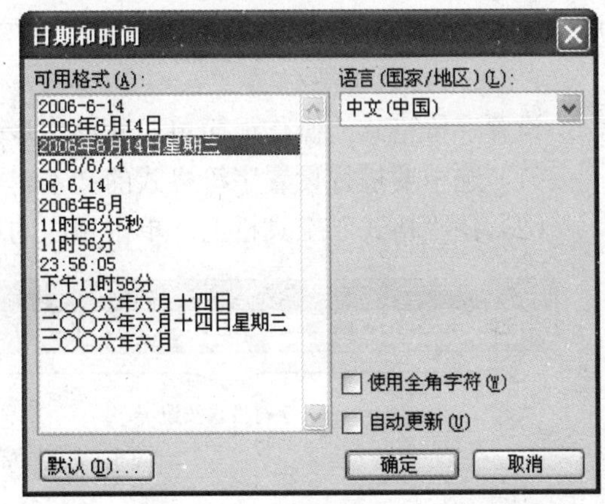

图 3.48 “日期和时间”对话框

（4）在“可用格式”框中选择日期或时间格式。

（5）若要使日期和时间能够自动更新，需选中“自动更新”复选框，日期或时间将作为域插入；如果要将插入的原始日期和时间保持为静态文本，可清除“自动更新”复选框。清除此复选框后，将出现一个“使用全角字符”选项，选中它则插入的时间和日期将以全角显示。

11. 文档字数统计

为用户提供已经编辑文档的页数、字数、段落数以及行数等具体信息。

方法一：使用“字数统计”工具栏，如图 3.49 所示。也可以选择“工具”菜单→“字数统计...”命令，打开“字数统计”对话框，如图 3.50 所示。但是文章作了修改后，多次重复使用该命令不免麻烦。

图 3.49 字数统计工具栏

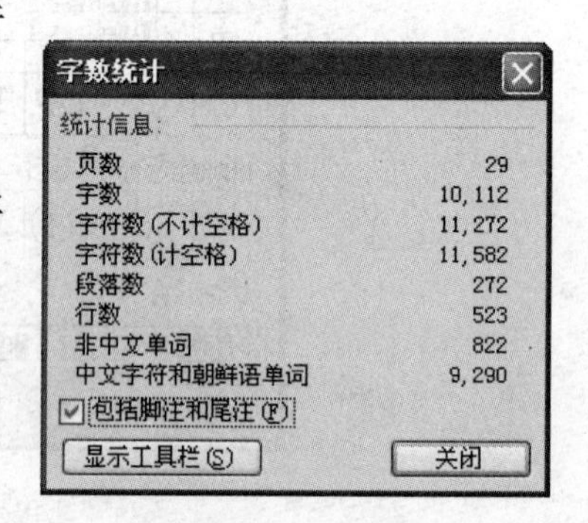

图 3.50 字数统计

方法二：除了利用菜单命令统计字数，还可以实现文章字数的动态统计。打开菜单“插入”菜单 →“域...”，选择“类别”中的“文档信息”和“域名”中的“NumChars”，“确定”退出，则出现阿拉伯数字形式的统计字符数。

如果变动了文章的内容，需要再次统计字数时，只要选中刚才得到的阿拉伯数字，右击，单击“更新域”命令，系统自动将新的统计结果呈现给用户。

3.3 文档的格式编排

3.3.1 字符格式的设置

字符格式的设置包括设置字体、字号（即字体大小）、字体颜色、字型（包括加粗、倾斜、下划线、边框和底纹）、字体缩放比例和字间距。给文本设置字符格式，可以使文档更加漂亮、规范。

1. 使用格式工具栏

设置字符格式的操作很简单，其操作步骤如下。

（1）选中要进行设置字符格式的文本。

（2）在“格式”工具栏上，单击相应的设置字符格式的按钮，如图 3.51 所示。

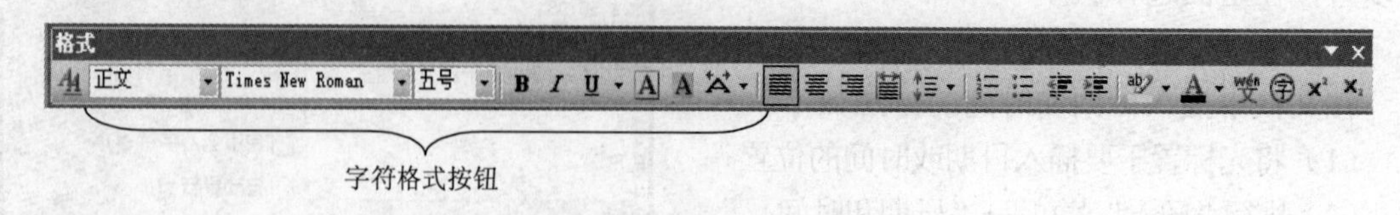

图 3.51 “格式”工具栏

如图 3.52 所示为一篇设置各种字符格式后的文档效果。

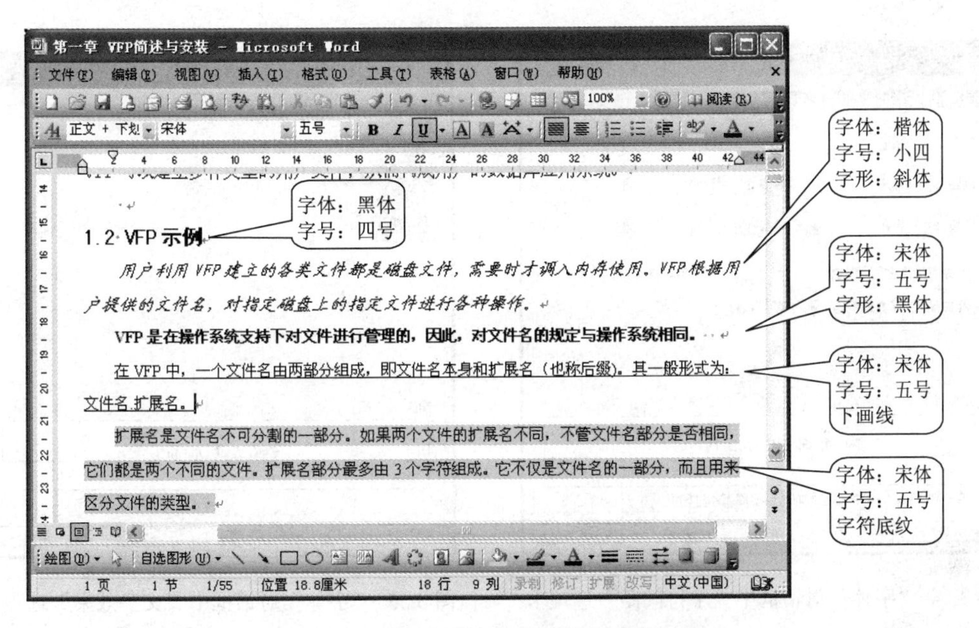

图 3.52　设置各种字符格式后的文档效果

2. 使用字体对话框

除了使用“格式”工具栏来设置字符格式之外，还可以通过“工具”菜单，选择“字体...”命令，打开“字体”对话框来设置相应的字符格式，如图 3.53 所示。

（1）使用“字体”对话框的“字体”选项卡可以设置字符的各种显示效果，设置后的效果可以从预览框中看到，如图 3.53 所示。

（2）使用“字体”对话框的“字符间距”选项卡，可以设置字符之间的间隔、字符缩放以及字符的高低位置，如图 3.54 所示。

（3）使用“字体”对话框的“字体效果”选项卡，可以设置字符的动态效果，这种动态效果不能被打印出来，如图 3.55 所示。

图 3.53　“字体”对话框中“字体”选项卡

3.3.2　段落的设置

1. 段落对齐方式

段落对齐方式是指段落在水平方向上的对齐方式。Word 应用程序中提供了“左对齐”、“居中对齐”、“右对齐”、“两端对齐”和“分散对齐”五种对齐方式。

（1）“左对齐”：左对齐方式能使整个段落在页面中靠左对齐排列。在中文文档中与两端对齐没有太大差别，但当输入的是英文文本，左对齐与两端对齐就有很大的差别了。此按钮对应的快捷键是组合键 Ctrl＋L。

（2）“居中对齐”：居中对齐方式能使整个段落在页面上居中对齐排列。此按钮对应的快捷键是组合键 Ctrl＋E。

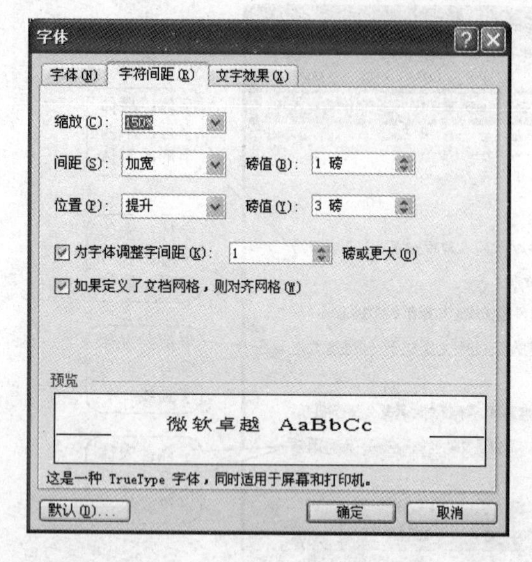

图 3.54 “字体”对话框中“字符间距”选项卡

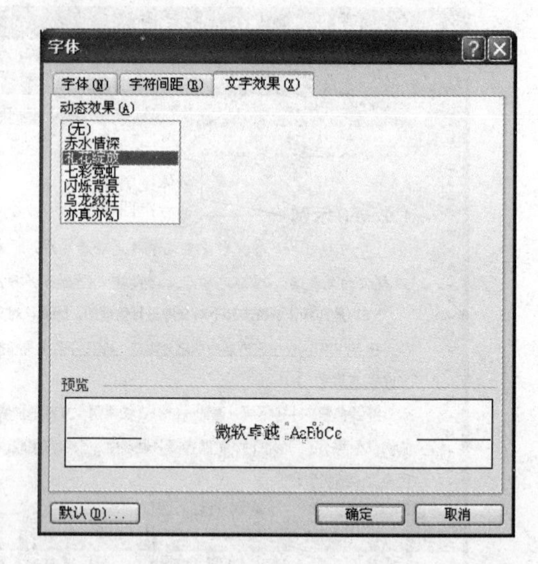

图 3.55 “字体”对话框中“文字效果”选项卡

（3）“右对齐” ：右对齐方式能使整个段落在页面中靠右对齐排列。对应的快捷键是组合键 Ctrl+R。

（4）“两端对齐” ：两端对齐能调整文字的水平间距，使其均匀分布在左右页边距之间并使两侧文字具有整齐的边缘。Word 中默认的对齐方式是两端对齐方式。此按钮对应的快捷键是组合键 Ctrl+J。

（5）“分散对齐” ：此对齐方式能使整个段落的文本两端撑满，均匀分布对齐。此按钮对应的快捷键是组合键 Ctrl+Shift。

要实现段落对齐的操作步骤是：先选中要进行段落对齐的文本（可以是一个段落或多个段落），然后在“格式”工具栏上单击相应的段落对齐按钮，如图 3.56 所示，或者使用与其对应的快捷键。这几种对齐方式的效果如图 3.57 所示。

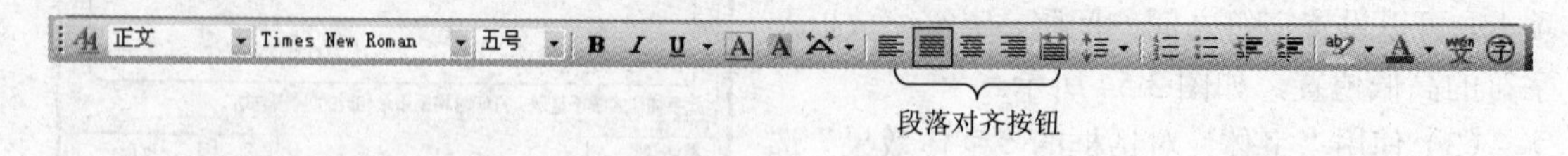

图 3.56　段落对齐按钮

2. 设置段落缩进方式

段落缩进是指在水平方向上的段落缩进。Word 提供了 4 种缩进方式，包括首行缩进、悬挂缩进、左缩进和右缩进。这几种缩进方式的特点如下。

（1）“首行缩进”是指将选中的段落的第 1 行从左向右缩进一定的距离，而首行以外的各行都保持不变。选定要缩进的段落，在水平标尺上，将“首行缩进”游标拖动到希望缩进开始的位置，如图 3.58 所示。

（2）“悬挂缩进”与首行缩进方式相反，即首行文本不加改变，而除首行以外的文本缩进一定的距离。选定要缩进的段落，在水平标尺上，将“悬挂缩进”游标拖动到希望缩进开始的位置，如图 3.59 所示。

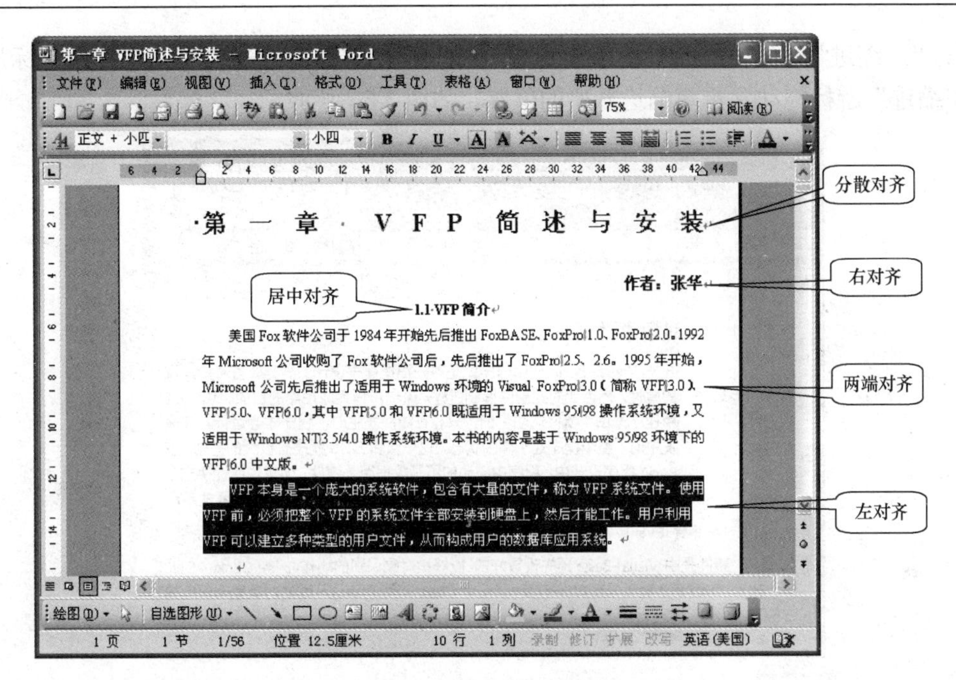

图 3.57　几种对齐方式的效果

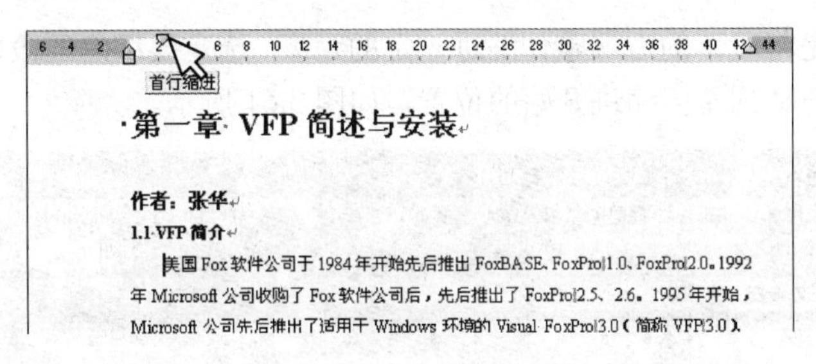

图 3.58　设置首行缩进

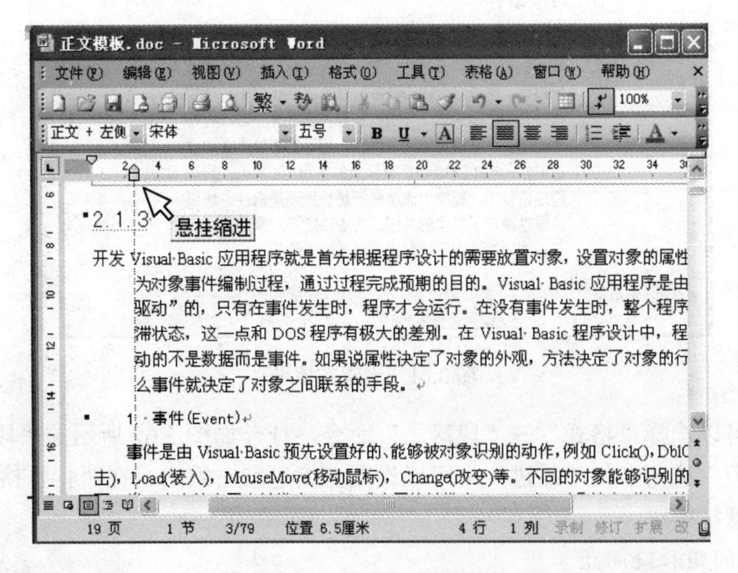

图 3.59　设置悬挂缩进

（3）“左缩进”是将段落的左端整体缩进一定的距离。选定要缩进的段落，在水平标尺上，将“左缩进”游标拖动到希望缩进开始的位置，如图 3.60 所示。

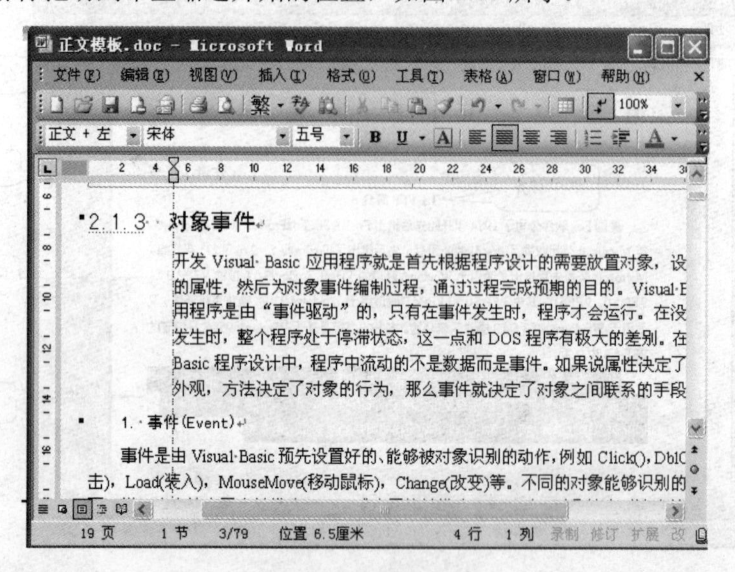

图 3.60 设置左缩进

（4）“右缩进”是将段落的右端整体缩进一定的距离。选定要缩进的段落，在水平标尺上，将“右缩进”游标拖动到希望缩进开始的位置，如图 3.61 所示。

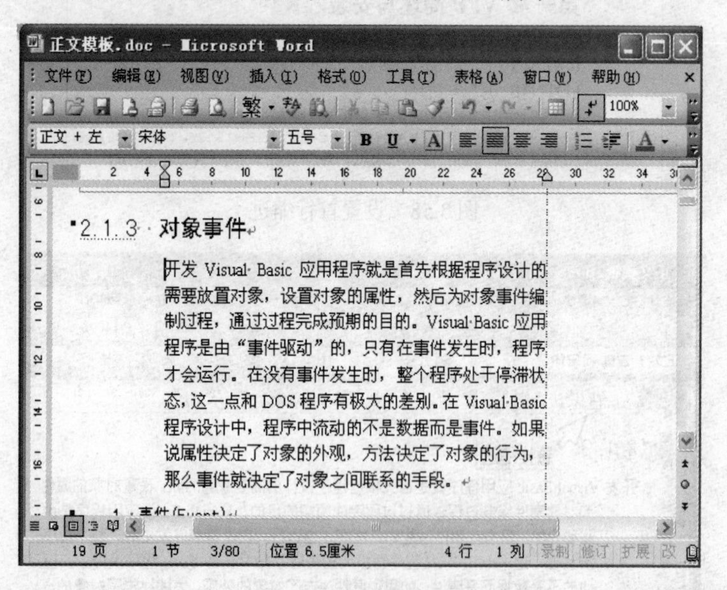

图 3.61 设置右缩进

当然，也可以选择“格式”→“段落...”命令，打开如图 3.62 所示的“段落”对话框。在“缩进和间距”选项卡的“缩进”中可以设置左缩进和右缩进，在“特殊格式”中可以设置首行缩进和悬挂缩进。

3. 设置行间距和段间距

行间距是指行与行之间的距离，而段间距是指段落与段落之间的距离。

设置行间距和段间距都可以在“段落”对话框中进行，具体操作步骤如下。

（1）将光标置于要设置行间距和段间距的段落中，如果要对多个段落设置相同的行间距和段间距，就要先选中多个段落。

（2）选择“格式”→“段落...”命令，打开如图 3.62 所示的“段落”对话框。

（3）在“缩进和间距”选项卡“间距”选项组的“段前”和“段后”微调框中，输入一个合适段间距数值，如图 3.62 所示。

（4）在“缩进和间距”选项卡“间距”选项组的“行距”下拉列表框，从中选择一个行距值，如图 3.63 所示，也可以在“设置值”微调框中输入一个合适的行间距数值。

（5）设置完成后单击“确定”按钮。

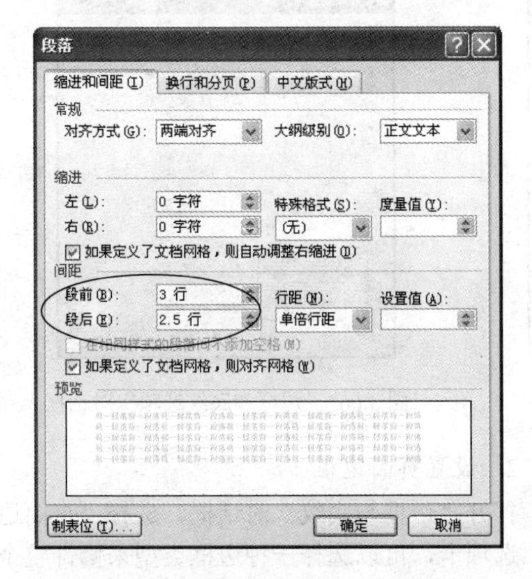

图 3.62　在“段落”对话框中设置段间距

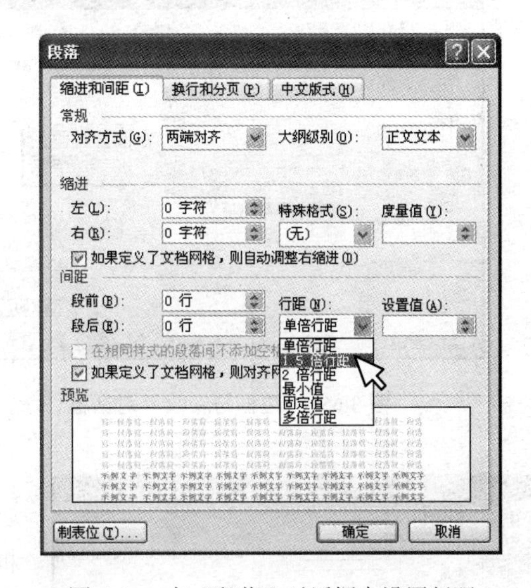

图 3.63　在“段落”对话框中设置行距

4. “其他格式”工具栏

在 Word 中，可以利用“其他格式”工具栏快速调整行间距。

（1）选择“视图”→“工具栏”→“其他格式”命令，或者右击工具栏，在弹出的快捷菜单中选择“其他格式”命令，打开“其他格式”工具栏，如图 3.64 所示。

（2）在“其他格式”工具栏上单击用于设置行距的按钮也可以快速调整行间距。

3.3.3　边框和底纹

1. 为文本或段落添加边框

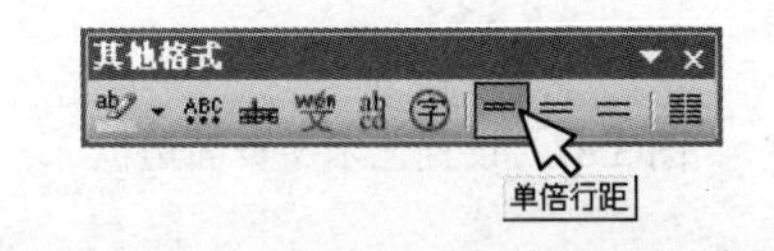

图 3.64　利用“其他格式”工具栏调整行距

为突出显示文档中的某些内容，可以为文本或段落添加边框和底纹，步骤如下。

（1）选中要添加边框的文本或段落。

（2）单击“格式”菜单→“边框与底纹...”打开次对话框，打开“边框与底纹”对话框，选择“边框”选项卡，如图 3.65 所示。

（3）在“设置”栏中选择边框的样式。例如，“无”用于去除边框，“自定义”用于添加不同的边框。

（4）在“线型”框中选择边框要选用的线型。

（5）在“颜色”中选择边框颜色。其中“自动”项将移去所设置的边框颜色并采用默认的颜色。

（6）在“宽度”框中选择边框线的粗细。

（7）设置完毕后右边区域将显示出预览效果，可以使用作用于上、下、左、右的四个按钮分别设置四个边框。

（8）在“应用于”框中选择在文字还是段落上添加边框。

（9）单击右下角“选项”按钮，打开“边框和底纹选项”对话框，可以设置边框相对于段落的距离，如图 3.66 所示。

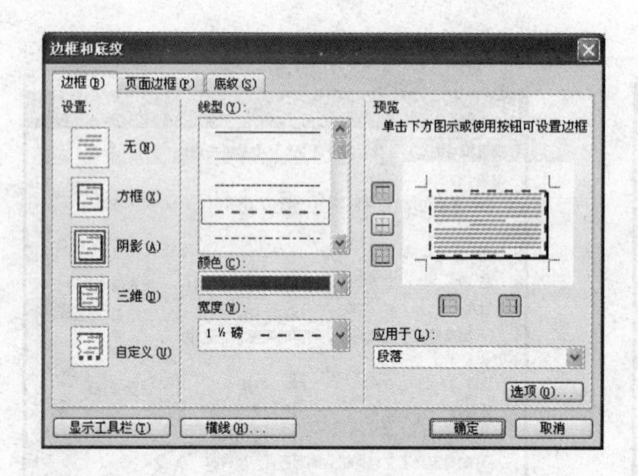

图 3.65 “边框与底纹”对话框

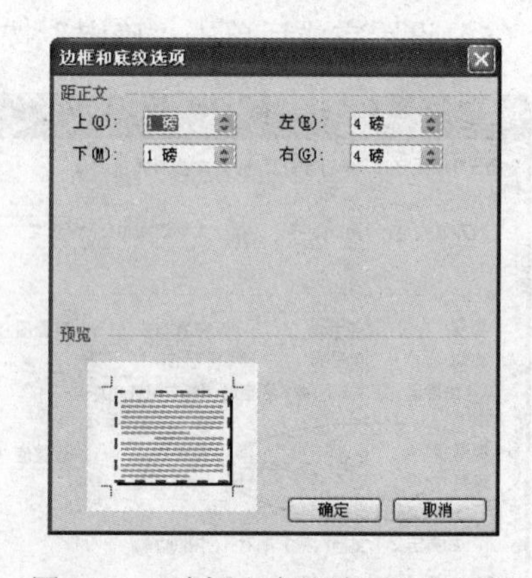

图 3.66 “边框和底纹选项”对话框

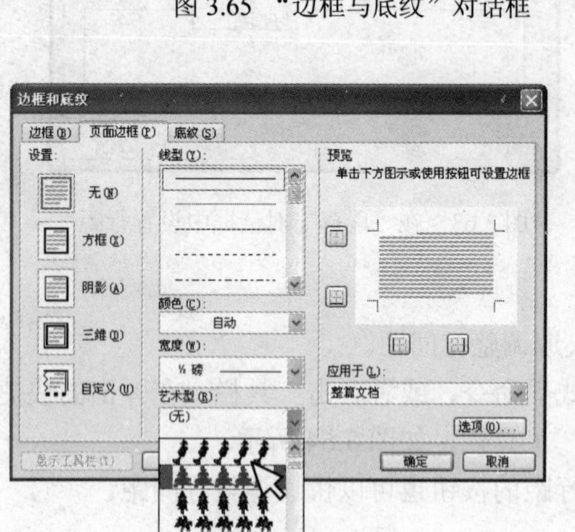

图 3.67 设置艺术型页面边框

2. 设置页面边框

打开“边框与底纹”对话框，选择“页面边框”选项卡，可以选择一种边框类型来修饰整个页面。使用基本线型来设置页面边框的方法与设置文本段落边框的方法相似。除此之外，在 Word 中还可以使用艺术型线型来代替这些基本线型，如图 3.67 所示。但在同一页面无法使用两种或两种以上的艺术型边框。

3. 设置底纹

选择要设置底纹的文本或段落，打开“边框与底纹”对话框，选择“底纹”选项卡，在“底纹”选项卡中选择相应的底纹效果。

（1）填充（背景色）：在填充颜色块中选择底纹填充色，如图 3.68 所示，如果设置底纹填充色为黄色，则预览框中就会显示出设置效果。当然填充颜色块的颜色有限，如果用户没有找到所需的底纹填充色，就可以单击“其他颜色...”按钮，打开“颜色”对话框选择所需的填充颜色，如图 3.69 所示。

（2）图案（前景色）：在图案的“样式”下拉框中可以选择图案“百分比浓度”以及图案样式，如图 3.70 所示。当然还可以在“颜色”下拉框中选择图案颜色。

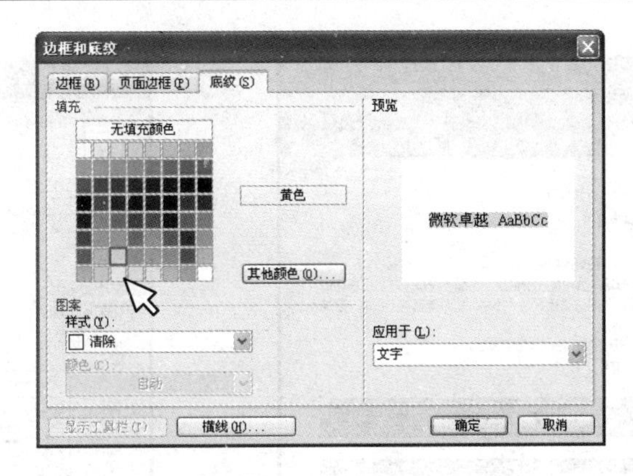

图 3.68　设置底纹

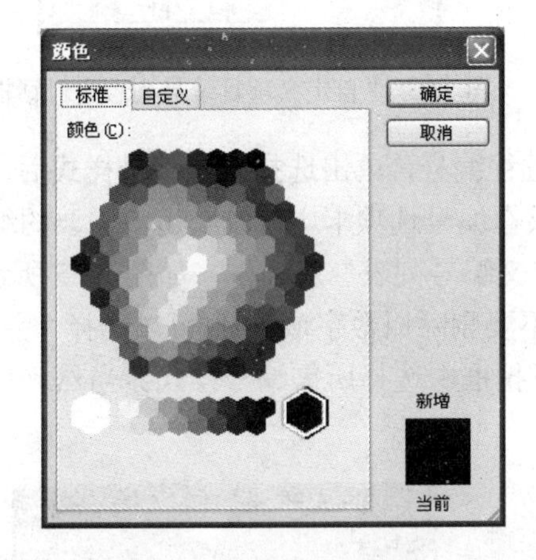

图 3.69 “颜色”对话框

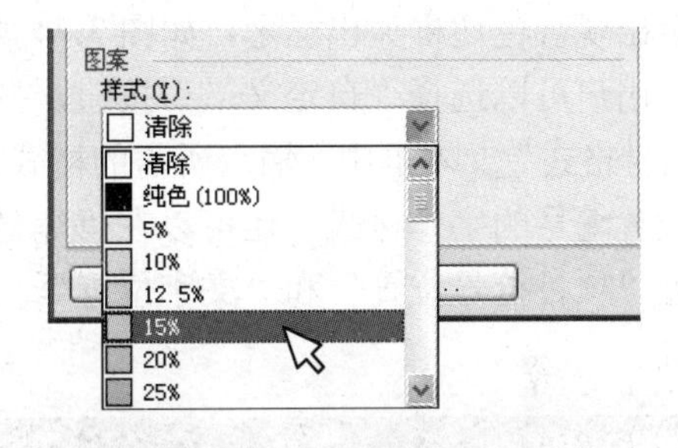

图 3.70 “样式”下拉框

3.3.4　项目符号和编号

在文档中插入项目符号和编号，可以对并列的项目进行组织，或者将有顺序的内容进行编号，使文档的层次结构更加清晰，更有条理。

文本是以段落符号分割的自然段，才能设置项目符号和编号。首先选择要设置项目符号和编号的段落。选择“格式”菜单→“项目符号和编号...”命令，打开“项目符号和编号”对话框，如图 3.71 所示。

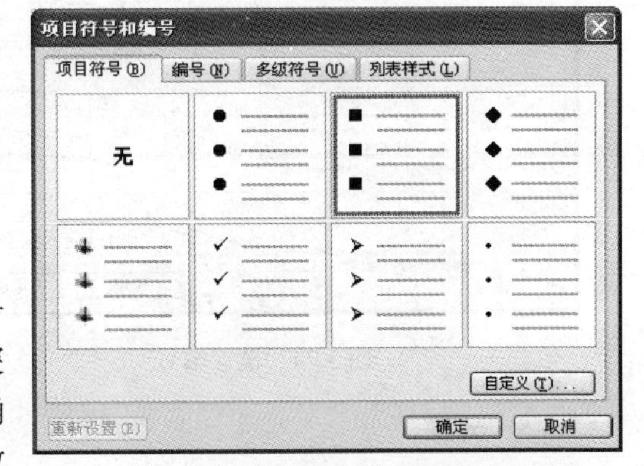

图 3.71　设置项目符号

（1）“项目符号”选项卡：单击鼠标选择一种项目符号样式后，该样式会出现蓝色边框突出显示，如图 3.71 所示。选择好后，单击“确定”按钮。如图 3.72 所示是设置项目符号的效果。如果在项目符号选项卡中，没有用户需要的项目符号样式，用户可以选择“自定义...”按钮，打开“自定义项目符号列表”对话框，通过“字体”、“字符”及“图片”按钮，选择需要的项目符号样式，如图 3.73 所示。在“自定义项目符号列表”对话框中，还可以设置“项目符号位置”和“文字位置”。

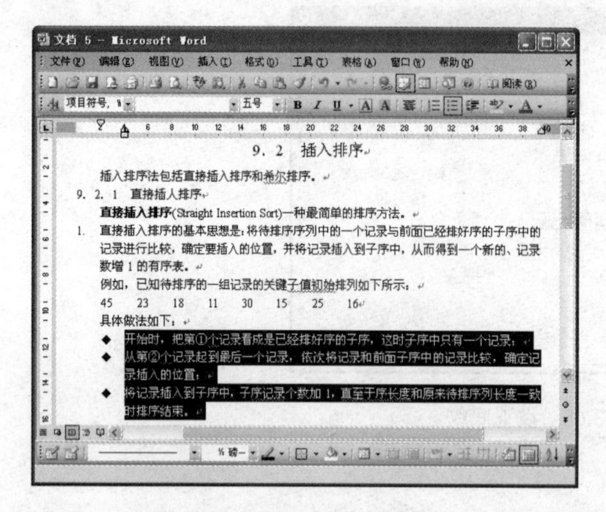

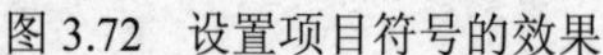

图 3.72　设置项目符号的效果

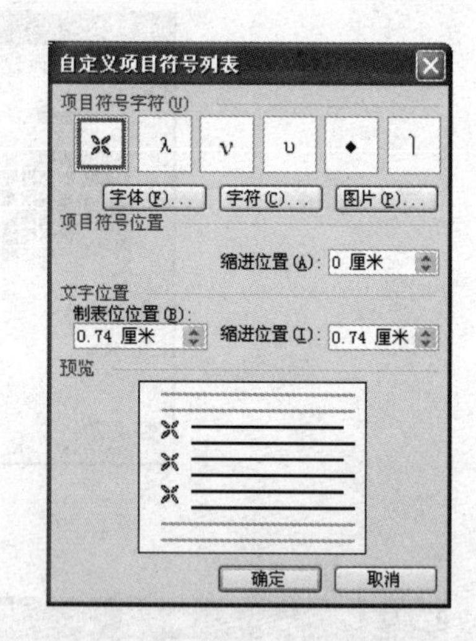

图 3.73 “自定义项目编号列表”对话框

（2）“编号”选项卡：用户可以对有顺序的内容进行编号，单击选择一种编号样式后，该样式会出现蓝色边框突出显示，如图 3.74 所示。如果在编号选项卡中，没有用户需要的编号样式，用户可以选择“自定义...”按钮，打开“自定义编号列表”对话框，如图 3.75 所示。在“编号格式”文本框中，输入所需的格式（注意：不要删除原数字域），也可以选择“字体”按钮设置编号的字体格式。还可以在“编号样式”下拉框中选择所需编号样式。当然，也可以设置“项目符号位置”和“文字位置”。

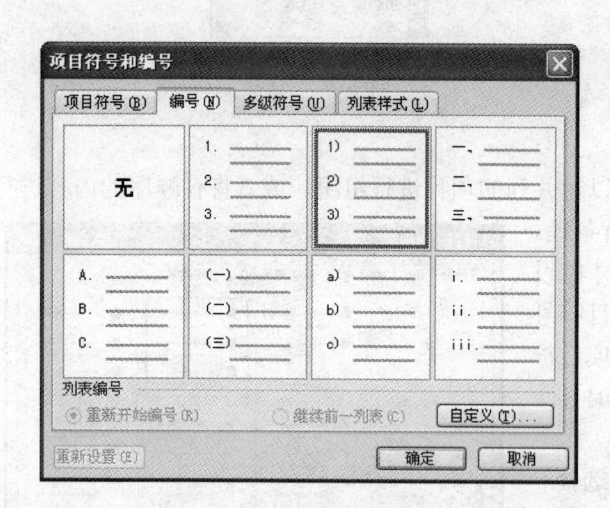

图 3.74　设置编号

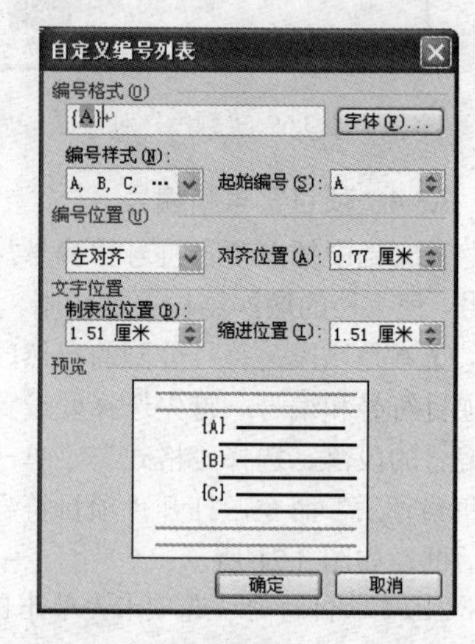

图 3.75 “自定义编号列表”对话框

3.3.5　分栏

分栏排版就是将一段文本分成并排的几栏在一页中显示，更加便于阅读，版式也比较美观。常用于编辑报纸和杂志的文档中。

创建分栏版式的操作方法如下。

（1）将文档切换到页面视图模式下，选定需设置分栏版式的文档。

（2）选择“格式”菜单 →“分栏...”命令，打开“分栏”对话框，如图 3.76 所示。

（3）在“预设”选项组的 5 种预设分栏版式中选择一种版式，本例选择“两栏”，也可以直接在“栏数”微调框中设置分栏的数量；在“宽度和间距”选项组中设置栏宽以及栏与栏之间的距离，只需在相应的“宽度”或“间距”微调框中输入数值即可改变栏宽或栏间距；选中“栏宽相等”复选框设置相等的栏宽；选中“分隔线”复选框，在栏间加分隔线；如果需要整篇文档都按此分栏版式编排，则应在“应用于”下拉列表框中选择“整篇文档”选项。

（4）设置完成后单击“确定”按钮。

经过以上设置，在页面视图下分栏排版后的效果如图 3.77 所示。

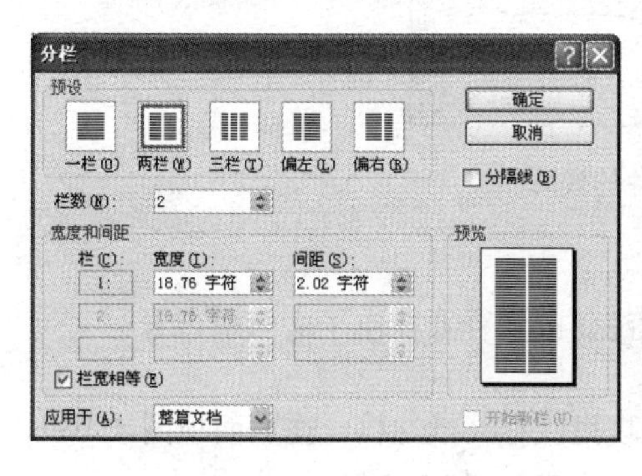

图 3.76 “分栏”对话框

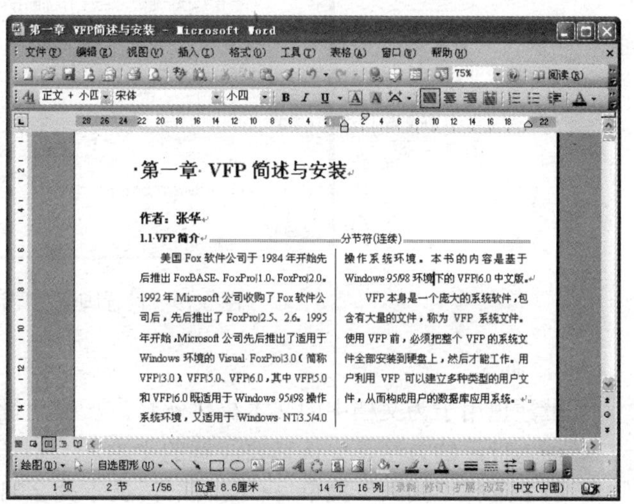

图 3.77　将文档设置为两栏版式的效果

3.3.6　脚注、尾注和批注

1. 脚注和尾注

脚注和尾注用于为文档中的文本提供解释。一般可用脚注对文档内容进行注释说明，而用尾注说明引用的文献。

脚注或尾注在文档的位置有所区别，脚注一般置于每页的底部，尾注一般置于文档的结尾处。

脚注或尾注由两个互相链接的部分组成：注释引用标记和与其对应的注释文本。

在注释中可以使用任意长度的文本，并像处理任意其他文本一样设置注释文本格式。用户也可以自定义注释分隔符，即用来分隔文档正文和注释文本的线条。

插入脚注或尾注的方法是先选择要注解的文本。

（1）选择“插入”菜单 →“引用”→“脚注和尾注…”，打开“脚注和尾注”对话框，如图 3.78 所示。

（2）在“位置”中，单击“脚注”或“尾注”。

图 3.78 “脚注和尾注”对话框

（3）在“格式”中，可以设置脚注和尾注编号，Word 会自动为脚注和尾注编号，在文档或节中插入第一个脚注或尾注后，随后的脚注和尾注会自动按正确的格式编号。也可以使用“自定义标记”选择“符号”按钮打开“符号”对话框来选择引用标记。

（4）单击“插入”按钮，如图 3.79 所示为设置脚注和尾注的效果。

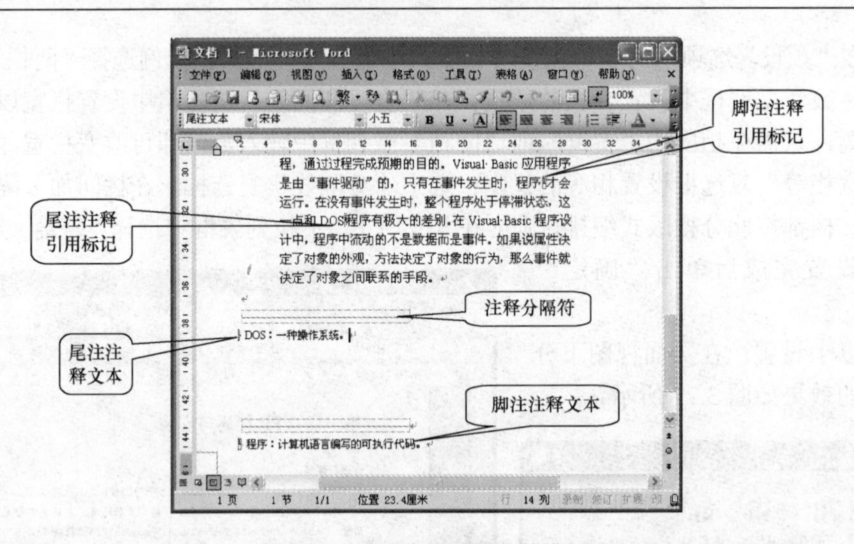

图 3.79 设置脚注和尾注的效果

2. 批注

批注也用于为文档中的文本提供解释。一般用批注作的注释要在电子文档中查看。

插入批注的方法是先选择要注解的文本。

（1）选择“插入”菜单 →“批注”，文本处会出现批注框（批注框：在页面视图或 Web 版式视图中，在文档的页边距中标记批注框将显示标记元素），如图 3.80 所示。

（2）在批注框中用户可以键入要注释的内容。

（3）如果要删除批注或编辑批注，可以在文本上右击，打开快捷菜单，如图 3.81 所示，选择所需命令。

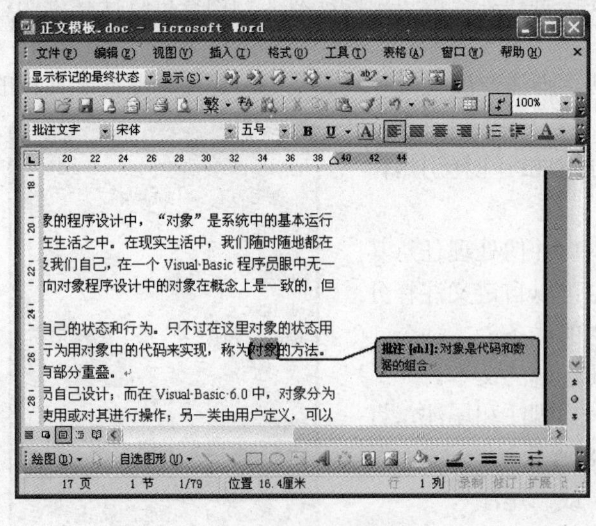

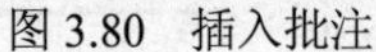

图 3.80 插入批注

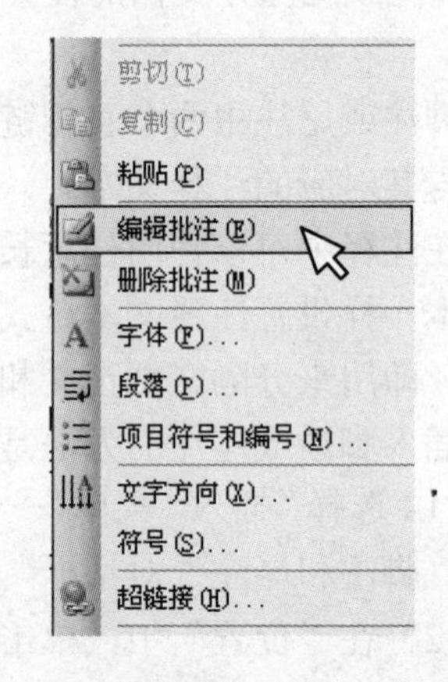

图 3.81 编辑批注和删除批注命令

3.3.7 首字下沉

为了使文档内容更加生动，可以设置“首字下沉”效果，即将文档第一个字放大。具体设置步骤如下：

（1）单击，将光标至于要设置首字下沉的段落开头，当然该段落必须含有文字。

（2）单击“格式”菜单中的“首字下沉...”命令，打开“首字下沉”对话框，如图 3.82 所示。

（3）单击“下沉”或“悬挂”选项。

（4）选择“选项”其他设置，可以设置首字下沉的“字体”、“下沉行数”和“距正文”的距离。

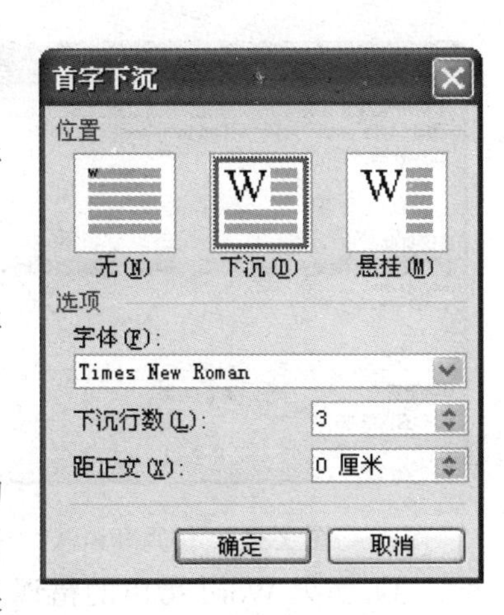

图 3.82　“首字下沉”对话框

3.3.8　拼写与语法检查

在默认情况下，Word 2003 在用户键入内容的同时自动进行拼写检查。用红色波形下划线表示可能的拼写问题，用绿色波形下划线表示可能的语法问题，如图 3.83 所示。如果用户希望在完成编辑后再进行文档校对，该方法十分有用。用户可以检查可能的拼写和语法问题，然后逐条确认更正。

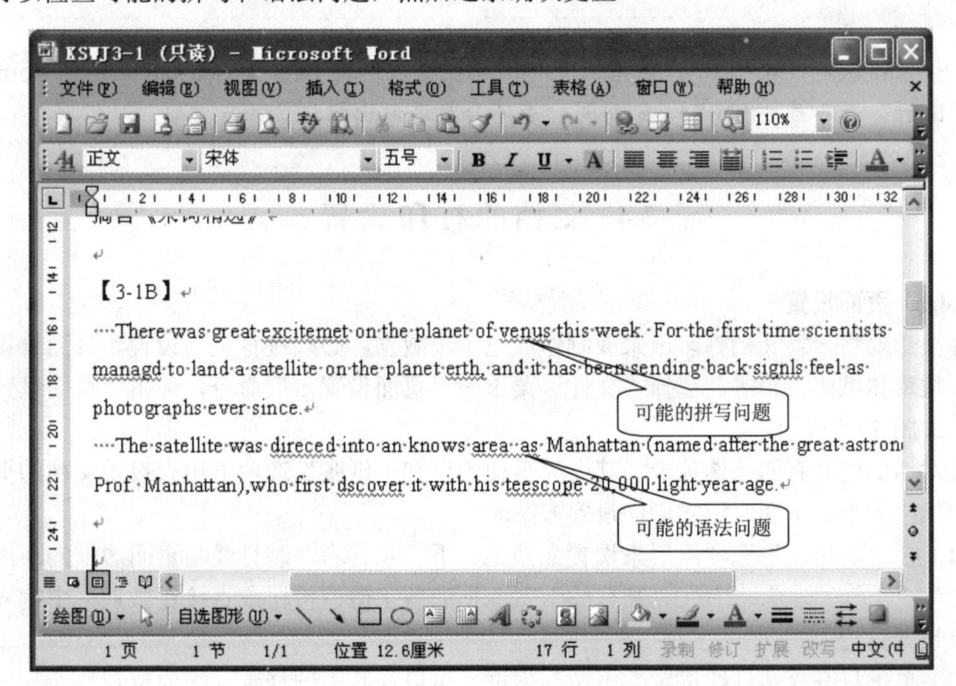

图 3.83　可能的拼写问题和可能的语法问题

注 意

在默认情况下，Word 2003 同时检查拼写和语法错误。如果只想检查拼写错误，请单击“工具”菜单中的“选项...”命令，然后单击“拼写和语法”选项卡，清除“随拼写检查语法”复选框，再单击“确定”按钮。

在发现文档中有可能的拼写和语法问题时，可以在 Word 的“拼写和语法”对话框中进行检查修改。具体方法如下。

（1）选择在“工具”菜单 →“拼写和语法...”或选择“常用”工具栏上“拼写和语法”

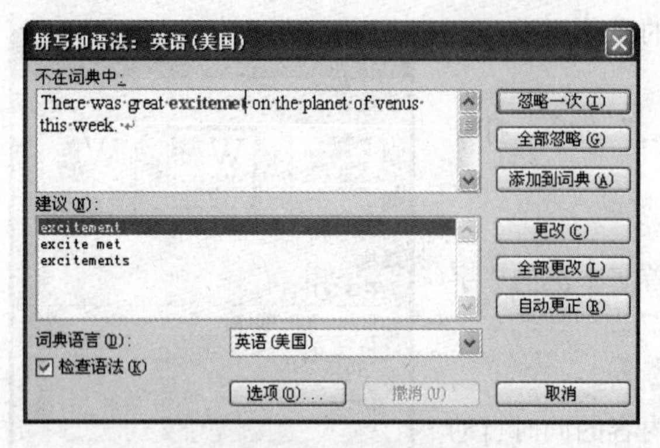

图 3.84 “拼写和语法”对话框

按钮。打开“拼写和语法”对话框，如图 3.84 所示。在“拼写和语法”对话框打开时可以直接在文档中更正拼写和语法，对话框不关闭。

（2）“拼写和语法”对话框中“建议”给出了可能更正的内容，用户可以选择所需的正确内容，单击“更改”按钮，这时文档中的错误立即被修改。如果选择“全部更改”，则文档中出现的所有相同错误一并被修改。

（3）如果 Word 指出的错误之处并没有错，用户可选择“忽略”或“全部忽略”（忽略所有）。

如果错误地键入一个词，但结果没有出现在错误列表中（例如，“from”而不是“form”，或“there”而不是“their”），则拼写检查不会对其做出标记。

3.4 文档的打印设置

3.4.1 页面设置

如果想要将一篇文档打印出来或制作成电子出版物，必须进行页面设置。页面设置包括设置页边距和纸张大小等。选择“文件”菜单→“页面设置...”命令，弹出“页面设置”对话框，如图 3.85 所示。

该对话框内共有四个选项卡，其中“页边距”和“纸张”选项卡用来设置文档的页边距和所用纸张大小。下面介绍它们的设置方法。

（1）在“页边距”选项组用来设置文档上、下、左、右、装订线与页面边框的距离。单击“上”、“下”、“左”、“右”、“装订线”文本框的数字微调按钮或直接在微调框中输入数字都可以设置页边距。

（2）单击打开“装订线位置”下拉列表框，可以在其中选择装订线的位置。

（3）“方向”选项组用于设置纸张的放置方向。如果单击“纵向”图标，则表示纸张竖置；如果单击“横向”图标，则表示纸张为横置。文档通常采用纵向。

（4）在“页码范围”选项组中，打开“多页”下拉列表，该下拉列表中有五个选项：“普通”、“对称页边距”、“拼页”、“书籍折页”、“反向书籍折页”，对于一般的打印情况，可以选择“普通”选项。

（5）在“预览”选项组的“应用于”下拉列表框中，还可以在预览框中看到页面设置后的预览效果。

（6）单击“页面设置”对话框的“纸张”选项卡，打开“纸张”选项卡，如图 3.86 所示。

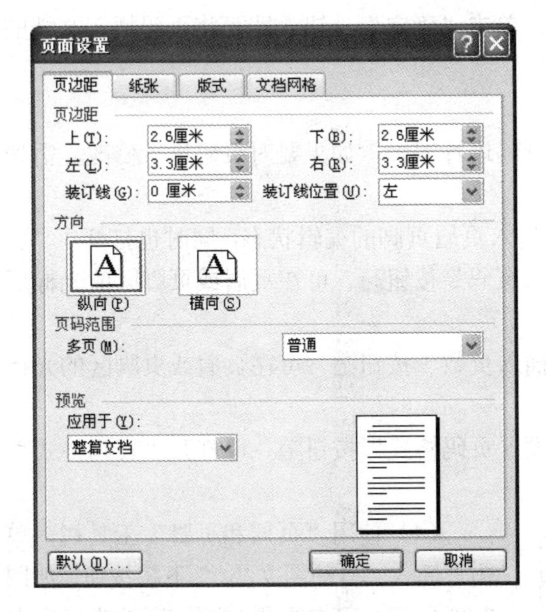

图 3.85 “页面设置”对话框的“页边距”选项卡

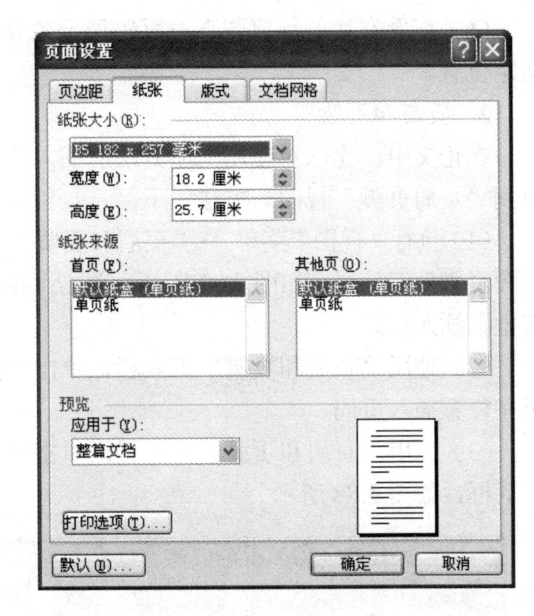

图 3.86 “页面设置”对话框的“纸张”选项卡

（7）单击打开“纸型”下拉列表框，该下拉列表框中已经定义了许多种标准的纸型，可以根据需要选择其中的一种，默认是 A4 纸。例如，选择 B5 纸（182 厘米×257 厘米）。

（8）单击“确定”按钮，完成设置。

3.4.2　页眉和页脚

1. 插入页码

将页码插入文档中，打印文档时连同页码一起打印出来，这样便于阅读和参考。

快速插入页码的步骤如下。

（1）执行“插入”菜单→“页码...”，打开“页码”对话框，如图 3.87 所示。

（2）在“位置”下拉列表框中选择页码放置的位置。

（3）在“对齐方式”下拉列表框中选择页码在页面中的对齐方式，其中“内侧”和“外侧”表示在双面打印时，不论奇数页还是偶数页，页码插入位置分别在页面的“内侧”和“外侧”。

（4）选中“首页页码”复选框，则页码从文档第一页开始显示，如果清除此复选标记，将从文档次页显示页码，但页码仍从“2”开始。

（5）单击“格式...”按钮，打开“页码格式”对话框，设置页码格式，例如，页码的“数字格式”、“起始页码”等，如图 3.88 所示。

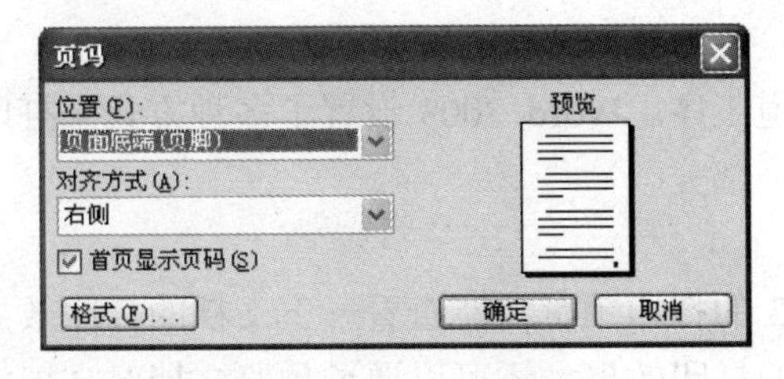

图 3.87 “页码”对话框

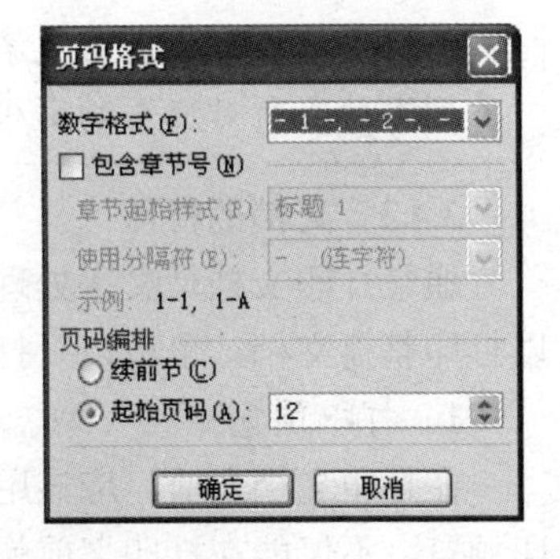

图 3.88 “页码格式”对话框

（6）查看右边的预览图查看页码显示效果，单击“确定”按钮，即可将页码插入文档的指定位置。

2. 页眉和页脚

在正文中，无法对使用上述方法所插入的页码进行编辑，如果要对页码进行修改，需切换到“页眉页脚”视图。方法如下。

（1）执行“视图”菜单 →“页眉和页脚”，进入页眉页脚的编辑状态，同时也打开了“页眉和页脚”工具栏，如图3.89所示，单击“插入页码”按钮，可在页眉或页脚区的光标所在位置插入页码。

（2）使用“页眉和页脚”工具栏，单击“插入页数”按钮，可在页眉或页脚区的光标所在位置插入页码。

（3）使用“页眉和页脚”工具栏，单击“设置页码格式”按钮，可打开“页码格式”对话框，如图3.88所示。

（4）使用“页眉和页脚”工具栏，单击“插入‘自动图文集’”下拉按钮，如图3.90所示。可在页眉或页脚区的光标所在位置插入已设置好的内容。

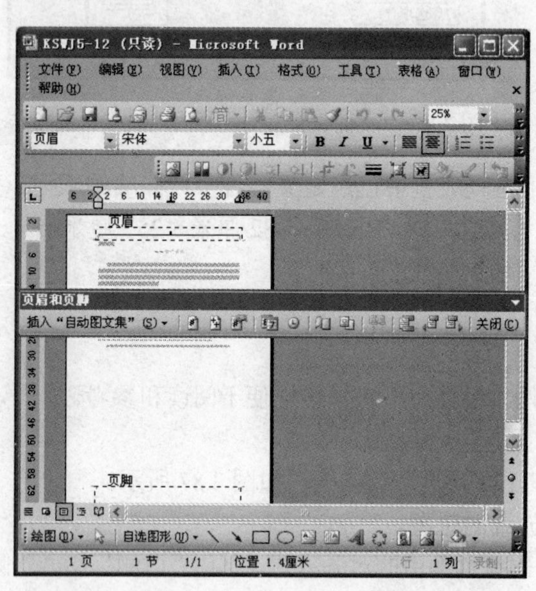

图3.89 “页眉页脚”视图和“页眉页脚”工具栏

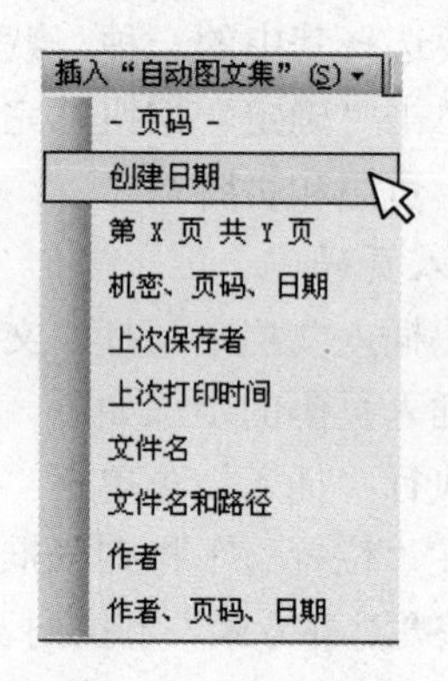

图3.90 “插入‘自动图文集’”下拉按钮

注意

用鼠标左键拖动垂直滚动条时，可以在其左侧提示标签中以及文档底部的状态栏中看到滚动条所对应页的页码。

3.4.3 文档的打印

通常打印文档是文字处理的最后一道工序。Word 2003设置了多种方式来打印文档，可以打印整篇文档，也可以只打印文档的一部分。

1. 打印预览

在打印文档之前，应该用Word 2003的打印预览功能查看一下文档的打印效果。通过打印预览，不仅能在打印之前就看到模拟的打印效果，还可以通过预览文档对文档格式进行调整，避免打印失误造成不必要的浪费。

选择“文件”菜单 →“打印预览”命令或单击“常用”工具栏的“打印预览”按钮，或按快捷键 Ctrl+F2，打开“打印预览”窗口，如图 3.91 所示。

2. 打印文档

对打印预览的效果满意之后，就可以将文档打印输出了，其操作步骤如下。

（1）选择“文件”菜单 →“打印...”命令（或按组合键 Ctrl+P ），打开“打印”对话框，如图 3.92 所示。

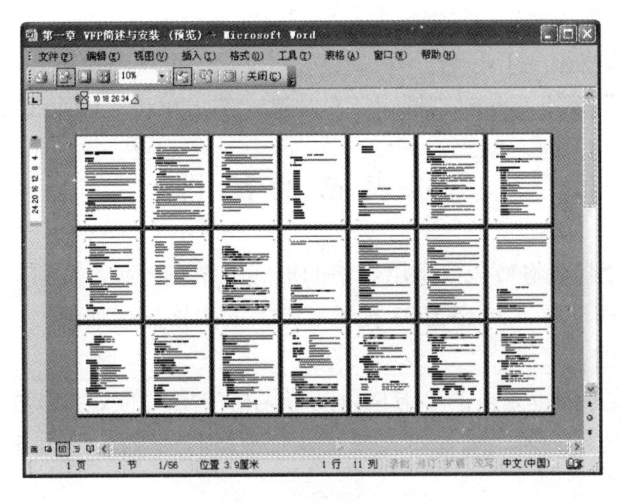

图 3.91 “打印预览”窗口

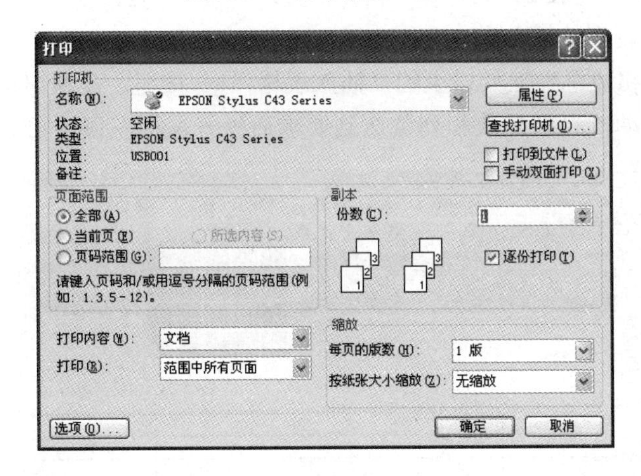

图 3.92 “打印”对话框

（2）在“打印机”选项组中的“名称”下拉列表框，可以选择使用的打印型号。

（3）如果需要进行双面打印以节省纸张，则选中“打印机”选项组中的“手动双面打印”复选框。Word 2003 会先打印好文档的奇数页，然后取出打印好的纸张，翻过来按照顺序放入纸盒，再打印偶数页。

（4）在“页面范围”选项组中有四个单选按钮。选择“全部”单选按钮，将打印整篇文档；选择“当前页”单选按钮，将打印光标所在的页；如果只想打印文档中的某几页，则选择“页码范围”单选按钮，并按照单选按钮下面的文本提示在右侧的文本框中输入需要打印的页码；如果只需要打印某一段内容，则可以先选定这段内容，然后选择“所选内容”单选按钮。

（5）在“副本”选项组的“份数”文本框中输入需要打印的份数。选中“逐份打印”复选框，Word 2003 会打印完一份完整的文档后再打印下一份；否则，Word 2003 将会在打印完所有副本的第一页后再打印下一页。

（6）Word 2003 默认的打印纸是 A4 纸，在“缩放”选项组中打开“每页的版数”下拉列表框，可以选择在每一页打印纸上需要布置的版数；打开“按纸型缩放”下拉列表框，可以选择打印纸的大小。Word 2003 的缩放功能使用户无需重新排版就能在各种纸型的打印纸上打印文档。

（7）单击“属性”按钮，打开“打印机属性”对话框。可以选择是横向还是纵向打印文档。

（8）单击“确定”按钮，返回“打印”对话框，然后单击“确定”按钮，打印即开始。

3.5 表格的编排

在 Word 文档中经常要将一些信息用表格的形式组织在一起，做到文字、图表互相支持，使读者更加容易阅读和理解。Word 2003 提供了丰富的表格处理功能。

3.5.1 表格的创建

Word 表格是由被称为单元格的小方格以及单元格中填入的文字、数字和图形组成。

用户在使用表格组织内容之前，首先要建立一个新的空表格。Word 2003 提供了多种建立新表格的方法。

1. 使用“插入表格”按钮

（1）将光标移到表格的插入点。

（2）单击“表格和边框”工具栏上的“插入表格” 按钮。在弹出框中，按住鼠标左键不放，向下或向右拖动，直到行数和列数达到要求后松开鼠标左键即可（如图 3.93 所示）。

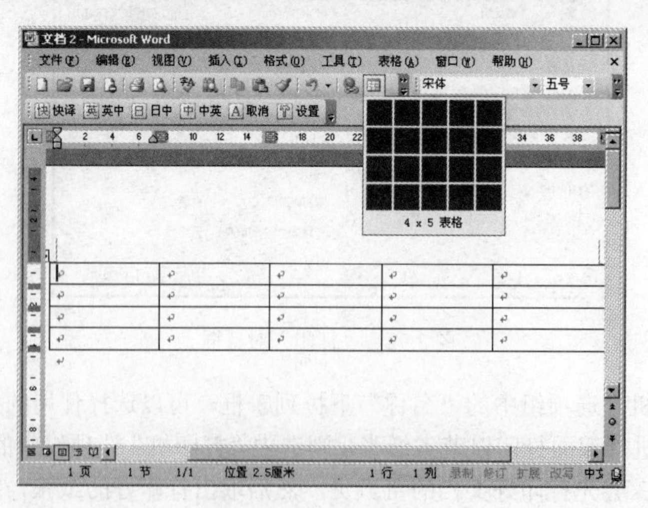

图 3.93 插入表格

2. 使用“插入表格”命令

（1）将光标移到表格的插入点。

（2）选择“表格”→“插入”→“表格”命令，弹出如图 3.94 所示的“插入表格”对话框。

（3）在“插入表格”对话框的“列数”和“行数”框中设置表格的行和列，在“‘自动调整’操作”选项组设置列宽的方式，当选择“固定列宽”时，可在后面的微调框中设置具体宽度值。

（4）系统默认的表格是 2 行 5 列，选项为“自动”固定列宽，表格样式为网格型。

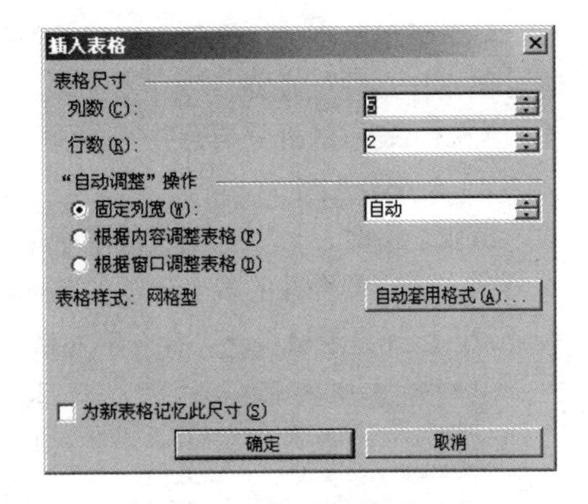

图 3.94 “插入表格”对话框

3.5.2 表格的边框及底纹

1. “表格和边框”工具栏

在工作中用户常常会遇到较为复杂的不规则表格，Word 2003 提供了用于手工绘制表格的“表格和边框”工具栏。具体操作如下。

（1）单击工具栏上的“表格和边框”按钮，弹出如图 3.95 所示的“表格和边框”工具栏。也可以通过其他方式打开“表格和边框”工具栏，如选择“表格”→“绘制表格”命令，也可选择“视图”→“工具栏”→“表格和边框”命令。

图 3.95 “表格和边框”工具栏

（2）单击绘制表格按钮，此时鼠标指针变成笔型，按住鼠标左键不要放拖动，长度合适时松开鼠标。绘制时可先使用粗线形绘制表格的外框线，再用细线绘制表格的内隔线。

（3）绘制完成后，为增加表格的表现力，可分别通过单击“边框颜色”按钮和“底纹颜色”按钮，设置表格线和单元格的颜色。

（4）如果对表格需要改动删除，单击“擦除”按钮，按住鼠标左键，然后沿着要删除的线拖动，即可删除该线条。

2. 使用“边框和底纹”命令

（1）用鼠标选中需要设置的表格。

（2）选择“格式”→“边框和底纹”命令，弹出如图 3.96 所示的“边框和底纹”对话框。

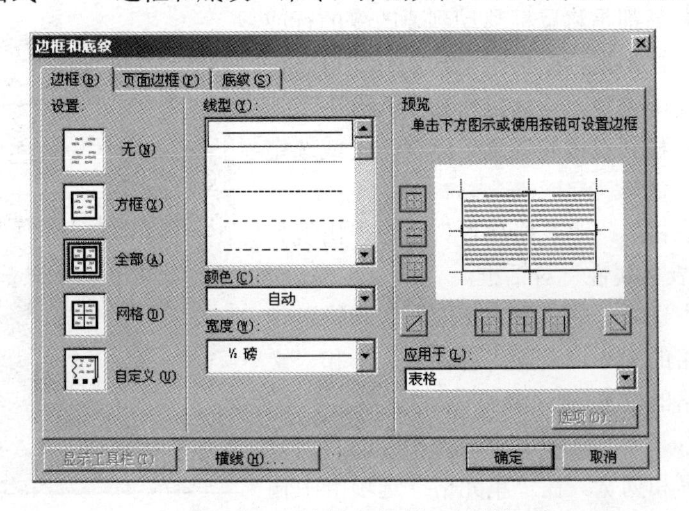

图 3.96 “边框和底纹”对话框

（3）通过单击“边框”和“底纹”按钮可以分别对边框的线型、颜色、宽度和底纹的填充、图案样式进行设置。

3.5.3 表格的拆分与合并

1. 合并单元格

编辑表格时，可以把两个或多个单元格合并成一个，具体操作如下。

（1）选定要合并的多个连续的单元格。

（2）选择“表格”→“合并单元格”命令，即可将选定的多个单元格合并成一个单元格。

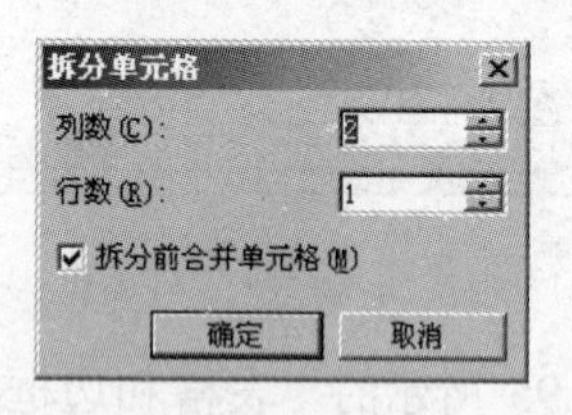

图 3.97 “拆分单元格”对话框

2. 拆分单元格

拆分单元格的具体操作如下。

（1）选定一个或多个连续的单元格。

（2）选择“表格”→“拆分单元格”命令，打开如图 3.97 所示的“拆分单元格”对话框。

（3）在“列数”和“行数”微调框中分别输入要拆分的列数和行数。如果选中了“拆分前合并单元格”复选框，则拆分前先合并所选单元格；如果要将选定的每个单元格都进行相应的拆分，则应对此选择框的选择。

（4）单击“确定”按钮。

3.5.4 表格的调整与列、行分布

1. 自动调整表格

具体操作如下。

（1）将插入点移到表格的任意单元格上，或选定要调整的部位。

（2）选择“表格”→“自动调整”命令进行相应的自动调整。

1）“根据内容调整表格”：根据输入文字的数量，自动调整表格的列宽。

2）“根据窗口调整表格”：自动调整表格的大小使其能容纳在窗口中。

3）“平均分配各行”：使选定的行或单元格具有相等的行高。

4）“平均分配各列”：使选定的列或单元格具有相等的列宽。

2. 使用鼠标调整表格行高和列宽

改变列宽和行高都是将鼠标移动到要改变的行或列所在的表格线上，当鼠标变形时拖动鼠标即可。

如果要进行精确调整，具体操作如下。

（1）将插入点移到表格的任意单元格上，或选定要调整的部位。

（2）选择“表格”→“表格属性”命令，出现如图 3.98 所示的“表格属性”对话框。

（3）在“行”选项卡的“指定宽度”选项输入相应数据来确定表格的大小，设置“对齐方式”和“文字环绕”确定表格的位置。

（4）在“行”、“列”选项卡中输入相应的数据分别确定表格的行高和列宽。在“单元格”选项卡中输入相应的数据确定单元格的宽度。

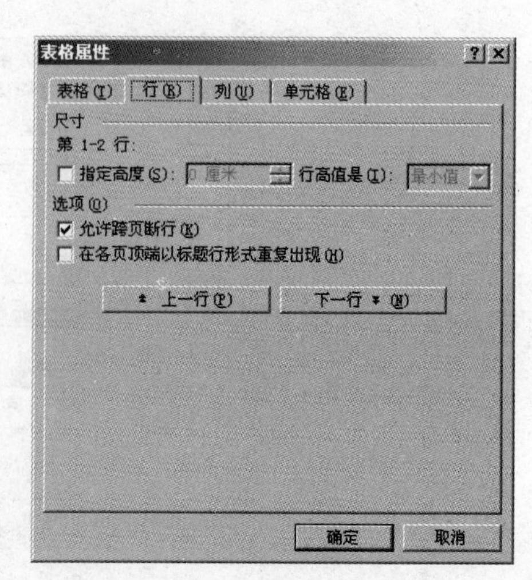

图 3.98 “表格属性”对话框

3.5.5 表格的自动套用格式

选择“表格”→“自动套用格式（F）”命令，打开如图 3.99 所示的“表格自动套用格式”对话框，从中选择 Word 提供的表格样式，以及通过各种格式复选框选择表格的各项特征，可以通过预览窗口观察效果图示。

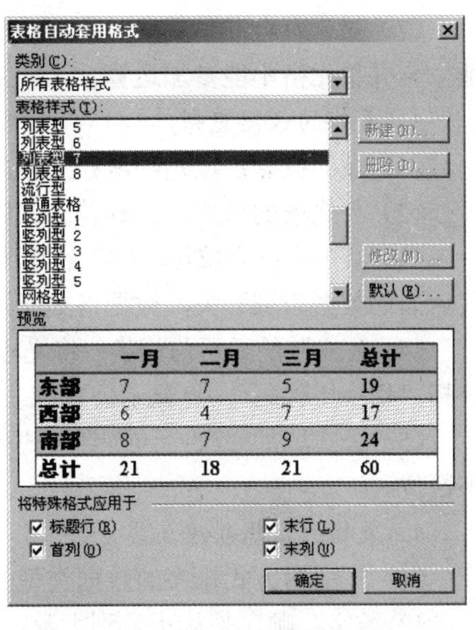

图 3.99 “表格自动套用格式”对话框

3.5.6 排序及简单计算

1. 表格计算功能

表格的计算功能是通过定义单元格的公式来实现的，输入步骤如下。

（1）将插入点移到指定的单元格中或选定指定的单元格。

（2）选择“表格”→“公式”命令，打开“公式”对话框，如图 3.100 所示。

（3）在公式栏中输入公式，或把选用的计算函数粘贴到公式栏中，确定计算结果的数字格式。

（4）单击“确定”按钮，计算结果自动填在指定单元格上。

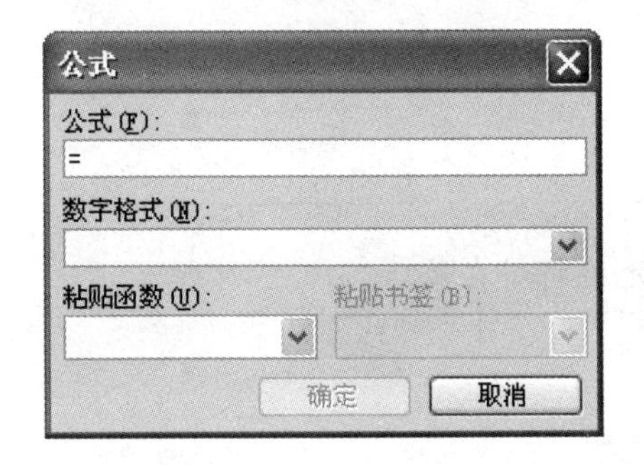

图 3.100 “公式”对话框

2. 表格计算注意事项

进行表格计算时的注意事项如下：

（1）公式必须以“=”开头。

（2）可以使用运算符+、–、*、/、∧、%、=等。运算符必须在英文输入法状态下输入。

（3）公式中使用单元格地址，或单元格区域地址表示单元格中的数据，单元格中的数据应该是数字型的。

（4）公式中可使用规定的函数，如表 3.2 所示，函数的参数放在括号内，可以是常数、单元格地址和单元格区域地址。函数后面的括号不能省略。

表 3.2 常用内部函数表

名　称	功　能	名　称	功　能
Abs	求绝对值	Max/Min	求最大/最小
Average	求平均值	Product	连乘
Count	求数字单元个数	Rount	四舍五入
Int	取整	Sum	求和

（5）可以用于指示运算方向（相当于当前格）的函数参数：Left、Right、Above。Above 表示向上计算，Left 表示向左计算，Right 表示向右计算。

（6）如果单元格已有数据，就应先删掉，然后再用公式填写和计算。

（7）对含有合并单元格的不规则表格，计算过程中，非合并单元格地址为未合并前的地址，合并单元格不能参加运算。

3. *表格的数据更新*

（1）域的概念：域是隐藏在文档内由特殊代码组成的指令，其结果会显示在文档中。

（2）公式域的形式：{=计算公式[\#“数据格式”]}。

（3）其中，{}为域符，“=”表示为公式域，“计算式”为域指令，[]内是任选项，“\#”及其后面的数据为域开关，数据格式必须用引号括起来。

（4）公式域的显示与切换：将光标移到使用公式的单元格，右击，从弹出的快捷菜单中，选择“切换域代码”，将显示公式域。再重复一次，将会显示表格中的数据。

（5）公式域的修改：切换到公式域的状态，可以直接修改计算公式和数据格式，如增加小数位。

4. *表格的数据排序*

（1）按递增方式排序的数据类型及其数据的顺序。

1）数字：顺序是从小数到大数，从负数到正数。

2）文字和包含数字的文字的顺序如下：

0 1 2 3 4 5 6 7 8 9（空格）! ”# $ % & ' ( ) * + , - . / : ;

< = > ? @ [^ _ ‘ | ~ A B C D E F G H I J K L M N O P Q R S T U V

W X Y Z。

3）空白（不是空格）：空白单元格总是排在最后。

注 意

递减排序的顺序与递增顺序恰好相反，但空白单元格将排在最后。

（2）利用常用工具栏上的 A↓Z Z↓A 按钮排序。

注 意

若选定了某一列后来使用“升序”或“降序”操作，排序将只发生在这一列中，其他列的数据排列将保持不变，其结果可能会破坏原始记录结构，造成数据错误！若想得到最好的结果，就要确保列中所有单元格属于同一数据类型。

（3）利用菜单排序的方法：选定需要排序的数据列，单击“数据”菜单“排序”按钮，选择主要关键字、次要关键字等选项，单击“确定”即可。

1）主要关键字：通过一份下拉菜单选择排序字段，打开位于右旁的单选按钮，可控制按递增或递减的方式进行排序的主要依据。

2）次要关键字：如果前面设置的“主要关键字”列中出现了重复项，就将按次要关键字来排序重复的部分。

3）第三关键字：如果前面设置的“主要关键字”与“次要关键字”列中都出现了重复项，就将按第三关键字来排序重复的部分。

4）有标题行：在数据排序时，显示标题行，标题行不参加排序。

5）无标题行：在数据排序时，不显示标题行，标题行参加排序。

3.6　插入与绘制图形对象

3.6.1　图形的绘制

当用户需要自己绘制图形时，可以使用 Word 2003 提供的一套绘图工具。在绘图工具中，用户可以方便地使用基本绘图工具、特殊效果设置等，轻松完成图形创作。下面分别介绍有关工具的用途。

单击“视图”→“工具栏”→“绘图”菜单命令，弹出如图 3.101 所示的绘图工具栏。

图 3.101　绘图工具栏

1. 直线工具

单击直线工具按钮，在图形插入点，按下鼠标左键不放，拖动鼠标，直到直线的长度和方向满意为止。同时按住 Shift 键和方向键，可对直线进行微调。

2. 矩形工具

使用矩形工具，可画出矩形或正方形，按组合键 Shift+可画出正方形。

3. 椭圆工具

使用椭圆工具，可画出椭圆或圆，按组合键 Shift+可画出圆。

4. 添加文字

添加文字的具体操作如下。

（1）在画好的圆形上右击，在弹出的快捷菜单中选择“添加文字”命令，这时图形内会出现光标，用户可以在光标的起始处添加文字。

（2）如果需要改变文字方向，可将图形中添加的文字选中，右击，在弹出的快捷菜单中，选择“文字方向”命令。在弹出的文字方向对话框中，可以选择各种文字方向。

（3）如果想改变添加文字的字体、字号和颜色等，可选中文字，使用“格式”工具栏的相应工具进行设置。如图 3.102 所示显示了字体为“隶书”、字形为“粗体”、字号为“36”的填充文字效果。

图 3.102　添加文字

3.6.2　图片和剪贴画的插入

用户在编辑文档时，常常需要在文字中插入图片。Word 2003 中支持插入多种图形格式，包括.bmp、.gif、.tif、.tiff 等。

1. 插入剪贴画

Word 的“剪贴库”提供各个主题的图片，如人物、科技、建筑和背景等。

插入剪贴画的具体操作如下。

（1）选择好插入剪贴画的插入点。

（2）选择“插入”→“图片”→“剪贴画”命令，弹出如图 3.103 所示的“剪贴管理器”对话框。

图 3.103 “剪贴管理器”

（3）根据需要打开图片主题，单击要插入的图片，图片便插入到文档中。

2. 插入图片文件

如果 Word 的“剪贴库”提供的图片不能满足用户的要求，可以插入外部图片。

插入图片的具体操作如下。

（1）选择好插入图片的插入点。

（2）选择“插入”→“图片”→“来自文件”命令，弹出如图 3.104 所示的“插入图片”对话框，在“插入图片”对话框中，选择图形文件所在的文件夹及文件名，单击“插入”按钮完成。

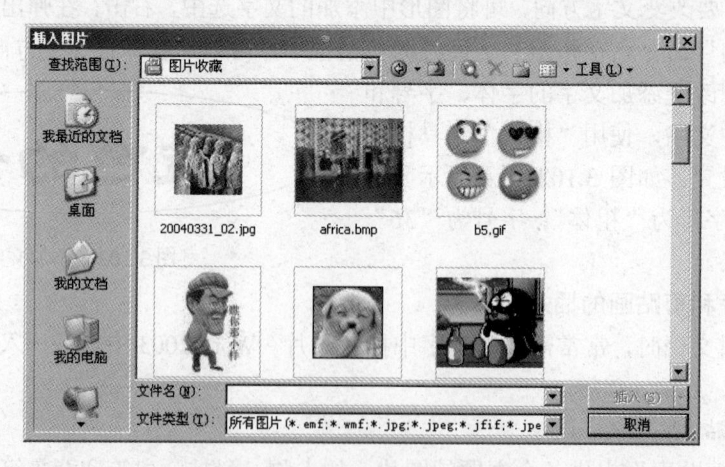

图 3.104 “插入图片”对话框

3.6.3 文本框

文本框是一个可以包含文字和图形的矩形框，矩形中的文字和图形会随着矩形框的移动而移动。用户可以利用文本框设计图、旗帜、流程图和关系图等，使文档的设计更加专业化。

插入文本框具体操作如下。

（1）选择“插入”→“文本框”→“横排/竖排”命令，出现“绘图画布”工具栏，此时鼠标变成十字形状。

（2）按住鼠标左键不放，进行拖动，当文本框大小合适后释放鼠标，文本框添加完成。在插入文本框的同时按住 Shift 键，可以插入一个正方形的文本框。

（3）用户可将文本框当作图像对象一样进行复制、移动和删除等操作。

3.6.4　艺术字

艺术字指具有特殊形状和图形效果的文字，本质上是图形对象。Word 提供了多种艺术字型，如带阴影的、斜体的、旋转的、弯曲等，使文字更有表现力。

1. 艺术字的插入

插入艺术字的具体操作如下。

（1）选择“插入”→“图片”→“艺术字”命令，或单击“绘图”工具栏的“插入艺术字”按钮，打开“‘艺术字’库”对话框如图 3.105 所示。

（2）选择满意的艺术字效果，单击“确定”按钮，打开如图 3.106 所示的“编辑‘艺术字’文字”对话框，在其中输入文字、数字或字符，并设置字体、字号、字型，然后单击“确定”按钮，完成艺术字的插入。

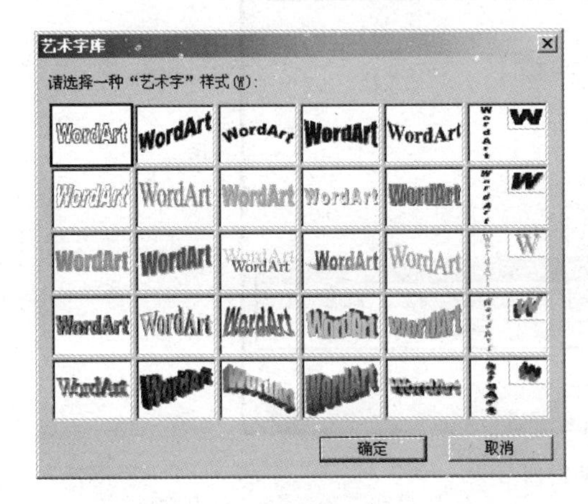

图 3.105　“‘艺术字’库”对话框

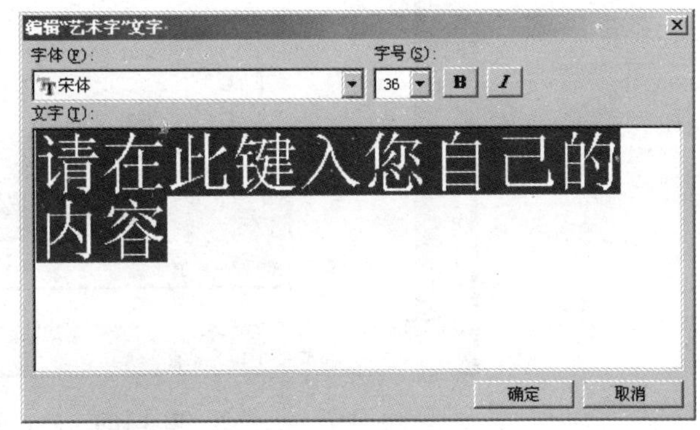

图 3.106　“编辑‘艺术字’文字”对话框

2. 艺术字的编辑

用户插入艺术字后，还可以再次对艺术字进行编辑。双击艺术字，将重新打开“编辑‘艺术字’文字”对话框，可以修改艺术字文字或重新选择字体、字号、字型等。

单击艺术字，将出现“艺术字”工具栏，如图 3.107 所示。

图 3.107　“艺术字”工具栏

单击工具栏上的按钮可对选定的艺术字进行各种编辑操作。其中，数字对齐方式按钮指的是调整多行艺术字文字的对齐方式，而不是艺术字相对于段落的对齐方式。

可以将艺术字像图片一样，使用“绘图”工具栏上的“阴影样式”按钮和“三维效果样式”按钮设置艺术字的阴影和三维效果。

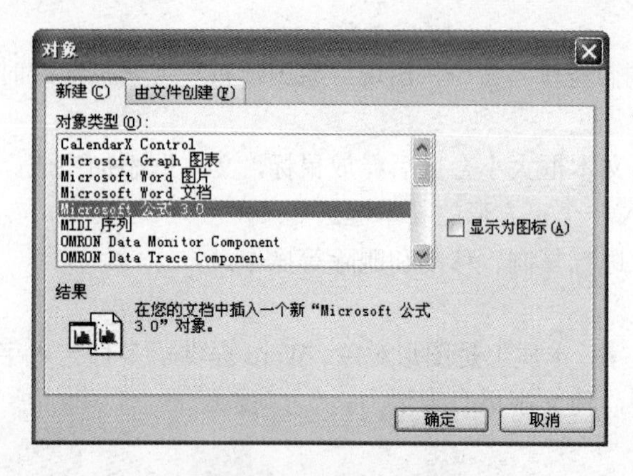

图 3.108 “对象”对话框

3.6.5 公式编辑器

数学公式的输入和编辑是通过“Microsoft 公式 3.0”公式编辑器进行的，它不是典型安装的软件，要选择自定义安装方式单独安装它。

1. 公式的插入

插入公式的具体操作如下。

（1）先确定好准备插入的位置。

（2）选择“插入”→“对象”命令，打开“对象”对话框如图 3.108 所示。

（3）在列表中双击“Microsoft 公式 3.0”启动公式编辑器，如图 3.109 所示。启动后窗体变成公式编辑窗体，显示公式编辑器的菜单，同时插入点处显示公式编辑区的框架，光标在一个小虚框中，等待输入。

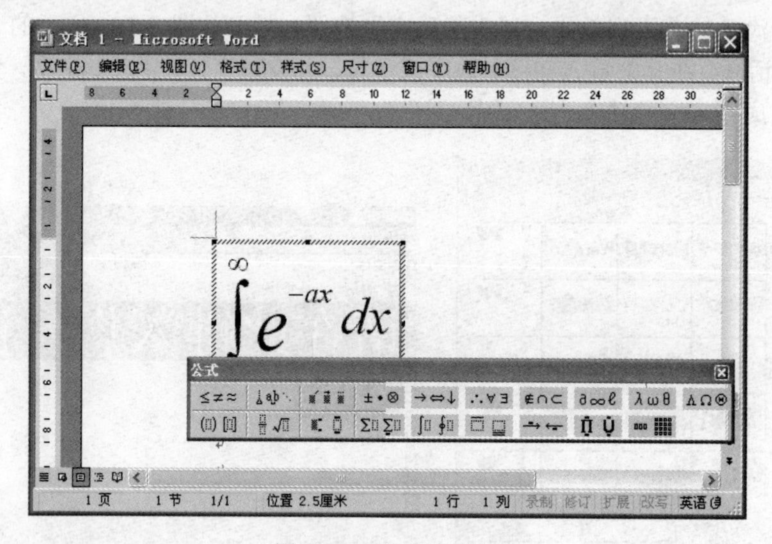

图 3.109 公式编辑器

（4）选用公式样式工具栏的样式符输入公式。

（5）输入完公式单击排版框外的任意处即可返回 Word 文档窗体。

2. 公式的修改

修改公式的具体操作如下。

（1）双击该公式，重新启动公式编辑器，单击公式可移动位置和改变公式字体的大小。

（2）修改公式后，在其他位置单击，退出。

3.7 邮 件 合 并

在实际工作中，常需要发送一些内容大致相同、发件人相同、收件人不同的业务信函。Word 提供的邮件合并功能可使用户不必写相同内容的信，只需制定好信函模板和收件人信息源，就可以轻松完成多封信的书写，大大提高工作效率。

邮件合并是指用户首先创建主文档（主文档可以是信函、信封、传真等），再创造数据源（数据源可以是姓名、职务、日期和地点等），最后将数据源插入到相应的主文档区进行合并即可。

1. 主文档的创建

（1）选择“工具”→“信函与邮件”→“邮件合并向导”命令，弹出如图 3.110 所示的“选择文档类型”窗格。

（2）选择文档类型后，单击“下一步：正在启动文档”链接，打开如图 3.111 所示的“选择开始文档”窗格，选择开始邮件合并的文档（主文档）。

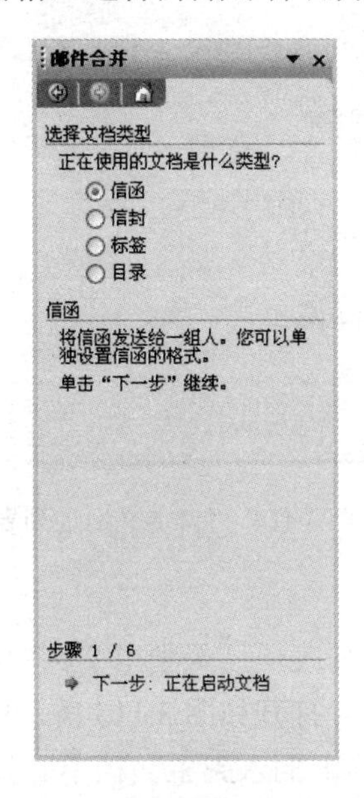

图 3.110 “选择文档类型”窗格

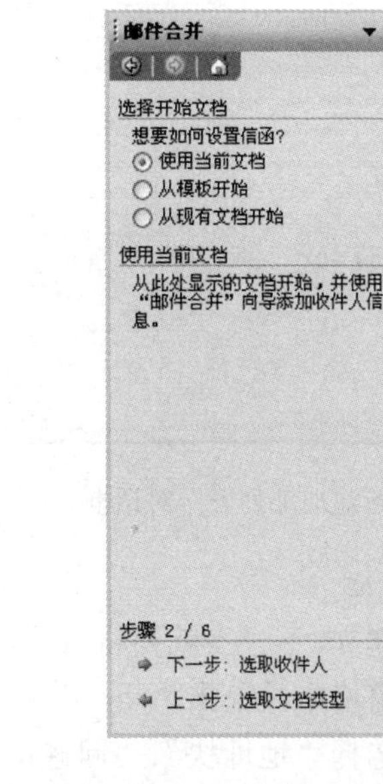

图 3.111 “选择开始文档”窗格

2. 数据源的创建

主文档指定后，需要建立数据源，具体操作如下。

（1）在“选择开始文档”窗格中单击“下一步：选取接收人”链接，弹出“选择收件人”窗格，如图 3.112 所示，选择“使用现有列表”单选按钮，然后单击“浏览”链接，在驱动器中选择数据源，已有的数据源可以是 Excel 电子表格、Outlook 通信簿、Access 数据库等；选择“从 Outlook 联系人中选择”单选按钮，则单击“选择‘联系人’文件夹”链接，将 Outlook 联系人列表当作数据源；选择“键入新列表”单选按钮后，单击“创建”链接，弹出如图 3.113 所示“新建地址列表”对话框。

（2）在“新建地址列表”对话框中，在“输入地址信息”选项组的各个文本框中输入相应的数据，可通过旁边的滚动条进行拖动。在“查看条目编号”文本框输入一个数据后，单击“下一个”按钮，开始输入下一个数据。如果需要删除某一个数据，就单击“删除条目”按钮，删除当前数据。

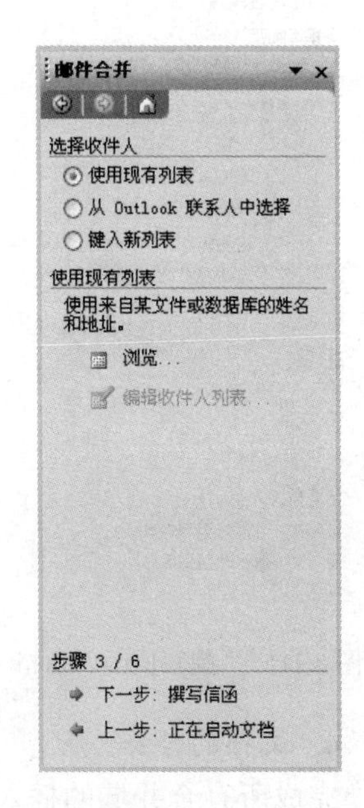

图 3.112 “选择收件人”窗格

（3）单击“自定义”按钮，弹出如图 3.114 所示的“自定义地址列表”对话框。通过单击“上移”按钮和“下移”按钮来选择自定义对象，单击“删除”按钮和“重命名”按钮，可对选择的对象进行删除和重命名操作。单击“添加”按钮，可以根据需要增加列表项。修改完毕，单击“确定”按钮，系统将提示保存建立好的数据源，系统默认的保存格式是.mdb。

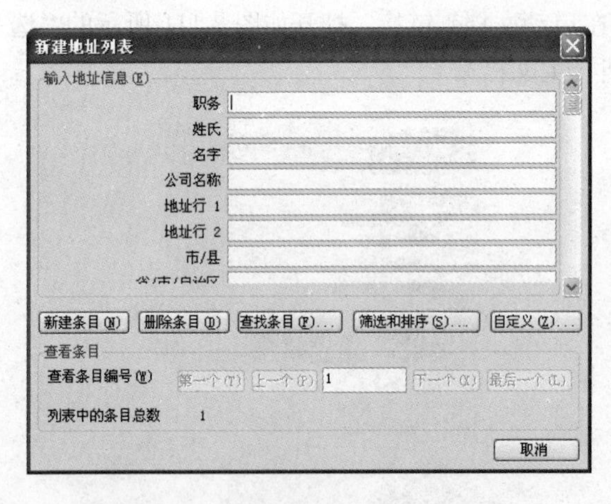

图 3.113 “新建地址列表”对话框

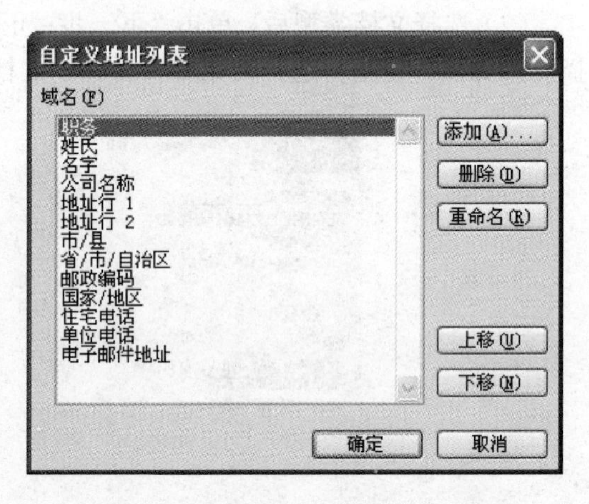

图 3.114 “自定义地址列表”对话框

3. 合并域的插入

完成数据源的建立，下一步就要将数据源中不同的列表项插入到主文档中相应的位置上。在“选择收件人”窗格中，单击“下一步：撰写信函”，打开如图 3.115 所示的“撰写信函”窗格。在窗格中可选择“地址块”、“问候语”等常用词汇插入到主文档中。如果单击“其他项目”可打开如图 3.116 所示的“插入合并域”窗格，选择插入在主文档中的列表项，可将同一列表项插入多次，插入的每一个列表项称为一个合并域。

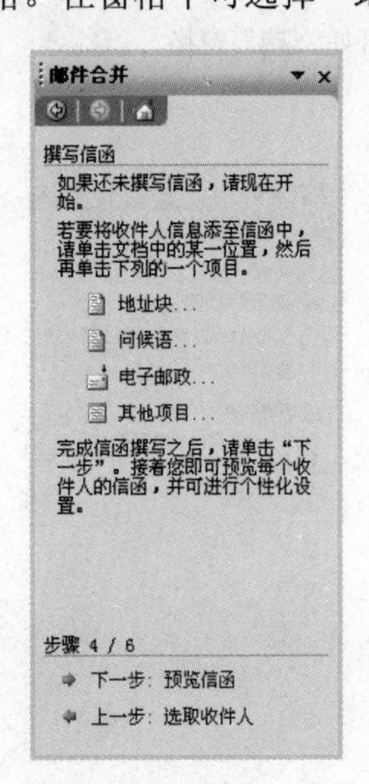

图 3.115 “撰写信函”窗格

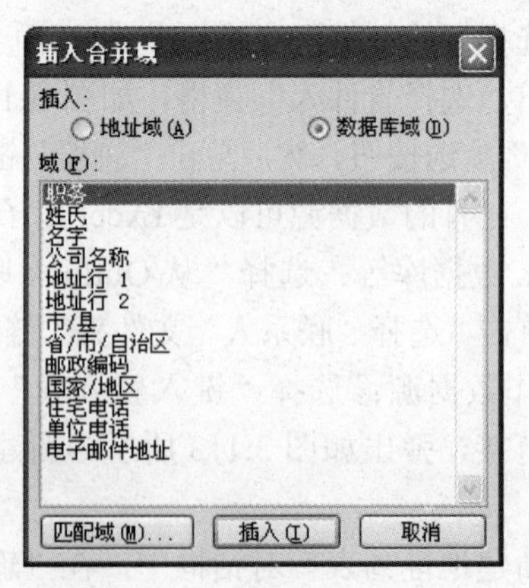

图 3.116 “插入合并域”窗格

4. 文档的合并

完成所有合并域的插入后，在“撰写信函”窗格中单击“下一步：预览信函”，弹出如图 3.117 所示的“预览信函”窗格，用户可以在完成邮件合并之前单击 « 和 » 按钮，浏览信函的内容是否正确，单击“排除此收件人”按钮，可将当前收件人排除在合并范围以外。浏览完毕确认无误后，单击“下一步：完成合并”，打开如图 3.118 所示的“完成合并”窗格。

邮件合并完成后，就可以生成若干个独立的信函。在完成合并窗格中可以选择打印，将合并完成后的文档打印后，也可以再次对合并后的文档进行编辑。

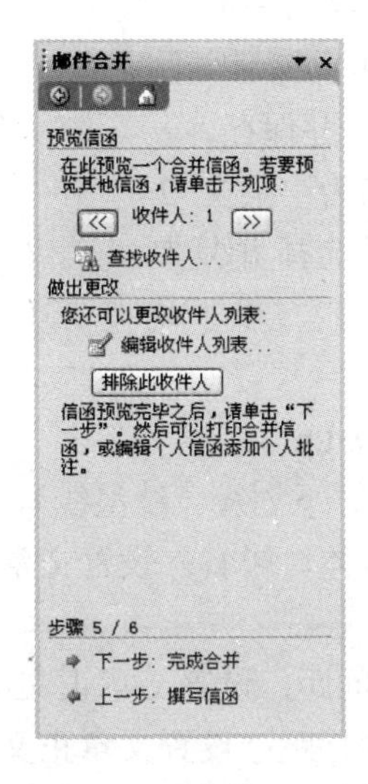

图 3.117 “预览信函”窗格

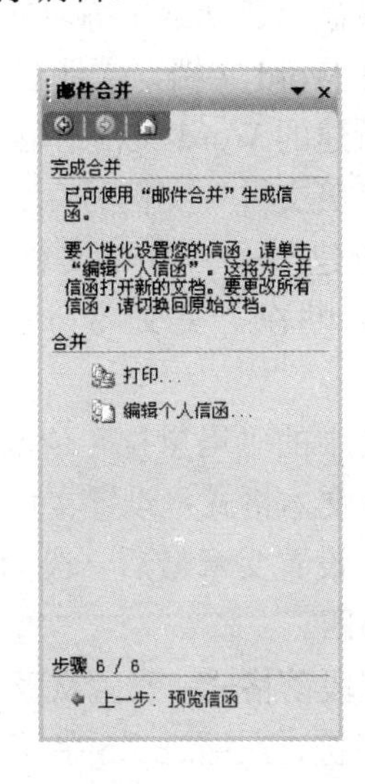

图 3.118 “完成合并”窗格

小　　结

本章主要讲述了 Word 2003 的特点、基本操作和应用操作，包括启动和退出 Word 2003、文档的创建与编辑、文档的格式编排、文档的打印设置、表格处理、图文处理以及邮件合并等内容。通过本章的学习，读者应掌握 Word 2003 的常用功能和使用技巧，并能利用这些功能和技巧编写和编辑文档，使 Word 2003 成为工作和学习的常用工具，同时为进一步学习 Office 2003 系列其他软件和提高计算机操作技巧打下良好的基础。

上　机　实　训

实训目的

（1）了解和掌握 Word 的基本概念。

（2）掌握 Word 文档的建立、文档的基本编辑操作及文本的查找与替换等操作。

（3）掌握 Word 中字体和段落的格式设置。

（4）掌握 Word 文档中项目编号和符号、边框和底纹、分栏等格式设置。

（5）掌握拼写与语法检查操作。

（6）掌握文档的页面设置、页眉和页脚设置和打印设置。

（7）掌握艺术字的插入和设置方法，掌握图片的插入和设置方法，掌握公式编辑器的使用，掌握表格的创建和使用方法。

（8）掌握邮件合并的使用。

实训内容

实训 1 Word 基本操作。创建一个 Word 文档，对其进行格式设置。

要求：

（1）在磁盘上建立学生练习文件夹，文件夹的名称为“学号＋姓名”。

（2）建立 Word 文档，文件名为“美文_1”，并保存在学生练习文件夹中。

（3）在新建的 Word 文档中输入如图 3.119 所示的内容，并保存。

（4）将“美文_1”文档另存到另一个驱动器中，并更名为“美文_2”。

（5）再新建一个 Word 文档，文件名为“美文_3”，选择并复制“美文_2”的全部文本内容，粘贴在“美文_3”中，并保存。关闭“美文_3”（以下均在“美文_1”中操作）。

（6）将文中的“玛黛拉”全部替换为红色字体的“MaDaLa”。

（7）设置文本格式：设置文章题目为隶书、三号、斜体、下划线（波浪线）、居中；字体颜色为绿色；设置文章最后一段为楷体_GB2312、小四、斜体、居右；设置文章正文为仿宋_GB2312、小四。

（8）设置段落格式：设置文章正文第 1 段为段前 1.5 行间距；设置文章正文 1～4 段为首行缩进 2 个字符、左缩进 2.5 字符、右缩进 1.5 字符、1.5 倍行距；设置文章正文第 5 段为段后 1 行间距、悬挂缩进 2 个字符、固定行距 20 磅。

玛黛拉游记

其实“玛黛拉”并不是我向往的地方，我计划去的是葡萄牙本土，只是买不到船票，车子运不过海，就被搁了下来。

第二天在报上看见旅行社刊的广告：“玛黛拉”七日游，来回机票、旅馆均可代办。我们一时兴起，马上进城缴费，心理上完全没有准备，匆匆忙忙出门，报名后的当天清晨，葡萄牙航空公司已经把我们降落在那个小海岛的机场上了。

“玛黛拉”是葡萄牙在大西洋里的一个海外行省，距本土七百多公里远，面积七百多平方公里，人口大约是二十万人；在欧洲，它是一个著名的度假胜地，名气不比迦纳利群岛小，而事实上，认识它的人却不能算很多。

我们是由大迦纳利岛飞过来的。据说，“玛黛拉”的机场，是世界上少数几个最难降落的机场之一。对一个没有飞行常识的我来说，难易都是一样的；只觉得由空中看下去，这海岛绿得像在春天。以往入境任何国家，都有罪犯受审之感，这次初入葡萄牙的领土，破例不审人，反倒令人有些轻松得不太放心。

不要签证，没有填入境表格，海关不查行李，不问话，机场看不到几个穿制服的人，气氛安详之外透着些适意的冷清，偶尔看见的一些工作人员，也是和和气气，笑容满面的，一个国家的民族性，初抵它的土地就可以马上区别出来的。机场真是一个奇怪的地方，它骗不了人，罗马就是罗马，巴黎就是巴黎，柏林也不会让人错认是维也纳，而“玛黛拉”就是玛黛拉，那份薄薄凉凉的空气，就是葡萄牙式的诗。

三毛著《温柔的夜》节选

图 3.119 “美文_1”输入内容

设置后效果如图 3.120 示。

实训 2 Word 基本操作。创建一个 Word 文档，对其进行格式设置。

要求：

（1）在磁盘上建立学生练习文件夹，文件夹的名称为“学号＋姓名”。

（2）建立 Word 文档，文件名为“美文_4”，并保存在学生练习文件夹中。

（3）在新建的“美文_4”Word 文档中输入如图 3.121 所示的内容，并保存。

MaDaLa 游记

其实“MaDaLa”并不是我向往的地方，我计划去的是葡萄牙本土，只是买不到船票，车子运不过海，就被搁了下来。

第二天在报上看见旅行社刊的广告：“MaDaLa”七日游，来回机票、旅馆均可代办。我们一时兴起，马上进城缴费，心理上完全没有准备，匆匆忙忙出门，报名后的当天清晨，葡萄牙航空公司已经把我们降落在那个小海岛的机场上了。

“MaDaLa”是葡萄牙在大西洋里的一个海外行省，距本土七百多公里远，面积七百多平方公里，人口大约是二十万人；在欧洲，它是一个著名的度假胜地，名气不比迦纳利群岛小，而事实上，认识它的人却不能算很多。

我们是由大迦纳利岛飞过来的。据说，“MaDaLa”的机场，是世界上少数几个最难降落的机场之一。对一个没有飞行常识的我来说，难易都是一样的；只觉得由空中看下去，这海岛绿得像在春天。以往入境任何国家，都有罪犯受审之感，这次初入葡萄牙的领土，破例不审人，反倒令人有些轻松得不太放心。

不要签证，没有填入境表格，海关不查行李，不问话，机场看不到几个穿制服的人，气氛安详之外透着些适意的冷清，偶尔看见的一些工作人员，也是和和气气，笑容满面的，一个国家的民族性，初抵它的土地就可以马上区别出来的。机场真是一个奇怪的地方，它骗不了人，罗马就是罗马，巴黎就是巴黎，柏林也不会让人错认是维也纳，而“MaDaLa”就是 MaDaLa，那份薄薄凉凉的空气，就是葡萄牙式的诗。

三毛著《温柔的夜》节选

图 3.120 “美文_1”设置后效果

人在度假的时候，东奔西走，心情就比平日好，也特别想吃东西，我个人尤其有这种毛病，无论什么菜，只要不是我自己做出来的，全都变成山珍海味。
“丰夏”卖的是葡萄牙菜，非常可口，我一家一家小饭店去试，一次吃一样，绝对不肯重复。
有一天，在快近郊外的极富本地人色彩的小饭店里看见菜单上有烤肉串，就想吃了。
“要五串烤肉。”我说。
茶房动也不动。“请问我的话您懂吗？”轻轻的问他，他马上点点头。
“一串。”他说。“五串，五——”我在空中写了个五字。“先生一起吃，五串？”他不知为什么有点吃惊。
“不，我吃鱼，她一个人吃。”荷西马上说。
“一串？”他又说。“五串，五串。”我大声了些，也好奇怪的看着他，这人怎么搞的？茶房一面往厨房走一面回头看，好似我吓了他一样。
饭店陆续又来了好多本地人，热闹起来。
荷西的鱼上桌了，迟来的人也开始吃了，只有我的菜不来。我一下伸头往厨房看，一下又伸头看，再伸头去看，发觉厨子也鬼鬼祟祟的伸头在看我。
弹着手指，前后慢慢摇着老木椅子等啊等啊，这才看见茶房双手高举，好似投降一样的从厨房走出来了。他的手里，他的头上，那个吱吱冒烟的，那条褐色的大扫把，居然是一条松——枝——烤——肉——。

图 3.121 “美文_4”输入内容

（4）页面设置和打印设置：设置文档的页边距为上 2.5 厘米、下 3.3 厘米、左 3.5 厘米、右 3.7 厘米、装订线、左 0.5 厘米、页眉 1.2 厘米、页脚 3 厘米；设置纸张大小为高度 19 厘米、宽度 22 厘米。

（5）设置页眉和页脚：设置页眉内容为“三毛——《玛黛拉游记》节选”、字号小五、居中显示；设置页脚内容为第 1 页（其中“1”为插入的页码）、字号小五、居中显示。设置文档的项目编号和符号。

（6）设置正文第 2 段至第 7 段加项目编号：符号为✂；项目符号缩进为 0.5 厘米；文字位置缩进为 1 厘米。

（7）设置文档的边框和底纹：设置正文第 1 段边框为阴影边框，颜色为蓝色；底纹为填充、淡蓝色。

（8）设置文档的分栏格式：设置正文第 8 段至第 10 段分两栏，栏宽不等；第 1 栏栏宽 18 个字符；栏间距 3 个字符；加分隔线。

（9）拼写与语法检查：对文档中的英文部分进行拼写与语法检查。设置后效果如图 3.122 所示。

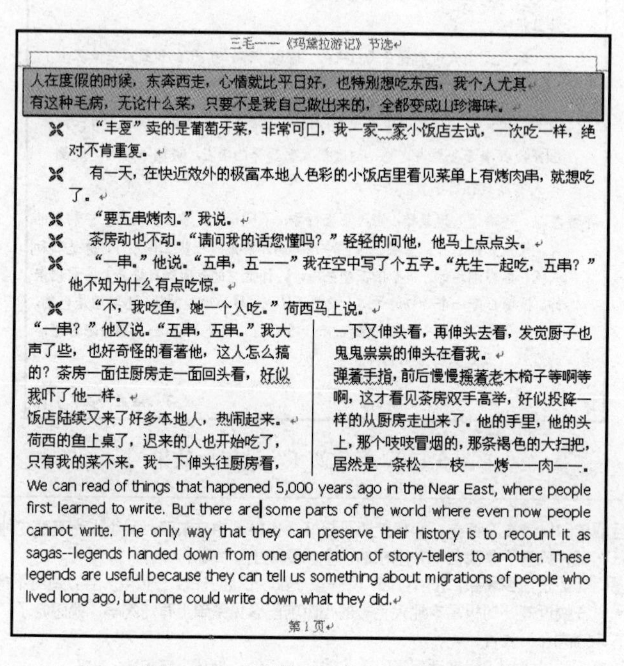

三毛——《玛黛拉游记》节选

人在度假的时候，东奔西走，心情就比平日好，也特别想吃东西，我个人尤其有这种毛病，无论什么菜，只要不是我自己做出来的，全部变成山珍海味。

- “丰夏”卖的是葡萄牙菜，非常可口，我一家一家小饭店去试，一次吃一样，绝对不肯重复。
- 有一天，在快近效外的极富本地人色彩的小饭店里看见菜单上有烤肉串，就想吃了。
- “要五串烤肉。”我说。
- 茶房动也不动。“请问我的话您懂吗？”轻轻的问他，他马上点点头。
- “一串。”他说。“五串，五——”我在空中写了个五字。“先生一起吃，五串？”他不知为什么有点吃惊。
- “不，我吃鱼，她一个人吃。”荷西马上说。

“一串？”他又说。“五串，五串。”我大声了些，也好奇怪的看著他，这人怎么搞的？茶房一面住厨房走一面回头看，好似我吓了他一样。

饭店陆续又来了好多本地人，热闹起来。

荷西的鱼上桌了，迟来的人也开始吃了，只有我的菜不来。我一下伸头往厨房看，一下又伸头看，再伸头去看，发觉厨子也鬼鬼祟祟的伸头在看我。

弹著手指，前后慢慢摇著老木椅子等啊等啊，这才看见茶房双手高举，好似投降一样的从厨房走出来了。他的手里，他的头上，那个吱吱冒烟的，那条褐色的大扫把，居然是一条松——枝——烤——肉——。

We can read of things that happened 5,000 years ago in the Near East, where people first learned to write. But there are some parts of the world where even now people cannot write. The only way that they can preserve their history is to recount it as sagas--legends handed down from one generation of story-tellers to another. These legends are useful because they can tell us something about migrations of people who lived long ago, but none could write down what they did.

第 1 页

图 3.122 “美文_4”设置后效果

实训 3 Word 应用操作。

要求：

（1）新建文件：在 Word 中新建一个文档，文件名为“美文_5.doc”，保存在文件夹中，文件夹的名称为“学号＋姓名”。

（2）输入文档：

中国文学

中华民族是最早的古老民族之一。中国文学作为文明的象征之一，其历史之久、种类之繁、形式之丰，堪与任何文学大国媲美。

拥有悠久文化传统的中华民族，栖息于东亚大陆，在这片广袤而丰饶的土地上辛勤劳动，历经万般艰难险阻，以惊人的韧性和包容精神，持续而富于独创性地发展自己的文化，以卓异的风姿屹立于世界民族之林。

（3）设置艺术字：设置“美文_5.doc”文档的第一段（标题）为艺术字。艺术字库中第三行第一列，字体为隶书，艺术字形状为右牛角形，阴影样式为 13、居中、调整适当大小；将文章末尾的“民族之林”设置为艺术字。艺术字库中第四行第四列，字体为黑体，艺术字形状为双波形 1，阴影样式为 18、居中，调整适当大小。

（4）插入图片：在 1 段与 2 段之间插入图片（图片自选），设置版式为四周型环绕，宽度 2 厘米，锁定纵横比。在第 2 段之后插入剪贴画（样式自选），设置版式为上下型环绕。

（5）编辑公式：在文件夹中新建文档“美文_6.doc”，插入以下两个公式并保存：

$$\sum_{i=0}^{n}\frac{X_i}{Y_i} \qquad \frac{|A-a|}{|a|}$$

实训 4　表格应用和邮件合并。

要求：

（1）新建文件：在 Word 中新建一个文档，文件名为“美文_7.doc”，保存在文件夹中，文件夹的名称为“学号＋姓名”。

（2）制作表格：

1）在“美文_7.doc”中，制作 7 行 4 列表格，列宽 2 厘米。

2）填入如下数据，水平方向上文字为居中对齐，数值为右对齐。

3）表格计算：在表格最右边插入一列，在第二个单元格输入“平均降雨量”，在第三个至第七个单元格中，利用公式计算每个城市的平均降雨量。

4）按平均降雨量从高到低进行排序。

5）合并第一行的单元格。

6）设置边框：外边框为 2 磅双实线，内边框为 1.5 磅单实线。

7）设置底纹：设置标题和表头行底纹为填充、浅绿；图案式样为 10%；颜色为黑色。

世界五大城市降雨量表（单位：cm）			
城市	一月	三月	五月
悉尼	9	12	11
里约热内卢	5	12	7
香港	3	7	30
佩斯	2	3	12
曼谷	1	2	4

（3）邮件合并：

1）在学生练习文件夹中新建文档“工资条样式.doc”。输入以下内容，并保存。

工　资　条

序　号	姓　名	单　位	基本工资	生活补贴	浮动工资

2）在学生练习文件夹中新建文档“工资数据.doc”，输入以下内容：

序　号	姓　名	单　位	基本工资	生活补贴	浮动工资
2	杨 明	劳资科	110.00	35.20	21.12
3	江 华	企管办	110.00	35.20	21.12
6	刘 珍	财务科	110.00	35.20	35.00
9	孙 静	计算中心	134.00	53.12	35.00

3）以“工资条样式.doc”为主文档，“工资数据.doc”为数据源，进行邮件合并，将合并结果另存为学生练习文件夹中“工资条.doc”。

第 4 章　Excel 表格处理软件

学习目的与要求

表格在人们日常生活中经常被用到，如学生的考试成绩表、企业里的认识报表、生产报表、财务报表等，所有这些表格都可以使用一种计算机软件——Excel 2003 来实现。Excel 2003 软件除了可以制作常用的表格之外，在数据处理、图表分析及金融管理等方面都有出色的表现，因而受到广大用户的青睐。

4.1 Excel 概 述

Microsoft 公司的 Excel 2003 是 Windows 环境下的优秀电子表格系统。在 Excel 2003 中，电子表格软件功能的方便性、操作的简易性、系统的智能性都达到了一个新的境界。Excel 2003 具有强有力的处理图表和图形的功能，也有丰富的宏命令和函数，并支持 Internet 网络的开发。

4.1.1 Excel 界面介绍

在启动了 Excel 2003 后，可以见到它的窗口界面及各组成部分，本小节先介绍 Excel 2003 的界面，如图 4.1 所示。

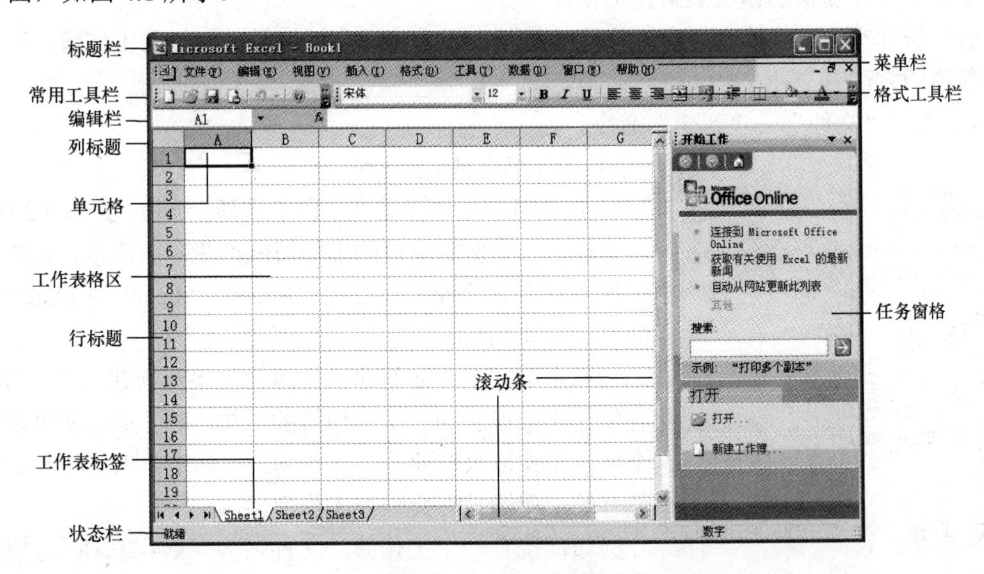

图 4.1　Excel 2003 界面

（1）标题栏：用于显示当前使用的应用程序名称和工作簿名称。

（2）菜单栏：Excel 2003 最为丰富的命令集合，几乎所有的 Excel 2003 命令都可以从菜单栏中选择执行。

（3）"常用"工具栏：Excel 2003 编辑过程中最常用的工具集。工具栏中的每个小按钮都对应一种操作。例如，单击“新建”按钮，便可创建一个新的工作簿。

（4）“格式”工具栏：Excel 2003 中常用的编排工具集之一，包括字体格式设置、对齐格式设置、数字格式、缩进量、边框样式和颜色设置等工具。

（5）编辑栏：用来定位和选择单元格数据及显示活动单元格中的数据和公式。

（6）行、列标题：用来定位单元格，例如，A1 代表第 1 行 A 列，其中行标题用数字表示，列标题用英文字母表示。

4.1.2 工作簿与工作表

工作簿是指在 Excel 2003 环境中用来存储并处理工作数据的文件，它是由若干个工作表组成的。在 Excel 2003 中，一个文件可以说就是一个工作簿，工作簿窗口左下方有若干个工作表标签，单击其中一个标签就会切换到该工作表。

打开 Excel 2003 时，映入眼帘的工作画面就是工作表，是由众多的行、列交叉的单元格排列在一起构成的。工作表能存储包含字符串、数字、公式、图表、声音等丰富的信息或数据，并能够对这些信息或数据进行各种处理，同时能将工作表打印出来。

一个工作簿内最多可以有 255 个工作表。

4.1.3 工作簿基本操作

1. 新建工作簿

在 Excel 2003 中，既可以新建空白工作簿，也可以利用已有工作簿新建工作簿，还可以利用 Excel 2003 提供的模板来新建工作簿。

（1）新建空白工作簿。空白工作簿就是其工作表中没有任何数据资料的工作簿，新建空白工作簿的方法有三种。

1）选择“文件”→“新建”命令。

2）按下组合键 Ctrl＋N。

3）在任务窗格中单击“空白工作簿”选项，如图 4.2 所示。

图 4.2 选择“空白工作簿”选项

这样，一个新的空白的工作簿就产生了。通常，新建的空白工作簿是由 3 个空白工作表（Sheetl、Sheet2 和 Sheet3）组成的，如图 4.3 所示。

（2）由现有工作簿新建工作簿。如果想新建一个工作簿，并且想让它跟现有的一个工作簿的结构一样，那么就可以根据这个现有工作簿来新建一个工作簿。实际上，也就相当于将这个现有的工作簿另存为一个工作簿。

例如，现有一个工作簿，文件名为“ks4-20.xls”，现在要根据这个工作簿再新建一个跟它结构一样的工作簿，那么可以按照以下操作来完成。

1）在任务窗格中单击“根据现有工作簿新建”命令，如图 4.4 所示。

2）在弹出的“根据现有工作簿新建”对话框内，选择适当的路径并选择现有的工作簿 ks4-20.xls，如图 4.5 所示。

3）单击“创建”按钮即可。

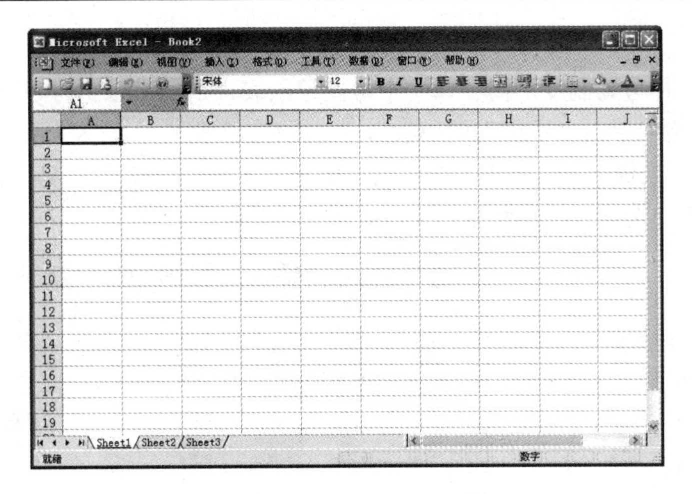

图 4.3　新建的空白工作簿

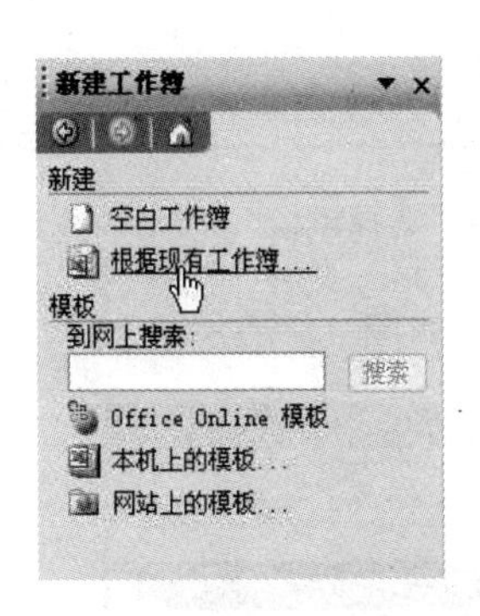

图 4.4　根据现有工作簿新建

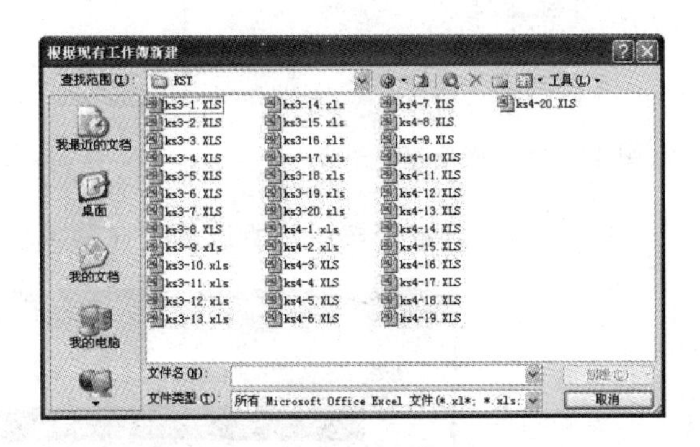

图 4.5　选择现有工作簿

这样，一个跟工作簿 ks4-20.xls 结构及格式一样的工作簿就建成了。一般地，新工作簿会有一个默认的文件名，如刚才所建的工作簿的文件名就是 ks4-201.xls，如图 4.6 所示。

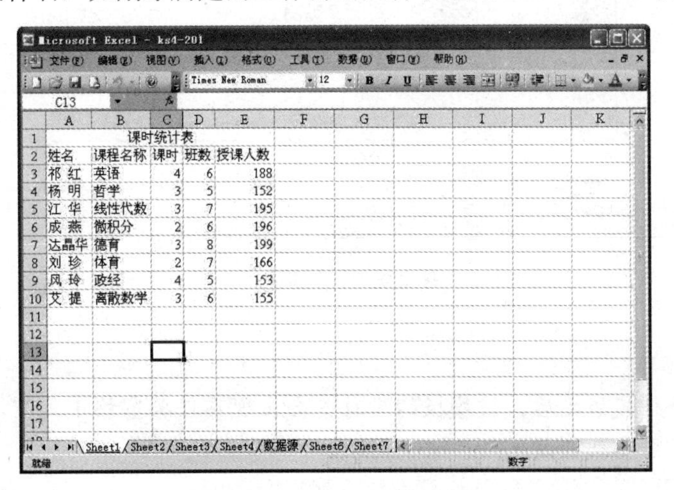

姓名	课程名称	课时	班数	授课人数
祁 红	英语	4	6	188
杨 明	哲学	3	5	152
江 华	线性代数	3	7	195
成 燕	微积分	2	6	196
达晶华	德育	3	8	199
刘 珍	体育	2	7	166
风 玲	政经	4	5	153
艾 提	离散数学	3	6	155

图 4.6　新建的工作簿 ks4-201

（3）根据模板新建工作簿。Excel 2003 提供了一系列丰富而实用的模板，利用这些模板可以作为其他相似工作簿基础的工作簿。工作簿的默认模板名为 Book.xlt，工作表的默认模板名为 Sheet.xlt。

例如，公司实行考勤制度，需要做一个考勤记录表，那么可以进行以下操作。

1）在任务窗格中单击“本机上的模板”，如图 4.7 所示。

2）在弹出的“模板”对话框内，先单击“电子方案表格”标签，然后在选项列表中选择所需要模板，此例中选择“考勤记录”选项，如图 4.8 所示。

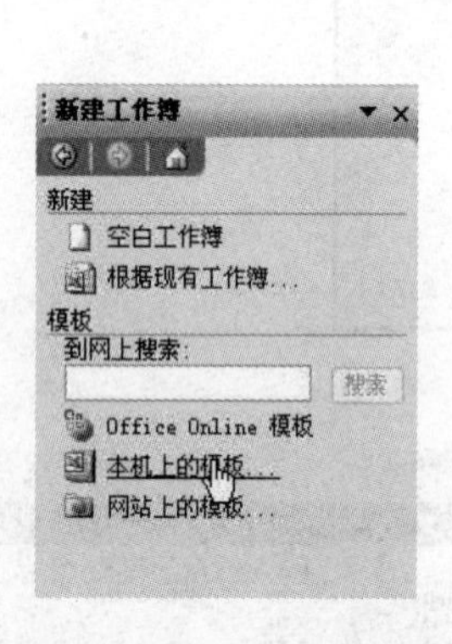

图 4.7 用模板新建工作簿

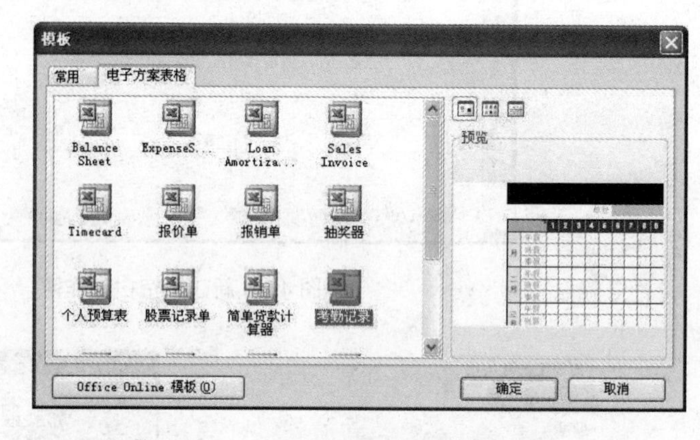

图 4.8 选择模板

3）单击“确定”按钮，所选的工作簿模板就出现了，如图 4.9 所示。

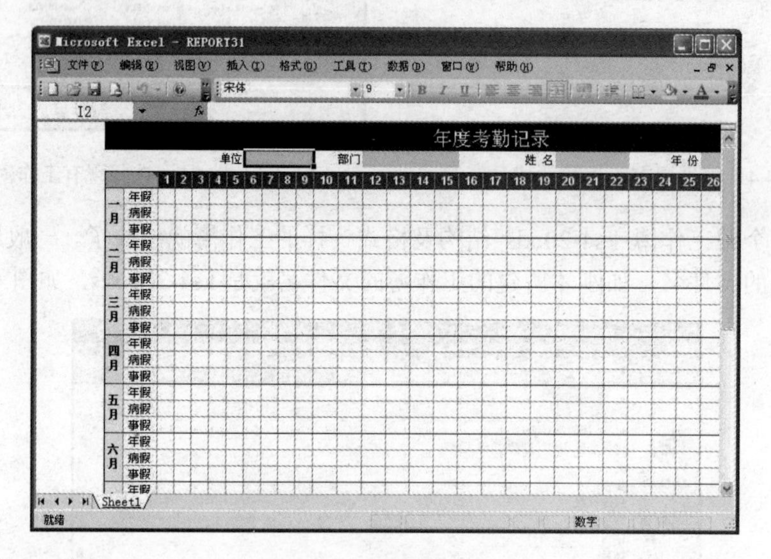

图 4.9 工作簿模板

当选用了一种模板之后，该模板的名称就会出现在任务窗格中，下次再使用这个模板时直接单击该名称就可以了。

2. 保存和关闭工作簿

制作好一份电子表格或完成工作簿的编辑工作后，就可以将其保存起来，以备以后修改或编辑。当然，即使正在对工作表的数据进行编辑，同样可以将这些数据保存一下。下面是保存工作簿文件的具体操作步骤。

（1）选择“文件”→“保存”命令，或单击常用工具栏上的保存按钮。

（2）在“另存为”对话框的“保存位置”下拉列表框中选择合适的路径，然后在“文件名”文本框内输入工作簿名称，如图 4.10 所示。

（3）单击“保存”按钮。这样，就完成了保存当前工作簿的操作。

接下来介绍如何关闭工作簿。打开多个工作簿进行工作时，可将不再使用的工作簿关闭，以节省内存空间。关闭工作簿文件的操作是选择“文件”→“关闭”命令。如果该文件在编辑之后还没有保存，则此时会弹出如图 4.11 所示的对话框。单击“是”按钮则保存工作簿；单击“否”按钮则不保存对工作簿所做的任何修改；单击“取消”按钮，则返回编辑状态。如果该文件在关闭之前已被保存过，则不会弹出此对话框。

技巧

如果要一次就关闭所有已经打开的工作簿，可以在按下 Shift 键的同时，选择“文件”→“关闭所有文件”命令。

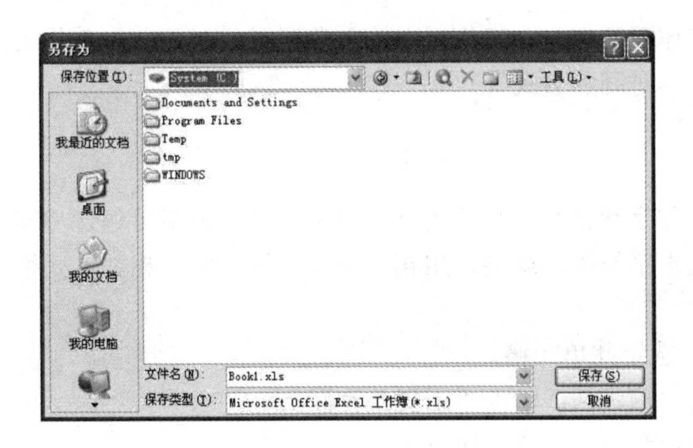

图 4.10　“另存为”对话框

图 4.11　关闭工作簿时的提示对话框

3. 打开已有工作簿

在 Excel 2003 中，单击常用工具栏上的“打开”按钮，或者选择“文件”→“打开”命令，如图 4.12 所示，都将出现“打开”对话框，如图 4.13 所示。从中选择要打开的文件后，单击“打开”按钮就可以了。

提示

（1）要显示任务窗格时，请选择“视图”→“工具栏”→“任务窗格”命令。

（2）若在“打开”对话框中配合使用 Ctrl 键或 Shift 键，可以选中多个不连续或连续的工作簿文件，并打开它们。

技巧

任务窗格中会自动保留若干个曾经打开过的工作簿名称，再次打开时，直接单击相应的工作簿名称就可以了。

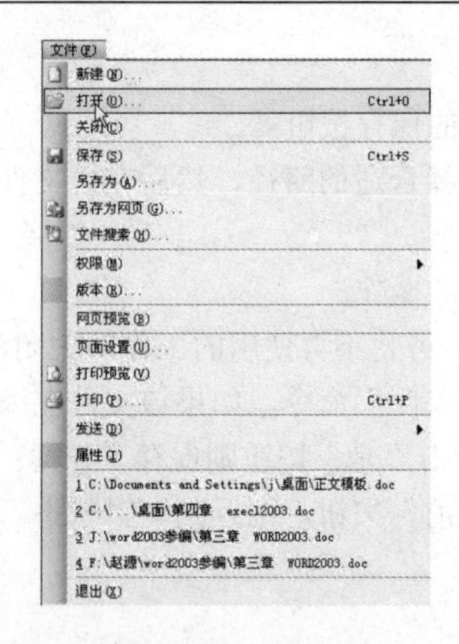

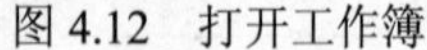

图 4.12 打开工作簿

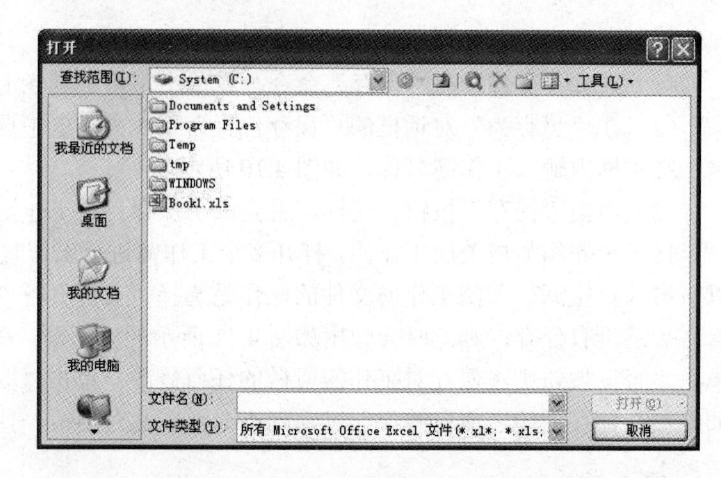

图 4.13 在“打开”对话框内选择文件

4.2 编 辑 数 据

当工作簿建立之后，就可以在工作簿的每一个工作表中输入数据了。在 Excel 工作表的单元格中可以输入文本、数字、日期、时间和公式等。

4.2.1 输入数据

1. 输入文本

单元格中的文本包括任何字母、数字和键盘符号的组合。每个单元格最多可包含 32000 个字符，如果单元格列宽显示不下文本字符串，就要占用相邻的单元格。如果相邻单元格中已有数据，就会截断显示。

（1）在工作表中单击单元格 F2，选定此单元格。

（2）切换到微软拼音输入法或其他输入法，输入“工资合计”。

（3）按 Enter 键，活动单元格下移到 F3，如图 4.14 所示。

提 示

如果输完文本后不按 Enter 键，而是按 Tab 键，则活动单元格自动右移到 G2。

	A	B	C	D	E	F	G	H	I	J
1	单位工资情况									
2	部门	姓名	奖金	年龄	工资	工资合计				
3	人事处	王定明	540	45	1850					
4	财务处	陆书简	300	32	1500					
5	人事处	张基	300	33	1428					
6	总务处	刘绢素	250	26	1320					
7	保卫处	武国华	450	50	1680					
8	人事处	方小思	200	23	1045					
9	保卫处	包风	380	38	1540					
10	财务处	司东平	500	35	1740					
11										
12										
13										

Sheet1 / Sheet2

图 4.14 输入文本

2. 输入数字

在 Excel 中，数字可用逗号、科学计数法或某种格式表示。输入数字时，只要选中需要输入数字的单元格，按键盘上的数字键即可，如图 4.15 所示。

	A	B	C	D	E	F	G	H	I	J
1	单位工资情况									
2	部门	姓名	奖金	年龄	工资	工资合计				
3	人事处	王定明	540	45	1850	2390				
4	财务处	陆书简	300	32	1500	1800				
5	人事处	张基	300	33	1428	1728				
6	总务处	刘绢素	250	26	1320	1570				
7	保卫处	武国华	450	50	1680	2130				
8	人事处	方小思	200	23	1045	1245				
9	保卫处	包风	380	38	1540	1920				
10	财务处	司东平	500	35	1740	2240				
11										
12										
13										

Sheet1 / Sheet2

图 4.15 输入数字

3. 输入日期和时间

日期和时间也是数字，但它们有特定的格式。在输入日期时用斜线或短线分隔日期的年、月、日。例如，可以输入“2006/06/15”或“2006-6-15”，如果要输入当前的日期，按组合键 Ctrl+；（分号）即可，如图 4.16 所示。

	A	B	C	D	E	F	G	H	I	J
2	部门	姓名	奖金	年龄	工资	工资合计				
3	人事处	王定明	540	45	1850	2390				
4	财务处	陆书简	300	32	1500	1800				
5	人事处	张基	300	33	1428	1728				
6	总务处	刘绢素	250	26	1320	1570				
7	保卫处	武国华	450	50	1680	2130				
8	人事处	方小思	200	23	1045	1245				
9	保卫处	包风	380	38	1540	1920				
10	财务处	司东平	500	35	1740	2240				
11										
12				制表时间	2006-6-15					
13										
14										
15										

Sheet1 / Sheet2

图 4.16 输入日期

在输入时间时，如果按 12 小时制输入时间，需在时间后空一格，再输入字母 a 或 p，分别表示上午或下午。例如，输入 10:40 p，按 Enter 键后的结果是 22:40:00，如图 4.17 和图 4.18 所示。如果只输入时间数字，Excel 将按 AM（上午）处理，如果要输入当前的时间，按组合键 Ctrl+Shift+；（分号）即可。

4. 填充柄

在 Microsoft Excel 中，标记某个单元格或区域时，通常会看到在该单元格或区域的右下角有一个小黑方块，此小黑方块就是“填充柄”，当鼠标指向“填充柄”位置时，会变成**+**形状。通过“填充柄”可以在 Excel 中实现数据的自动填充。

（1）在同一行或列中复制数据。首先，选定包含需要复制数据的单元格，然后，用鼠标拖动单元格选定框右下角的“填充柄”，如图 4.19 所示。经过需要填充数据的单元格，再释放鼠标按键，则复制来的单元格数据将替换被填充单元格中原有的数据或公式，如图 4.20 所示。

	A	B	C	D	E	F	G	H	I	J
2	部门	姓名	奖金	年龄	工资	工资合计				
3	人事处	王定明	540	45	1850	2390				
4	财务处	陆书简	300	32	1500	1800				
5	人事处	张基	300	33	1428	1728				
6	总务处	刘绢素	250	26	1320	1570				
7	保卫处	武国华	450	50	1680	2130				
8	人事处	方小思	200	23	1045	1245				
9	保卫处	包风	380	38	1540	1920				
10	财务处	司东平	500	35	1740	2240				
11										
12				制表时间	2006-6-15	10:40 p				
13										
14										
15										

Sheet1 / Sheet2

图 4.17　输入时间“10:40 p”

	A	B	C	D	E	F	G	H	I	J
2	部门	姓名	奖金	年龄	工资	工资合计				
3	人事处	王定明	540	45	1850	2390				
4	财务处	陆书简	300	32	1500	1800				
5	人事处	张基	300	33	1428	1728				
6	总务处	刘绢素	250	26	1320	1570				
7	保卫处	武国华	450	50	1680	2130				
8	人事处	方小思	200	23	1045	1245				
9	保卫处	包风	380	38	1540	1920				
10	财务处	司东平	500	35	1740	2240				
11										
12				制表时间	2006-6-15	22:40:00				
13										
14										
15										

Sheet1 / Sheet2

图 4.18　按 Enter 键后时间结果是 22:40:00

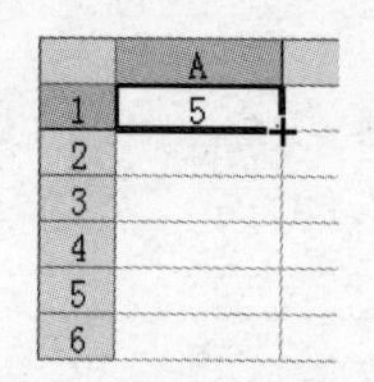

图 4.19　指向“填充柄”

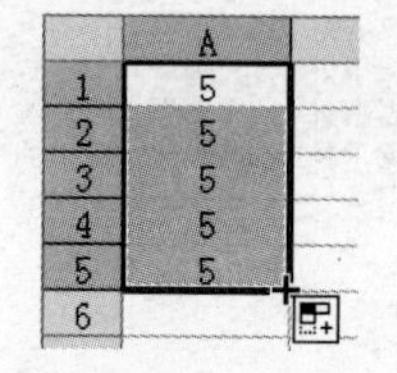

图 4.20　拖动“填充柄”

（2）填充数字、日期或其他序列。首先，选定待填充数据区域的起始单元格，然后，输入序列的初始值（如果要让序列按给定的步长增长，请再选定下一单元格，在其中输入序列的第二个数值，头两个单元格中数值的差额将决定该序列的增长步长），最后，选定包含初始值的单元格，再用鼠标拖动“填充柄”经过待填充区域即可，如图 4.21 所示。

时间序列包括按指定天数、周数或月份数增长的序列，也可以包括一些循环的序列，如星期数值、月份名称或季度名称等。例如，日期序列（星期）的初始值及由此生成的相应序列如图 4.22 所示。

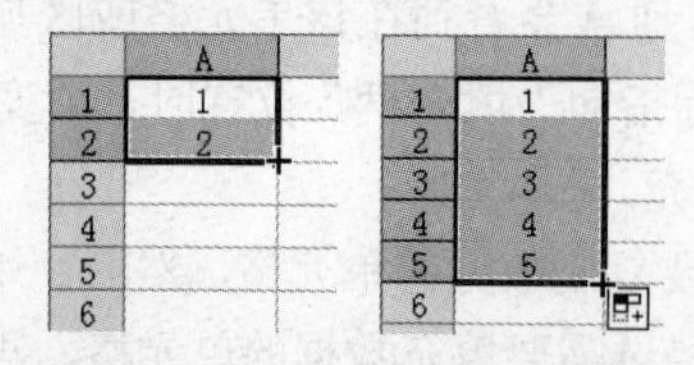

图 4.21　指定步长，自动填充

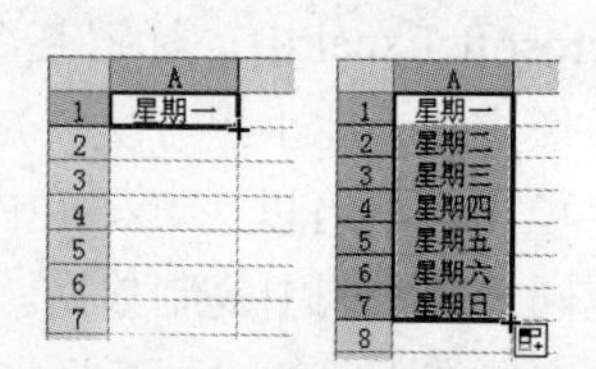

图 4.22　星期序列，自动填充

5. 数据输入技巧

Excel 2003 中有许多数据输入的技巧，除了上述操作之外，本节将再介绍其他一些数据输入的技巧。

（1）利用选择列表。Excel 2003 具有数据记忆功能，在同一行或同一列中，如果前面的单元格中已有数据输入，即在某单元格输入一个与前面单元格相同的数据时，Excel 会自动显示出该单元格后面的数据。

（2）在多个单元格中输入相同的数据。如果在工作表中有多处重复出现相同的数据，那么在数据输入时，可首先将这些单元格同时选中，同时选中的操作方法为在选中第一个单元格后按下 Ctrl 键，再依次单击其他单元格。然后通过编辑栏输入数据，同时按下组合键 Ctrl＋Enter。此时数据将同时显示在被选中的多个单元格中，如图 4.23 所示。

	A	B	C	D	E
1	期末考试平均成绩				
2	班级	计算机文化基础	C语言	VB程序设计	VC++程序设计
3	11051				
4	11052				
5	11053	80			
6	13051				
7	21051				
8	21052				
9	21053		80		
10	22051				
11	22052	80		80	
12	31051				
13	31052				
14	42051		80		80
15	单科平均成绩				

图 4.23　在多个单元格中输入相同的数据

4.2.2　设置数据格式

1. 设置文本格式

在默认情况下，Excel 2003 单元格中的文本是“宋体、12 磅”，可以通过格式工具栏对单元格进行基本的格式设置，如果要做更多设置，则应该选择“格式”→“单元格”命令，弹出“单元格格式”对话框，如图 4.24 所示。

在“单元格格式”对话框中，可以对字体、字形、字号、颜色等进行设置。

2. 设置数字格式

在日常使用中，常常遇到各种各样数字的格式，如小数、百分数、货币等，Excel 提供了多种数字格式。

例如，如图 4.25 所示，在工作表中计算出计算机专业招生人数占招生总人数的百分比。

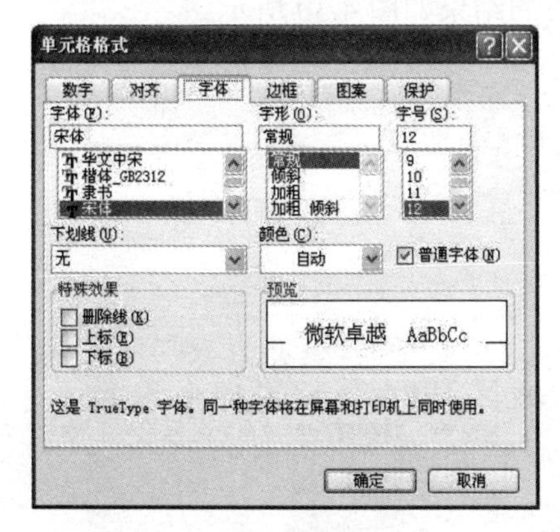

图 4.24　“单元格格式”对话框

	A	B	C	D	E	F
1	城区2004年大学招生人数					
2	大学名称	管理专业	计算机专业	英语专业	金融专业	其它专业
3	西安大学	430	300	234	84	1846
4	财经大学	350	120	85	245	424
5	陕西电力学院	100	125		54	400
6	西北技术学院	84	230	46		512
7	农林大学	60	100			644
8	各专业总人数	1024	875	365	383	3826
9	各专业百分比					
10					总人数	6473

图 4.25　各专业招生人数表

（1）先在 C9 单元格计算出计算机专业招生人数除以招生总人数的结果，如图 4.26 所示。

（2）然后选择“格式”→“单元格”命令，弹出“单元格格式”对话框，选择“数字”选项卡，如图 4.27 所示。

	A	B	C	D	E	F
1	城区2004年大学招生人数					
2	大学名称	管理专业	计算机专业	英语专业	金融专业	其它专业
3	西安大学	430	300	234	84	1846
4	财经大学	350	120	85	245	424
5	陕西电力学院	100	125		54	400
6	西北技术学院	84	230	46		512
7	农林大学	60	100			644
8	各专业总人数	1024	875	365	383	3826
9	各专业百分比		0.135176889			
10					总人数	6473

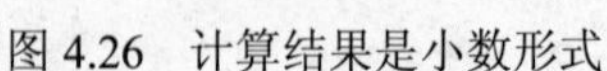

图 4.26　计算结果是小数形式

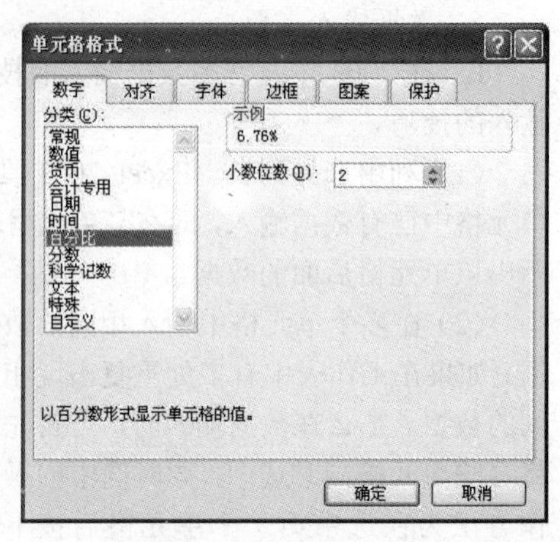

图 4.27　“数字”选项卡

（3）在分类列表中选择“百分比”，小数位数保留 2 位，按“确定”按钮，结果如图 4.28 所示。

	A	B	C	D	E	F
1	城区2004年大学招生人数					
2	大学名称	管理专业	计算机专业	英语专业	金融专业	其它专业
3	西安大学	430	300	234	84	1846
4	财经大学	350	120	85	245	424
5	陕西电力学院	100	125		54	400
6	西北技术学院	84	230	46		512
7	农林大学	60	100			644
8	各专业总人数	1024	875	365	383	3826
9	各专业百分比		13.52%			
10					总人数	6473

图 4.28　计算机专业所占百分比

3. 设置单元格颜色

默认情况下，单元格既无颜色也无图案。但用户可以为单元格添加颜色和图案，以增强工作表的视觉效果。

（1）先选中要添加图案的单元格区域，本例中选择 C 列。

（2）选择“格式”→“单元格”命令，弹出“单元格格式”对话框，选择“图案”选项卡，如图 4.29 所示。

（3）在该选项卡中可以设置单元格底纹颜色和图案，在“示例”显示框中可以预览设置的效果。选中灰色色块，再单击“确定”按钮，填充后的结果如图 4.30 所示。

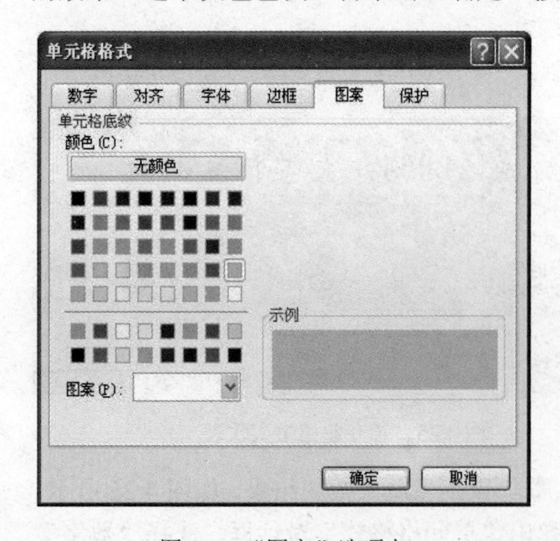

图 4.29　“图案”选项卡

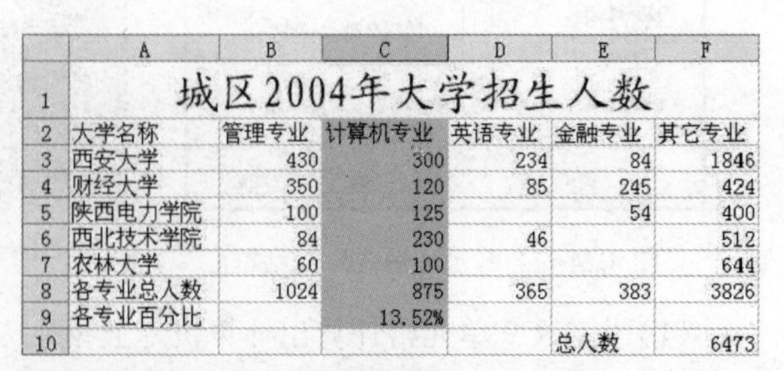

	A	B	C	D	E	F
1	城区2004年大学招生人数					
2	大学名称	管理专业	计算机专业	英语专业	金融专业	其它专业
3	西安大学	430	300	234	84	1846
4	财经大学	350	120	85	245	424
5	陕西电力学院	100	125		54	400
6	西北技术学院	84	230	46		512
7	农林大学	60	100			644
8	各专业总人数	1024	875	365	383	3826
9	各专业百分比		13.52%			
10					总人数	6473

图 4.30　单元格图案示例

提示

要删除填充的颜色，可在如图 4.29 所示的对话框中选中白色色块，或选择“无颜色”，再单击“确定”按钮。

4. 设置单元格边框

在 Excel 中数据都是存放在单元格中以表格的形式显示出来的，但是打印出来的内容是没有边框的，如果想要打印表格，就需要设置单元格的边框。例如，给上例加上粗线型外边框，细线型内边框，标题与表头之间加双实线。步骤如下。

（1）选中整个表格区域，如图 4.31 所示。

（2）选择“格式”→“单元格”命令，弹出“单元格格式”对话框，选择“边框”选项卡，如图 4.32 所示。

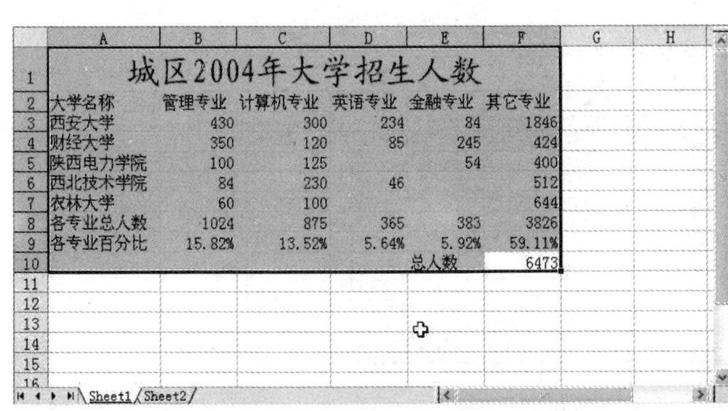

城区2004年大学招生人数					
大学名称	管理专业	计算机专业	英语专业	金融专业	其它专业
西安大学	430	300	234	84	1846
财经大学	350	120	85	245	424
陕西电力学院	100	125		54	400
西北技术学院	84	230	46		512
农林大学	60	100			644
各专业总人数	1024	875	365	383	3826
各专业百分比	15.82%	13.52%	5.64%	5.92%	59.11%
				总人数	6473

图 4.31　选中表格数据区域

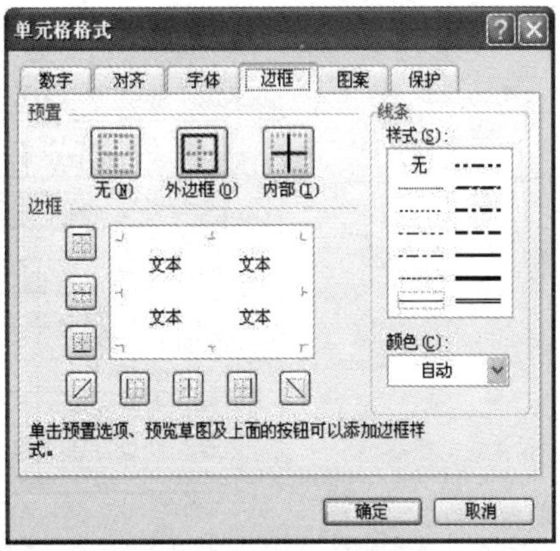

图 4.32　“边框”选项卡

（3）选择“线条”→“样式”中的细线型，然后单击内部按钮，如图 4.33 所示，这样就给表格加上内边框；再选择“线条”→“样式”中的粗线型，然后单击外边框按钮，如图 4.34 所示，给表格加上外边框。再单击“确定”按钮，结果如图 4.35 所示。

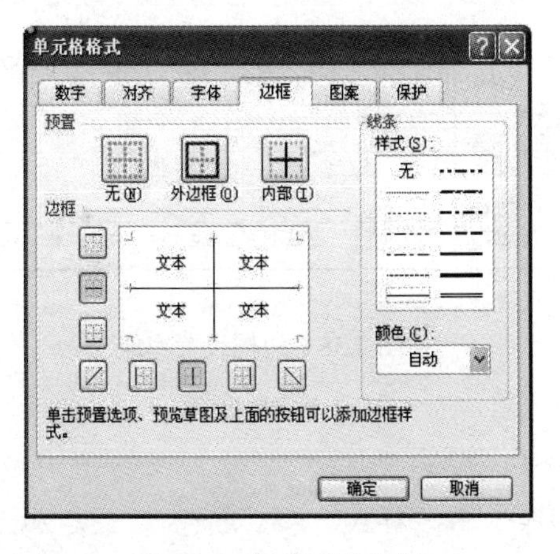

图 4.33　细线型内边框

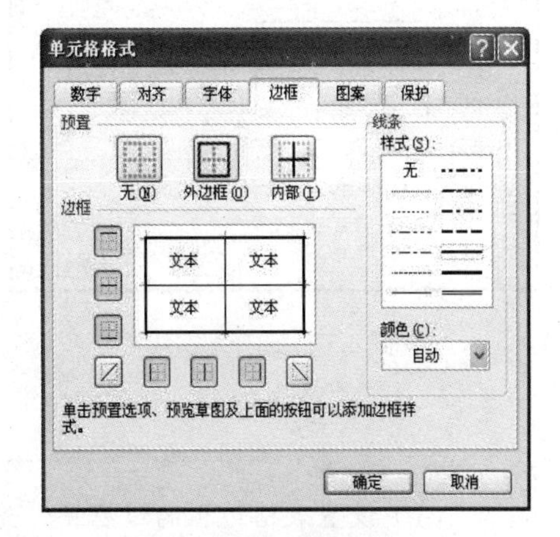

图 4.34　粗线型外边框

（4）选中标题和表头两行数据，如图 4.36 所示，再选择“格式”→“单元格”命令，弹

	A	B	C	D	E	F	G
1	城区2004年大学招生人数						
2	大学名称	管理专业	计算机专业	英语专业	金融专业	其它专业	
3	西安大学	430	300	234	84	1846	
4	财经大学	350	120	85	245	424	
5	陕西电力学院	100	125		54	400	
6	西北技术学院	84	230	46		512	
7	农林大学	60	100			644	
8	各专业总人数	1024	875	365	383	3826	
9	各专业百分比	15.82%	13.52%	5.64%	5.92%	59.11%	
10					总人数	6473	
11							
12							

图 4.35　给表格加上边框

出“单元格格式”对话框，选择“边框”选项卡，选择“线条”→“样式”中的双实线，然后按田按钮，如图 4.37 所示，单击“确定”按钮，边框设置结果如图 4.38 所示。

	A	B	C	D	E	F
1	城区2004年大学招生人数					
2	大学名称	管理专业	计算机专业	英语专业	金融专业	其它专业
3	西安大学	430	300	234	84	1846
4	财经大学	350	120	85	245	424
5	陕西电力学院	100	125		54	400
6	西北技术学院	84	230	46		512
7	农林大学	60	100			644
8	各专业总人数	1024	875	365	383	3826
9	各专业百分比	15.82%	13.52%	5.64%	5.92%	59.11%
10					总人数	6473

图 4.36　选中标题和表头行

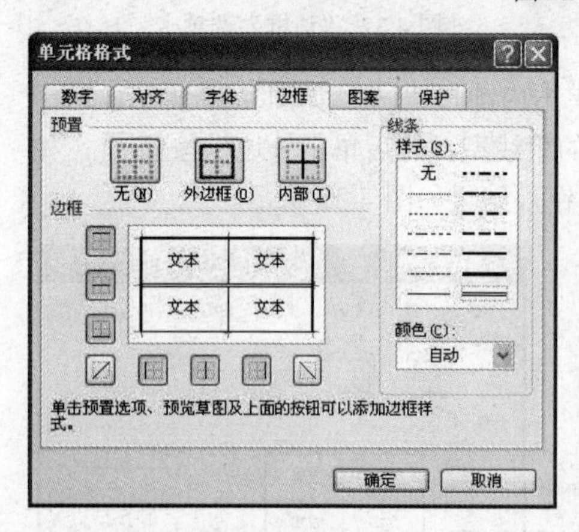

图 4.37　选择双实线

	A	B	C	D	E	F	G
1	城区2004年大学招生人数						
2	大学名称	管理专业	计算机专业	英语专业	金融专业	其它专业	
3	西安大学	430	300	234	84	1846	
4	财经大学	350	120	85	245	424	
5	陕西电力学院	100	125		54	400	
6	西北技术学院	84	230	46		512	
7	农林大学	60	100			644	
8	各专业总人数	1024	875	365	383	3826	
9	各专业百分比	15.82%	13.52%	5.64%	5.92%	59.11%	
10					总人数	6473	
11							

图 4.38　边框设置完成

注 意

（1）设置表格边框的过程中，先选“线条”→“样式”和“颜色”，最后加上边框。

（2）设置表格中几行或几列之间的边框时，选择区域不同，加上边框的相对位置也是不同的，相当灵活。

5. 条件格式

条件格式是指如果选定单元格满足了特定的条件，那么 Excel 将底纹、字体、颜色等格式应用到该单元格中。一般在需要突出显示公式的计算结果或者要监视单元格的值时应用条件格式。

设置下列表格中学生成绩数据格式：60 分以下，绿色、倾斜；85 分以上，红色、加粗。步骤如下。

（1）选定要设置格式的单元格区域，如图 4.39 所示。

（2）单击“格式”→“条件格式”命令，将弹出“条件格式”对话框，在“条件 1”选项区的两个下拉列表框中分别选择“单元格数值”和“小于或等于”选项，在文本框中输入 60，如图 4.40 所示。

	A	B	C	D	E	F
1	学生平均成绩表					
2	序号	班级	课程			
3			高数	工程制图	大学计算机基础	
4	1	11071	82	75	93	
5	2	12071	77	68	84	
6	3	13071	78	56	76	
7	4	14071	86	73	50	
8	5	21071	69	77	88	
9	6	22071	83	80	79	
10	7	23071	92	58	68	
11						

图 4.39　选定设置区域

图 4.40　设置条件 1 格式

（3）单击“格式”按钮，将弹出“单元格格式”对话框，在“字形”列表框中选择“倾斜”选项，在“颜色”调色板中选择绿色，如图 4.41 所示。

（4）单击“确定”按钮，返回“条件格式”对话框，单击“添加”按钮，展开“条件 2”选项区，设置“条件 2”的内容分别为“单元格数值”、“大于或等于”、85。

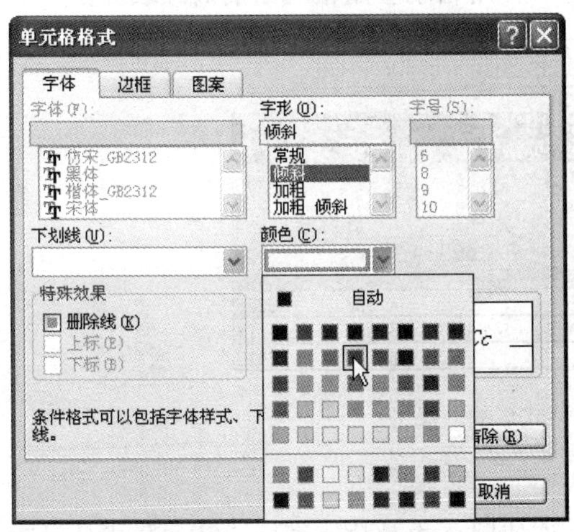

图 4.41　设置条件 1 格式

（5）单击“格式”按钮，将弹出“单元格格式”对话框，在“字形”列表框中选择“加粗”选项，在“颜色”调色板中选择红色，如图 4.42 所示。

图 4.42　设置条件 2 格式

（6）依次单击“确定”按钮，返回到工作表，结果如图 4.43 所示。

注 意

（1）如需更多条件，只需单击“添加”按钮；

（2）在“运算符”下拉列表框中选择“介于”或“未介于”选项时，“输入”文本框变成两个，用于指明范围的上限和下限；

（3）输入公式时，公式前必须加“=”号。

6. 自动套用格式

Excel 2003 提供了十几种数据清单格式供选用。如果用户希望为一张数据清单设置格式，而此种格式为 Excel 2003 内预定义的格式，则可通过选择“格式”→“自动套用格式”命令来完成。下面仍以“招生人数表”为例，来介绍使用自动套用格式的操作步骤。

（1）先打开前面建立的成绩表，选中需要编辑的单元格，完成对使用自动套用格式的数据源范围的选取。

（2）选择“格式”→“自动套用格式”命令，弹出“自动套用格式”对话框，如图 4.44 所示。

	A	B	C	D	E	F
1	学生平均成绩表					
2	序号	班级	课程			
3			高数	工程制图	大学计算机基础	
4	1	11071	82	75	93	
5	2	12071	77	68	84	
6	3	13071	78	56	76	
7	4	14071	86	73	50	
8	5	21071	69	77	88	
9	6	22071	83	80	79	
10	7	23071	92	58	68	
11						

图 4.43　设置条件格式示例

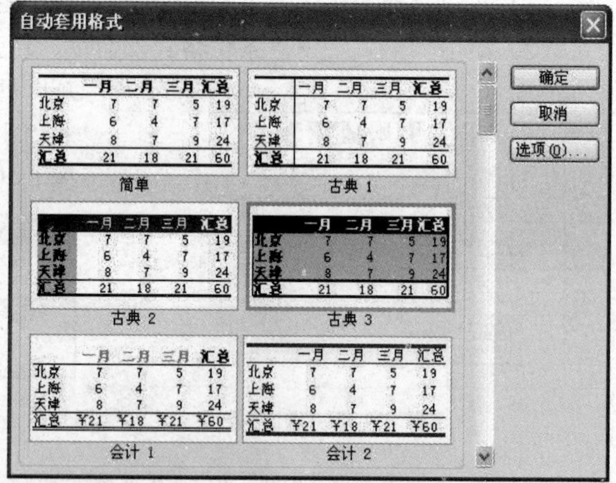

图 4.44　“自动套用格式”对话框

（3）在其中选择需要的格式，单击“确定”按钮，使用自动套用格式后的成绩表如图 4.45 所示。

	A	B	C	D	E	F
1	城区2004年大学招生人数					
2	大学名称	管理专业	计算机专业	英语专业	金融专业	其它专业
3	西安大学	430	300	234	84	1846
4	财经大学	350	120	85	245	424
5	陕西电力学院	100	125		54	400
6	西北技术学院	84	230	46		512
7	农林大学	60	100			644
8	各专业总人数	1024	875	365	383	3826
9	各专业百分比	15.82%	13.52%	5.64%	5.92%	59.11%
10					总人数	6473

图 4.45　使用自动套用格式后的效果

4.2.3　公式计算

Excel 2003 作为优秀的电子表格处理软件，允许使用公式对数值进行计算。公式是对数据进行分析与计算的等式，使用公式可以对工作表中的数值进行加法、减法、乘法、除法等计算。

公式的输入操作类似于输入文字数据，但输入一个公式的时候应以一个等号（=）作为开始，然后才是公式的表达式。在单元格中输入公式的步骤如下。

（1）选择要输入公式的单元格，如图 4.46 所示，选择 C8。

（2）在编辑栏的输入框中输入一个等号（=），或者在当前选择的单元格中输入一个等号（=），然后输入公式表达式为：C3＋C4＋C5＋C6＋C7，如图 4.46 所示。

（3）单击“输入”按钮或按 Enter 键就可以得到计算结果“875”，如图 4.47 所示。

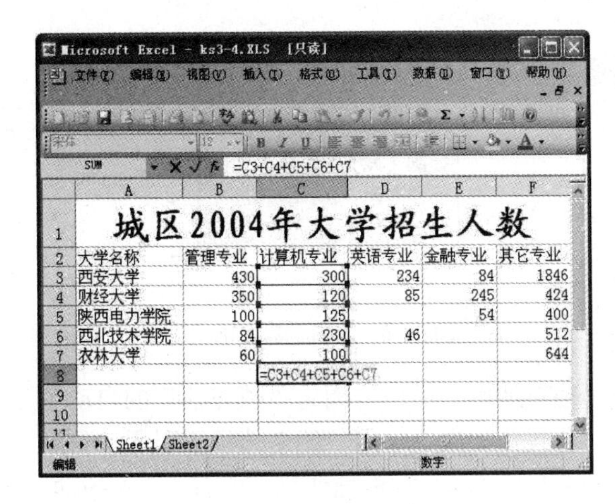

	A	B	C	D	E	F
1	城区2004年大学招生人数					
2	大学名称	管理专业	计算机专业	英语专业	金融专业	其它专业
3	西安大学	430	300	234	84	1846
4	财经大学	350	120	85	245	424
5	陕西电力学院	100	125		54	400
6	西北技术学院	84	230	46		512
7	农林大学	60	100			644
8			=C3+C4+C5+C6+C7			

图 4.46　输入公式

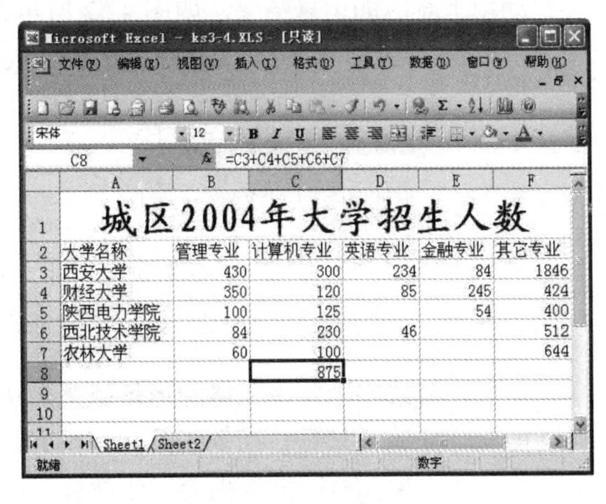

	A	B	C	D	E	F
1	城区2004年大学招生人数					
2	大学名称	管理专业	计算机专业	英语专业	金融专业	其它专业
3	西安大学	430	300	234	84	1846
4	财经大学	350	120	85	245	424
5	陕西电力学院	100	125		54	400
6	西北技术学院	84	230	46		512
7	农林大学	60	100			644
8			875			

图 4.47　公式计算结果

提示

利用 Excel 2003 不仅可以进行加、减、乘、除法的运算，而且还可进行混合运算。方法与上面介绍的求和运算方法相同，只是将 + 换成相对应运算符。

如果多行（列）数据使用同样的公式，可以将“填充柄”功能和公式计算结合起来使用。如在如图 4.48 所示产品购买表中计算购买各产品的总金额。

	A	B	C	D
1	产品购买表			
2	产品名称	单价（元/吨）	数量（吨）	金额（元）
3	塑料	2000	120	
4	钢材	8500	90	
5	木材	3000	100	

图 4.48　公式计算结合“填充柄”示例

（1）在 D3 单元格输入公式“=B3*C3”，如图 4.49 所示，按下 Enter 键在 D3 单元格得到结果；

（2）选中 D3 单元格，使用“填充柄”向下拖动至 D5 单元格，松开鼠标，对应单元格就会自动填上对应的运算结果，如图 4.50 所示。

	A	B	C	D
1	产品购买表			
2	产品名称	单价（元/吨）	数量（吨）	金额（元）
3	塑料	2000	120	=B3*C3
4	钢材	8500	90	
5	木材	3000	100	

图 4.49　输入公式

	A	B	C	D
1	产品购买表			
2	产品名称	单价（元/吨）	数量（吨）	金额（元）
3	塑料	2000	120	240000
4	钢材	8500	90	765000
5	木材	3000	100	300000
6				

图 4.50　拖动“填充柄”

需要注意的是，如果是某一行（列）数据在公式中与一固定单元格数据进行计算时就需要引用该单元格的“绝对地址”了，例如，已知各材料购买金额的总平均值如图 4-51 中 D6 所示，在后面一列对应的各单元格中计算该金额与总平均金额的差。

（1）首先，在 E3 单元格中输入公式“=D3-$D$6”，如图 4.51 所示，按下 Enter 键得到结果；

（2）选中 E3 单元格，使用“填充柄”向下拖动至 E5 单元格，松开鼠标，对应单元格就会自动填上对应的运算结果，如图 4.52 所示。

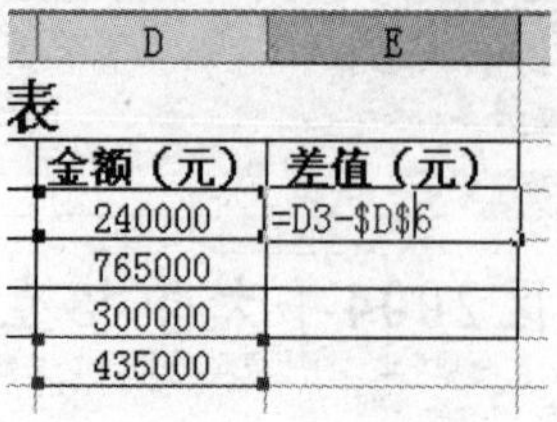

D	E
表	
金额（元）	差值（元）
240000	=D3-$D$6
765000	
300000	
435000	

图 4.51 输入公式

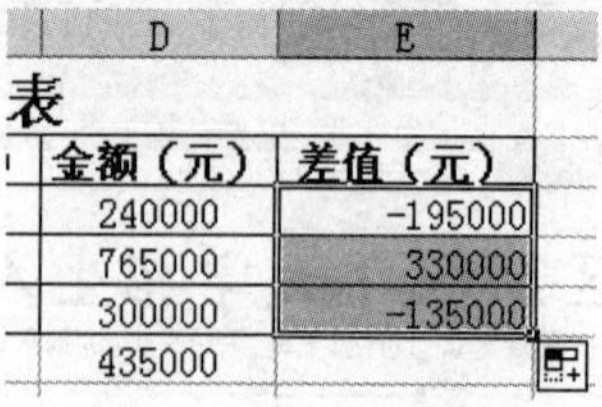

D	E
表	
金额（元）	差值（元）
240000	-195000
765000	330000
300000	-135000
435000	

图 4.52 拖动“填充柄”

这里，公式中固定单元格的地址就采用了“绝对地址”引用。因为“填充柄”的自动填充功能向下拖动，只是自动复制第一个单元格的公式，如果不使用“绝对地址”引用，自动复制的公式中单元格的地址也会发生变化，向下（上）拖动，行地址变化；向右（左）拖动，列地址变化。这样计算结果就会错误。因此，如果公式计算中某一单元格地址是固定的，计算结果要结合“填充柄”使用时，向下（上）拖动时，应该在行地址前加“$”绝对地址引用符号；向右（左）拖动时，应该在列地址前加“$”符号；如果是某一固定单元格，为方便起见，在行、列地址前均加上“$”绝对地址引用符号。

4.2.4 使用函数

可以把函数理解成一种复杂的公式。它是公式的概括，例如，函数 $f(x)=a+2bx$ 可以看作是一个数值 x 乘以 2 后再与 b 相乘，其结果再与 a 相加的公式。当对 x 赋以初值时，就可以得到 $f(x)$ 的函数值。如果要在工作表中使用函数，首先要输入函数。函数的输入可以采用手工输入或使用函数向导来输入，下面介绍函数的输入。

1. 手工输入

对于一些简单变量的函数或者一些简单的函数，可以采用手工输入的方法。手工输入函数的方法同在单元格中输入一个公式的方法一样。可以先在编辑栏中输入一个等号（=）然后直接输入函数本身。例如，可以在单元格中输入=SQRT（A2）、=AVERAGE（B1:B3）或=SUM（C3:C9）等函数。

2. 使用函数向导输入

对于比较复杂的函数或者参数比较多的函数，则经常使用函数向导来输入。利用函数向导输入可以指导用户一步一步地输入一个复杂的函数，避免在输入过程中产生错误。其操作步骤如下。

（1）选择要输入函数的单元格。例如，选择单元格 C8，如图 4.53 所示。

（2）选择“插入”→“函数”命令，或者单击工具栏上的插入函数按钮，屏幕上出现一个“插入函数”对话框，如图 4.54 所示。

（3）从“或选择类别”下拉列表框中选择要输入的函数的类别。例如，选择“常用函数”选项。在“选择函数”列表框中选择所需要的函数，如选择 AVERAGE 选项。

（4）单击“确定”按钮后，弹出如图 4.55 所示的对话框，可以从中输入参数。或者单击选择区域按钮，在工作表中选择数据区域作为函数的参数，如图 4.56 所示，单击“函数参数”窗口上的返回。

（5）设置完成后单击“确定”按钮，则在选择的单元格中显示函数的结果，如图 4.57 所示。

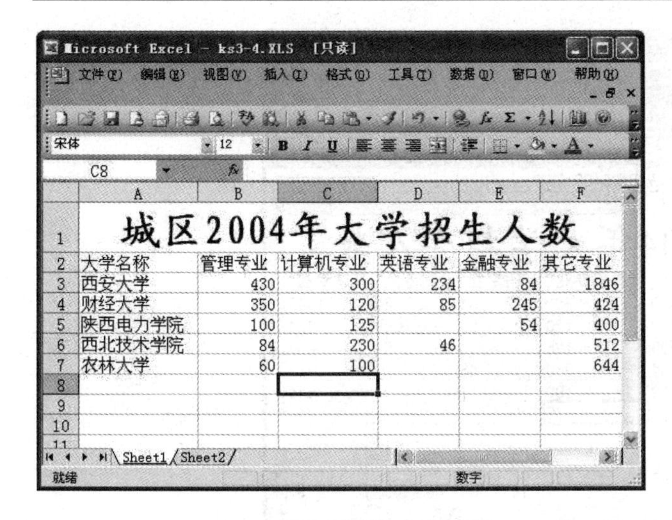

图 4.53　选择插入函数单元格

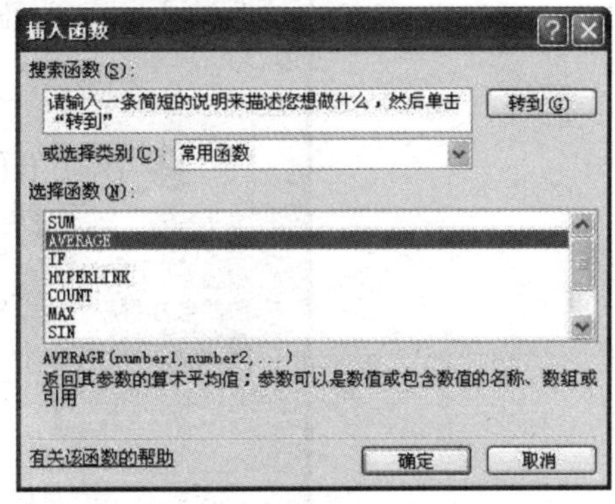

图 4.54 “插入函数”对话框

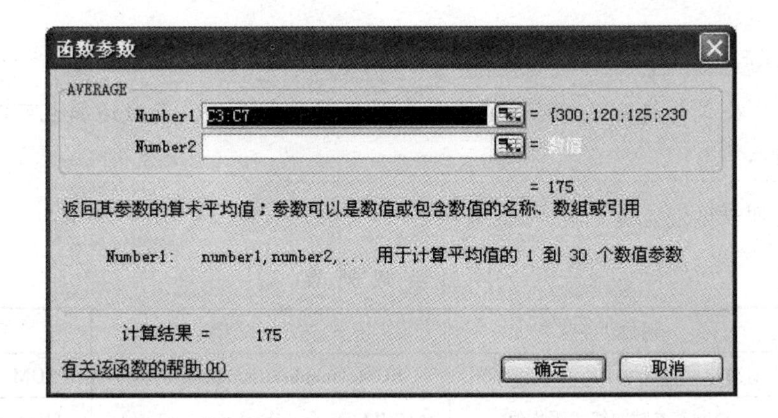

图 4.55　选择插入函数单元格

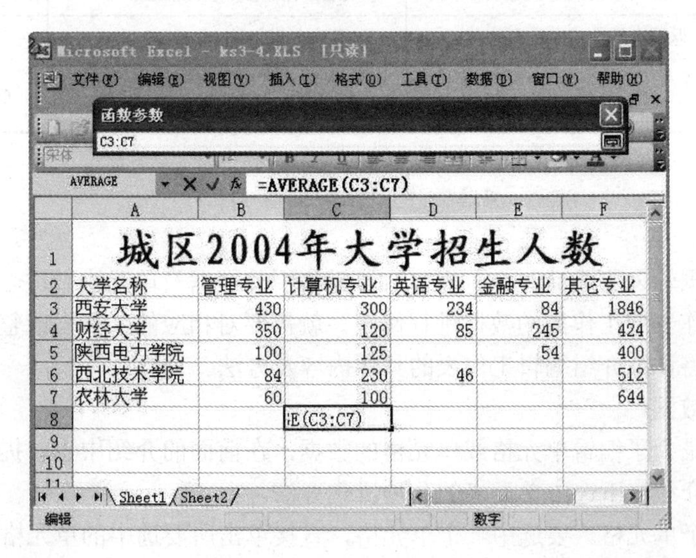

图 4.56　选择函数参数数据区域

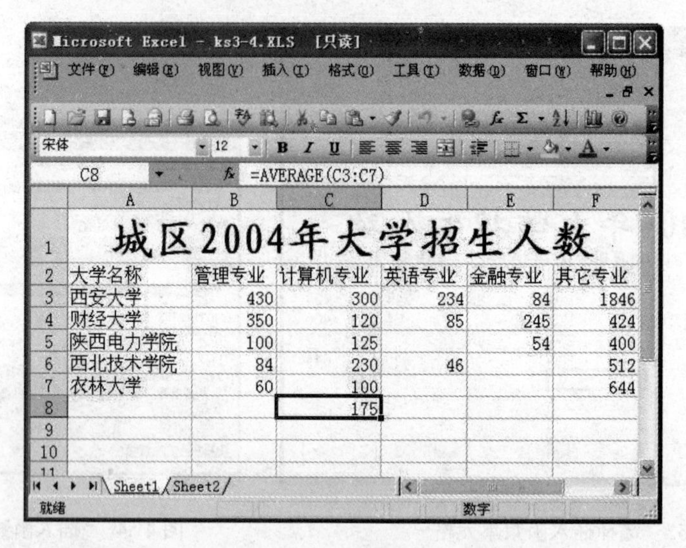

图 4.57 使用函数计算的结果

函数结合公式一起使用，可以使 Excel 的运算更加灵活。函数运算也可以和“填充柄”结合起来使用。

常用函数列表见表 4.1。

表 4.1 **常用函数列表**

函数名	函数功能	格　式	示　例
SUM	计算单元格区域中所有数值的和	SUM（number1,number2,…）	SUM（A1:A7,A9）
AVERAGE	返回其参数的算术平均值	AVERAGE（number1,number2,…）	AVERAGE（A1:F1）
MAX	返回一组数值中的最大值	MAX（number1,number2,…）	MAX（A1:A7）
MIN	返回一组数值中的最小值	MIN（number1,number2,…）	MIN（A1:A7）
COUNT	计算参数列表所包含数值个数以及非空单元格的数目	COUNT（value1,value2,…）	COUNT（A1:A7）

4.3 工作表操作

文档中的数据输入完成后，有时需要对单元格中的数据及单元格做进一步的处理。如果不希望别人对工作表或工作簿的数据进行修改，就需要对相应的工作表或整个工作簿设置安全保护。本节就将详细介绍编辑工作表的具体内容及方法。

4.3.1 选取数据

选中单元格是为了编辑单元格或单元格的数据，在前面的介绍中也曾提到过选中单元格的操作，下面来介绍一下选中单元格的几种操作方法。

（1）选中一个单元格。要选中一个单元格，直接单击所要选中的单元格即可。

（2）选中多个连续的单元格。要选中多个连续的单元格，首先要选中起始单元格，然后按住鼠标左键至所要选择的最后一个单元格再释放鼠标即可，如图 4.58 所示。

	A	B	C	D	E
1	特价图书				
2	书名	市场价	1-3星价	4-5星价	会员价
3	Delphi 6/Kylix 2 SOAP/Web Service程序设计篇	65	18.2	16.25	19.5
4	C++ STL（中文版）	69	33.12	31.05	34.5
5	Windows游戏编程大师技巧	89	45.39	42.72	47.17
6	C# 技术内幕	49	21.07	19.6	22.05
7	C/C++深层探索	32	16.96	16	17.6
8	Java 实例技术手册	69	35.19	33.12	36.57
9	HTML与XHTML权威指南	79	22.12	19.75	23.7
10	.NET企业应用高级编程——C#编程篇	48	20.64	19.2	21.6
11	Delphi 高手突破	32	15.36	14.4	14
12	Perl 语言入门（第三版）	48	13.44	12	14.4
13					

图 4.58 选中连续的单元格

提 示

如果要选中较大的单元格区域，可首先选中区域的第一个单元格，然后在按住 Shift 键的同时单击所需单元格区域的最后一个单元格即可。

（3）选中多个不连续的单元格。要选中多个不连续的单元格，首先应选中任意一个单元格，然后在按住 Ctrl 键的同时单击所需的单元格，如图 4.59 所示。

	A	B	C	D	E
1	特价图书				
2	书名	市场价	1-3星价	4-5星价	会员价
3	Delphi 6/Kylix 2 SOAP/Web Service程序设计篇	65	18.2	16.25	19.5
4	C++ STL（中文版）	69	33.12	31.05	34.5
5	Windows游戏编程大师技巧	89	45.39	42.72	47.17
6	C# 技术内幕	49	21.07	19.6	22.05
7	C/C++深层探索	32	16.96	16	17.6
8	Java 实例技术手册	69	35.19	33.12	36.57
9	HTML与XHTML权威指南	79	22.12	19.75	23.7
10	.NET企业应用高级编程——C#编程篇	48	20.64	19.2	21.6
11	Delphi 高手突破	32	15.36	14.4	14
12	Perl 语言入门（第三版）	48	13.44	12	14.4
13					

图 4.59 选中不连续的单元格

4.3.2 设置行、列格式

1. 增删行和列

增删行和列就是指添加行、添加列和删除行、删除列的操作。

（1）添加行。先单击要添加行的位置，然后选择“插入”→“行”命令可直接在选中的添加位置上方添加一行。

也可以选中要插入行的行号，然后右击，在弹出的快捷菜单中选择“插入”命令，弹出如图 4.60 所示的“插入”对话框中，选择“整行”单选按钮，单击“确定”按钮。

（2）添加列。添加列的方法与添加行的方法很相似，选中插入列的位置后，选择“插入”→“列”命令。

也可选中所要插入列的列号，然后右击，在弹出的快捷菜单中选择“插入”命令，同样弹出如图 4.60 所示的“插入”对话框中，选择“整列”单选按钮，单击“确定”按钮。

（3）删除行。选中要删除的行，选择“编辑”→“删除”命令，或者右击要删除的行号，在弹出快捷菜单中选择“删除”命令，都将弹出如图 4.61 所示的“删除”对话框，选择“整行”单选按钮，单击“确定”按钮。这样选中的行就被删除。删除后，被删除行以下的行依次向上移动而内容不变。

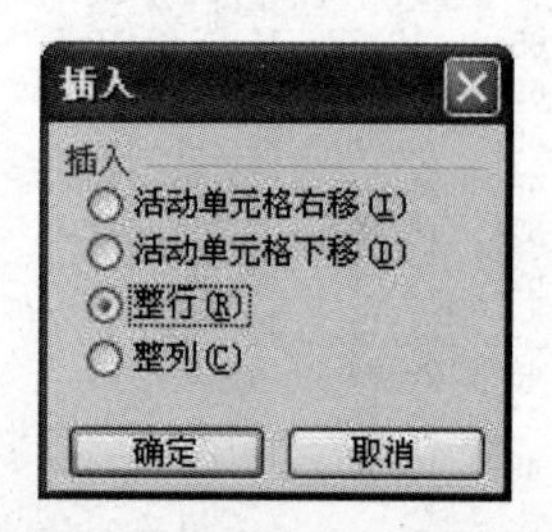

图 4.60 “插入”对话框

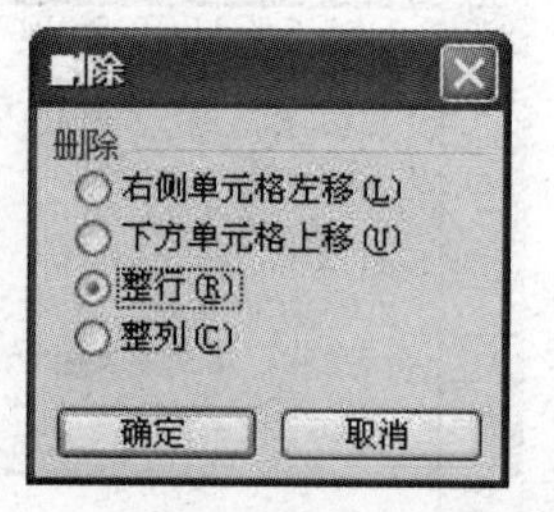

图 4.61 “删除”对话框

（4）删除列。选中要删除的列，选择“编辑”→“删除”命令，或者右击要删除的行号，在弹出快捷菜单中选择“删除”命令，都将弹出如图 4.61 所示的“删除”对话框，选择“整列”单选按钮，单击“确定”按钮，这样选中的列就被删除。删除后，被删除列右边的列依次向左移动而内容不变。

删除多行或多列，只需选中要删除的各行或列，然后再按上面的步骤操作。

2. 调整行高和列宽

若单元格里输入的内容超出了列的分界线，则需要对列的宽度进行调整。若要调整列宽，首先将鼠标指针移到要调整列宽的相邻两列的分界线上，当鼠标指针变为如图 4.62 所示的✛形状时，拖动鼠标，即可调整此列的宽度。

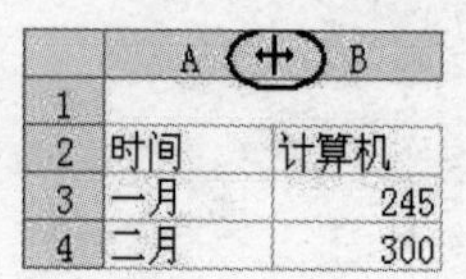

图 4.62 调整列宽

调整行高的方法与调整列宽的方法相似，首先将鼠标指针移到要调整行高的相邻两行的分界线上，当鼠标指针变为✛形状时，拖动鼠标，即可调整此行的高度。

若想为行高和列宽设定一个精确值，则可按下列步骤进行。调整行高时，首先选择要调整行高的行，然后选择“格式”→“行”→“行高”命令，弹出“行高”对话框，在“行高”文本框中输入合适的值，行的高度将发生相应的变化。调整列宽时，首先选择要调整列宽的列，然后选择“格式”→“列”→“列宽”命令，弹出“列宽”对话框，在“列宽”文本框中输入合适的值，列的宽度也将发生相应的变化。

通过双击分界线，或选择“格式”→“列”→“最适合的列宽”命令，都可以使该列宽度自动调整为可容纳该列中最大内容的宽度。行高的调整与列宽的调整方法是相同的，只需将鼠标指针移到行分界线上，拖动鼠标或双击即可。

3. 隐藏和显示行或列

要隐藏行或列，首先要选中需要隐藏的行或列，然后选择“格式”→“行”（或“列”）→“隐藏”命令。

如果要显示被隐藏的行，首先选中要显示行的相邻两行，然后选择“格式”→“行”→“取消隐藏”命令。如果要显示被隐藏的列，操作方法也很相似，只要选中要显示的列的相邻两列，然后按上面的步骤操作。

4.3.3 复制和移动单元格数据

要进行单元格数据的复制，首先选中要复制的单元格或单元格区域，单击“复制”按钮然后选中要粘贴的区域，单击“粘贴”按钮即可完成复制。或者使用“编辑”菜单下对应的“复制”、“粘贴”菜单项操作。

要移动单元格数据，先要选中要移动的单元格或单元格区域，将鼠标指向选中区域的边框指针变成十字形状时，拖动单元格或单元格区域至目标位置，然后释放鼠标，即可完成对单元格数据的移动。或者使用“剪切”、“粘贴”菜单命令操作。

提 示

对整行或整列数据进行复制或移动的操作时，也可以先将鼠标指向选中区域的边框指针变成十字形状时，用鼠标拖动整行或整列，结合 Ctrl 或 Shift 键完成操作。

4.3.4 添加和重命名工作表

在一个工作簿中，有时会包含许多工作表。因此有时就需要向工作簿中添加新的工作表，操作步骤如下。

（1）右键单击工作表标签 Sheetl，在弹出的快捷菜单中选择“插入”命令，如图 4.63 所示。

（2）此时，Excel 2003 就会打开一个“插入”对话框，如图 4.64 所示。

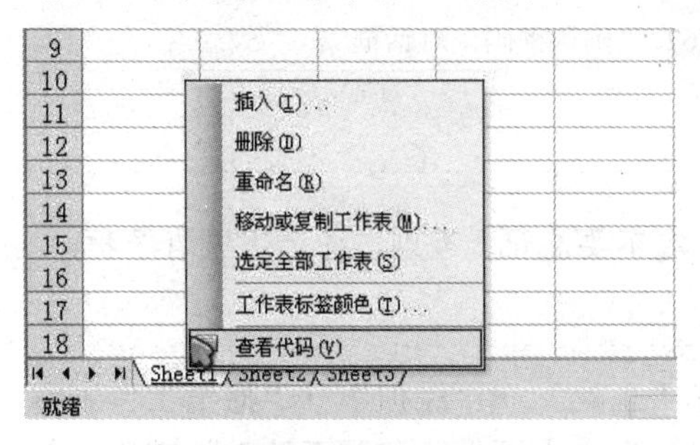

图 4.63 新建工作表

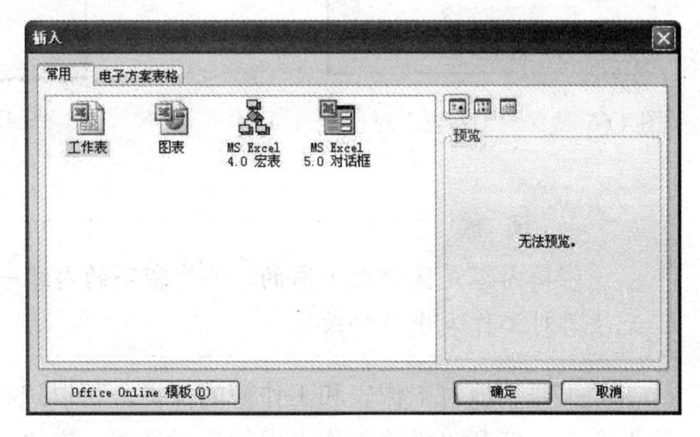

图 4.64 “插入”对话框

（3）选中所需要的图标选项，如“工作表”图标。

（4）然后单击“确定”按钮，可在当前的工作簿中添加一个新的工作表。

要对工作表重命名，只需右击需要更名的工作表，在弹出的快捷菜单中选择“重命名”命令。或者直接双击工作表名称对工作表重命名。例如，要将工作表 Sheetl 更名为“学生成绩表”，先右击 Sheetl 工作表，然后在弹出的如图 4.63 所示的快捷菜单中选择“重命名”命令。此时工作表标签名称 Sheetl 将被置亮，向其中输入“学生成绩表”，并单击工作表任一位置，则新的工作表标签名称取代了原来的名称，如图 4.65 所示。

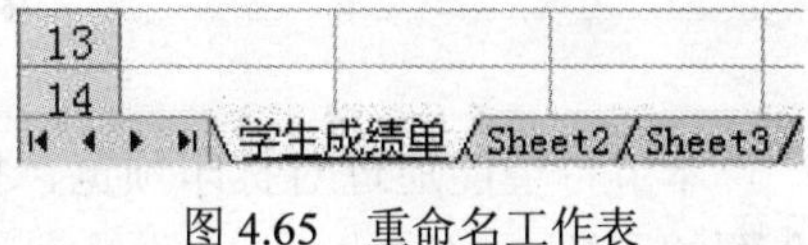

图 4.65 重命名工作表

要重命名工作表，还可以通过选择“格式”→“工作表”→“重命名”命令来完成。

4.3.5 保护工作表

在 Excel 2003 中，可以设置工作表的保护功能，防止其他用户对工作表的内容进行删除、复制、移动和编辑等。

保护工作表的具体操作步骤如下。

（1）选择“工具”→“保护”→“保护工作表”命令，打开“保护工作表”对话框，如图 4.66 所示。

（2）在“保护工作表”对话框的“允许此工作表的所有用户进行”列表框中，选中相应的复选框。

（3）可以在“取消此工作表保护时使用的密码”文本框中输入密码。

（4）单击“确定”按钮，在随后打开如图 4.67 所示的“确认密码”对话框中重新输入密码，单击“确定”按钮，这样就完成了对工作表的保护。

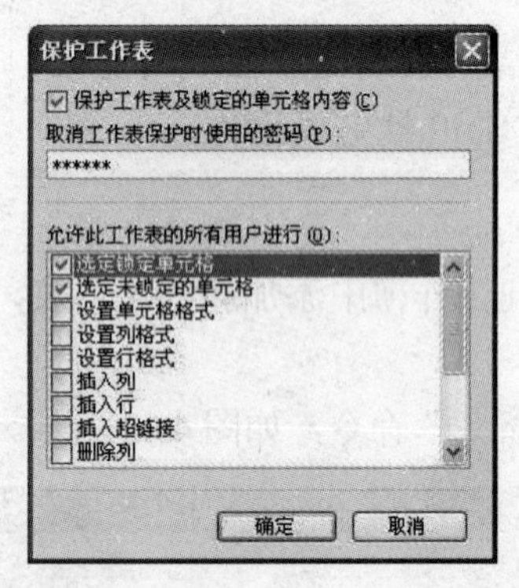

图 4.66 “保护工作表”对话框

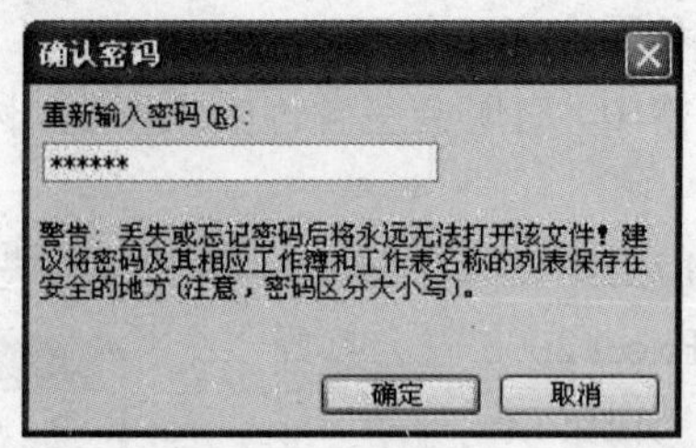

图 4.67 “确认密码”对话框

密码内容是区分大小写的，另外密码的内容一定不要忘记，否则，将无法撤消保护，无法再对工作表进行修改。

如果要撤消对工作表和工作簿的保护，可以选择“工具”→“保护”→“撤消工作表保护”命令，打开“撤消工作表保护”对话框。在“密码”文本框中输入前面输入的密码，单击“确定”按钮，这样就撤消了对工作表的保护。

保护工作簿与撤消工作簿保护的操作步骤和保护工作表与撤消工作表保护的步骤相同。

4.4 打 印 操 作

本节希望能通过对打印预览、打印设置及打印的介绍，使读者对打印的整个过程有一个全面的了解。

4.4.1　页面设置

在打印工作表之前，需要对其进行打印设置。选择“文件”→“页面设置”命令，弹出“页面设置”对话框，如图 4.68 所示。在该对话框中可以对页面、页边距、页眉/页脚和工作表进行设置。

1. 设置页面

在“页面设置”对话框中选择“页面”选项卡，如图 4.68 所示。该选项卡中各选项的意义如下。

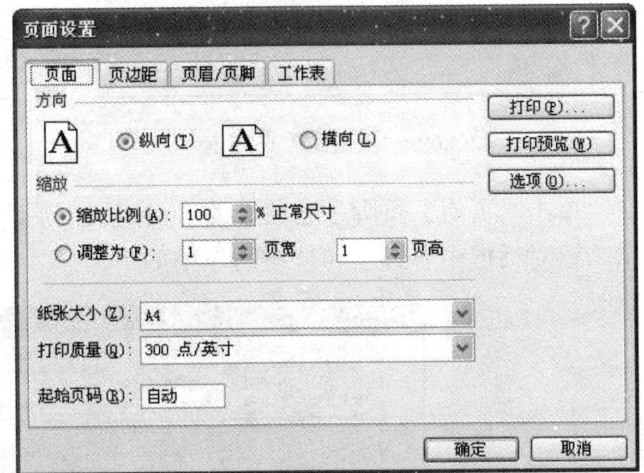

图 4.68　“页面设置”对话框

（1）“方向”选项组：选择打印内容是纵向还是横向打印到纸上。

（2）“缩放”选项组：选择“缩放比例”单选按钮，可选择从 10%～400%尺寸的效果打印，100%是正常尺寸。选择“调整为”单选按钮，可分别设置页高、页宽比例。

（3）“纸张大小”下拉列表框：从下拉列表框中选择打印纸张的类型。

（4）“打印质量”下拉列表框：根据实际需要从下拉列表框中的“100 点 / 英寸”、“200 点 / 英寸”、“300 点 / 英寸”和“600 点 / 英寸”4 个选项中选择一个。“600 点 / 英寸”的质量最好。

（5）“起始页码”文本框：可以为首页设置页码，这对打印内容有连续页号的文件很有意义。若要使首页页码为 1，或者在“打印”对话框中已选了页码范围，请选择“自动”选项。

2. 设置页边距

在“页面设置”对话框中选择“页边距”选项卡，如图 4.69 所示。在该选项卡中可以调整文档到页边的距离，在预览框中可以看到调整的效果。下面介绍各选项的作用。

（1）“上”、“下”、“左”、“右”微调框：用来设置页边距。

（2）“页眉”、“页脚”微调框：设置页眉和页脚的位置。

（3）“居中方式”选项组：设置文档内容是否在页边距内居中及如何居中。

页眉、页脚的设置应小于对应的边缘，否则页眉、页脚可能会覆盖文档的内容。

3. 设置页眉 / 页脚

页眉位于每一页的顶端，用于标明名称和报表标题。页脚位于每一页的底部，用于标明页号及打印日期、时间等。页眉和页脚并不是实际工作表的一部分。

在“页面设置”对话框中选择“页眉 / 页脚”选项卡，如图 4.70 所示。在该选项卡中可以添加、删除、更改和编辑页眉 / 页脚。

Excel 2003 提供了大量的页眉和页脚的格式。如果要使用内部提供的页眉和页脚的格式，可单击“页眉”和“页脚”下拉列表框右侧的下三角按钮，在弹出的列表中选择需要的格式。如果内部格式不能满足用户的要求，就可以自定义页眉和页脚。下面来介绍自定义页眉的步骤。

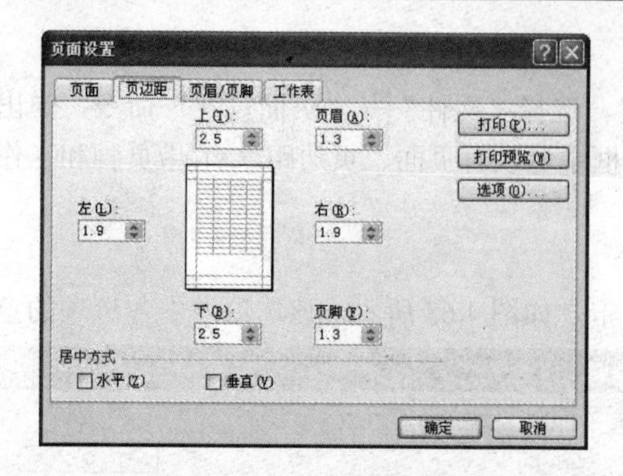

图 4.69 “页边距”选项卡

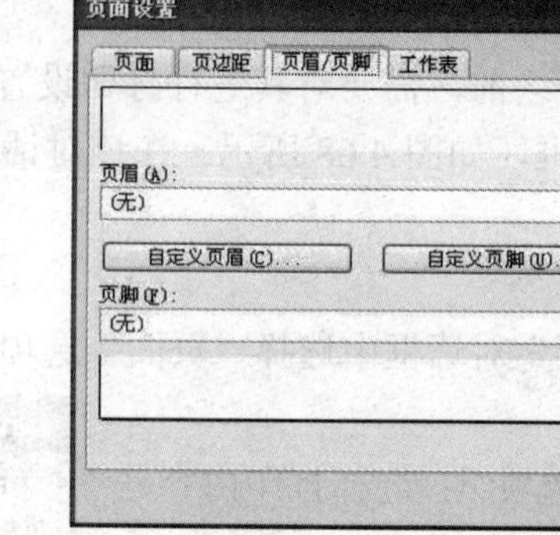

图 4.70 “页眉/页脚”选项卡

单击“页眉 / 页脚”选项卡的“自定义页眉”按钮，弹出“页眉”对话框，如图 4.71 所示。该对话框中各选项和按钮的作用如下。

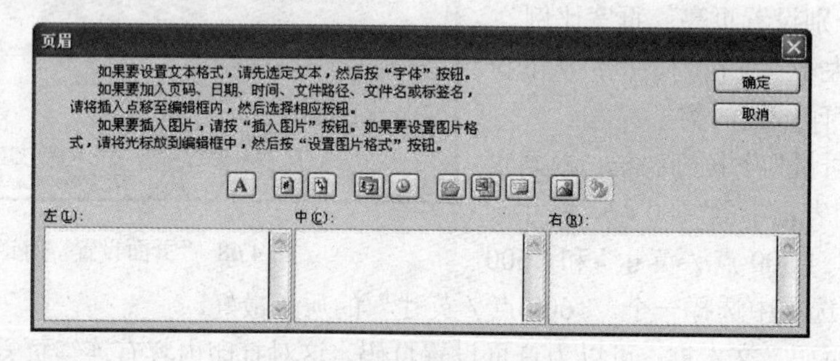

图 4.71 “页眉”对话框

（1）“左”列表框：框中的页眉注释显示在每一页的左上角。

（2）“中”列表框：框中的页眉注释显示在每一页的正上方。

（3）“右”列表框：框中的页眉注释显示在每一页的右上角。

在激活了文本框后，既可以用键盘在文本框中输入页眉注释，也可以单击对话框中的功能按钮。各功能按钮的作用如下。

（1）“字体”按钮：单击此按钮，弹出“字体”对话框，在该对话框中可以设置字体、字形、字号、下划线和特殊效果等。

（2）“页码”按钮：在页眉中插入页码，添加或删除工作表时，Excel 自动更新页码。

（3）“总页数”按钮：在当前工作表中插入总页数，添加或删除工作表时，Excel 自动更新总页数。

（4）“日期”按钮：插入当前日期。

（5）“时间”按钮：插入当前时间。

（6）“文件”按钮：插入当前工作簿的文件名。

（7）“标签名”按钮：插入当前工作表的名称。

注 意

文本框中出现的“&”是一个代码符号，它不会被打印出来。如果要将它打印出来，则应在列表框中输入两个“&”符号。

4.4.2　设置分页符

对于某些内容比较长的工作表文档来说，Excel 2003 可以自动处理分页，即每填满一页 Excel 2003 会自动将文档跳到下一页，这就是 Excel 2003 的自动分页功能。但也可使用强制分页，即使还未填满当前页的文档进入下一页。

1. 插入分页符

实现强制分页的方法就是在需要进行分页的地方插入一个分页符，下面举例来介绍插入分页符的具体步骤。

要插入分页符，先要选中开始新页的单元格。本例中选中 C6 单元格，以将 C6 单元格作为开始新页的单元格。再选择“插入”→“分页符”命令。这样便在所选单元格 C6 的前一行和前一列分别插入了一个分页符，如图 4.72 所示。

	A	B	C	D	E	F
1	产品销售额记录表					
2	时间	计算机	打印机	数码相机	摄像机	月合计
3	一月	245	140	160	104	
4	二月	300	160	180	116	
5	三月	180	152	150	120	
6	四月	205	96	142	118	
7	五月	200	108	124	98	
8	六月	218	120	110	64	
9	七月	340	174	168	102	
10	八月	420	155	170	78	
11	九月	320	128	154	54	
12	十月	190	114	123	77	
13	十一月	200	86	104	107	

图 4.72　插入分页符

如果只是在某一行（或列）前插入分页符，只需先选中整行（或列），然后选择“插入”→“分页符”命令。

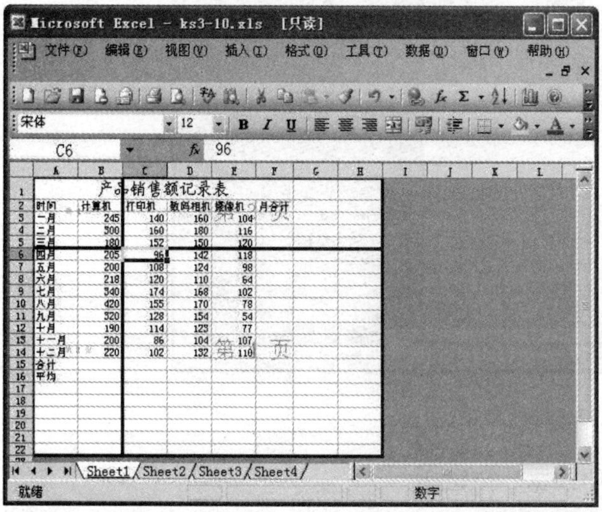

2. 删除分页符

要删除分页符，先选中要删除分页符的后一行（或列），然后选择“插入”→“删除分页符”命令即可。

3. 分页预览

要进行分页预览，只要单击打印预览窗口中的（分页预览）按钮，文档就被切换到分页预览模式，如图 4.73 所示。将鼠标指针移到蓝色显示区域的右侧边界上，当鼠标指针变为 ↔ 形状的时候，拖动鼠标便可改变所要显示的文档范围。如要将分页预览视图模式变为原来的视图模式，只需选择“视图”→“普通”命令。

图 4.73　分页预览图

设置完成后，单击“关闭”按钮，视图返回到页面视图。

4.4.3　设置打印区域

除了可以指定打印文档中几页或整个文档之外，还可以将经常需要打印的部分设置为打印区域，以方便以后的打印操作。设置打印区域的步骤如下。

首先，选中要打印的文档内容，然后，选择“文件”→“打印区域”→“设置打印区域”命令。这样就将选中的工作表区域设置为打印区域，可以看到设置为打印区域的工作表区域被虚线框包围，如图 4.74 所示。

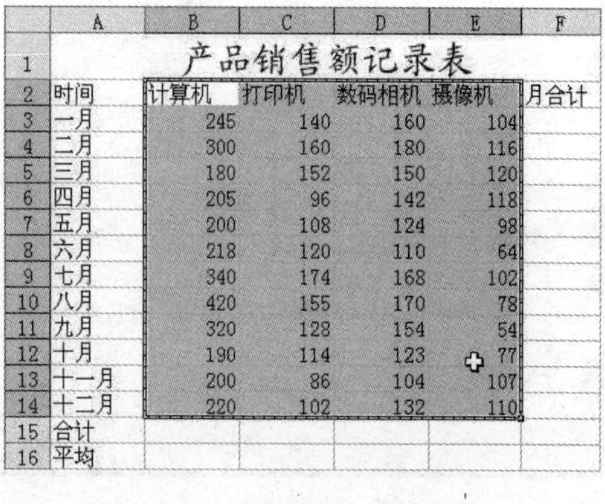

	A	B	C	D	E	F
1	产品销售额记录表					
2	时间	计算机	打印机	数码相机	摄像机	月合计
3	一月	245	140	160	104	
4	二月	300	160	180	116	
5	三月	180	152	150	120	
6	四月	205	96	142	118	
7	五月	200	108	124	98	
8	六月	218	120	110	64	
9	七月	340	174	168	102	
10	八月	420	155	170	78	
11	九月	320	128	154	54	
12	十月	190	114	123	77	
13	十一月	200	86	104	107	
14	十二月	220	102	132	110	
15	合计					
16	平均					

图 4.74　设置打印区域

注 意

在同一工作表中只能设置一个打印区域。每次的重新设置都将使新选定的区域取代上一次设置的区域而成为新的打印区域。

如果要取消打印区域的设置，选择“文件”→“打印区域”→“取消打印区域”命令。

4.4.4 打印预览及打印

1. 打印预览

在打印之前使用打印预览可以预先查看打印后的效果，以便对不合适的地方及时调整，达到理想的打印效果。要进行打印预览，首先要进入如图 4.75 所示的打印预览窗口。要进入打印预览窗口有下面三种方法。

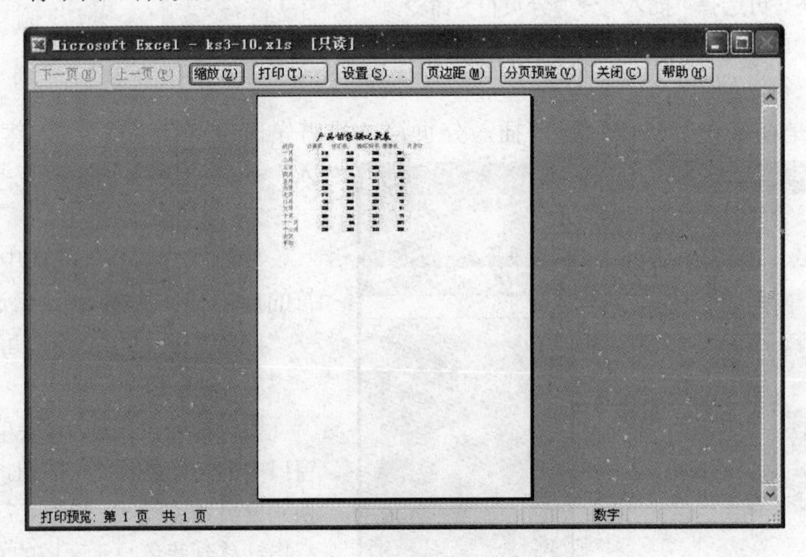

图 4.75 打印预览

（1）单击“常用”→工具栏中的“打印预览”按钮。

（2）选择“文件”→“打印预览”命令。

（3）选择“文件”→“页面设置”命令，弹出“页面设置”对话框。然后单击“打印预览”按钮。

在打印预览窗口中，鼠标指针变成形状，单击可将文档放大，再次单击则又将预览文档缩小显示。如果对预览结果满意，就可以单击“打印”按钮进行打印。如果对页面的设置不满意，就可单击“设置”按钮，打开如图 4.76 所示的对话框重新对页面进行设置。

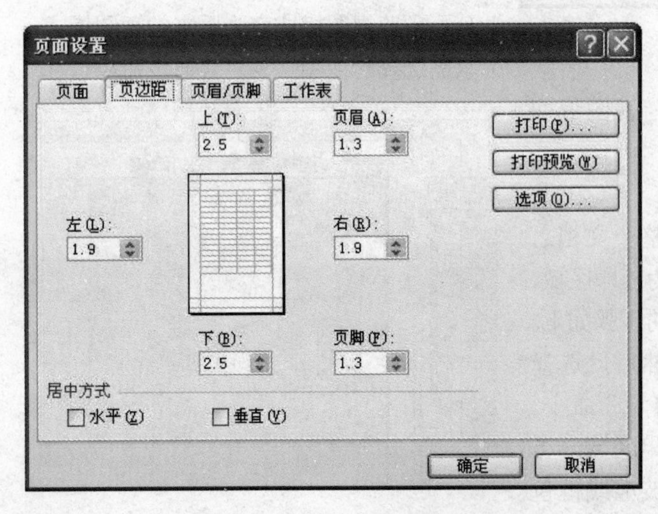

图 4.76 打印前的设置

2. 打印

完成文档的编辑和页面设置后，便可以对文档进行打印了。如果要打印整个工作簿，直接单击“常用”工具栏的“打印”按钮，如果只打印工作簿的一部分，则选择“文件”→“打印”命令，打开“打印内容”对话框，如图 4.77 所示，然后在该对话框中设置要打印的部分。

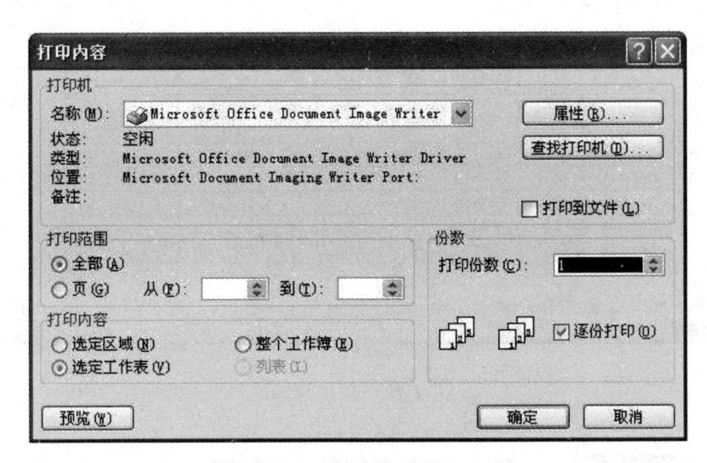

图 4.77 “打印内容”对话框

4.5 数 据 处 理

Excel 工作表是一个数据的集合，可以对其中的数据进行分析和处理，得出新的数据。本节主要介绍数据清单的概念，以及对数据进行排序、筛选、分类汇总等操作。

4.5.1 数据清单的概念

数据清单是指工作表中连续的数据区，每一列包含着相同类型的数据。与数据库中的一张表相比较，数据清单中的列对应于数据库中的字段，列标题对应于数据库中的字段名称，而数据清单中的每一行对应数据库中的一条记录。因此，一个 Excel 数据清单由字段、记录和标题行组成。图 4.78 所示的就是一个数据清单。

在 Excel 中，我们可以把数据清单看作一个数据库，很方便地对其进行数据的插入、删除、查找等操作。

1. 增加、删除记录

实际操作中，如果已经编辑好一张如图 4.78 所示的数据表格，想向其中插入或删除记录时，可以使用数据清单所提供的功能来完成。具体步骤如下。

（1）选择数据清单中的任意一个单元格，选择“数据”→“记录单”命令，出现如图 4.79 所示的对话框，可通过“上一条”、“下一条”按钮进行记录的浏览。

（2）在图 4.79 所示的对话框中，单击“新建”按钮，则出现如图 4.80 所示的对话框，用户可依次输入新增记录的相关内容，然后单击“关闭”按钮。

（3）用户可以使用“上一条”、“下一条”按钮，查找到要删除的记录，然后单击“删除”按钮，则弹出图 4.81 所示的“确认删除操作”对话框。用户单击“确定”按钮即可删除该条记录。

工号	部门	姓名	性别	年龄	基本工资	奖金
G001	人事处	王路名	男	40	￥ 2,750.00	￥ 800.00
G002	人事处	张涛	男	35	￥ 2,405.00	￥ 500.00
G004	财务处	刘彦	男	42	￥ 2,540.00	￥ 800.00
G005	财务处	吴卫国	男	26	￥ 1,740.00	￥ 300.00
G006	人事处	陈小菲	女	30	￥ 2,084.00	￥ 500.00
G009	生技处	刘春雁	女	38	￥ 2,860.00	￥ 800.00
G010	生技处	赵君	男	29	￥ 2,010.00	￥ 600.00
G012	人事处	段茹	女	25	￥ 1,650.00	￥ 300.00

图 4.78 数据清单

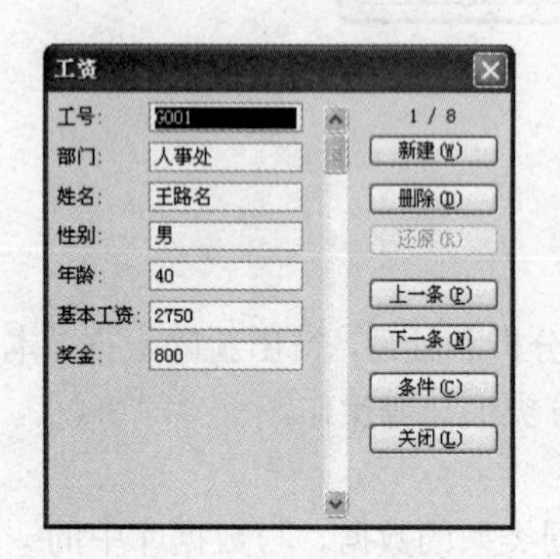

图 4.79 “记录单”—浏览

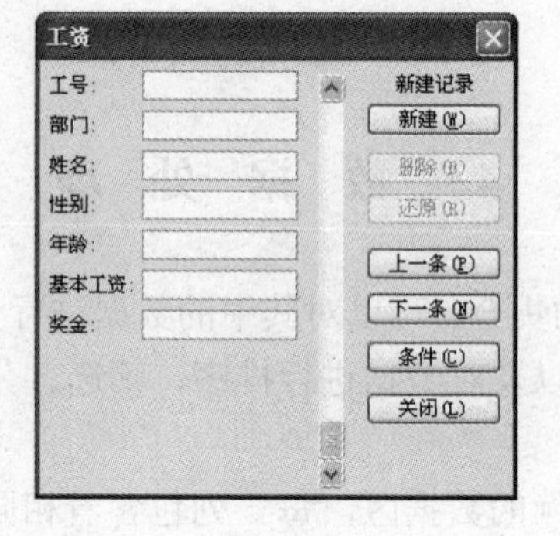

图 4.80 “记录单”—输入

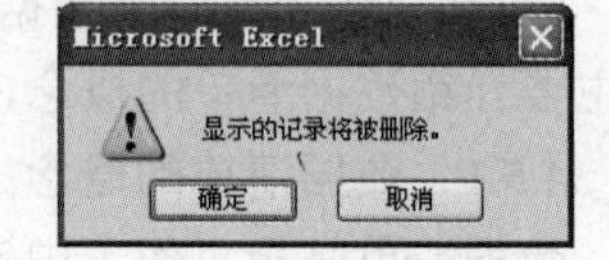

图 4.81 确认删除对话框

2. 查找记录

用户如果想查找满足某种条件的记录，可使用数据清单中提供的功能完成。在如图 4.78 所示的数据清单中，假设要查找“基本工资”大于或等于 2000 的员工，具体操作步骤如下。

（1）选择数据清单中的任意一个单元格，单击“数据”菜单→“记录单”命令，出现“记录单”对话框。

（2）在对话框中，单击“条件”按钮，则出现如图 4.82 所示的对话框，所有字段内容为空白。用户可在“基本工资”字段对应的框中输入“>=2000”，然后单击“下一条”按钮或“上一条”按钮，此时显示的都是“基本工资”大于或等于“2000”的员工，如图 4.83 所示。

（3）查看完毕后，单击“关闭”按钮退出。

4.5.2 数据排序

工作表中的数据输入完毕之后，表中的数据是按输入数据的先后顺序排列的。在实际应用中，为了提高查找效率，需要对数据重新整理，按照某一特定的顺序排列，对此最有效的方法就是对数据进行排序。

图 4.82　条件输入

图 4.83　条件查询结果

数据的排序可分为升序和降序两种。升序排序时，是按字母顺序、数据由小到大、日期由前到后排序；而降序排序时，则是按反向字母表顺序、数据由大到小、日期由后向前排序。如果排序的数据是中文，则排序是依据中文字的内码（拼音或笔画）来确定。

1. 简单排序

如果排序是根据单个关键字进行，则可直接使用“常用”工具栏上的“升序排序”按钮和“降序排序”按钮，如图 4.84 所示。例如，对图 4.85 所示的数据清单，需要按年龄从大到小排序，具体操作步骤如下。

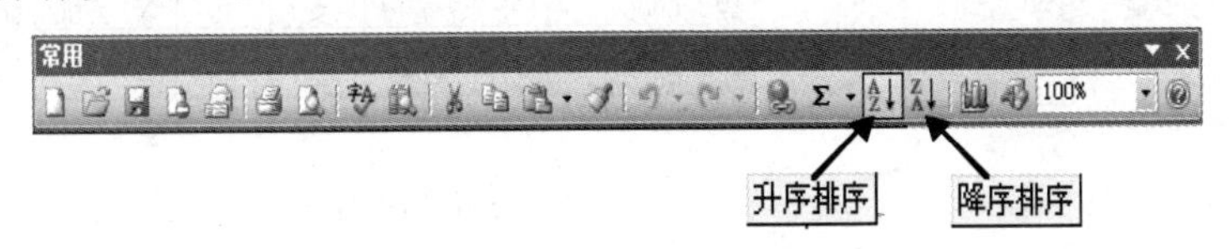

图 4.84　“排序”按钮

选择数据清单中“年龄”字段一列中的任意一个单元格，然后单击“常用”工具栏中的“降序排序”按钮，则数据清单排序结果如图 4.86 所示。

	A	B	C	D	E	F	G
1	工资清单						
2	工号	部门	姓名	性别	年龄	基本工资	奖金
3	G001	人事处	王路名	男	40	￥ 2,750.00	￥ 800.00
4	G002	人事处	张涛	男	35	￥ 2,405.00	￥ 500.00
5	G004	财务处	刘彦	男	42	￥ 2,540.00	￥ 800.00
6	G005	财务处	吴卫国	男	26	￥ 1,740.00	￥ 300.00
7	G006	人事处	陈小菲	女	30	￥ 2,084.00	￥ 500.00
8	G009	生技处	刘春雁	女	38	￥ 2,860.00	￥ 800.00
9	G010	生技处	赵君	男	29	￥ 2,010.00	￥ 600.00
10	G012	人事处	段茹	女	25	￥ 1,650.00	￥ 300.00
11	G014	保卫处	顾明亮	男	37	￥ 2,330.00	￥ 500.00
12	G015	生技处	王海	男	32	￥ 2,460.00	￥ 500.00
13	G016	保卫处	杨振宇	男	26	￥ 1,350.00	￥ 400.00
14	G018	财务处	李明明	女	38	￥ 2,140.00	￥ 500.00
15	G019	生技处	郑元	女	25	￥ 1,650.00	￥ 300.00

图 4.85　排序前的数据清单

	A	B	C	D	E	F	G
1	工资清单						
2	工号	部门	姓名	性别	年龄	基本工资	奖金
3	G004	财务处	刘彦	男	42	￥ 2,540.00	￥ 800.00
4	G001	人事处	王路名	男	40	￥ 2,750.00	￥ 800.00
5	G009	生技处	刘春雁	女	38	￥ 2,860.00	￥ 800.00
6	G018	财务处	李明明	女	38	￥ 2,140.00	￥ 500.00
7	G014	保卫处	顾明亮	男	37	￥ 2,330.00	￥ 500.00
8	G002	人事处	张涛	男	35	￥ 2,405.00	￥ 500.00
9	G015	生技处	王海	男	32	￥ 2,460.00	￥ 500.00
10	G006	人事处	陈小菲	女	30	￥ 2,084.00	￥ 500.00
11	G010	生技处	赵君	男	29	￥ 2,010.00	￥ 600.00
12	G005	财务处	吴卫国	男	26	￥ 1,740.00	￥ 300.00
13	G016	保卫处	杨振宇	男	26	￥ 1,350.00	￥ 400.00
14	G012	人事处	段茹	女	25	￥ 1,650.00	￥ 300.00
15	G019	生技处	郑元	女	25	￥ 1,650.00	￥ 300.00

图 4.86　排序后的数据清单

注 意

使用工具栏中的按钮进行排序时，只能选择该关键字段中的任一单元格，而不能选择整列内容，否则，在排序时，只对该列内容进行排列，而其他列内容不会随着变化，从而造成记录的错行。

2. 复杂排序

如果用户需要同时按多个关键字进行排序，则工具栏上的按钮是无法完成的，此时，必须使用排序菜单命令。

例如，用户需要对图 4.85 所示的数据清单同时按“部门”和“年龄”两个字段进行排序，则具体操作步骤如下。

（1）选择数据清单中的任意一个单元格，单击“数据”→“排序”命令，出现“排序”对话框，如图 4.87 所示。

（2）在“排序”对话框中，将主要关键字设为“部门”，选择升序；次要关键字设为“年龄”，选择降序，如图 4.87 所示。然后单击“确定”按钮，即完成排序操作，排序结果如图 4.88 所示。

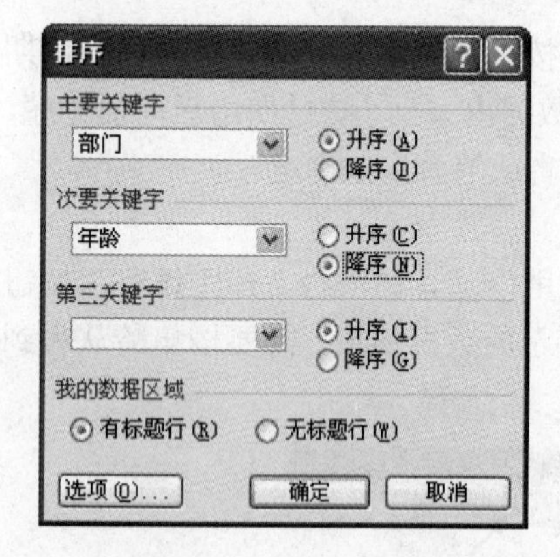

图 4.87 “排序”对话框

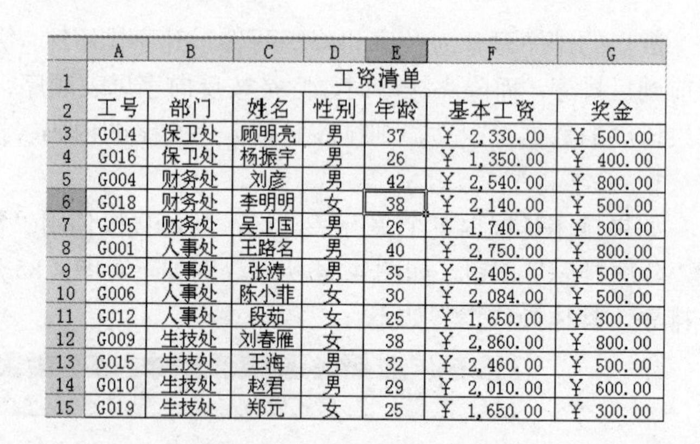

	A	B	C	D	E	F	G
1	工资清单						
2	工号	部门	姓名	性别	年龄	基本工资	奖金
3	G014	保卫处	顾明亮	男	37	￥ 2,330.00	￥ 500.00
4	G016	保卫处	杨振宇	男	26	￥ 1,350.00	￥ 400.00
5	G004	财务处	刘彦	男	42	￥ 2,540.00	￥ 800.00
6	G018	财务处	李明明	女	38	￥ 2,140.00	￥ 500.00
7	G005	财务处	吴卫国	男	26	￥ 1,740.00	￥ 300.00
8	G001	人事处	王路名	男	40	￥ 2,750.00	￥ 800.00
9	G002	人事处	张涛	男	35	￥ 2,405.00	￥ 500.00
10	G006	人事处	陈小菲	女	30	￥ 2,084.00	￥ 500.00
11	G012	人事处	段茹	女	25	￥ 1,650.00	￥ 300.00
12	G009	生技处	刘春雁	女	38	￥ 2,860.00	￥ 800.00
13	G015	生技处	王海	男	32	￥ 2,460.00	￥ 500.00
14	G010	生技处	赵君	男	29	￥ 2,010.00	￥ 600.00
15	G019	生技处	郑元	女	25	￥ 1,650.00	￥ 300.00

图 4.88 排序后的数据清单

在排序对话框中，有“主要关键字”、“次要关键字”、“第三关键字”三个选项。如果同时选择了三个关键字，则数据清单首先按“主要关键字”进行排序；在“主要关键字”值相同的记录范围内，再按“次要关键字”进行排序，最后按“第三关键字”进行排序。

3. 自定义排序

由于对汉字默认的排序方式是按拼音排序的，因此，在某些时候无法达到用户要求的结果。假设用户想要按照“月份”排序，默认的排序结果如图 4.89 所示。

	A	B	C
1	部分月度收支表		
2			单位：万元
3			
4	月份	收入	支出
5	一月	65324	45622
6	三月	25545	39545
7	二月	35482	30200
8	六月	55461	46525
9	七月	51000	44880
10	十二月	65300	38664
11	五月	45864	45580
12	八月	55530	50200
13	四月	23550	38660

（a）

	A	B	C
1	部分月度收支表		
2			单位：万元
3			
4	月份	收入	支出
5	八月	55530	50200
6	二月	35482	30200
7	六月	55461	46525
8	七月	51000	44880
9	三月	25545	39545
10	十二月	65300	38664
11	四月	23550	38660
12	五月	45864	45580
13	一月	65324	45622

（b）

图 4.89 按“月份”进行排序

（a）排序前的数据清单；（b）排序后的数据清单

从排序结果可知，排序是按照拼音字母的顺序进行的，因此“八月”在前面，而“一月”被排到了后面。如果希望按照月份的顺序排列，则需要使用自定义排序，具体操作步骤如下。

（1）选择数据清单中的任意一个单元格，选择“数据”→“排序”命令，出现“排序”对话框；在“排序”对话框中单击“选项”按钮，出现如图 4.90 所示的“排序选项”对话框。

（2）在“排序选项”对话框中，单击“自定义排序次序”下拉按钮，选择需要的序列，然后单击“确定”按钮，返回“排序”对话框；再单击“确定”按钮，排序完成。排序结果如图 4.91 所示。

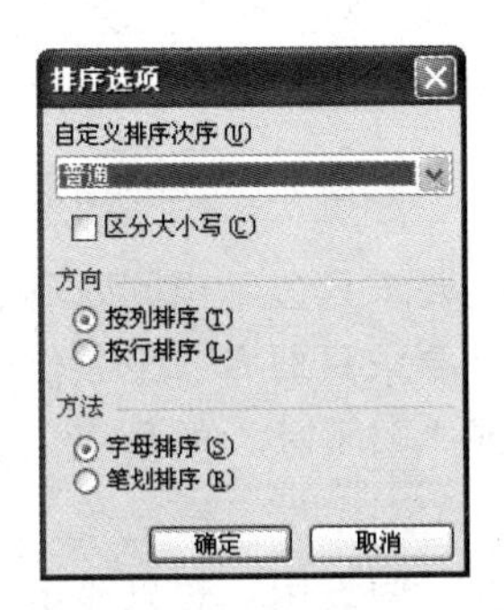

图 4.90 “排序选项”对话框

	A	B	C
1	部分月度收支表		
2			单位：万元
3			
4	月份	收入	支出
5	一月	65324	45622
6	二月	35482	30200
7	三月	25545	39545
8	四月	23550	38660
9	五月	45864	45580
10	六月	55461	46525
11	七月	51000	44880
12	八月	55530	50200
13	十二月	65300	38664

图 4.91 自定义排序结果

用户在排序操作中，也可根据实际需要对“排序选项”对话框中的“笔画排序”、“按行排序”、“区分大小写”等选项进行选择，以满足实际应用中的各种不同需要。

注意

若某字段值为空，则无论是升序排序还是降序排序，都将被排列在最后的位置。

4.5.3 数据筛选

数据筛选功能可以使用户快速寻找和使用数据清单中满足一定条件的数据子集。筛选功能可以使 Excel 只显示出符合用户设定筛选条件的某一值或符合一组条件的行，而将其他不符合条件的行隐藏。在 Excel 中提供了自动筛选和高级筛选命令来筛选数据。一般情况下，自动筛选就能够满足大部分的需要。当用户需要利用复杂的条件来筛选数据清单时，则必须使用高级筛选才可以完成。

1. 自动筛选

假设用户需要对图 4.78 中的数据清单进行分析，要求只显示“基本工资”值大于等于 1500 且小于等于 2000 的所有员工记录，具体的操作步骤如下。

（1）选择数据清单中的任意一个单元格，单击“数据”→“筛选”→“自动筛选”命令，如图 4.92 所示，在数据清单的每个字段名旁边插入下拉箭头。

工资清单						
工号	部门	姓名	性别	年龄	基本工资	奖金
G014	保卫处	顾明亮	男	37	￥ 2,330.00	￥ 500.00
G016	保卫处	杨振宇	男	26	￥ 1,350.00	￥ 400.00
G004	财务处	刘彦	男	42	￥ 2,540.00	￥ 800.00
G018	财务处	李明明	女	38	￥ 2,140.00	￥ 500.00
G005	财务处	吴卫国	男	26	￥ 1,740.00	￥ 300.00
G001	人事处	王路名	男	40	￥ 2,750.00	￥ 800.00
G002	人事处	张涛	男	35	￥ 2,405.00	￥ 500.00
G006	人事处	陈小菲	女	30	￥ 2,084.00	￥ 500.00
G012	人事处	段茹	女	25	￥ 1,650.00	￥ 300.00
G009	生技处	刘春雁	女	38	￥ 2,860.00	￥ 800.00
G015	生技处	王海	男	32	￥ 2,460.00	￥ 500.00
G010	生技处	赵君	男	29	￥ 2,010.00	￥ 600.00
G019	生技处	郑元	女	25	￥ 1,650.00	￥ 300.00

图 4.92 使用了自动筛选的数据清单

（2）单击“基本工资”字段名右侧的下拉箭头，在列表框中选择“自定义”，出现“自定义自动筛选方式”对话框，如图 4.93 所示。按要求在分别在下拉框中选择和输入“大于或等于 1500”和“小于或等于 2000”两个条件。由于是要求两个条件同时满足，因此它们之间的关系选择“与”单选钮。

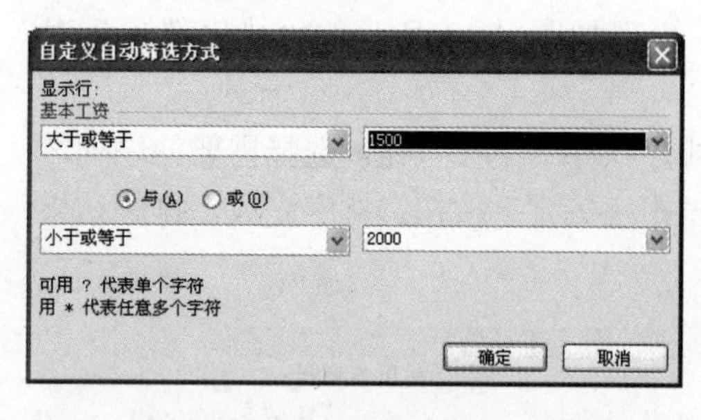

图 4.93 “自定义自动筛选方式”对话框

（3）单击“确定”按钮，筛选结果如图 4.94 所示。

	A	B	C	D	E	F	G
1	工资清单						
2	工号	部门	姓名	性别	年龄	基本工资	奖金
4	G016	保卫处	杨振宇	男	26	￥ 1,350.00	￥ 400.00
7	G005	财务处	吴卫国	男	26	￥ 1,740.00	￥ 300.00
11	G012	人事处	段茹	女	25	￥ 1,650.00	￥ 300.00
15	G019	生技处	郑元	女	25	￥ 1,650.00	￥ 300.00

图 4.94　设置自动筛选后的结果

在上面的例子中，对两个筛选条件使用了“与”关系，要求只显示出同时满足这两个条件的记录。在实际操作中，有时也会用到“或”关系，它是要求只要有一个条件满足就可显示该记录。例如，要求显示出所有“部门”是“人事处”或“财务处”的员工记录，就需要用到“或”关系，用户可自己上机练习。

使用自动筛选时，还可以同时对多个字段设置筛选条件。假设用户想只显示“部门”是“人事处”且“基本工资”小于“2000”的员工记录。具体操作步骤如下：

（1）选择数据清单中的任意一个单元格，单击“数据”→“筛选”→“自动筛选”命令，在数据清单的每个字段名右侧插入一个下拉箭头。

（2）单击“基本工资”字段名右侧的下拉箭头，在列表框中选择“自定义”，出现“自定义自动筛选方式”对话框。如图 4.95 所示，按要求在下拉框中选择和输入“小于 2000”；单击“确定”按钮，结果如图 4.96 所示。

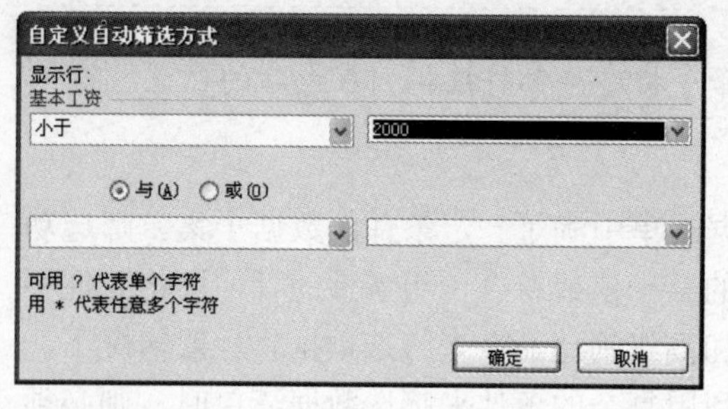

图 4.95 “自定义自动筛选方式”对话框

	A	B	C	D	E	F	G
1	工资清单						
2	工号	部门	姓名	性别	年龄	基本工资	奖金
7	G005	财务处	吴卫国	男	26	￥ 1,740.00	￥ 300.00
11	G012	人事处	段茹	女	25	￥ 1,650.00	￥ 300.00
15	G019	生技处	郑元	女	25	￥ 1,650.00	￥ 300.00

图 4.96　筛选结果

（3）然后再单击“部门”字段名右侧的下拉箭头，在列表框中选择“自定义”，出现“自定义自动筛选方式”对话框，如图 4.97 所示，设置“部门”等于“人事处”，单击“确定”按钮，得到最终结果，如图 4.98 所示。

从结果来看，对多个字段同时进行筛选，它们之间默认的是“与”关系，如果想要按“或”关系对多个字段进行筛选，则需要使用高级筛选。

下面就自动筛选的设置进行几点说明。用户单击“部门”字段名右侧的下拉箭头，出现下拉列表框，如图 4.99 所示。用户可以选择“升序排列”或“降序排列”，使数据清单按“部门”字段进行排序显示；用户单击“全部”选项，则取消该字段的条件设置；单击“前 10 个”选项可以按既定顺序显示一定数量的记录；若直接选择“保卫处”等具体值，则相当于设置“部门”等于“保卫处”。

2. 自动筛选的取消

如果用户想要取消筛选结果的显示，可以有多种方法。如图 4.99 所示，在下拉列框中选择“全部”选项，则取消对当前字段所设置的筛选条件。

用户还可以选择“数据”→“筛选”→“全部显示”命令，如图 4.100 所示，则将所有字段设置的筛选条件都取消，显示完整的数据清单，但字段名右侧的下拉三角仍存在。

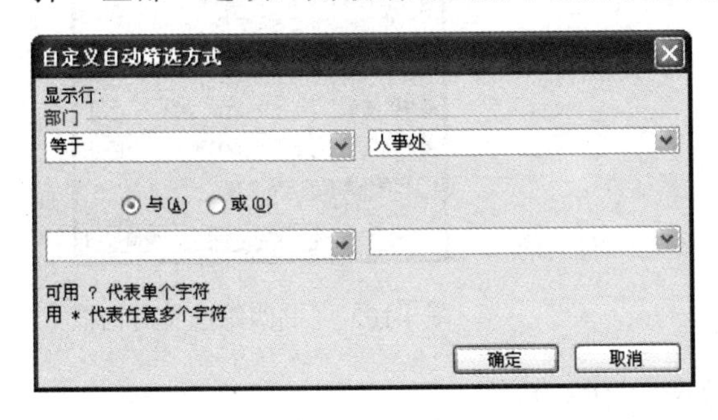

图 4.97　“自定义自动筛选方式”对话框

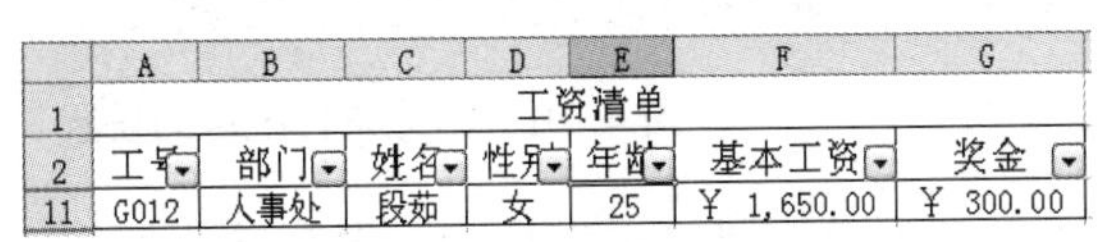

	A	B	C	D	E	F	G
1	工资清单						
2	工号	部门	姓名	性别	年龄	基本工资	奖金
11	G012	人事处	段茹	女	25	¥ 1,650.00	¥ 300.00

图 4.98　自动筛选最终结果

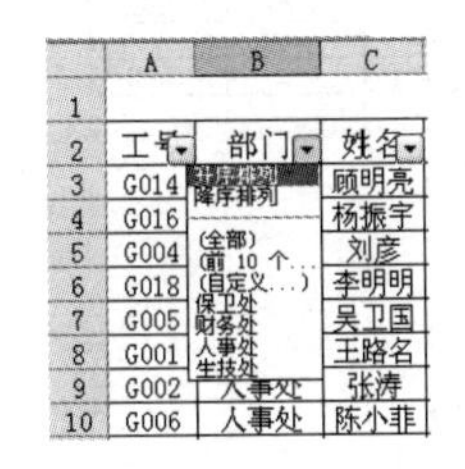

图 4.99　筛选下拉框

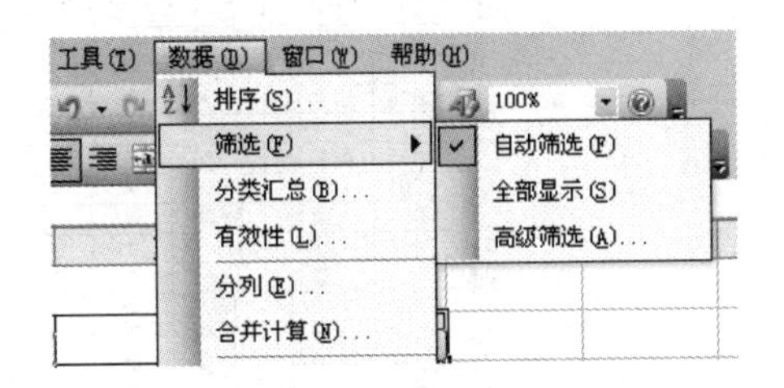

图 4.100　“筛选”菜单项

用户可以选择“数据”→“筛选”→“自动筛选”命令，可以看到“自动筛选”命令选项前有一对号标记，表示目前已对数据清单使用了自动筛选功能，单击该命令后取消自动筛选，字段名右侧的下拉三角消失。

3. 高级筛选

当筛选条件比较复杂或是涉及到多个字段时，自动筛选就无法满足要求，需要用到高级筛选。使用高级筛选，必须在使用筛选命令前建立条件区域。假设用户需要筛选出“年龄”大于或等于“40”或“奖金”小于“500”的所有记录。由于涉及到两个字段，并且它们之间是“或”关系，因此无法用自动筛选实现，而必须使用高级筛选。具体操作步骤如下。

（1）在空白区域建立所要筛选的条件，如图 4.101 所示。注意“>=40”和“<500”两个条件输入在两行上，表示它们之间是“或”关系；如果条件在同一行，则表示它们之间是“与”关系。

（2）选择“数据”→“筛选”→“高级筛选”命令，出现“高级筛选”对话框，如图 4.102 所示。高级筛选既允许将筛选结果显示在原有区域，也可以将筛选结果复制到其他位置，这里选择“将筛选结果复制到其他位置”选项；在“列表区域”对应的框中设置被筛选数据清单的地址；在“条件区域”设置用户建立的筛选条件的地址；在“复制到”对应的框中设置为用户存放结果区域的起始地址。

	A	B	C	D	E	F	G	H	I	J
1	工资清单									
2	工号	部门	姓名	性别	年龄	基本工资	奖金		年龄	奖金
3	G014	保卫处	顾明亮	男	37	￥ 2,330.00	￥ 500.00		>=40	
4	G016	保卫处	杨振宇	男	26	￥ 1,350.00	￥ 400.00			<500
5	G004	财务处	刘彦	男	42	￥ 2,540.00	￥ 800.00			
6	G018	财务处	李明明	女	38	￥ 2,140.00	￥ 500.00			
7	G005	财务处	吴卫国	男	26	￥ 1,740.00	￥ 300.00			
8	G001	人事处	王路名	男	40	￥ 2,750.00	￥ 800.00			
9	G002	人事处	张涛	男	35	￥ 2,405.00	￥ 500.00			
10	G006	人事处	陈小菲	女	30	￥ 2,084.00	￥ 500.00			
11	G012	人事处	段茹	女	25	￥ 1,650.00	￥ 300.00			
12	G009	生技处	刘春雁	女	38	￥ 2,860.00	￥ 800.00			
13	G015	生技处	王海	男	32	￥ 2,460.00	￥ 500.00			
14	G010	生技处	赵君	男	29	￥ 2,010.00	￥ 600.00			
15	G019	生技处	郑元	女	25	￥ 1,650.00	￥ 300.00			

工资 / 职称 / 任务

建立条件区域

图 4.101 筛选条件区域的设置

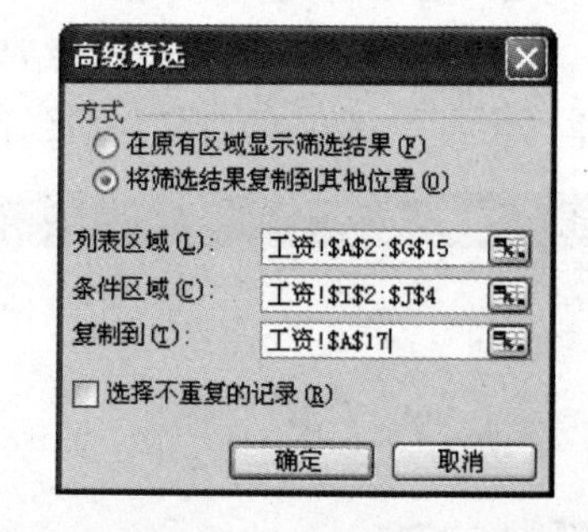

图 4.102 “高级筛选”对话框

（3）单击“确定”按钮，得到筛选结果，如图 4.103 所示。

	A	B	C	D	E	F	G	H	I	J
1	工资清单									
2	工号	部门	姓名	性别	年龄	基本工资	奖金		年龄	奖金
3	G014	保卫处	顾明亮	男	37	￥ 2,330.00	￥ 500.00		>=40	
4	G016	保卫处	杨振宇	男	26	￥ 1,350.00	￥ 400.00			<500
5	G004	财务处	刘彦	男	42	￥ 2,540.00	￥ 800.00			
6	G018	财务处	李明明	女	38	￥ 2,140.00	￥ 500.00			
7	G005	财务处	吴卫国	男	26	￥ 1,740.00	￥ 300.00			
8	G001	人事处	王路名	男	40	￥ 2,750.00	￥ 800.00			
9	G002	人事处	张涛	男	35	￥ 2,405.00	￥ 500.00			
10	G006	人事处	陈小菲	女	30	￥ 2,084.00	￥ 500.00			
11	G012	人事处	段茹	女	25	￥ 1,650.00	￥ 300.00			
12	G009	生技处	刘春雁	女	38	￥ 2,860.00	￥ 800.00			
13	G015	生技处	王海	男	32	￥ 2,460.00	￥ 500.00			
14	G010	生技处	赵君	男	29	￥ 2,010.00	￥ 600.00			
15	G019	生技处	郑元	女	25	￥ 1,650.00	￥ 300.00			
16										
17	工号	部门	姓名	性别	年龄	基本工资	奖金			
18	G016	保卫处	杨振宇	男	26	￥ 1,350.00	￥ 400.00			
19	G004	财务处	刘彦	男	42	￥ 2,540.00	￥ 800.00			
20	G005	财务处	吴卫国	男	26	￥ 1,740.00	￥ 300.00			
21	G001	人事处	王路名	男	40	￥ 2,750.00	￥ 800.00			
22	G012	人事处	段茹	女	25	￥ 1,650.00	￥ 300.00			
23	G019	生技处	郑元	女	25	￥ 1,650.00	￥ 300.00			

工资 / 职称 / 任务

图 4.103 高级筛选结果

4.5.4 分类汇总

分类汇总是最常用的一种数据处理，它可以根据某个字段的值，将数据分成多个子集，并分别对其进行计算。例如，用户想要计算每个“部门”员工的基本工资总计，或计算每个“部门”的平均年龄，都可使用分类汇总来完成。

分类汇总中，作为分类依据的字段被称为分类字段。在使用分类汇总的功能之前，首先要对数据清单按分类字段进行排序。进行排序的作用是使具有相同分类字段值的记录被集中在一起。例如，用户想要对图 4.78 中的数据清单进行分类汇总，计算出每个部门员工的平均年龄，具体操作步骤如下。

（1）对数据清单按分类字段“部门”进行排序，排序后的结果如图 4.104 所示。

（2）选择数据清单中的任意一个单元格，选择“数据”→“分类汇总”命令，出现“分类汇总”对话框，如图 4.105 所示。单击“分类字段”右侧的下拉三角标记，选择“部门”；单击“汇总方式”右侧的下拉三角标记，选择“平均值”；在“选定汇总项”中选择“年龄”，其他选项按默认设置。

	A	B	C	D	E	F	G
1	工资清单						
2	工号	部门	姓名	性别	年龄	基本工资	奖金
3	G014	保卫处	顾明亮	男	37	￥ 2,330.00	￥ 500.00
4	G016	保卫处	杨振宇	男	26	￥ 1,350.00	￥ 400.00
5	G004	财务处	刘彦	男	42	￥ 2,540.00	￥ 800.00
6	G018	财务处	李明明	女	38	￥ 2,140.00	￥ 500.00
7	G005	财务处	吴卫国	男	26	￥ 1,740.00	￥ 300.00
8	G001	人事处	王路名	男	40	￥ 2,750.00	￥ 800.00
9	G002	人事处	张涛	男	35	￥ 2,405.00	￥ 500.00
10	G006	人事处	陈小菲	女	30	￥ 2,084.00	￥ 500.00
11	G012	人事处	段茹	女	25	￥ 1,650.00	￥ 300.00
12	G009	生技处	刘春雁	女	38	￥ 2,860.00	￥ 800.00
13	G015	生技处	王海	男	32	￥ 2,460.00	￥ 500.00
14	G010	生技处	赵君	男	29	￥ 2,010.00	￥ 600.00
15	G019	生技处	郑元	女	25	￥ 1,650.00	￥ 300.00

图 4.104　按“部门”排序的数据清单

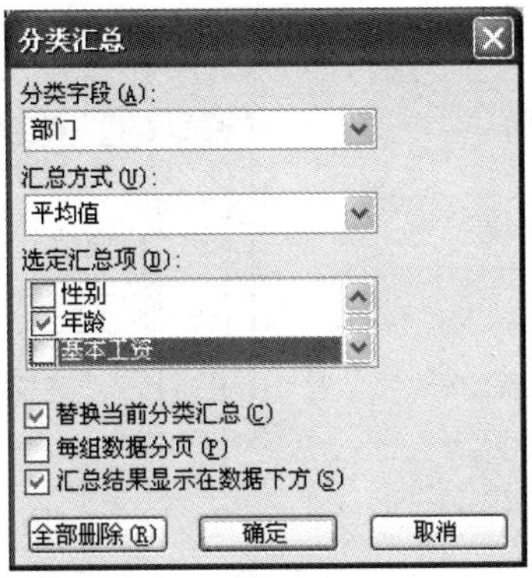

分类汇总
分类字段(A):
部门
汇总方式(U):
平均值
选定汇总项(D):
☐ 性别
☑ 年龄
☐ 基本工资
☑ 替换当前分类汇总(C)
☐ 每组数据分页(P)
☑ 汇总结果显示在数据下方(S)
全部删除(R)　确定　取消

图 4.105　“分类汇总”对话框

（3）单击“确定”按钮，分类汇总结果如图 4.106 所示。

从分类汇总结果可以清晰地看到每个部门全部员工的平均年龄。同时，我们注意到在图左上角出现 1 2 3 三个分级显示符号按钮。按下按钮 1，显示全部数据清单的汇总结果，如图 4.107 所示。

按下按钮 2，显示各部门的平均年龄值，结果如图 4.108 所示。

按下按钮 3，则显示所有的明细，结果如图 4.106 所示。

用户在操作中，也可以直接单击左侧的 + 按钮，从而展开相应的明细数据。例如，单击“人事处 平均值”一行所对应的左侧 + 按钮，则可展开人事处员工的明细数据，如图 4.109 所示。

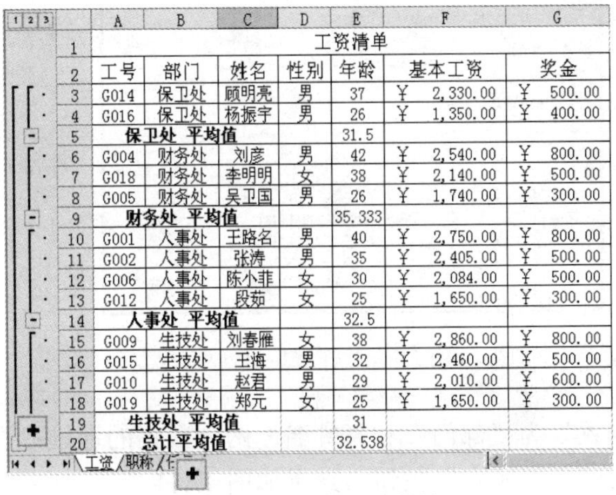

	A	B	C	D	E	F	G
1	工资清单						
2	工号	部门	姓名	性别	年龄	基本工资	奖金
3	G014	保卫处	顾明亮	男	37	￥ 2,330.00	￥ 500.00
4	G016	保卫处	杨振宇	男	26	￥ 1,350.00	￥ 400.00
5		保卫处 平均值			31.5		
6	G004	财务处	刘彦	男	42	￥ 2,540.00	￥ 800.00
7	G018	财务处	李明明	女	38	￥ 2,140.00	￥ 500.00
8	G005	财务处	吴卫国	男	26	￥ 1,740.00	￥ 300.00
9		财务处 平均值			35.333		
10	G001	人事处	王路名	男	40	￥ 2,750.00	￥ 800.00
11	G002	人事处	张涛	男	35	￥ 2,405.00	￥ 500.00
12	G006	人事处	陈小菲	女	30	￥ 2,084.00	￥ 500.00
13	G012	人事处	段茹	女	25	￥ 1,650.00	￥ 300.00
14		人事处 平均值			32.5		
15	G009	生技处	刘春雁	女	38	￥ 2,860.00	￥ 800.00
16	G015	生技处	王海	男	32	￥ 2,460.00	￥ 500.00
17	G010	生技处	赵君	男	29	￥ 2,010.00	￥ 600.00
18	G019	生技处	郑元	女	25	￥ 1,650.00	￥ 300.00
19		生技处 平均值			31		
20		总计平均值			32.538		

图 4.106　分类汇总结果

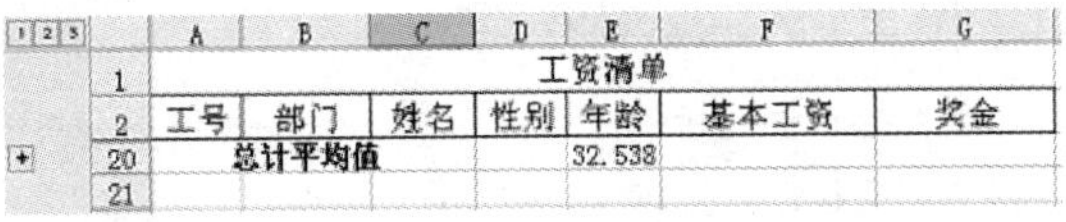

	A	B	C	D	E	F	G
1	工资清单						
2	工号	部门	姓名	性别	年龄	基本工资	奖金
20		总计平均值			32.538		
21							

图 4.107　分类汇总结果—1 级显示

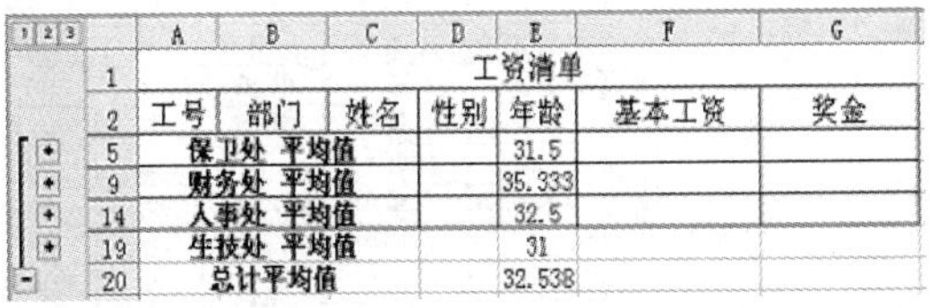

	A	B	C	D	E	F	G
1	工资清单						
2	工号	部门	姓名	性别	年龄	基本工资	奖金
5		保卫处 平均值			31.5		
9		财务处 平均值			35.333		
14		人事处 平均值			32.5		
19		生技处 平均值			31		
20		总计平均值			32.538		

图 4.108　分类汇总结果—2 级显示

如果用户需要取消分类汇总的显示结果，可先选择数据清单中的任意一个单元格，单击“数据”→“分类汇总”命令，出现“分类汇总”对话框，单击“全部删除”按钮，则删除分类汇总的结果，显示原始的数据清单。

4.5.5　合并计算

合并计算可以用来汇总一个或多个源区中的数据。Excel 提供了两种合并计算数据的方法。一是通过位置，即当源区域有相同位置的数据汇总。二是通过分类，当源区域没有相同的布局时，则采用分类方式进行汇总。

	A	B	C	D	E	F	G
1	工资清单						
2	工号	部门	姓名	性别	年龄	基本工资	奖金
5		保卫处 平均值			31.5		
9		财务处 平均值			35.333		
10	G001	人事处	王路名	男	40	￥ 2,750.00	￥ 800.00
11	G002	人事处	张涛	男	35	￥ 2,405.00	￥ 500.00
12	G006	人事处	陈小菲	女	30	￥ 2,084.00	￥ 500.00
13	G012	人事处	段茹	女	25	￥ 1,650.00	￥ 300.00
14		人事处 平均值			32.5		
19		生技处 平均值			31		
20		总计平均值			32.538		

图 4.109 分类汇总结果－人事处明细

合并计算可以把来自一个或多个源区域的数据进行汇总，并建立合并计算表。这些源区域和合并计算表可以在同一个工作表中，也可以在同一个工作簿的不同工作表中，还可以在不同工作簿中。

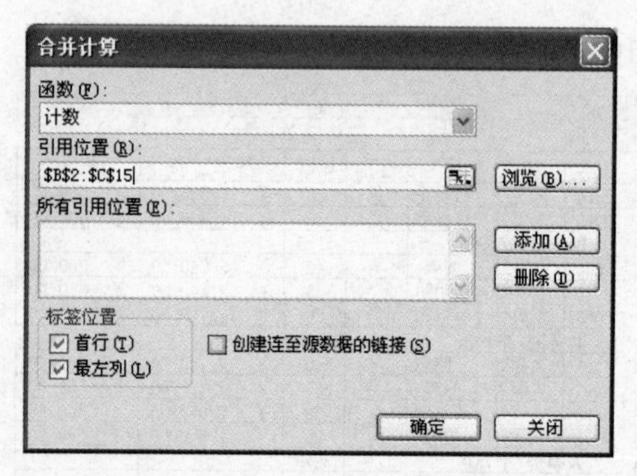

图 4.110 “合并计算”对话框

要想合并计算数据，首先必须为汇总信息定义一个目的区，用来显示摘录的信息。如果想要统计各部门的员工人数，具体操作步骤如下。

（1）选择存放结果的起始单元格。

（2）单击“数据”→“合并计算”命令，出现“合并数据”对话框，如图 4.110 所示。

（3）在“合并数据”对话框中，单击“函数”右侧的下拉三角标记，选择“计数”；设置“引用位置”为“部门”和“姓名”两列数据的地址；在标签位置中选择“首行”、“最左列”选项，单击“确定”按钮，结果如图 4.111 所示。

	A	B	C	D	E	F	G	H	I	J
1	工资清单									
2	工号	部门	姓名	性别	年龄	基本工资	奖金			姓名
3	G001	人事处	王路名	男	40	￥ 2,750.00	￥ 800.00		人事处	4
4	G002	人事处	张涛	男	35	￥ 2,405.00	￥ 500.00		财务处	3
5	G004	财务处	刘彦	男	42	￥ 2,540.00	￥ 800.00		生技处	4
6	G005	财务处	吴卫国	男	26	￥ 1,740.00	￥ 300.00		保卫处	2
7	G006	人事处	陈小菲	女	30	￥ 2,084.00	￥ 500.00			
8	G009	生技处	刘春雁	女	38	￥ 2,860.00	￥ 800.00			
9	G010	生技处	赵君	男	29	￥ 2,010.00	￥ 600.00			
10	G012	人事处	段茹	女	25	￥ 1,650.00	￥ 300.00			
11	G014	保卫处	顾明亮	男	37	￥ 2,330.00	￥ 500.00			
12	G015	生技处	王海	男	32	￥ 2,460.00	￥ 500.00			
13	G016	保卫处	杨振宇	男	26	￥ 1,350.00	￥ 400.00			
14	G018	财务处	李明明	女	38	￥ 2,140.00	￥ 500.00			
15	G019	生技处	郑元	女	25	￥ 1,650.00	￥ 300.00			

合并计算结果

图 4.111 “合并计算”结果

从结果可以看出各部门的人数统计情况。由于选择了“首行”、“最左列”作为标签，所以行标题是“姓名”，而列标题是各部门的名称。实际应用中，也可以先设置好行标题，再进行合并计算。如图 4.112 所示，要求用户对“工资单 1”、“工资单 2”两个数据清单的数据进行合并计算，统计各部门基本工资的总计值，并将结果放至指定的区域中。具体操作步骤如下。

	A	B	C	D	E	F	G	H	I	J
1										
2		工资单1				工资单2				
3	姓名	部门	基本工资		姓名	部门	基本工资		部门	工资总计
4	王路名	人事处	2750.00		刘露	生技处	2750			
5	张涛	人事处	2405.00		卫荣荣	生技处	2405			
6	刘彦	财务处	2540.00		张建国	人事处	2540			
7	吴卫国	财务处	1740.00		杜建	保卫处	1740			
8	陈小菲	人事处	2084.00		韩卫明	生技处	2084			
9	刘春雁	生技处	2860.00		杨春华	人事处	2860			
10	赵君	生技处	2010.00		江平安	保卫处	2010			
11	段茹	人事处	1650.00		李治	生技处	1650			
12	顾明亮	保卫处	2330.00		白云	保卫处	2330			
13	王海	生技处	2460.00		陈刚	保卫处	2460			
14	杨振宇	保卫处	1350.00		刘松声	人事处	1350			
15	李明明	财务处	2140.00		卢炯	生技处	2140			
16	郑元	生技处	1650.00		袁华	生技处	1650			

建立结果区域

图 4.112　数据清单与结果区域

（1）选择存放结果的起始单元格 I4。

（2）单击“数据”→“合并计算”命令，出现“合并计算”对话框，如图 4.113 所示。单击“函数”右侧的下拉三角标记，选择“求和”。

（3）先将“引用位置”设置为“工资单 1”中“部门”和“基本工资”两列数据的地址“$B$4:$C$16”（注意：不要选中标题），单击右侧的“添加”按钮，可以看到该地址被添加到“所有引用位置列表框”中；然后再将“引用位置”设置为“工资单 2”中“部门”和“基本工资”两列数据的地址“$F$4:$G$16”，则“引用位置”设置完毕。

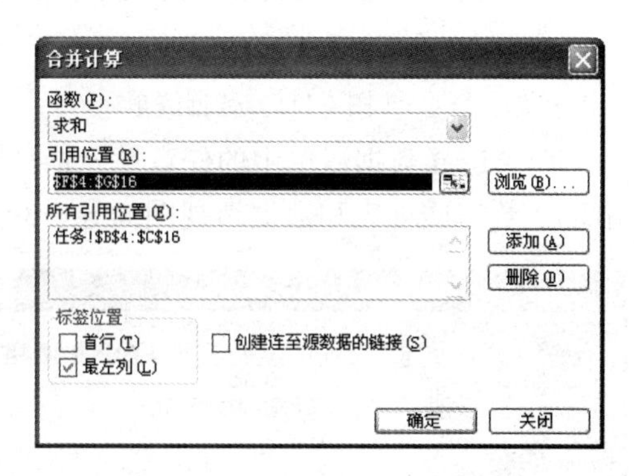

图 4.113　“合并计算”对话框

（4）由于行标题已有，因此“标签位置”只选择“最左列”选项。

（5）单击“确定”按钮，结果如图 4.114 所示。

	A	B	C	D	E	F	G	H	I	J
1										
2		工资单1				工资单2				
3	姓名	部门	基本工资		姓名	部门	基本工资		部门	工资总计
4	王路名	人事处	2750.00		刘露	生技处	2750		人事处	15639.00
5	张涛	人事处	2405.00		卫荣荣	生技处	2405		财务处	6420.00
6	刘彦	财务处	2540.00		张建国	人事处	2540		生技处	21659.00
7	吴卫国	财务处	1740.00		杜建	保卫处	1740		保卫处	12220.00
8	陈小菲	人事处	2084.00		韩卫明	生技处	2084			
9	刘春雁	生技处	2860.00		杨春华	人事处	2860			
10	赵君	生技处	2010.00		江平安	保卫处	2010			
11	段茹	人事处	1650.00		李治	生技处	1650			
12	顾明亮	保卫处	2330.00		白云	保卫处	2330			
13	王海	生技处	2460.00		陈刚	保卫处	2460			
14	杨振宇	保卫处	1350.00		刘松声	人事处	1350			
15	李明明	财务处	2140.00		卢炯	生技处	2140			
16	郑元	生技处	1650.00		袁华	生技处	1650			

图 4.114　“合并计算”结果

上面的操作讲述了如何对两个数据清单进行合并计算。数据合并可以把来自一个或多个源区域的数据进行汇总，并建立合并计算表。这些数据源区域和结果区域可以在同一个工作表中，也可以在同一个工作簿的不同工作表中，还可以在不同工作簿中。此外，如果用户希望合并计算的结果能随着数据源的更新而自动更新，可以在“合并计算”对话框中选中“创建连至源数据的链接”选项。这些操作用户可以自己进行练习。

4.6　数据透视表

Excel 的数据透视表可以将数据的排序、筛选和分类汇总三个过程结合在一起，可以转换行和列以查看源数据的不同汇总结果，可以显示不同页面以筛选数据，还可以根据需要显示所选区域中的明细数据，非常便于用户在一个清单中重新组织和统计数据。

	A	B	C	D	E	F	G	H
1	工资清单							
2	工号	部门	姓名	性别	年龄	职称	基本工资	奖金
3	G001	人事处	王路名	男	40	高级	2750.00	800.00
4	G002	人事处	张涛	男	35	中级	2405.00	500.00
5	G004	财务处	刘彦	男	42	高级	2540.00	800.00
6	G005	财务处	吴卫国	男	26	初级	1740.00	300.00
7	G006	人事处	陈小菲	女	30	中级	2084.00	500.00
8	G009	生技处	刘春雁	女	38	高级	2860.00	800.00
9	G010	生技处	赵君	男	29	中级	2010.00	600.00
10	G012	人事处	段茹	女	25	初级	1650.00	300.00
11	G014	保卫处	顾明亮	男	37	中级	2330.00	500.00
12	G015	生技处	王海	男	32	高级	2460.00	500.00
13	G016	保卫处	杨振宇	男	26	中级	1350.00	400.00
14	G018	财务处	李明明	女	38	高级	2140.00	500.00
15	G019	生技处	郑元	女	25	初级	1650.00	300.00

工资 / 职称 / 任务 / 职工情况表

图 4.115 数据清单

4.6.1 数据透视表的创建

在创建数据透视表之前必须要有一个数据源，它可以是已有的数据清单、表格中的数据或外部数据源，当然也可以从其他透视表中直接导入数据。创建数据透视表的方法是利用“数据透视表和数据透视图向导”对数据源进行交叉制表和汇总，然后重新布置并立刻计算出结果。下面以图 4.115 所示的数据清单为例，对其建立数据透视表。

具体操作步骤如下。

（1）选择数据清单中的任意单元格。选择“数据”→“数据透视表和数据透视图”命令，出现“数据透视表和数据透视图向导－3 步骤之 1”对话框，如图 4.116 所示。

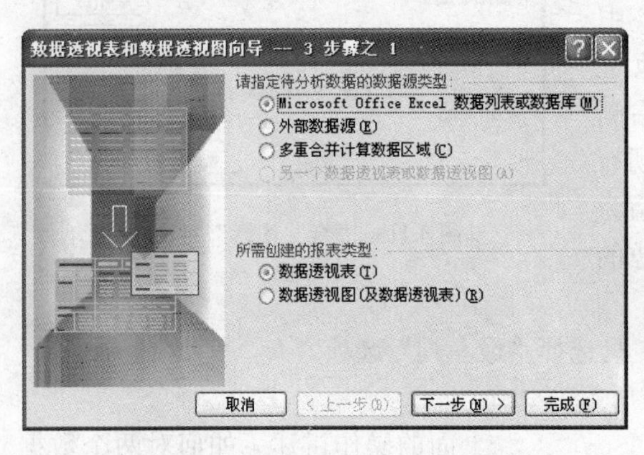

图 4.116 “数据透视表和数据透视图向导－3 步骤之 1”对话框

（2）“数据透视表和数据透视图向导－3 步骤之 1”对话框中如无设置需要，就单击“下一步”按钮，出现“数据透视表和数据透视图向导－3 步骤之 2”对话框，如图 4.117 所示。

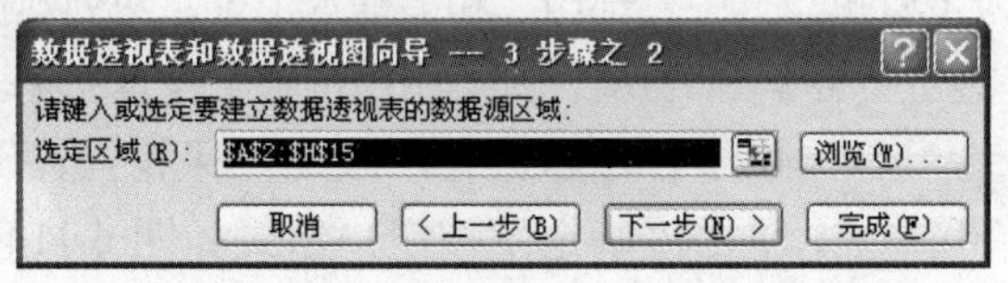

图 4.117 “数据透视表和数据透视图向导－3 步骤之 2”对话框

（3）在“数据透视表和数据透视图向导－3 步骤之 2”对话框中可以设置要建立数据透视表的数据源区域。由于使用命令之前先选中了数据清单中的某一单元格，因此选定区域自动为数据清单的地址范围；如果用户需要改变，可以单击“浏览”按钮进行区域选定。设置完毕后，单击“下一步”按钮，出现“数据透视表和数据透视图向导－3 步骤之 3”对话框，如图 4.118 所示。

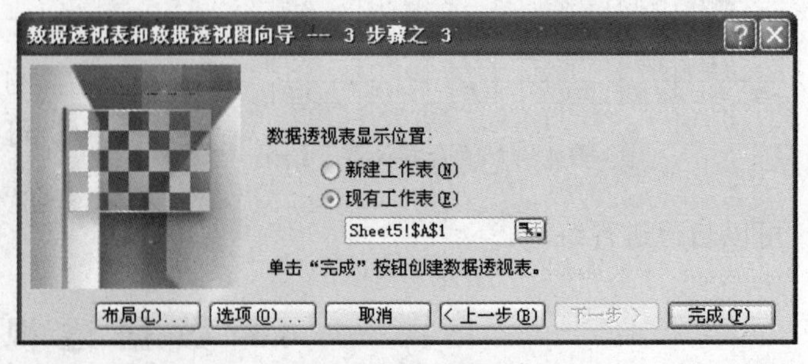

图 4.118 “数据透视表和数据透视图向导－3 步骤之 3”对话框

（4）“数据透视表和数据透视图向导－3 步骤之 3”对话框中，“数据透视表显示位置”提供两个选项，选择“新建工作表”选项则 Excel 建立一个新工作表存放数据透视表，选择

“现有工作表”选项则要求用户在现有的工作表中选择数据透视表显示的起始单元格地址。

（5）单击“布局”按钮，出现如图 4.119 所示的“数据透视表和数据透视表向导－布局”对话框。可以看到有“页”、“行”、“列”和“数据”四个区域，右侧的按钮则是数据清单中的字段名，用户可直接将字段按钮拖到左边的图上建立数据透视表。其中：

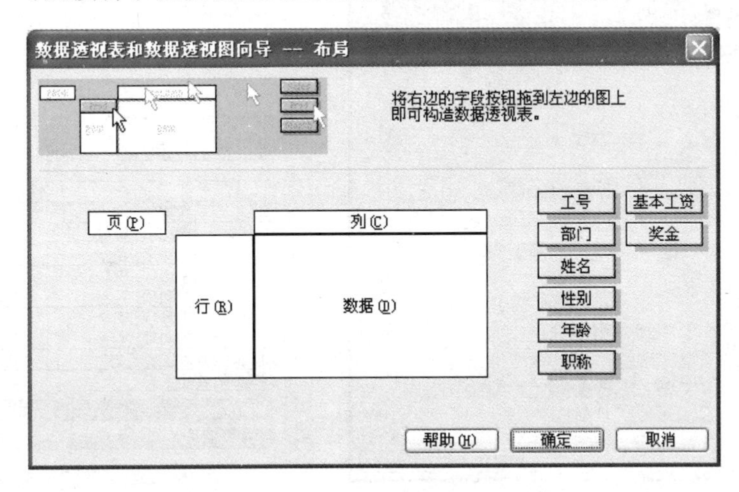

图 4.119　“数据透视表和数据透视表向导－布局”对话框

1）“页区域”：拖入数据透视表中指定为页方向的源数据清单中的字段。

2）“行区域”：拖入数据透视表中指定为行方向的源数据清单中的字段。

3）“列区域”：拖入数据透视表中指定为列方向的源数据清单中的字段。

4）“数据字段”：数据透视表列表的主要部分。拖入用于汇总（求和、计数、最小值、最大值）的所有字段。

将“部门”字段拖入“页”区域，“职称”字段拖入“行”区域，“性别”字段拖入“列”区域，“基本工资”和“奖金”字段拖入“数据”区域，设置后的布局如图 4.120 所示。

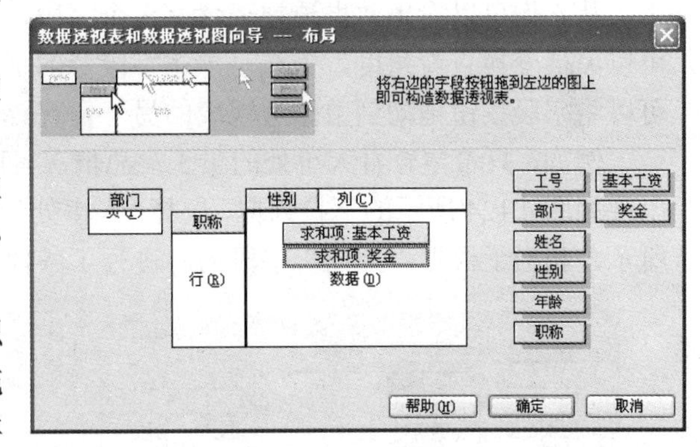

图 4.120　设置后的布局

用户双击数据区域的字段按钮，可以打开“数据透视表字段”对话框，如图 4.121 所示，用户可对该字段的汇总方式、格式等作进一步的设置。单击“确定”按钮完成布局设置，返回“数据透视表和数据透视图向导－3 步骤之 3”对话框。

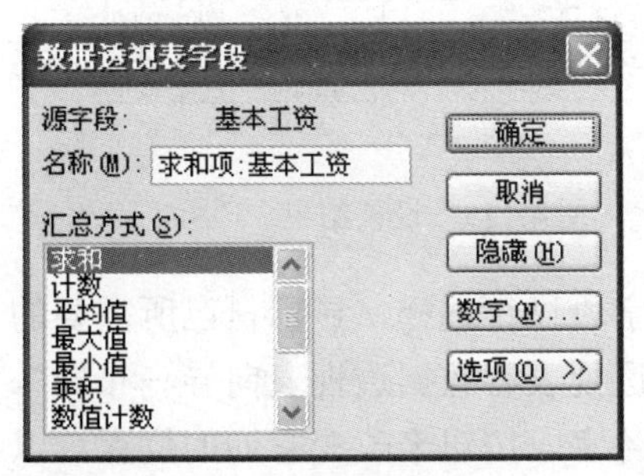

图 4.121　“数据透视表字段”对话框

（6）在“数据透视表和数据透视图向导－3 步骤之 3”对话框中单击“选项”按钮，出现“数据透视表选项”对话框，如图 4.122 所示。用户可根据需要进行设置，然后单击“确定”按钮返回“数据透视表和数据透视图向导－3

步骤之 3”对话框。

（7）至此，所需设置完毕。在“数据透视表和数据透视图向导－3 步骤之 3”对话框中单击“完成”按钮，便可得到相应的数据透视表，显示在 sheet5 工作表中，如图 4.123 所示。

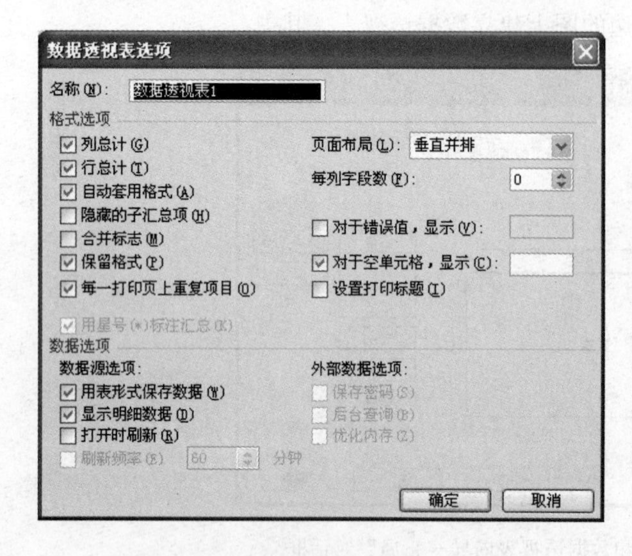

图 4.122 “数据透视表选项”对话框

	A	B	C	D	E
1	部门	(全部)			
2					
3			性别		
4	职称	数据	男	女	总计
5	初级	求和项:基本工资	1740	3300	5040
6		求和项:奖金	300	600	900
7	高级	求和项:基本工资	7750	5000	12750
8		求和项:奖金	2100	1300	3400
9	中级	求和项:基本工资	8095	2084	10179
10		求和项:奖金	2000	500	2500
11	求和项:基本工资汇总		17585	10384	27969
12	求和项:奖金汇总		4400	2400	6800

数据透视表 / 数据透视表(P)

工资 / 职称 / 任务 / 职工情况表 / Sheet5

图 4.123 “数据透视表”结果

4.6.2 数据透视表的使用

从本例可以看出数据透视表含有多个字段，每个字段汇总了源数据中的多行信息。用户可以灵活变换查看角度，方法是单击字段旁的下拉箭头在显示的可用项列表中进行选择，也可以将字段按钮拖动到数据透视表的另一位置。

例如，只希望查看人事处的员工汇总情况，可单击页字段“部门”右侧的下拉三角标记，出现如图 4.124 所示的下拉列框，选择“人事处”，然后单击“确定”按钮，显示结果如图 4.125 所示，相当于根据“部门”字段内容进行了条件筛选。

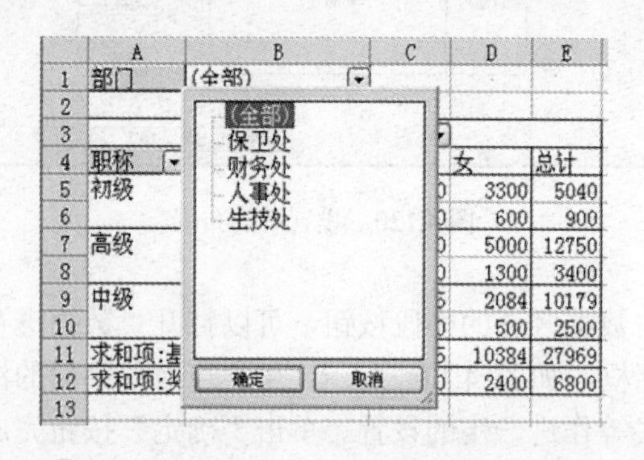

图 4.124 页字段设置

	A	B	C	D	E
1	部门	人事处			
2					
3			性别		
4	职称	数据	男	女	总计
5	初级	求和项:基本工资		1650	1650
6		求和项:奖金		300	300
7	高级	求和项:基本工资	2750		2750
8		求和项:奖金	800		800
9	中级	求和项:基本工资	2405	2084	4489
10		求和项:奖金	500	500	1000
11	求和项:基本工资汇总		5155	3734	8889
12	求和项:奖金汇总		1300	800	2100
13					

图 4.125 设置结果

同样，用户也可按以上操作对行字段、列字段、数据字段进行选择，显示自己所需要的内容。此外，数据透视表的设置非常灵活，除了在“数据透视表和数据透视表向导—布局”对话框中设置之外，也可以直接在数据透视表中通过拖动各字段按钮来改变它们的位置，以产生不同的统计结果。用户可以自己练习。

4.7 数据的有效性

用户输入大量数据时，为了防止数据输入错误，可以通过设置单元格数据的有效条件来进行检验。例如，在建立职工名册表格时，考虑到职工的年龄一般都应该是在 18～60 之间，因此，为防止数据输入错误，可将年龄单元格的地址设置为只能输入 18～60 之间的数据。下面，就以图 4.126 所示的数据为例，对年龄单元格的数据设置数据有效性，具体操作步骤如下。

（1）选中要输入年龄的单元格，选择“数据”→“有效性”命令，出现“数据有效性”对话框，如图 4.127 所示。

	A	B	C	D	E	F
1	工资清单					
2	工号	部门	姓名	性别	年龄	职称
3	G001	人事处	王路名	男		高级
4	G002	人事处	张涛	男		中级
5	G004	财务处	刘彦	男		高级
6	G005	财务处	吴卫国	男		初级
7	G006	人事处	陈小菲	女		中级
8	G009	生技处	刘春雁	女		高级
9	G010	生技处	赵君	男		中级

图 4.126　数据清单

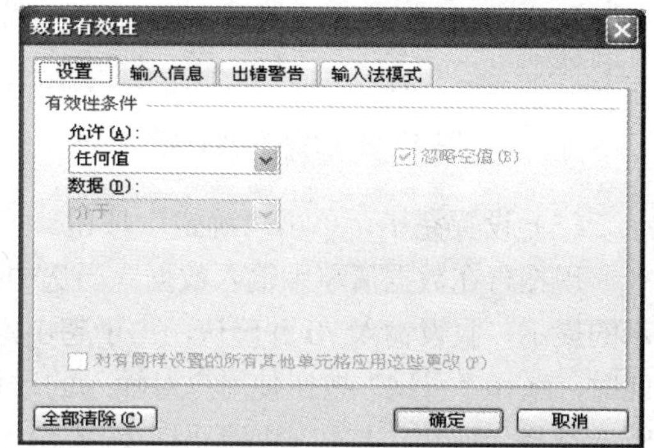

图 4.127 “数据有效性”对话框

（2）在“设置”选项卡中进行有效性条件的设置。单击“允许”选框右侧的下拉三角，出现如图 4.128 所示的选项，选择“整数”，则在下方出现了需要设置的输入框；设置条件为“介于”最小值“18”和最大值“60”之间，设置结果如图 4.129 所示。

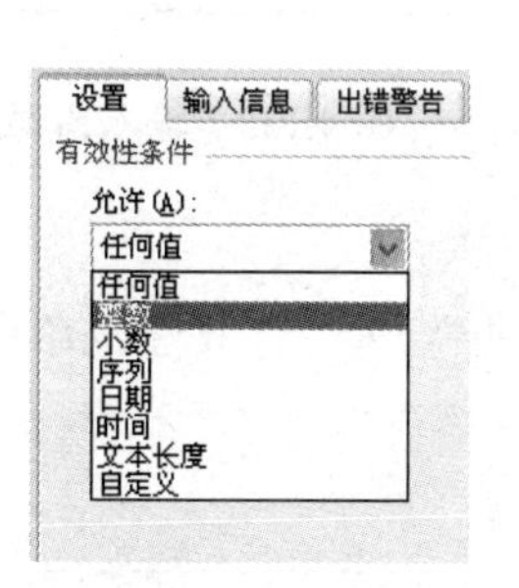

图 4.128　允许值设置

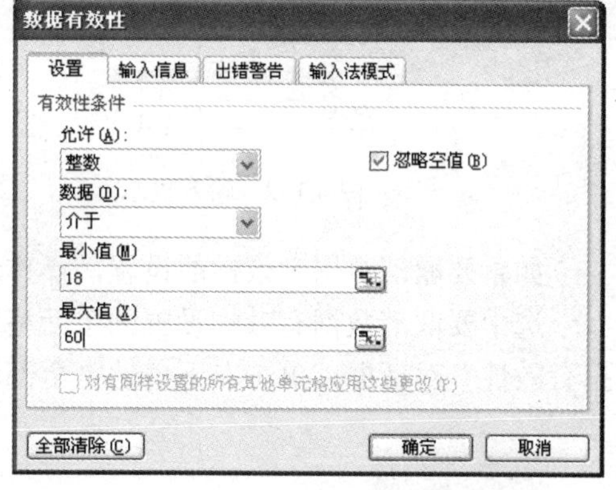

图 4.129 “数据有效性”设置结果

（3）单击“输入信息”选项卡，显示如图 4.130 所示，用户可以设置当用户选定该单元格时的显示信息。选择“选定单元格时显示输入信息”复项框；设置“标题”内容为“输入年龄:”，“输入信息”内容为“整型，范围在 18～60 之间”。

（4）单击“出错警告”选项卡，显示如图 4.131 所示，用户可以设置当输入错误数据时的显示信息。选择“输入无效数据时显示出错警告”复选框；单击“样式”选框右侧的下拉三角标记，有“停止”、“警告”、“信息”三个选项，分别对应不同的图标，这里选择“停止”选项；

“标题”内容为“输入错误”，“错误信息”框可以不输入内容，Excel 会使用默认的信息。

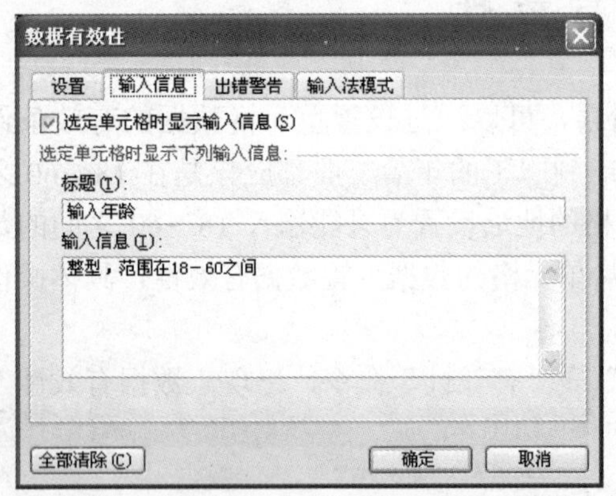

图 4.130 输入信息设置

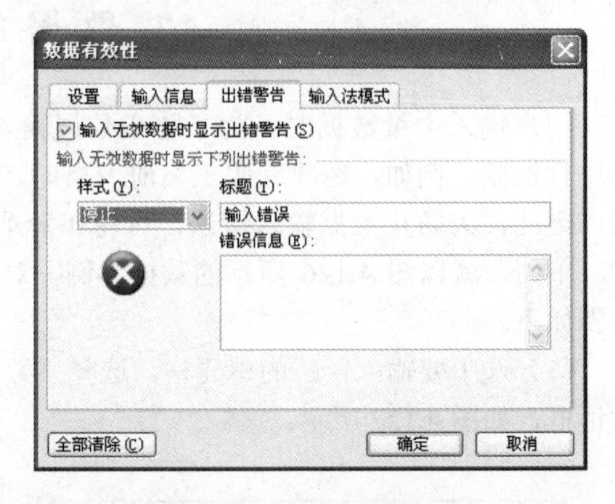

图 4.131 出错警告设置

（5）设置完毕，单击“确定”按钮。

现在再在数据清单中输入数据。当选中已设置数据有效性的单元格时，出现如图 4.132 所示的提示，假设输入 70 并确认，由于超出定义范围，出现如图 4.133 所示的出错警告对话框。此时，选择“重试”按钮使用户对输入的数据进行编辑，选择“取消”按钮则取消用户刚才输入的数据。

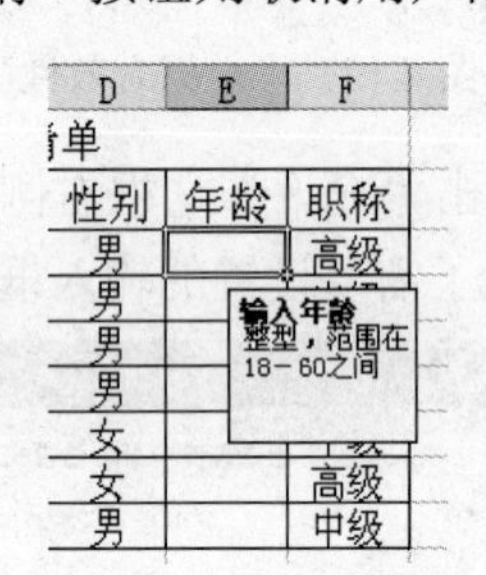

图 4.132 输入提示

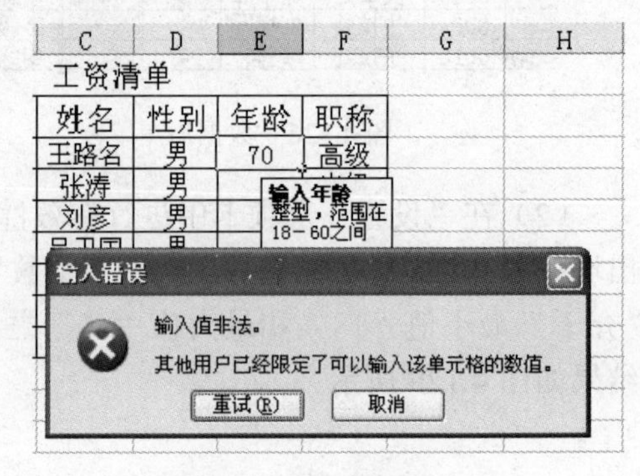

图 4.133 输入错误提示

如果要取消数据有效性的设置，操作步骤如下。

选中要取消数据有效性设置的单元格区域，单击“数据”→“有效性”命令，出现“数据有效性”对话框，单击左下角的“全部清除”按钮即可。

注 意

在设置出错警告对话框时，不同“样式”的选择不止是确定了不同的图标，也决定了出错警告时出现的对话框的类型，而不同类型的对话框提供给用户在数据输入错误时的解决方式也各不相同。用户可以自行练习和领悟。

4.8 图表的使用

Excel 图表可以将数据图形化，更直观地显示数据，使数据的比较或趋势变得一目了然，从而更容易为用户提供分析结果和决策依据。图表可以使数据更加有趣、吸引人、易于阅读和评价，也更容易帮助分析和比较数据。

当基于工作表选定区域建立图表时，Excel 使用来自工作表的值，并将其当作数据点在图表上显示。数据点用条形、线条、柱形、切片、点及其他形状表示。这些形状称作数据标志。建立图表后，用户还可以通过增加图表项，如数据标记，图例、标题、文字、趋势线，误差线及网格线来美化图表及强调某些信息。大多数图表项可被移动或调整大小。也可以用图案、颜色、对齐、字体及其他格式属性来设置这些图表项的格式。

有两种建立图表的方式。一种是，将图表用于补充工作数据并在工作表内显示，可以在当前工作表上建立内嵌式图表；另一种是，在工作簿的单独工作表上显示图表，即建立图表工作表。但无论是内嵌图表还是独立图表，都被链接到建立它们的工作表数据上，当更新了工作表的数据时，图表也会自动更新。

4.8.1　图表的创建

在 Excel 中，图表的创建可以通过使用 Excel 的图表向导来完成，它可以引导用户一步一步的进行选择和设置来完成操作。

	A	B	C	D	E	F
1	腾达公司2005年货品销售额表					
2						单位：万元
3	货品	第一季度	第二季度	第三季度	第四季度	合计
4	电视机	34.2	28.6	29.5	30.4	122.7
5	电冰箱	24.7	16.5	30.2	14.4	85.8
6	空调	16.8	21.6	27.5	12.5	78.4
7	洗衣机	22.4	18.5	20.1	21.6	82.6
8	总计	98.1	85.2	107.3	78.9	369.5

图 4.134　数据清单

例如，在如图 4.134 所示的数据清单中，使用“空调”各个季度的销售额建立一个折线图表，具体操作步骤如下。

（1）选中要用于创建图表的数据，如图 4.135 所示；选择“插入”→“图表”命令，或直接单击“常用”工具栏上的“图表向导”命令，出现“图表向导－4 步骤之 1－图表类型”对话框，如图 4.136 所示。

	A	B	C	D	E	F
1	腾达公司2005年货品销售额表					
2						单位：万元
3	货品	第一季度	第二季度	第三季度	第四季度	合计
4	电视机	34.2	28.6	29.5	30.4	122.7
5	电冰箱	24.7	16.5	30.2	14.4	85.8
6	空调	16.8	21.6	27.5	12.5	78.4
7	洗衣机	22.4	18.5	20.1	21.6	82.6
8	总计	98.1	85.2	107.3	78.9	369.5

图 4.135　选择数据

图 4.136　“图表向导－4 步骤之 1－图表类型”对话框

（2）在“图表向导－4 步骤之 1－图表类型”对话框的左侧选择图表类型为“折线图”，在右侧相应的子图表类型中选择“数据点折线图”，选择结果如图 4.136 所示。单击“下一步”按钮，出现“图表向导－4 步骤之 2－图表数据源”对话框，如图 4.137 所示。

（3）在“图表向导－4 步骤之 2－图表数据源”对话框中，用户可进行用于创建图表的数据区域的选择；用户还可以单击系列产生在行或列的单选按钮，来改变图表的行列坐标；用户也可以单击“系列”选项卡标签，在“系列”选项卡中从已经统计出来的图表中添加或删除数据系列。本例中，可以不做设置，直接单击“下一步”按钮，出现“图表向导－4 步骤之 3－图表选项”对话框，如图 4.139 所示。

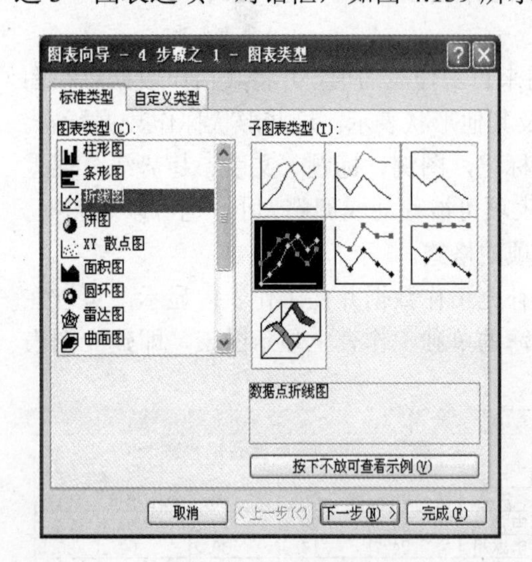

图 4.137 图表类型选择

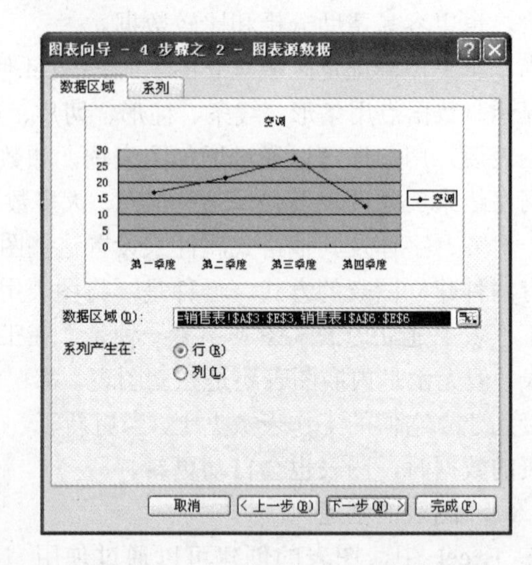

图 4.138 “图表向导－4 步骤之 2－图表数据源”对话框

（4）在“图表向导－4 步骤之 3－图表选项”对话框的标题选项卡中，设置图表标题为“空调销售情况”，分类（X）轴为“时间”，数值（Y）轴为“销售额”；用户还可以在该对话框中选择“坐标轴”、“网格线”、“图例”、“数据标志”、“数据表”等选项卡进行相应的设置，这里以“数据标志”选项卡为例。单击“数据标志”选项卡名称，切换到“数据标志”选项卡，如图 4.140 所示。在“数据标签包括”栏中选择“值”复选框，可以在右侧的预览图中看到每个折线上每个数据点的值都显示出来。单击“下一步”按钮，出现“图表向导－4 步骤之 4－图表位置”对话框，如图 4.141 所示。

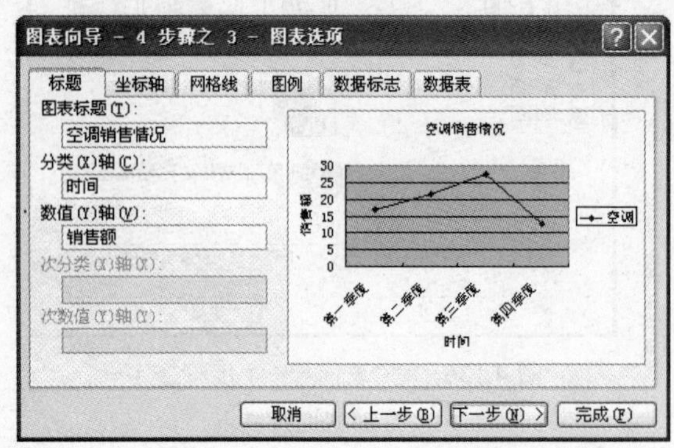

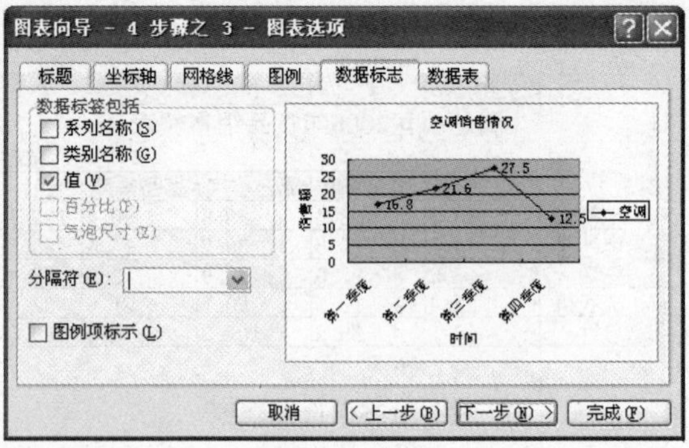

图 4.139 “图表向导－4 步骤之 3－图表选项”对话框

图 4.140 “图表向导－4 步骤之 3－图表选项”对话框“数据标志”选项卡

（5）在“图表向导－4 步骤之 4－图表位置”对话框中，用户可选择生成图表的位置。选择“作为新工作表插入”单选钮，将会插入一个独立的工作表，其中只有生成的图表；选择“作为其中的对象插入”单选钮，则会将图表插入到已有的工作表中。本例中选择后者，当前工作表名称为“销售表”。单击“完成”按钮，生成图表如图 4.142 所示。

4.8.2　图表的设置和编辑

当一个图表创建完毕后，可能由于图表的大小、文字的格式或位置等因素使得图表不够完美，或未达到要求，用户还可以对图表进行进一步的设置和编辑。

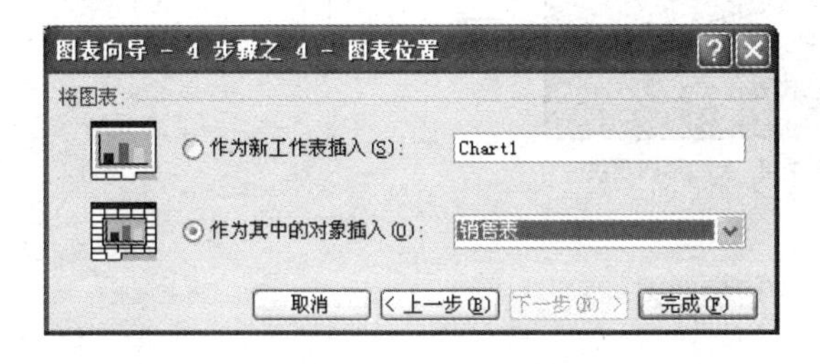

图 4.141 “图表向导－4 步骤之 4－图表位置”对话框

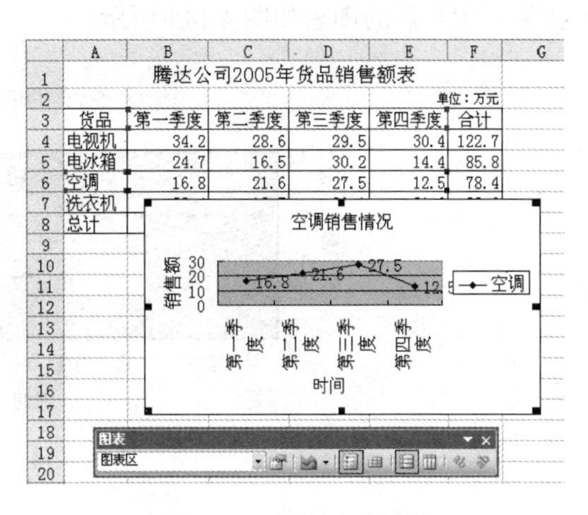

货品	第一季度	第二季度	第三季度	第四季度	合计
电视机	34.2	28.6	29.5	30.4	122.7
电冰箱	24.7	16.5	30.2	14.4	85.8
空调	16.8	21.6	27.5	12.5	78.4

图 4.142　图表生成结果

1. 调整图表的大小和位置

从图可以看到，生成的图表是作为对象插入到工作表中的，因此，它的一些基本设置与前面讲述的对象设置是相同的。

如果需要调整图表的大小，只需将鼠标指针放到图表边框的 8 个控制块上的任意一个上，在鼠标指针变成双向箭头时，按住鼠标左键进行拖动即可调整尺寸大小。

如果需要移动图表的位置，只需将鼠标指针放到图表区上，按住鼠标左键拖动即可。

其他如图表的移动、复制、删除等操作，与其他对象的操作相同，就不再一一介绍，用户可以自己练习。

2. 调整图表的字体格式

从图 4.142 可以看到，分类 X 轴的内容都是纵向显示的，这是因为图表区域小、文字字号相对大而引起的，因此需要对图表区内容的格式进行设置。

例如，需要设置图表区域内容的字号为“10 磅”，具体操作步骤如下。

（1）选中图表，右击，出现如图 4.143 所示的快捷菜单。选择“图表区格式”命令，出现“图表区格式”对话框，如图 4.144 所示。

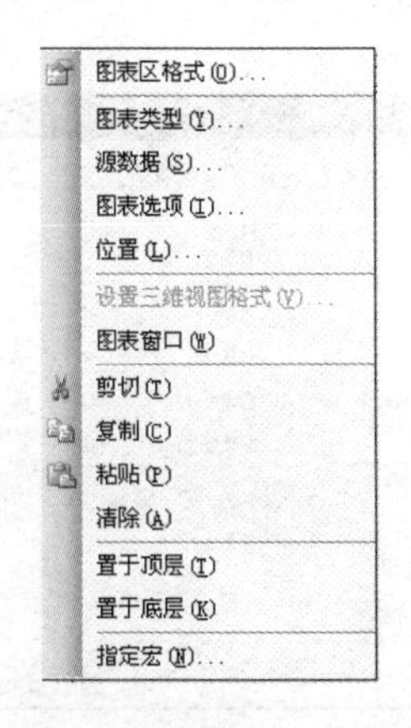

图 4.143　图表的快捷菜单

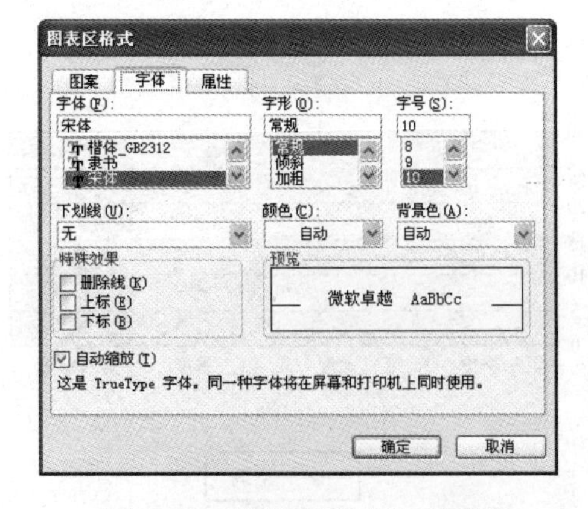

图 4.144 “图表区格式”对话框

（2）在“图表区格式”对话框中，选择“字体”选项卡，将字号设置为 10，单击“确定”

按钮，编辑后的图表如图 4.145 所示。

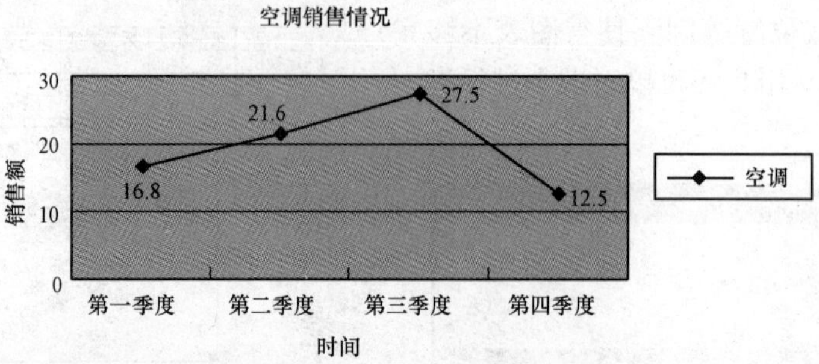

图 4.145 编辑后的图表

3. 其他设置

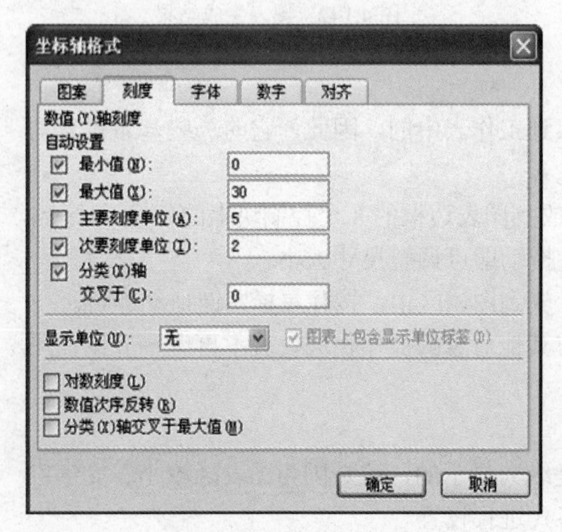

图 4.146 “坐标轴格式”对话框

用户也可以直接选择图表区域中的某一对象，右击，在弹出的快捷菜单中选择相应的命令，进行局部的格式设置。

例如，要求将图表的数值轴的刻度设置为 5。可选中图表的数值轴，右击弹出快捷菜单，选择“坐标轴格式”命令，打开如图 4.146 所示的对话框。在“刻度”选项卡中将“主要刻度单位”设置为 5，单击“确定”按钮，结果如图 4.147 所示。

又如，要求将图表中的折线编辑成为平滑的曲线。在图表的绘图区选中数据折线，右击弹出快捷菜单，选择“数据系列格式”命令，打开“数据系列格式”对话框，如图 4.148 所示。在“图案”选项卡线型栏下方将“平滑线”复选框选中，单击“确定”按钮，结果如图 4.149 显示。

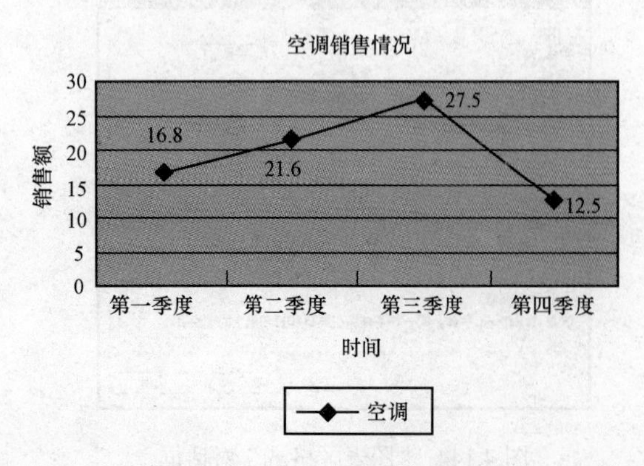

图 4.147 坐标轴格式设置结果

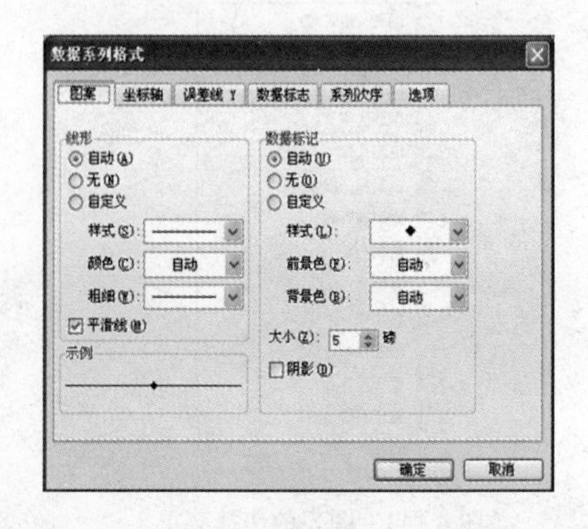

图 4.148 “数据系列格式”对话框

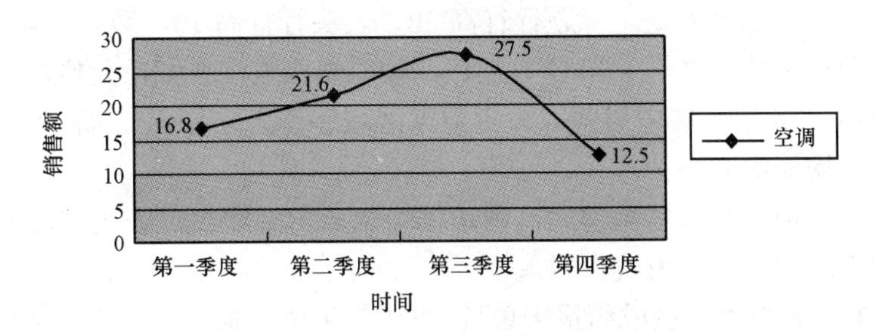

图 4.149 平滑曲线设置结果

从以上操作可以看出，Excel 中对图表的操作是非常灵活和丰富的。这里就不再一一介绍，用户可根据实际应用需要进行练习。

小 结

在本章中，介绍了有关 Excel 2003 的基本功能与主要操作，包括 Excel 2003 的工作表操作、数据编辑、格式设置及打印设置；使用公式、函数进行数据运算；使用筛选、分类汇总、数据透视表、图表等工具进行数据分析。通过学习和掌握 Excel 2003 的各种操作，可以更好地实现对数据的操作、管理和维护。

上 机 实 训

实训目的

（1）掌握 Excel 中工作表和单元格数据的基本操作。

（2）能够熟练掌握工作表的基本设置、数据输入、单元格格式设置。

（3）熟练掌握公式和函数的使用，对单元格数据进行计算。

（4）掌握 Excel 页面设置和打印设置。

（5）掌握 Excel 中数据清单的概念和基本使用。

（6）能够运用数据排序、筛选、分类汇总、合并计算和数据透视表等操作对数据进行分析和处理。

（7）掌握数据有效性的设置和应用。

（8）掌握 Excel 图表的概念，能够进行图表的创建、应用和图表格式设置。

实训内容

实训 1 学生情况表处理分析。建立一个“学生成绩报告单”工作表，按照下列要求对工作表中的数据进行操作。

要求：

（1）在磁盘上建立学生练习文件夹，文件夹的名称为“学号＋姓名”。

（2）建立 Excel 工作簿文件，文件名为“学号＋姓名”，并保存在学生练习文件夹中。

（3）在工作簿 sheet1 工作表中建立如图 4.150 所示的数据清单，并将工作表名称命名为

“学生数据”。

（4）设置各列为最适合列宽，标题行行高 30，表头行行高 10，数据区域行高为 20。

（5）设置标题行字体为隶书、20 磅、加粗，按照表格宽度合并单元格，居中对齐。设置表头行字体为黑体、10 磅、居中对齐。设置数据区域字体为宋体、12 磅；“成绩”一列数据靠右对齐，其他列均居中对齐。

（6）设置表格外边框为蓝色粗实线，内边框为深蓝色细实线，表头与数据间深蓝色双实线；设置标题和表头行填充色为浅青绿。

（7）sheet1 重命名为“学生成绩报告单”，将“学生成绩报告单”全部复制到 sheet2，并将 sheet2 重命名为“备份表”，删除 sheet3。

（8）设置纸张大小为 A4，上下边距为 2.8，左右边距为 1.5；水平居中。页眉为“学生成绩报告单”，靠左倾斜；页脚为“第?页 共?页”居中。在第 13 行前插入分页符，设置标题及表头行为顶端标题行。预览如图 4.151 所示。

	A	B	C	D	E	F
1	学生成绩报告单					
2	学号	性别	专业	课程	成绩	
3	4204101	男	计算机网络与通信	操作系统	90	
4	4204102	男	计算机网络与通信	操作系统	76	
5	4204103	女	计算机网络与通信	操作系统	83	
6	4204104	男	计算机网络与通信	操作系统	55	
7	4204105	女	计算机网络与通信	操作系统	80	
8	3104211	女	财会	VF程序设计	76	
9	3104212	女	财会	VF程序设计	80	
10	3104213	女	财会	VF程序设计	68	
11	3104214	女	财会	VF程序设计	50	
12	3104215	男	财会	VF程序设计	85	
13	1104420	男	发电	C语言程序设计	83	
14	1104421	男	发电	C语言程序设计	73	
15	1104422	男	发电	C语言程序设计	69	
16	1104423	女	发电	C语言程序设计	80	
17	1104424	男	发电	C语言程序设计	48	
18	2304116	男	热自	微机原理	80	
19	2304117	女	热自	微机原理	76	
20	2304118	男	热自	微机原理	73	
21	2304119	男	热自	微机原理	68	
22	2304120	女	热自	微机原理	70	
23						

图 4.150 数据清单

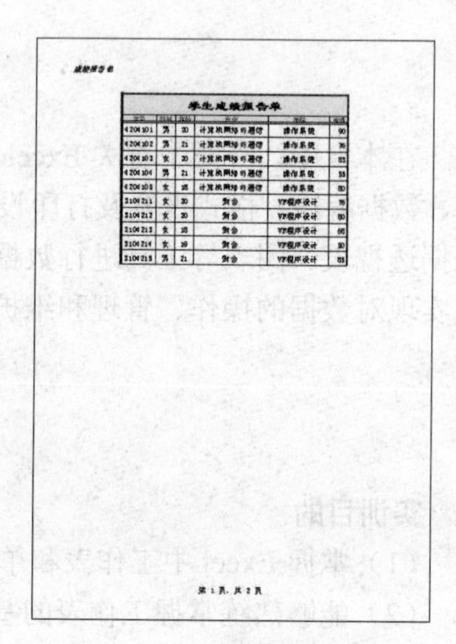

图 4.151 设置纸张预览图

步骤（9）、（10）、（11）均在“备份表”中操作。

（9）在“专业”之前插入一列“年龄”，随机输入年龄，如图 4.152 所示，在该列最后一行利用函数计算平均年龄。

（10）最后插入一列，表头为“方差”，将公式与函数结合，分别计算每门课程与该课程平均成绩的差，结果保留 2 位小数。

（11）使用条件格式筛选出“方差”一列大于 0 的数，蓝色加粗，小于 0 的数，红色倾斜，如图 4.153 所示。

（12）保存工作簿文件。

实训 2 学生情况表处理分析。建立一个“学生体质抽样表”数据清单，对其进行数据分析和处理。

要求：

（1）在磁盘上建立学生练习文件夹，文件夹的名称为“学号＋姓名”。

（2）建立 Excel 工作簿文件，文件名为“学号＋姓名”，并保存在学生练习文件夹中。

学生成绩报告单

学号	性别	年龄	专业	课程	成绩
4204101	男	19	计算机网络与通信	操作系统	90
4204102	男	19	计算机网络与通信	操作系统	76
4204103	女	20	计算机网络与通信	操作系统	83
4204104	男	20	计算机网络与通信	操作系统	55
4204105	女	18	计算机网络与通信	操作系统	80
3104211	女	19	财会	VF程序设计	76
3104212	女	18	财会	VF程序设计	80
3104213	女	18	财会	VF程序设计	68
3104214	女	18	财会	VF程序设计	50
3104215	男	19	财会	VF程序设计	85
1104420	男	19	发电	C语言程序设计	83
1104421	男	21	发电	C语言程序设计	73
1104422	男	18	发电	C语言程序设计	69
1104423	女	19	发电	C语言程序设计	80

图 4.152 插入“年龄”

学生成绩报告单

学号	性别	年龄	专业	课程	成绩	方差
4204101	男	21	计算机网络与通信	操作系统	90	13
4204102	男	19	计算机网络与通信	操作系统	76	-1
4204103	女	21	计算机网络与通信	操作系统	83	6.2
4204104	男	20	计算机网络与通信	操作系统	55	-22
4204105	女	21	计算机网络与通信	操作系统	80	3.2
3104211	女	21	财会	VF程序设计	76	4.2
3104212	女	20	财会	VF程序设计	80	8.2
3104213	女	21	财会	VF程序设计	68	-4
3104214	女	21	财会	VF程序设计	50	-22
3104215	男	20	财会	VF程序设计	85	13
1104420	男	20	发电	C语言程序设计	83	12
1104421	男	19	发电	C语言程序设计	73	2.4
1104422	男	19	发电	C语言程序设计	69	-2
1104423	女	20	发电	C语言程序设计	80	9.4
1104424	男	21	发电	C语言程序设计	48	-23
2304116	男	19	热自	微机原理	80	6.6
2304117	女	20	热自	微机原理	76	2.6
2304118	男	20	热自	微机原理	73	-0
2304119	男	21	热自	微机原理	68	-5

图 4.153 筛选“方差”列

（3）在工作簿 sheet1 工作表中建立如图 4.154 所示的数据清单，并将工作表命名为“学生数据”。

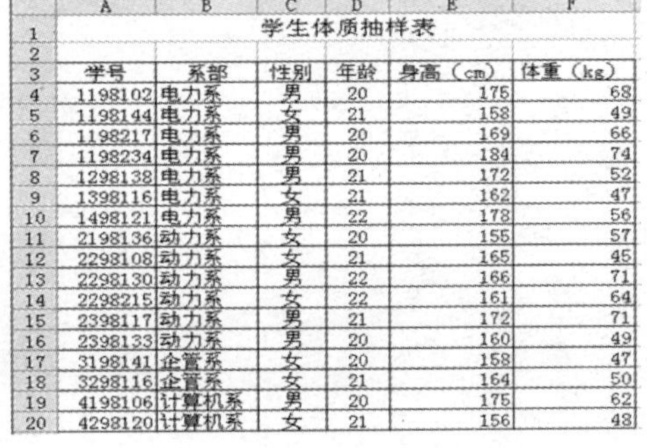

学生体质抽样表

学号	系部	性别	年龄	身高（cm）	体重（kg）
1198102	电力系	男	20	175	68
1198144	电力系	女	21	158	49
1198217	电力系	男	20	169	66
1198234	电力系	男	20	184	74
1298138	电力系	男	21	172	52
1398116	电力系	女	21	162	47
1498121	电力系	男	22	178	56
2198136	动力系	女	20	155	57
2298108	动力系	女	21	165	45
2298130	动力系	男	22	166	71
2298215	动力系	女	22	161	64
2398117	动力系	男	21	172	71
2398133	动力系	男	20	160	49
3198141	企管系	女	20	158	47
3298116	企管系	女	21	164	50
4198106	计算机系	男	20	175	62
4298120	计算机系	女	21	156	48

图 4.154 数据清单

（4）插入 5 张新工作表，分别命名为“分类汇总”、“数据筛选”、“合并计算”、“数据透视表”和“图表”。

（5）将“学生数据”工作表中的数据清单复制到“分类汇总”工作表，并在“分类汇总”工作表中以“性别”为分类字段对“身高”、“体重”进行平均值分类汇总。

（6）将“学生数据”工作表中的数据清单复制到“数据筛选”工作表，并在“数据筛选”工作表中筛选出“身高”低于 170cm 且“体重”在 60～70kg 范围内的所有男生。

（7）在“合并计算”工作表中建立如图 4.155 所示的表格，然后对“学生数据”工作表中的相应数据进行合并计算，将结果保存到相应位置，如图 4.156 所示。

各系部平均年龄

系部	性别	年龄

图 4.155 建立表格

各系部平均年龄

系部	性别	年龄
电力系		20.71429
动力系		21
企管系		20.5
计算机系		20.5

图 4.156 合并计算结果

（8）以“学生数据”工作表中的数据清单为数据源在“数据透视表”工作表中建立数据透视表，要求设置“系部”为页字段、“年龄”为行字段、“性别”为列字段，对“身高”、“体重”字段进行均值汇总。

（9）将“合并计算”工作表中的结果数据清单复制到“图表”工作表，并在“图表”工作表中使用数据清单的“系部”、“年龄”两列数据创建柱形图，结果如图 4.157 所示。

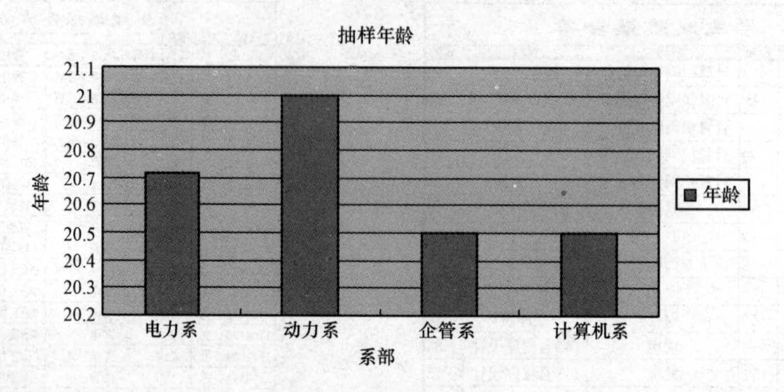

图 4.157　数据柱形图

（10）保存工作簿文件。

第 5 章　PowerPoint 演示文稿处理软件

学习目的与要求

PowerPoint 2003 是目前应用最为广泛的演示文稿软件之一，能够制作出集文字、图形、图像、声音及视频剪辑等多媒体元素于一体的图文并茂的演示文稿，用于进行产品介绍、成果展示等活动。通过本章学习，用户应该掌握使用 PowerPoint 2003 进行演示文稿的创建、编辑、设置等应用操作。

5.1　PowerPoint 2003 概述

PowerPoint 2003 是 Microsoft Office 办公自动化软件的组件之一，是功能强大的演示文稿制作工具。用 PowerPoint 2003 制作的演示文稿，其核心是一套可以在计算机屏幕上演示的幻灯片。在幻灯片中可以包含文字、图表、图像、声音和影片等，可以加入一定的交互功能，还可以插入超级链接。

用 PowerPoint 2003 制作完演示文稿后，可以将演示文稿制作成投影片，在通用的幻灯片机上放映，还可以利用大屏幕投影设备直接演示，也可以通过网络会议的形式进行交流。

5.1.1　PowerPoint 2003 的新增功能

PowerPoint 2003 具有精巧而典雅的"幻灯片放映"工具栏，可以在播放演示文稿时方便地进行幻灯片放映导航。此外，常用幻灯片放映任务也被简化。在播放演示文稿期间，"幻灯片放映"工具栏令用户可方便地使用墨迹注释工具、笔和荧光笔选项以及"幻灯片放映"菜单，但是工具栏决不会引起观众的注意。

在播放演示文稿时，可以使用墨迹在幻灯片上进行标记，或者使用 PowerPoint 2003 中的墨迹功能审阅幻灯片。不仅可在播放演示文稿时保存所使用的墨迹，也可在将墨迹标记保存在演示文稿中之后打开或关闭幻灯片放映标记。

PowerPoint 2003 具有"文档工作区"，"文档工作区"网站是以一个或多个文档为中心的 Microsoft Windows SharePoint Services 网站。用户可以方便地协同处理文档，或者直接在"文档工作区"副本上进行操作，或者在其各自的副本上进行操作，从而可定期更新已经保存到"文档工作区"网站上副本中的更改。通过"文档工作区"可简化通过 Word 2003、Excel 2003、PowerPoint 2003 或 Visio 2003 与其他人实时进行协同创作、编辑和审阅文档。

当使用 Word、Excel、PowerPoint 2003 或 Visio 打开"文档工作区"所基于的文档的本地副本时，Office 程序会定期从"文档工作区"获得更新，以便这些更新信息对用户可用。如果对工作区副本的更改与对自己的副本所做的更改相冲突，可选择要保存的副本。当完成编辑副本时，可将更改保存到"文档工作区"中，这样其他成员便可将更改合并到他们的文档的副本中。

5.1.2　PowerPoint 2003 的界面

图 5.1 是一个处于打开演示文稿状态的 PowerPoint 2003 的界面，它由标题栏、菜单栏、工具栏、幻灯片编辑区、大纲编辑区、状态栏、视图切换按钮和备注区等组成。

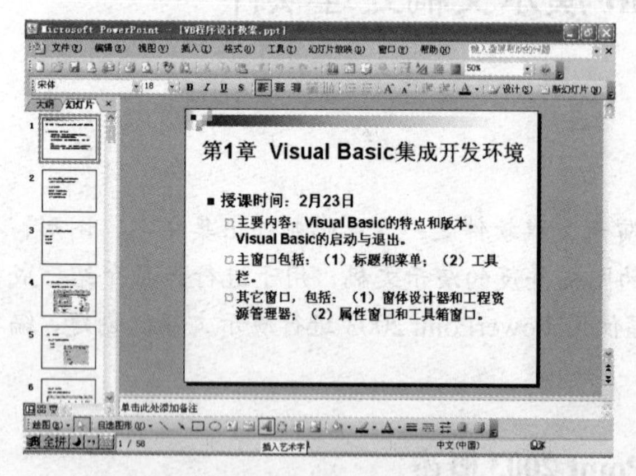

图 5.1　PowerPoint 2003 的界面

（1）标题栏。标题栏位于窗口的顶部，左端显示本软件的名称（MicrosoftPowerPoint）和当前编辑的演示文稿的名称，右端给出了最小化、最大化及关闭等 3 个按钮。

（2）菜单栏。菜单栏给出了 PowerPoint 2003 的所有功能菜单，单击其中的某个菜单项，可以执行 PowerPoint 2003 的相应操作。

（3）工具栏。工具栏以图标按钮的形式为用户提供快速常用命令、快速文档编排格式及绘图工具等。

（4）幻灯片编辑区。幻灯片编辑区为用户提供用于创建、预览和编辑幻灯片的区域。

（5）大纲编辑区。大纲编辑区以大纲的形式编辑、显示幻灯片的标题和演示顺序等。

（6）状态栏。状态栏位于窗口的底部，用来显示当前工作的状态，如整个文档所包含的幻灯片的页数、当前编辑的幻灯片页码等。

（7）视图切换按钮。视图切换按钮用来切换工作模式。

（8）备注区。备注区用来显示、编辑幻灯片的备注信息。

5.1.3　PowerPoint 2003 的启动和退出

1. 启动 PowerPoint 2003

启动 PowerPoint 2003 的常用方法有如下四种。

（1）单击“开始”按钮，在“开始”菜单的“程序”子菜单中单击“MicrosoftPowerPoint 2003”图标。

（2）通过 Windows 资源管理器，在安装 PowerPoint 2003 的磁盘文件夹中找到 PowerPoint 2003 图标并双击。

（3）通过 Windows 的桌面上建立的 PowerPoint 2003 的快捷方式，双击其图标。

（4）同 Office 的其他应用程序一样，双击某一用 PowerPoint 2003 制作的文档，系统会自动启动 PowerPoint 2003，并加载此文档，然后进入图 5.1 所示的 PowerPoint 2003 界面。

2. 退出 PowerPoint 2003

与其他 Office 应用程序的退出一样，单击 PowerPoint 2003 窗口右上角的“关闭”按钮，或打开“文件”菜单，单击“退出”命令，即可退出 PowerPoint 2003。

5.2　制 作 演 示 文 稿

5.2.1　新建演示文稿

PowerPoint 2003 中可以使用多种方式创建新的演示文稿。可以使用“内容提示向导”，它提供了建议的内容和设计方案。也可以利用已存在的演示文稿来创建新的演示文稿。此外也可以使用从其他应用程序导入的大纲来创建演示文稿，或者从不含建议内容和设计的空白幻灯片从头制作演示文稿。

PowerPoint 中的“新建演示文稿”任务窗格提供了以下一系列创建演示文稿的方法。

（1）空白演示文稿。就是从具备最少的设计而且未应用任何颜色的空白幻灯片开始。

（2）根据现有演示文稿。在已经书写和设计过的演示文稿基础上创建演示文稿。使用该命令创建现有演示文稿的副本，以对新演示文稿进行设计或内容更改。

（3）根据设计模板。在已经具备设计概念、字体和颜色方案的 PowerPoint 模板的基础上创建演示文稿。除了使用 PowerPoint 提供的模板外，还可使用自己创建的模板。

（4）根据内容提示向导。使用“内容提示向导”应用设计模板，该模板会提供有关幻灯片的文本建议，然后键入所需的文本。

（5）网站上的模板。这种方法是使用网站上的模板创建演示文稿。

（6）Office Online 模板。在 Microsoft Office 模板库中，从其他 PowerPoint 模板中选择。这些模板是根据演示类型排列的。

使用空白幻灯片创建演示文稿的步骤如下。

（1）单击“常用”工具栏上的“新建”按钮，然后为标题幻灯片选择所需的版式。

（2）在标题幻灯片上键入标题及要添加的任意内容。

5.2.2　打开演示文稿

通过 PowerPoint 2003 界面中“文件”菜单的“打开”命令，或单击工具栏中的“打开”按钮，则会出现如图 5.2 所示的打开对话框。在“查找范围”框中选择演示文稿所在的文件夹，在文件夹中选中要打开的演示文稿。此时，对话框的预览栏内会显示该演示文稿的第一张幻灯片。单击“打开”按钮，即可将其打开。

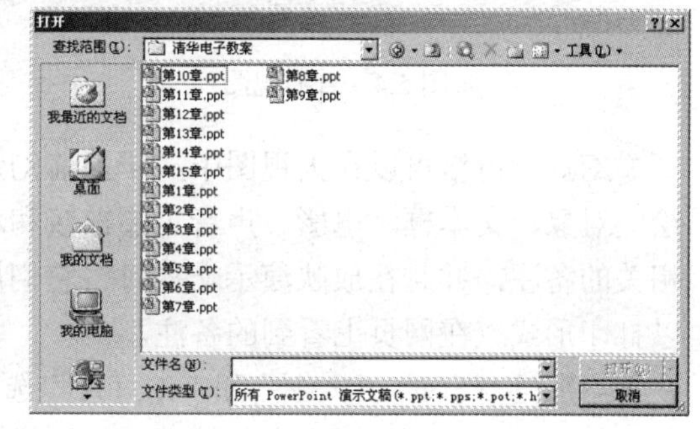

图 5.2　打开演示文稿对话框

演示文稿打开后即调入 PowerPoint 2003 窗口中，用户可以对该演示文稿进行编辑、修改或放映。

5.2.3　保存演示文稿

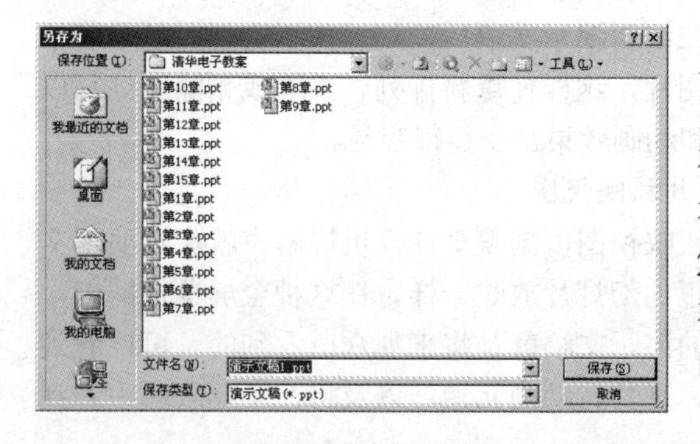

图 5.3　保存演示文稿

选择“文件”菜单中的“保存”或“另存为”命令或单击工具栏中的“保存”按钮，将出现如图 5.3 所示的“另存为”对话框，在“保存位置”框中选择演示文稿要保存的文件夹，在“文件名”输入框输入文件名（PowerPoint 2003 默认的演示文稿的扩展名为.ppt），在“保存类型”框中选择类型后，单击“保存”按钮即可将新创建或编辑的演示文稿保存起来。

5.2.4　PowerPoint 2003 视图

视图就是显示演示文稿内容并给用户提供与其进行交互的方法。PowerPoint 2003 有普通视图、幻灯片浏览视图和幻灯片放映视图三种主要视图。用户可以从这些主要视图中选择一种视图作为 PowerPoint 2003 的默认视图。

1. 普通视图

普通视图是主要的编辑视图，可用于撰写或设计演示文稿。该视图有三个工作区域：左侧为可在幻灯片文本大纲和幻灯片缩略图之间切换的选项卡；右侧为幻灯片窗格，以大视图显示当前幻灯片；底部为备注窗格。其中在大纲窗体中显示幻灯片文本，是开始撰写内容的主要地方。在幻灯片缩略图可以用缩略图大小的图形在演示文稿中观看幻灯片。使用缩略图能更方便地通过演示文稿导航并观看设计更改的效果。用户也可以重新排列、添加或删除幻灯片。

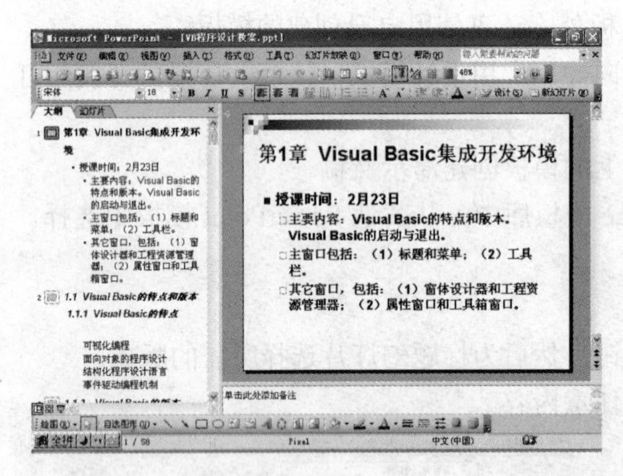

图 5.4 普通视图

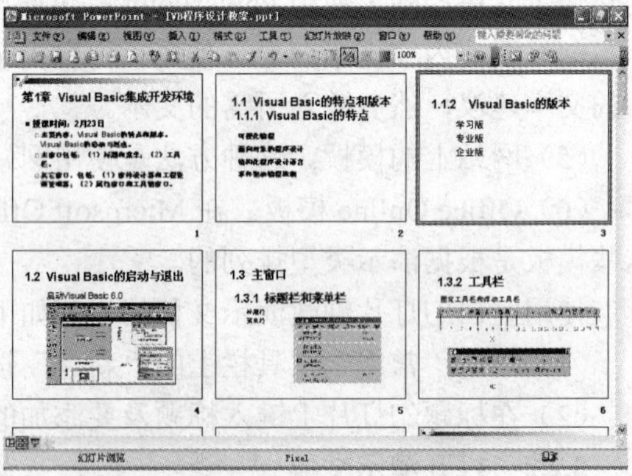

图 5.5 幻灯片浏览视图

幻灯片窗格可以在大视图中显示当前幻灯片，可以添加文本，插入图片、表格、图表、绘图对象、文本框、电影、声音、超链接和动画。备注窗格是用来添加与每个幻灯片的内容相关的备注，并且在放映演示文稿时将它们用作打印形式的参考资料，或者创建希望让观众以打印形式或在网页上看到的备注。

当窗格变窄时，“大纲”和“幻灯片”选项卡变为显示图标。如果仅希望在编辑窗口中观看当前幻灯片，可以用右上角的“关闭”框关闭选项卡。还可以在普通视图中通过拖动窗格边框调整不同窗格的大小。

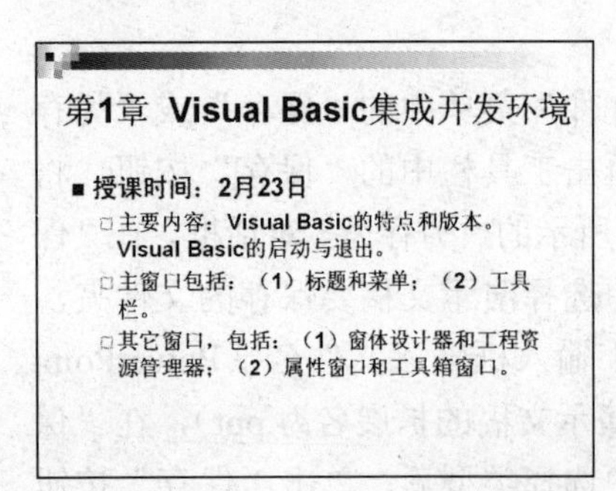

图 5.6 幻灯片放映视图

2. 幻灯片浏览视图

幻灯片浏览视图是以缩略图形式显示幻灯片的视图。当结束创建或编辑演示文稿后，幻灯片浏览视图显示演示文稿的整个图片，这样使重新排列、添加或删除幻灯片以及预览切换和动画效果都变得很容易。

3. 幻灯片放映视图

幻灯片放映视图占据整个计算机屏幕，就像对演示文稿在进行真正的幻灯片放映一样。在这种全屏幕视图中，用户所看到的演示文稿就是将来观众所看到的。可以看到图形、时间、影片、动画元素，以及将在实际放映中看到的切换效果。

5.2.5 幻灯片的操作

幻灯片作为演示文稿的主要表现形式，在演示文稿的创建和编辑过程中，需要对其进行加工和处理，这些加工处理主要包括幻灯片的添加、删除、复制和重排序。

1. 幻灯片的选择

在处理幻灯片前，必须先选定要处理的一张（或几张）幻灯片。在幻灯片放映视图模式以外的其他模式中选择单个幻灯片并单击，即可选中一张幻灯片。要选择多张幻灯片，最好切换到幻灯片浏览视图下，在按住 Shift 键或 Ctrl 键的同时逐个单击要选择的幻灯片。

2. 幻灯片的添加

除了幻灯片放映视图模式外，在其他任何视图模式下都可以添加一张幻灯片，其操作步骤如下。

（1）先选定新幻灯片之前的那张幻灯片。

（2）选择“插入”菜单中的“新幻灯片”命令，或单击“常规”工具栏中的“新建”选项，将会出现如图 5.7 所示的新幻灯片版式选择，选择所需的版式后，单击其图标，这样就添加了一张新幻灯片。

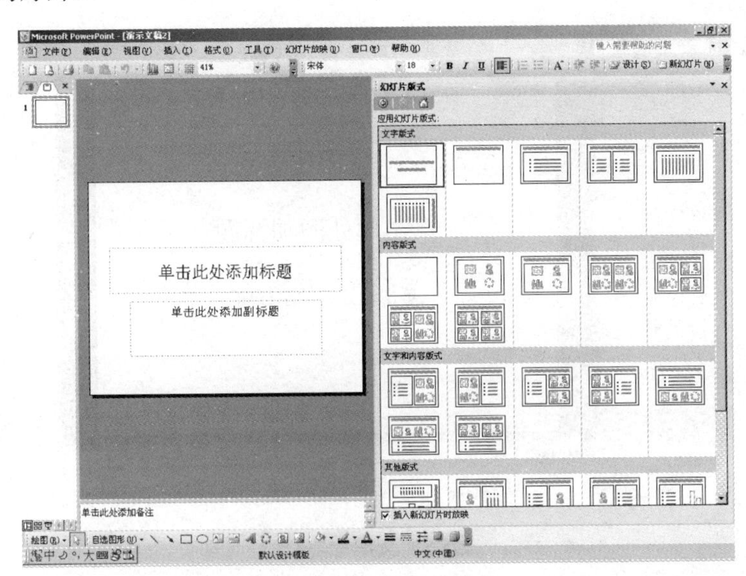

图 5.7　插入新幻灯片

3. 幻灯片的删除

在幻灯片浏览视图中选择一张或多张要删除的幻灯片，按 Del 键，或使用“编辑”菜单中的“清除”命令，即可删除选定的一张或多张幻灯片。

4. 幻灯片的复制

在幻灯片浏览视图中选择一张或多张幻灯片，单击“复制”按钮，将光标移到要复制的位置，单击“粘贴”按钮即可完成幻灯片的复制，还可以通过按组合键 Ctrl＋Shift＋D 复制幻灯片。

5. 幻灯片的重排序

有时需要移动幻灯片的位置，即对幻灯片的排列顺序进行重排序，这在幻灯片浏览视图下很容易实现，其方法是：切换到幻灯片浏览视图下，选定要移动的那张（或几张）幻灯片，然后拖动鼠标。当拖动鼠标时，被选中的幻灯片并不移动，但可看到一条垂直线在拖动过程中随着鼠标指针移动，释放鼠标键后，被拖动的幻灯片将移到标识垂直线的位置后面，这样就得到重新排序后的幻灯片顺序。

选择幻灯片缩略图时，请在选择后右击并将缩略图拖到新位置。拖动后会出现快捷菜单，该菜单为用户提供移动或复制幻灯片的选项。

5.2.6 文本格式设置

1. 幻灯片中文本的输入

在幻灯片中输入文本的方法基本有两种：一种是在文本占位符中直接输入文本，另一种是利用文本框加入文本。

（1）在占位符中直接输入文本。在创建幻灯片时，如果用户选择一种非空的自动版式模式，则该幻灯片中会自动给出一个标题区域和一个文本区域（见图 5.8），它们分别用一虚框表示，该虚框就称为占位符。在占位符中输入文本的操作步骤如下。

1）单击文本占位符。

2）在光标处插入文本内容，如图 5.9 所示。

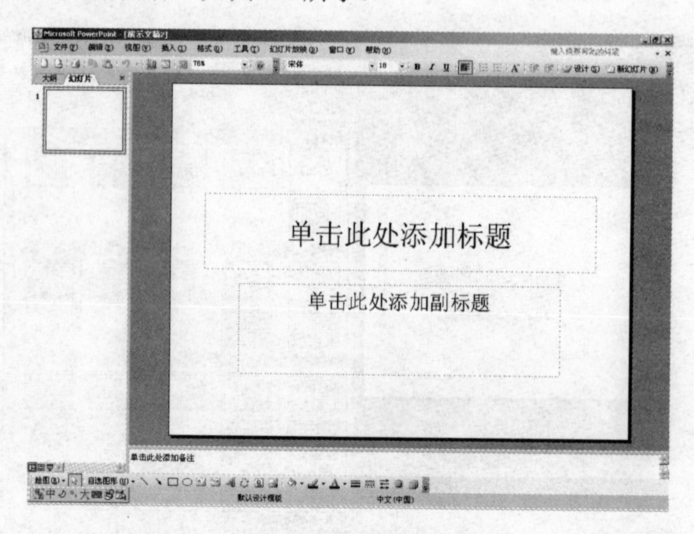

图 5.8 文本占位符

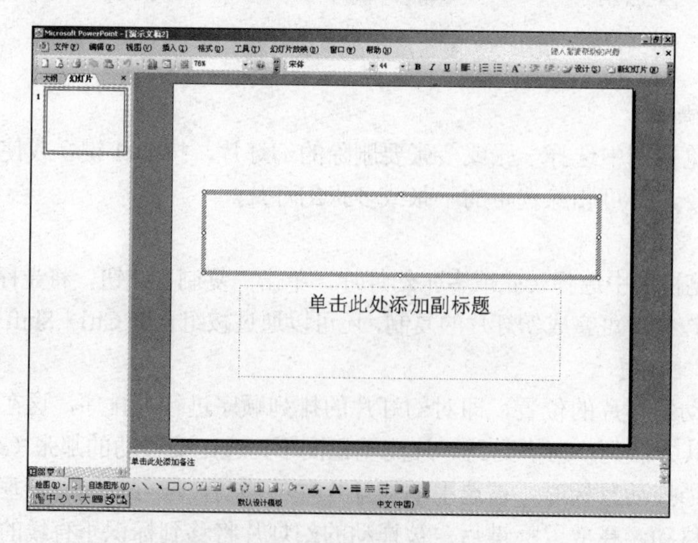

图 5.9 在光标处插入文本内容

3）在占位符虚框外的空白处单击，就完成了本次的文本输入。

（2）利用文本框加入文本。如果用户要在空白版式的幻灯片或在幻灯片的非文本占位符区中加入文本，则必须先插入一个文本框后，再输入文本。在文本框中加入文本的操作步骤如下。

1）单击“绘图”工具栏中的“文本框”或“竖排文本框”；也可以单击“插入”菜单，选择“文本框”中的“水平”或“垂直”选项。

2）移动光标定位到要插入文本的位置，单击，则在此位置处会出现一个插入文本光标。

3）输入文本内容。

4）在选定文本框外部的空白处单击，就完成了本次的文本插入。

2. 幻灯片中文本的编辑

将光标移动到要编辑文本的位置，单击，会出现文本占位符或文本框。此时可采用与 Office 的其他应用程序（如 Word）相类似的方法，完成文本的删除、复制、移动、修改等编辑功能。

3. 文本的格式化

使用格式工具栏提供的工具，或通过“格式”菜单中的“字体”命令，可以设置、改变文字的格式，如字体、字号、粗细、倾斜、下划线、字体颜色等。

4. 向文本中添加项目符号或编号

（1）选择要添加项目符号或编号的文本行。

（2）单击“项目符号和编号”。

如果要在列表中创建下级项目符号列表，可以将插入点放在要缩进的行首并按 Tab 键，或者在“格式”工具栏上单击“增加缩进量”。如果要使文本向后移动以减小缩进级别，请按组合键 Shift＋Tab，或者在“格式”工具栏上单击“减少缩进量”。还可以通过键入来启动编号列表。首先按 Backspace 键删除行首的项目符号，然后键入数字 1、字母 A 或 a、或罗马数字（I 或 i），后面则跟句号或右括号，然后是一空格。接着键入文本并按 Enter 键，就可开始一个新行。编号会自动进行。

5. 页眉和页脚

演示文稿中的页眉和页脚包含页眉和页脚文本、幻灯片号码或页码及日期，它们出现在幻灯片或备注及讲义的顶端或底端。可以在单张幻灯片或所有幻灯片中应用页眉和页脚。对备注和讲义来说，当用户应用页眉或页脚时，它会应用于所有的备注和讲义。默认情况下，备注和讲义包含页码，但是可以将其关闭。用户可能选择在演示文稿的幻灯片中不包含页眉和页脚，而在备注和讲义中保留它们。演示文稿中典型的文本页脚是公司名称或标签，如“草稿”或“机密”。当要更改页眉和页脚的字形，或者更改容纳页眉和页脚的占位符的位置、大小和格式时，可以在幻灯片母版、备注母版或讲义母版中做适当的更改。设置页眉和页脚的方法是选择视图菜单中的页眉和页脚选项，出现如图 5.10 所示的对话框即可。

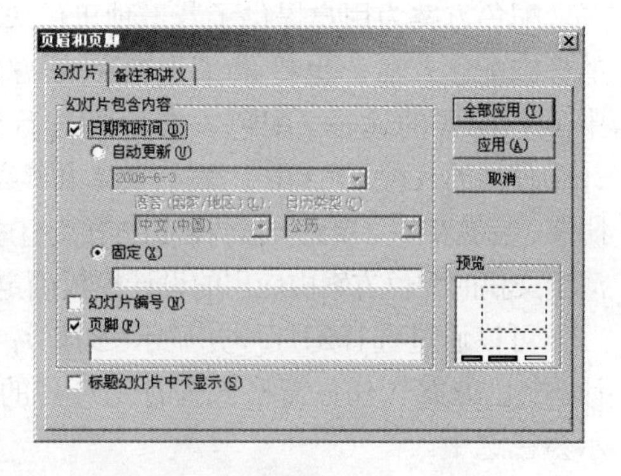

图 5.10 “页眉和页脚”对话框

5.2.7 演示文稿的格式设置

为了使演示文稿中的所有幻灯片都具有统一的外观，PowerPoint 2003 提供了模板、配色方案和母版三种控制演示文稿外观的方法。

1. 应用模板

模板是特别设计的演示文稿框架，其中预定义了配色方案、标题母版及幻灯片中对象的布局等。通过使用模板可以使演示文稿获得一致的外观和相似的风格。

使用模板既可以创建同一风格的演示文稿，也可以将模板应用于已有的演示文稿中，以改变演示文稿中所有幻灯片的模板，形成新的模板风格。

通过使用“幻灯片设计”任务窗格，可以预览设计模板并且将其应用于演示文稿。可以将模板应用于所有的或选定的幻灯片，而且可以在单个的演示文稿中应用多种类型的设计模板。

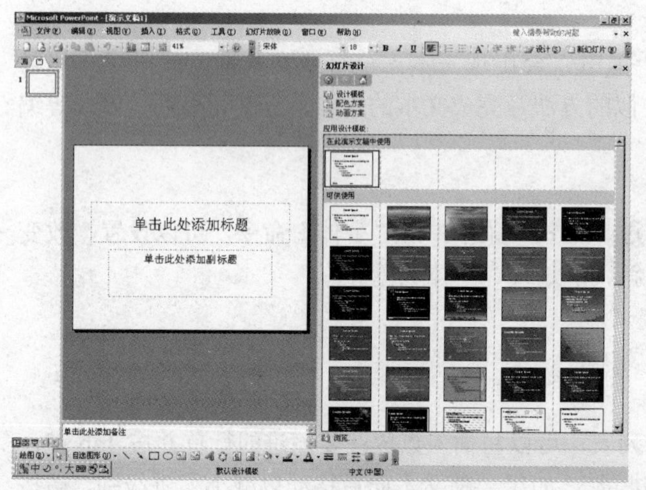

图 5.11 “应用设计模板”对话框

无论何时应用设计模板，该模板的幻灯片母版都将添加到演示文稿中。如果同时对所有的幻灯片应用其他的模板，旧的幻灯片模板将被新模板中的母版所替换。

更换演示文稿模板的方法是：选择“格式”菜单中的“应用设计模板”命令项，或单击格式工具栏中的“应用模板”按钮，在出现的“应用设计模板”对话框中选择合适的设计模板，单击即可，对图 5.11 所示的演示文稿应用设计模板后，其效果如图 5.12 所示。

用户也可以对已存在的设计模板进行修改，或将修改后的演示文稿保存为“演示文稿设计模板”，以作为新的设计模板供以后使用。

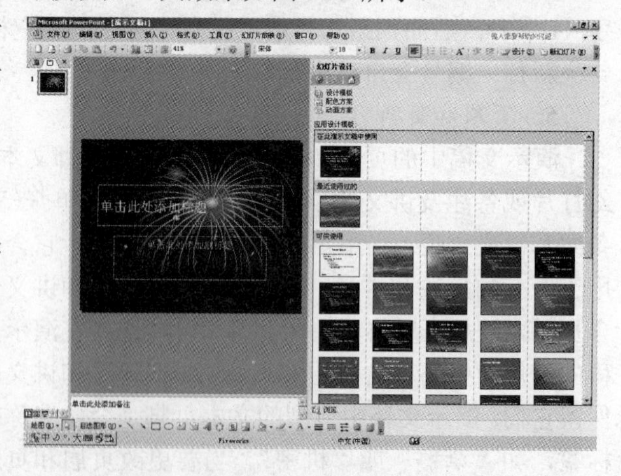

图 5.12 应用设计模板后效果图

2. 设置配色方案

配色方案为用户提供了若干种可供选择的标准配色方案，也提供了更改配色方案中颜色配置的途径。配色方案由幻灯片设计中使用的八种颜色（用于背景、文本和线条、阴影、标题文本、填充、强调和超链接）组成。演示文稿的配色方案由应用的设计模板确定。

可以通过选择幻灯片并显示“幻灯片设计--配色方案”任务窗格来查看幻灯片的配色方案。所选幻灯片的配色方案在任务窗格中显示为已选中。

设置配色方案的操作步骤如下。

（1）打开演示文稿，单击“格式”菜单中的“幻灯片配色方案”命令，这时屏幕上会出现“配色方案”对话框，如图 5.13 所示。

（2）从配色方案中选择一种标准配色方案。

（3）单击“应用”按钮，将新配色方案应用于当前幻灯片；单击“全部应用”按钮，将新配色方案应用于所有幻灯片。

3. 使用母版

母版是定义演示文稿中所有幻灯片的共同属性的底板，通过修改母版，可改变所有基于母版的幻灯片。每个演示文稿可以设置幻灯片母版、备注母版和讲义母版。

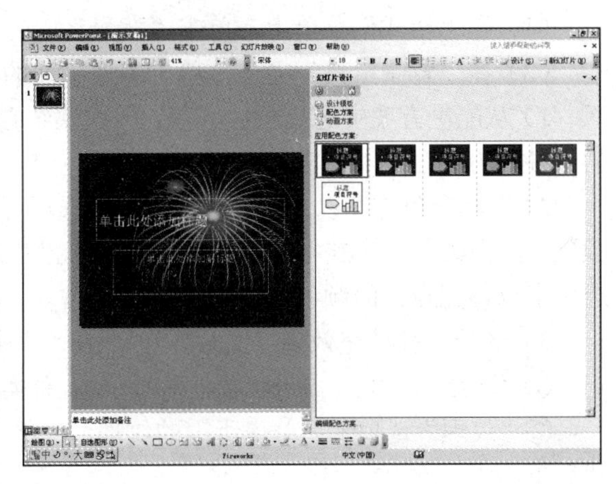

图 5.13 “配色方案”对话框

幻灯片母版用来控制演示文稿中除标题幻灯片以外的所有其他的幻灯片。幻灯片母版是存储关于模板信息的设计模板的一个元素，这些模板信息包括字形、占位符大小和位置、背景设计和配色方案。

修改幻灯片母版的方法是：单击“视图”菜单中的“母版”命令，选择“幻灯片母版”选项，将出现如图 5.14 所示的“幻灯片母版”对话框。幻灯片母版中包含了标题文本、段落文本、日期和时间、页脚信息及幻灯片编号等 5 个占位符。通过单击每个占位符，可以对其内容进行修改，以达到修改幻灯片母版的目的。

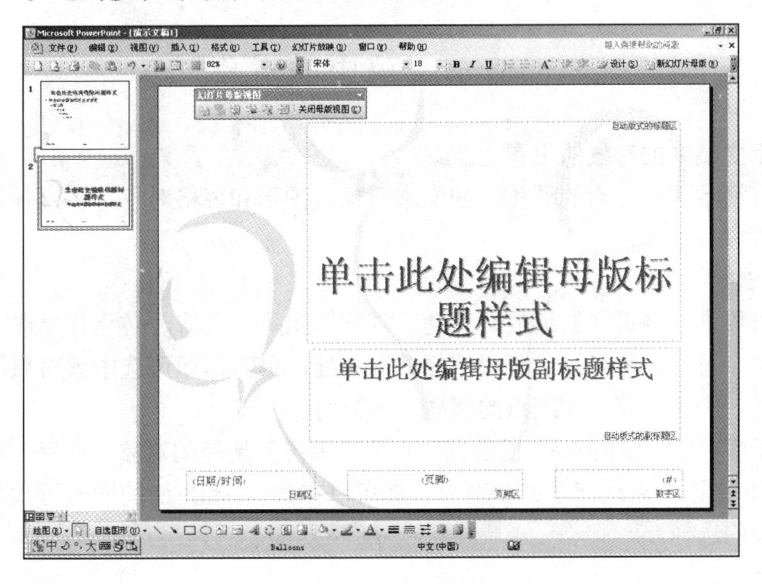

图 5.14 幻灯片母版

4. 设置幻灯片背景

为了达到更好的演示效果，可以更改幻灯片、备注及讲义的背景色或背景设计。更改背景可以使幻灯片背景变化为简单的底纹、纹理或图片，不会影响设计模板中的所有其他设计元素，更该演示文稿背景也可以强调演示文稿的某些部分。更改幻灯片背景时，可将更改应用于当前幻灯片或所有幻灯片。

设置幻灯片的背景操作步骤如下。

（1）在“格式”菜单上，单击“背景”。

（2）在“背景填充”之下，单击图像下面的箭头，出现以下几种操作选项。

1）从配色方案中选择一种颜色：根据系统自动提供的八种颜色，单击显示的八种颜色中的一种作为背景。

2）选择配色方案以外的一种颜色：该选项可以选择系统自动提供的八种颜色以外的任意颜色，操作如下。单击“其他颜色”，在“标准”选项卡上单击所需的颜色，或单击“自定义”选项卡以调配自己的颜色，再单击“确定”。

3）选择一种填充效果或图片。可单击“填充效果”，出现如下四种选项卡：

①“渐变”选项卡：单击“颜色”之下的一种类型，然后单击一种底纹样式，最后单击“确定”。

②“纹理”选项卡：单击所需的纹理，或单击“其他纹理”以选择一个文件并将其插入，然后单击“确定”。

③“图案”选项卡：选择所需图案，然后选择前景色和背景色，最后单击“确定”。

④“图片”选项卡：单击“选择图片”以查找所需的图片文件，然后单击“插入”，最后单击“确定”。

4）使用幻灯片母版的背景填充。

（3）请执行下列操作之一。

1）若要将背景应用于选定的幻灯片，请单击“应用”。

2）若要将背景应用于所有幻灯片，请单击“全部应用”。

5.3 演示文稿中的对象

5.3.1 演示文稿中的对象的设置

对象是所有演示文稿元素的通称，如文本对象、图形和表格对象、多媒体对象（包括声音对象和影片对象）等。

1. 对象的选择

在对某个对象进行编辑（如缩放、移动、复制和删除）之前，必须首先选中这个对象。

（1）选择单个对象。将光标移到要选择的对象处，单击，即可选中该对象。此时被选中的对象四周出现一个带有 8 个控制点的虚框，称为对象占位符。

（2）选择多个对象。按住 Shift 键的同时，逐个单击要选择的对象，使每个对象都出现占位符后放开 Shift 键；如果选错了某个对象，就可以在按住 Shift 键的同时再次单击该对象即可删除对该对象的选择。

2. 对象的缩放

选择所要缩放的对象，将鼠标移到对象占位符的控制点上，拖曳鼠标可以实现缩放操作。

3. 对象的移动

选中对象后，可以利用工具栏中的“剪切”和“粘贴”按钮，或选择“编辑”菜单中的“移动”和“粘贴”命令，或拖曳鼠标，完成对象的移动。

4. 对象的复制

选择要复制的对象后，可以利用工具栏中“复制”的“粘贴”按钮，或选择“编辑”菜单中的“复制”和“粘贴”命令，完成对象的复制。

5. 对象的删除

选择要删除的对象，按 Del 键，或执行“编辑”菜单中的“清除”命令，即可删除该对象。有了对象的概念后，就可像处理文本对象一样，对图形和表格对象、多媒体对象等进行编辑。

6. 调整占位符中文本的位置

占位符是一种带有虚线或阴影线边缘的框，绝大部分幻灯片版式中都有这种框。在这些框内可以放置标题及正文，或者是图表、表格和图片等对象。有时根据个人的要求的不同需要调整占位符中文本的位置，操作步骤如下。

（1）单击占位符内的文本。

（2）在“格式”菜单上，单击“占位符”。

（3）单击“文本框”选项卡，然后在“文本锁定点”框中单击某个选项。

7. 调整占位符中文本周围的空间

占位符中文本和占位符边框有一定的距离，也可以根据自己的需要进行调整，操作步骤如下。

（1）单击占位符内的文本。

（2）在“格式”菜单上，单击“占位符”。

（3）单击“文本框”选项卡，再在“内部边距”之下，使用箭头更改“左”、“右”、“上”和“下”框中的数字。

8. 占位符的格式设置

（1）调整占位符的大小：单击占位符，出现尺寸控点，把鼠标指向尺寸控点，并且当指针变为双向箭头时，拖动该控点即可调整占位符的大小。

（2）重新定位占位符：单击占位符，出现尺寸控点，把鼠标指向尺寸控点，并且当指针变为四向箭头时，将占位符拖动到新位置。

（3）添加或更改填充颜色或边框：单击占位符，出现尺寸控点，在“格式”菜单上，单击“占位符”，再单击“颜色和线条”选项卡，然后在“填充”和“线条”之下选择选项。

（4）更改字体：单击占位符，出现尺寸控点，在“格式”菜单上，单击“字体”，然后在“字体”对话框中选择选项。

5.3.2　插入图片

在演示文稿中插入图片是通过“插入”菜单的“图片”选项进行的。其中可以选择“图片”、“剪贴画”等选项插入不同的图片。

5.3.3　插入影片和声音

在演示文稿中还可以向幻灯片中添加音乐或声音效果，以增加演示文稿的播放效果。

在“插入”菜单上，指向“影片和声音”，再执行下列操作之一。

（1）插入声音文件：单击“文件中的声音”，查找包含文件的文件夹，再双击所需的文件。

（2）从剪辑管理器中插入声音剪辑：单击“剪辑管理器中的声音”，移动滚动条查找所需的剪辑，并单击它以将其添加到幻灯片中。如果要在剪辑管理器中搜索剪辑，请填写“搜索”框，然后单击“搜索”。如果要获取有关查找所需剪辑的详细信息，请单击任务窗格底部的“查找剪辑提示”；它将提供使用通配符查找文件及向剪辑管理器中添加自己的剪辑的详细信息。

图 5.15　提示消息

然后出现如图 5.15 所示提示消息。如果要在转到幻灯片时自动播放音乐或声音，请单击“自动”；如果要仅在单击声音图标之后播放音乐或声音，请单击“在单击时”。

5.4 幻灯片的放映

5.4.1 超级链接

演示文稿中的所有对象都可以设置超级链接，即将对象链接到当前文稿中的其他幻灯片、其他演示文稿、Word 文档、Excel 表格和网页等，演示时会跳转到链接点进行联机演示。

在 PowerPoint 2003 中，超链接是从一个幻灯片到另一个幻灯片、自定义放映、网页或文件的连接。超链接本身可能是文本或对象（如图片、图形、形状或艺术字）。动作按钮是现成的按钮，可以插入演示文稿并为其定义超链接。

1．创建超级链接

创建超级链接的方法有使用“超级链接”命令或“动作按钮”命令两种。

（1）使用“超级链接”命令。使用“超级链接”命令创建超级链接的操作步骤如下。

1）在幻灯片视图中，选择要建立超级链接对象的幻灯片。

2）在幻灯片中选择要建立超级链接的对象，然后单击“插入”菜单中的“超级链接”命令。

3）在如图 5.16 所示的对话框中选择要链接到的其他幻灯片、文件或网址等。

（2）使用“动作设置”命令。使用“动作设置”命令也可创建超级链接，其操作步骤如下。

1）选择要建立超级链接对象的幻灯片。

2）单击“幻灯片放映”菜单中的“动作设置”命令。

3）在“动作设置”对话框的“超级链接到”列表中选择链接目标的位置，如图 5.17 所示。

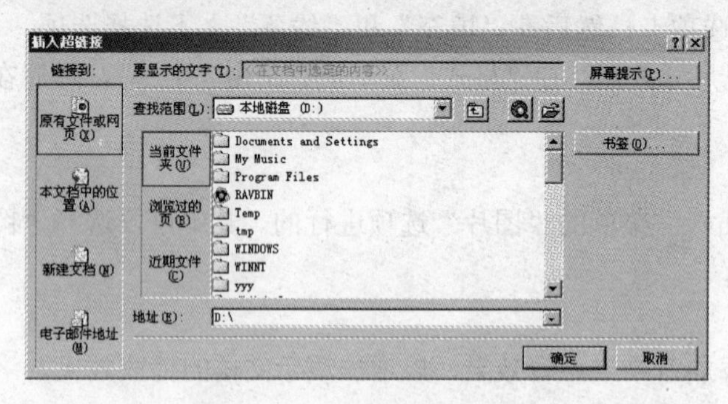

图 5.16 插入超级链接对话框

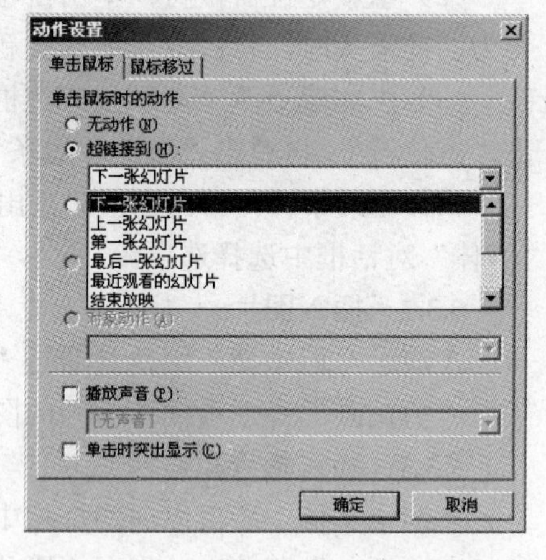

图 5.17 “动作设置”插入超级链接

2．编辑和删除超级链接

（1）编辑超级链接。在幻灯片视图中选择要编辑的幻灯片中的超级链接对象，单击“幻灯片放映”菜单中的“动作设置”命令，在其对话框中选择要更改的选项，以改变超级链接的目标位置。

（2）删除超级链接。选中要删除的幻灯片超级链接对象，单击“幻灯片放映”菜单中的“动作设置”命令，在其对话框中单击“无动作”选项，然后单击“确定”按钮即可删除该对象的超级链接。

5.4.2　动画设置

可以使幻灯片上的文本、图形、图示、图表和其他对象具有动画效果，例如，给文本或对象添加特殊视觉或声音效果，可以使文本项目符号逐字从左侧飞入，或在显示图片时播放掌声等效果，这样就可以突出重点、控制信息流，并增加演示文稿的趣味性。

如果要简化动画设计，可以将预设的动画方案应用于所有幻灯片中的项目、选定幻灯片中的项目或幻灯片母版中的某些项目。也可以使用“自定义动画”任务窗格，在运行演示文稿的过程中控制项目在何时以何种方式出现在幻灯片上（如单击时由左侧飞入）。

自定义动画可应用于幻灯片、占位符或段落（包括单个的项目符号或列表项目）中的项目。例如，可以将飞入动画应用于幻灯片中所有的项目，也将飞入动画应用于项目符号列表中的单个段落。除预设或自定义动作路径之外，还可使用进入、强调或退出选项。同样还可以对单个项目应用多个动画；这样就使项目符号、项目在飞入后又可飞出。

大多数动画选项包含可供选择的相关效果。这些选项包含：在演示动画的同时播放声音，在文本动画中可按字母、字或段落应用效果（例如，使标题每次飞入一个字，而不是一次飞入整个标题）。也可以对单张幻灯片或整个演示文稿中的文本或对象动画进行预览。

动画设置的方法如下。

（1）在普通视图中，显示包含要动画显示的文本或对象的幻灯片，选择要动画显示的对象。

（2）在“幻灯片放映”菜单上，单击“自定义动画”。

（3）在“自定义动画”任务窗格上，单击“添加效果” 添加效果 ▾，并执行下列操作之一。

1）要使文本或对象以某种效果进入幻灯片放映演示文稿，请指向“进入”，再单击一种效果。

2）要为幻灯片上的文本或对象添加某种效果，请指向“强调”，再单击一种效果。

3）要为文本或对象添加某种效果以使其在某一时刻离开幻灯片，请指向“退出”，再单击一种效果。

4）要为对象添加某种效果以使其按照指定的模式移动，请指向“动作路径”，再单击一种效果。

5.4.3　设置放映方式

设置放映方式的方法为选择“幻灯片放映”菜单中的设置“幻灯片放映方式”选项，打开如图 5.18 所示对话框。

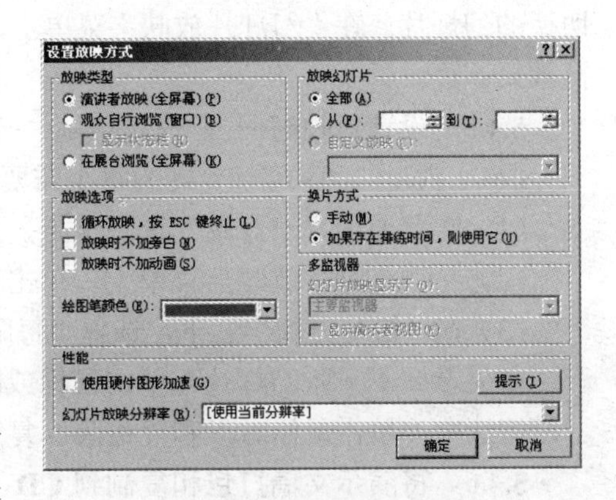

图 5.18　放映控制菜单

1. 放映类型

在“放映类型”栏内有 3 个放映类型单选项按钮。

（1）演讲者放映（全屏幕）。这是演讲者常用的一种全屏显示的默认演示方式。在该方式中完全由演讲者控制（进行自动或人工放映），此时放映类型下面的 4 项复选项中的前 3 项有效。

（2）观众自行浏览（窗口）。这是供观众浏览幻灯片时使用的窗口放映方式，并提供放映时打印幻灯片的命令。在这种方式下，放映类型下面的 4 项复选项都有效。

（3）在展台浏览（全屏幕）。这是一种最简单的放映方式，主要用于展览时放映幻灯片。此时除了鼠标用于控制屏幕对象的放映外，其他功能全部消失，终止放映只能使用 Esc 键。此时放映类型下面的 4 项复选项中后两项有效。

2. 幻灯片

该选项用于选择哪些幻灯片用于放映，它共有 3 种选择方法。①全部：所有幻灯片都参与放映。②从……到……：在中间的数字框内填入放映起始和结束幻灯片的编号，就可实现选择幻灯片组的放映。③ 自定义放映：通过“幻灯片放映”菜单中“自定义放映”命令定义过的放映方式进行放映。

3. 换片方式

放映过程中，幻灯片的换片方式有人工方式和自定义的排练时间控制方式两种。前者是指在放映时，需要按键盘或鼠标来换片。而后者则是指利用事先排练时确定的每张幻灯片的放映时间和切换时间来进行自动换片。

4. 绘图笔颜色

绘图笔是在“演讲者放映”方式下放映时，在幻灯片上勾画的工具。其颜色可通过单击“绘图笔颜色”选项中的下拉列表自行选定。

启动幻灯片放映的方法有三种：一是单击屏幕左下侧的“幻灯片放映”按钮；二是选择“视图”菜单中的“幻灯片放映”命令；三是在“幻灯片放映”菜单中选择“观看放映”命令。

在放映过程中，可用快捷菜单或键盘来控制演示进程。

5.4.4 幻灯片的切换

幻灯片的切换方式是指当用户由一个项目（如幻灯片或网页）移动到另一项目时屏幕显示的变化情况（如渐隐于黑色中）。如果是在幻灯片放映的演示文稿中向所有幻灯片添加同一切换，其操作方法如下。

（1）在“幻灯片放映”菜单上，单击“幻灯片切换”。

（2）在列表中，单击所希望的切换效果。

（3）单击“应用于所有幻灯片”。

如果是在幻灯片之间添加不同的切换就需要在普通的“幻灯片”选项卡中，选取要添加切换的幻灯片。在“幻灯片放映”菜单上，单击“幻灯片切换”；在列表中，单击所希望的切换效果即可。

5.4.5 设置放映时间

PowerPoint 2003 可以允许为每个需要设置排练时间的幻灯片设置放映时间，步骤如下。

（1）在普通的“幻灯片”选项卡上，选择需要设置排练时间的幻灯片。

（2）在“幻灯片放映”菜单上，单击“幻灯片切换”。

（3）在“换片方式”之下，选择“每隔”复选框，再输入要幻灯片在屏幕上显示的秒数。

如果希望下一张幻灯片在单击鼠标或时间达到输入的秒数时（无论哪种情况先发生）显示，请选中“单击鼠标时”和“每隔”复选框。

5.4.6 将演示文稿打包和复制到 CD

使用 PowerPoint 2003 中的“打包成 CD”功能，可以将一个或多个演示文稿连同支持文件一起复制到 CD 中。默认情况下， PowerPoint Viewer 包含在 CD 上，即使其他某台计算机上未安装 PowerPoint，它也可在该计算机上运行打包的演示文稿。在 PowerPoint 的早期版本中，此功能称为打包。

当打包演示文稿时，将自动包括链接文件，可选择排除它们，也可将其他文件添加到演示文稿包中。

在将演示文稿的副本给其他人之前，最好审阅并决定是否应该包括个人和隐藏信息。在打包演示文稿之前可能需要删除备注、墨迹注释和标记。

PowerPoint 播放器会与演示文稿自动打包在一起，如果知道将用于运行 CD 的计算机已经安装 PowerPoint，或者正在将演示文稿复制到存档 CD，也可排除它。

如果使用 TrueType 字体，也可将其嵌入到演示文稿中。嵌入字体可确保在不同的计算机上运行演示文稿时该字体可用。

默认情况下，CD 被设置为自动按照所指定的顺序播放所有演示文稿（也称为自动播放 CD），但是用户可将此默认设置更改为仅自动播放第一个演示文稿、自动显示用户可在其中选择要播放的演示文稿的对话框，或者禁用自动功能，并且需要用户手工启动 CD。

可以通过添加打开或修改密码来保护 CD 上的内容，该密码将适用于所有打包的演示文稿。对于需要更多安全性的演示文稿，可添加“信息权限管理”。受“信息权限管理”保护的演示文稿仅能在 Office PowerPoint 2003 或更高版本中查看，而不能在 PowerPoint 播放器中查看。如果有相应的权限，可将“信息权限管理”从演示文稿中删除。

如果有 CD 刻录硬件设备，则“打包成 CD”功能可将演示文稿复制到空白的可写入 CD（CD-R）、空白可重写 CD（CD-RW）或已经包含内容的 CD-RW 中。但是，CD-RW 上的现有内容将被覆盖。也可使用“打包成 CD”功能将演示文稿复制到计算机上的文件夹、某个网络位置或者（如果不包含播放器）软盘中，而不是直接复制到 CD 中。

小　结

本章主要介绍了 PowerPoint 2003 的基本操作及应用，包括演示文稿的建立、保存；幻灯片的编辑、格式设置、版面美化；演示文稿的放映设置、幻灯片切换与动画设置等内容。通过学习，掌握演示文稿的创建、制作及应用。

上 机 实 训

⇨ 实训目的

（1）掌握演示文稿的基本操作。

（2）掌握设置演示文稿的动画效果和动作设置。

（3）能够播放和打印演示文稿，设置放映方式。

⇨ 实训内容

实训 PowerPoint 的基本操作。创建一个 PowerPoint 演示文稿，命名为“ppt 练习.ppt”，按要求进行内容输入及格式设置。

要求：

（1）启动 PowerPoint。

（2）新建幻灯片，并应用设计模板“soaring”，标题幻灯片版式。

（3）在标题文本框中输入文字“大学计算机基础”，华文彩云、72 号字、加粗、带阴影，字符颜色为橘红色。

（4）在副标题文本框中输入文字“学习指导”，华文行楷、54 号字、绿色。

（5）在幻灯片右下角处插入剪贴画“计算机”，适当调整图片大小。

（6）新建幻灯片，选择“标题和文本”板式，在幻灯片中插入艺术字“主要内容”，华文行楷、36 号字，填充效果为预设“碧海青天”，艺术字式样为腰鼓形，设置阴影式样 6，阴影颜色为白色，略向左移，置于样文所示位置。

（7）在文本处输入内容“本课程是计算机专业和非计算机专业必修的一门计算机基础课程。本课程的教育目标及任务是使学生了解和掌握计算机的基本知识，使学生能够对计算机知识有一个初步和系统的了解，并能够进行一般的计算机操作和办公事务处理，为今后的计算机使用和计算机课程学习打下基础”。设置文本格式为华文行楷、40 号字、黄色，设置占位符格式为调整自选图形尺寸以适应文字，填充效果为预设“雨后初晴”。

（8）在第一张幻灯片中插入声音文件，并设置循环播放，直到停止。

（9）第二张幻灯片内容文字设置自定义动画效果“溶解”，其余按默认设置。

（10）在第二张幻灯片的右下角插入“第一张”动作按钮，将其链接至第一张幻灯片。

（11）设置所有幻灯片的切换效果为随机、无声音、中速、单击换页，播放幻灯片，观察效果。

第6章　计算机网络基础

学习目的与要求

随着信息技术的迅速发展，计算机网络已经普及到我们工作、学习和生活的方方面面，商业、银行、运输、教育、娱乐等各个行业都已经离不开计算机网络的应用。本章主要介绍计算机网络的基本知识、概念、功能、组成及工作原理，Internet的发展、工作原理和应用。通过学习，读者应对计算机网络及Internet有一个全面、系统的了解，并能够掌握Internet的各种应用。

6.1　计算机网络概述

本小节介绍了计算机网络的定义、发展过程、基本功能和组成。

6.1.1　什么是计算机网络

1. 定义

一般来讲，计算机网络就是将地理位置不同的多个计算机系统通过通信设备和线路连接起来，以功能完善的网络软件实现网络中资源共享和数据交换的系统，如图6.1所示。

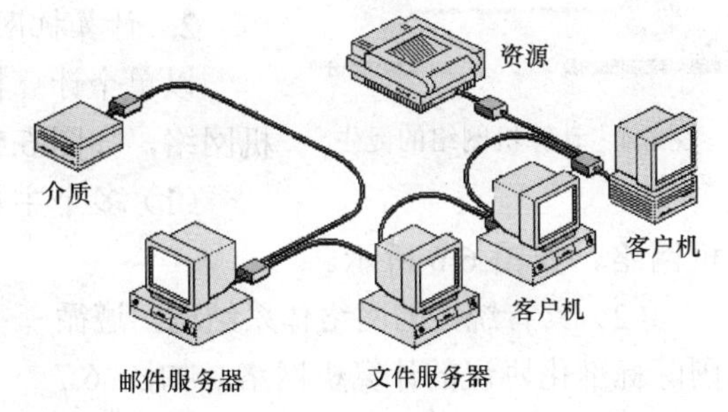

图6.1　计算机网络组成部件

2. 组成计算机网络的部件

（1）计算机。服务器和客户机等，上网的计算机一般需要装有网络接口卡。

（2）通信设备。其作用是为计算机转发数据，具体有交换机、集线器、路由器、调制解调器等。如图6.2所示为一个简单的计算机网络，图6.3所示为一个复杂的计算机网络。

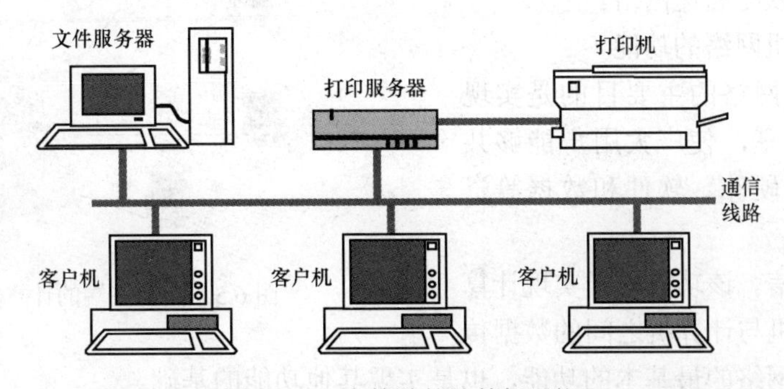

图6.2　一个简单的计算机网络

（3）传输介质。计算机与通信设备之间，以及各通信设备之间都通过传输介质互连，具体有双绞线、同轴电缆、光纤、电话线、微波信道、卫星信道等。

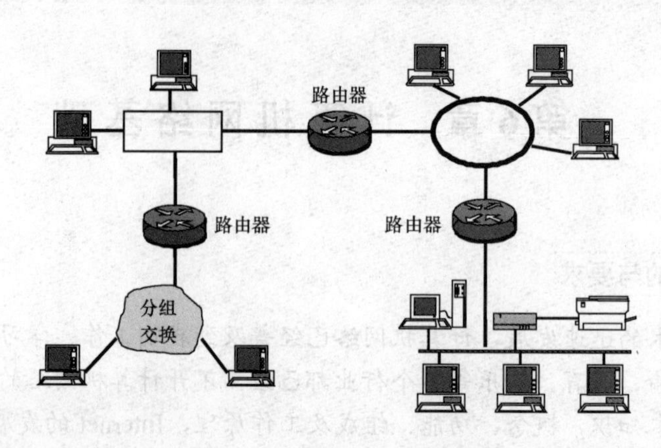

图 6.3　一个复杂的计算机网络

6.1.2　计算机网络的发展

1. 计算机网络的诞生

1968 年美国国防部的高级研究计划局提出了一个计算机互连的计划，1969 年建立了具有四个节点的以分组交换为基础的实验网络。1971 年 2 月建成了具有 15 个节点、23 台主机的网络，这就是著名的 ARPAnet，这是世界上最早出现的计算机网络之一，现代计算机网络的许多概念和方法都来源于 ARPAnet，中文译作“阿柏网”。它是 Internet 的前身，如图 6.4 所示。

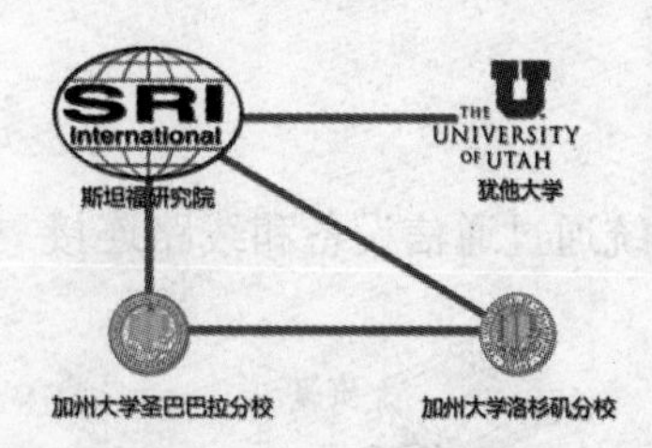

图 6.4　计算机网络的诞生

2. 计算机网络的发展

以单个计算机为中心的远程连机系统，构成面向终端的计算机网络，如图 6.5 所示。

（1）多个主机互连，各主机相互独立，无主从关系的计算机网络，如图 6.6 所示。

（2）具有统一的网络体系结构，遵循国际标准化协议的计算机网络，如图 6.7 所示。

（3）网络互联与高速网络。

6.1.3　计算机网络的功能

建立计算机网络的主要目的是实现计算机资源的共享，使广大用户能够共享网络中的所有硬件、软件和数据等资源。

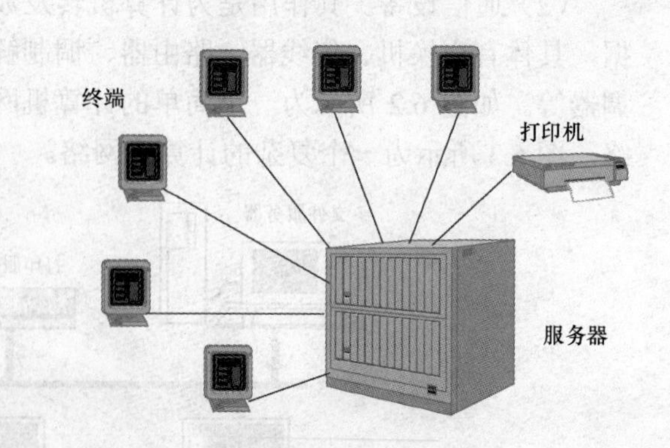

图 6.5　面向终端的计算机系统

（1）数据通信。该功能用于实现计算机与终端、计算机与计算机之间的数据传输，这是计算机网络的最基本的功能，也是实现其他功能的基础。

（2）资源共享。

1）数据共享。可供共享的数据主要是网络中设置的各种专门数据库。

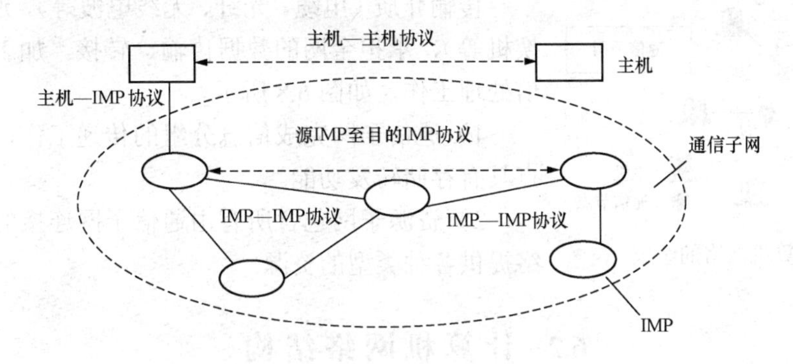

图 6.6 多个主机互连的 ARPA 网络

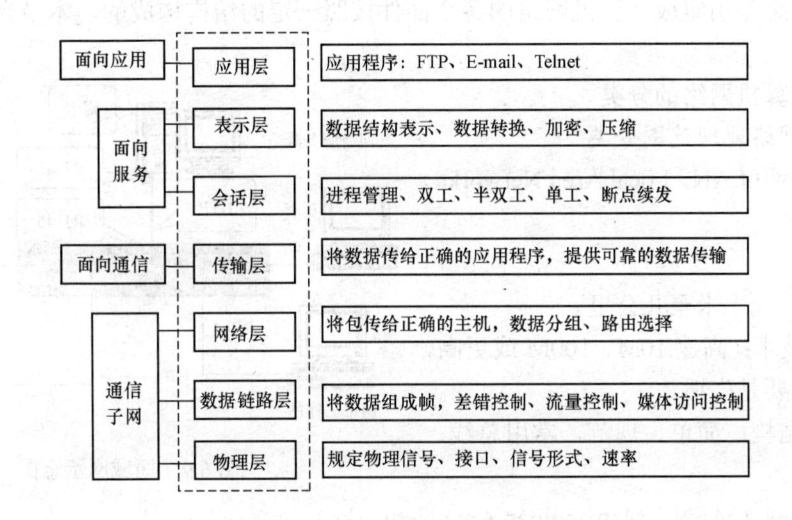

图 6.7 统一的网络体系结构

2）软件共享。可供共享的软件包括各种语言处理程序和各类应用程序。

3）硬件共享。可供共享的硬件可以是网络中某一台高性能的计算机，也可以是网络中的一台高速打印机。

（3）负荷均衡和分布处理。

1）负荷均衡是指网络中的负荷被均匀地分配给网络中的各计算机系统。

2）在具有分布处理能力的计算机网络中，可以将任务分散到多台计算机上进行处理，由网络来完成对多台计算机的协调工作。

（4）提高系统的可靠性和可用性。

6.1.4 计算机网络的组成

计算机网络由通信子网和资源子网组成。

1. 资源子网

硬件资源（主机、终端、I/O 设备等）、软件资源、数据资源等，负责全网数据处理业务，向网络用户提供各种网络资源和网络服务。

2. 通信子网

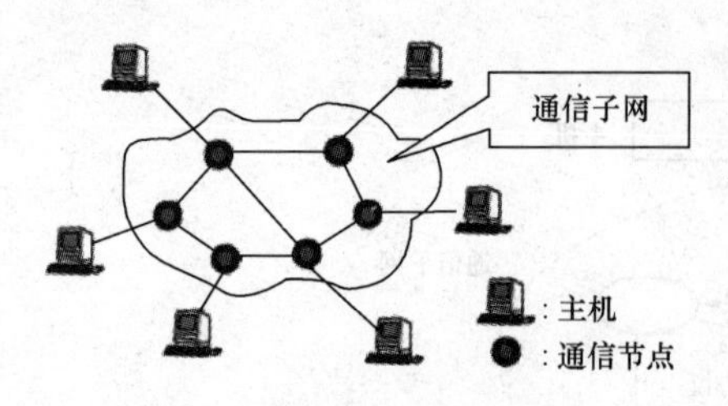

图 6.8 计算机网络的组成

传输介质（电缆、光纤、无线电波等）、通信设备（交换机等），承担全网的数据传输、转接、加工和变换等通信处理工作，如图 6.8 所示。

1）通信子网完成信息分组的传递工作，每个通信节点具有存储转发功能。

2）资源子网包含所有由通信子网连接的主机，向网络提供各种类型的资源。

6.2 计算机网络结构

计算机网络是由组成计算机网络的各个部件按照一定的结构构成的，本节介绍计算机网络的结构。

6.2.1 计算机网络的分类

1. 按照网络地理范围分类

（1）局域网（LAN，Local Area Networks）（见图 6.9）。

特点：

1）范围：几十米至几公里。

2）传输技术：高速 10M、100M 或更高，误码率低，主要是广播。

3）拓扑结构：简单、规范，常用总线、星型、环型等。

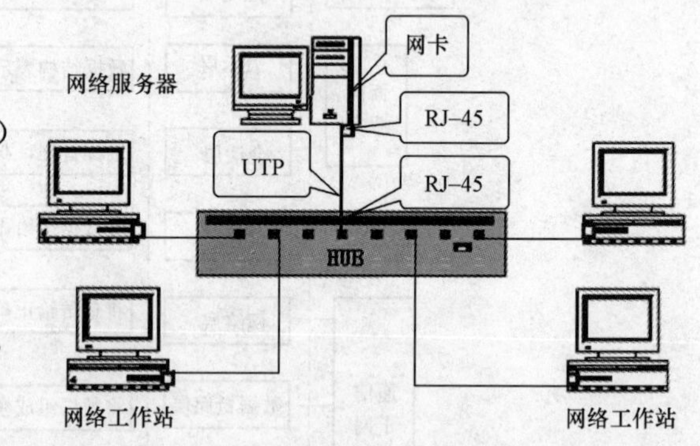

图 6.9 局域网示意图

（2）城域网（MAN，Metropolitan Area Networks）。

特点：

1）范围：几公里至几十公里。

2）传输技术：与 LAN 类似，相当于大型的 LAN。

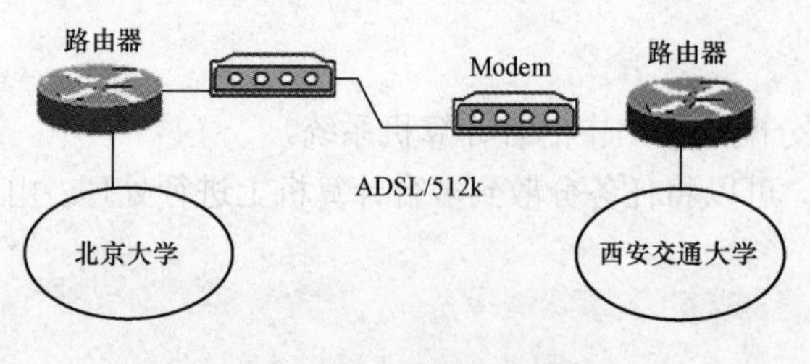

图 6.10 广域网示意图

（3）广域网（WAN，Wide Area Networks）（见图 6.10）。

特点：

1）范围：可跨越国家、大洲。

2）传输技术：传输速率较低，主要为点到点传输。

3）拓扑结构：复杂（星型、环型、树型、全连通型、交叉环型、不规则型）。

Internet 由全世界范围内的 LAN、MAN、WAN 构成，如图 6.11 所示。

2. 按拓扑结构划分

网络拓扑结构指的是网络结点的相互连接的构成形式。

（1）总线型。其特点是广播式传输——所有节点发送的信号均通过公共电缆（总线）传播，并可被所有节点所接收。总线型结构是局域网络中常用的一种结构，如图 6.12 所示。

图 6.11 局域网与广域网

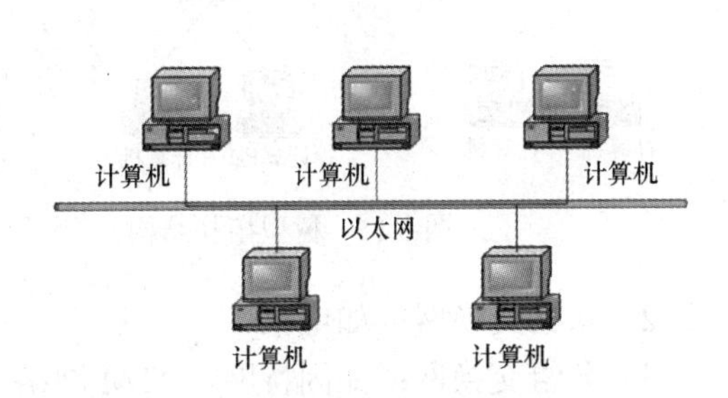

图 6.12 总线型拓扑结构

（2）环型拓扑。从物理上看，将总线结构的总线两端点连接在一起，就成了环形结构的局域网。这种结构的主要特点是信息在通信链路上是单向传输的。报文从一个工作站发出后，在环上按一定方向沿环路传输，如图 6.13 所示。

（3）星型拓扑。星型结构的主要特点是集中式控制，其中每一个用户设备都连接到中央交换控制机上，中央交换控制机的主要任务是交换和控制。控制机汇集各工作站送来的信息，从而使得用户终端和公用网互联非常方便。星型结构是局域网络中常用的一种结构，如图 6.14 所示。

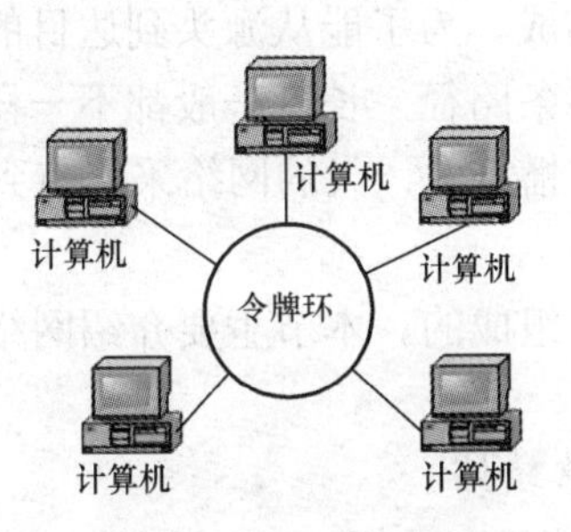

图 6.13 环型拓扑结构

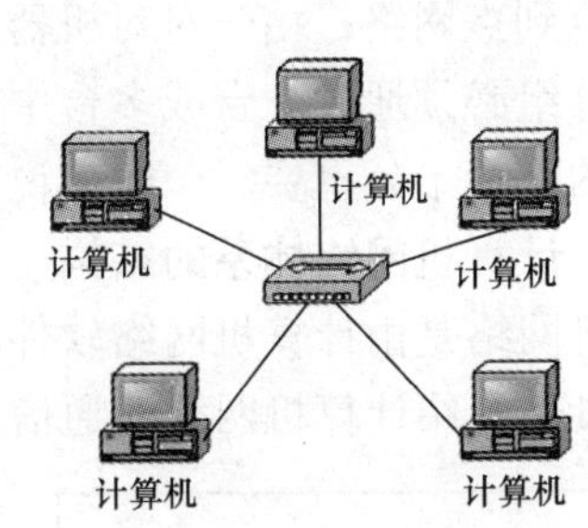

图 6.14 星型拓扑结构

（4）树型结构。树形结构由总线结构演变而来，形状像一棵倒置的树，顶端为根，从根向下分支，每个分支又可以延伸出多个子分支，一直到树叶，这树叶就是用户终端设备，如图 6.15 所示。

（5）网状结构。网状结构的控制功能分散在网络的各个结点上，网上的每个节点都有几条路径与网络相联。即使一条线路出故障，通过迂回线路，网络仍能正常工作，但是必须进行路由选择。这种结构可靠性高，但网络控制和路由选择比较复杂，一般用在广域网上，如图 6.16 所示。

3. 按交换方式划分

按交换方式划分可分为电路交换网、报文交换网、分组交换网。

（1）电路交换网：如电话系统。

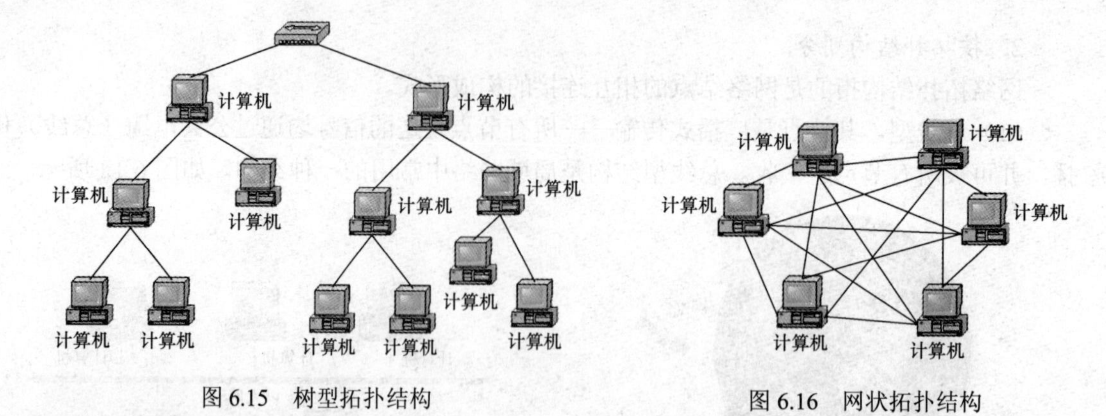

图 6.15 树型拓扑结构　　图 6.16 网状拓扑结构

（2）报文交换网：如电报。

（3）分组交换网：如因特网、ATM 网络（信元交换）。

4. 按传输介质划分

按传输介质划分又可分为有线网与无线网。

（1）有线网使用有形的传输介质如电缆、光纤等连接通信设备和计算机。在无线网络中，计算机之间的通信是通过大气空间包括卫星进行的。

（2）从网络的发展趋势看，网络的传输介质由有线技术向无线技术发展，网络上传输的信息向多媒体方向发展。网络系统由局域网向广域网发展。

5. 广播式网络和点到点网络

（1）广播式网络：仅有一条通信信道，由网络上的所有机器共享。

（2）点到点网络：由一对对机器之间的多条连接构成。为了能从源头到达目的地，这种网络上的分组必须通过一台或多台中间机器，通常是多条路径，长度一般都不一样。因此，选择合理的路径十分重要。一般来说，小的网络采用广播方式，大的网络采用点到点方式。

6.2.2 计算机网络体系的结构

计算机网络是由计算机网络软件和计算机网络硬件组成的。本节主要介绍网络软件和网络硬件，具体介绍计算机网络的通信协议。

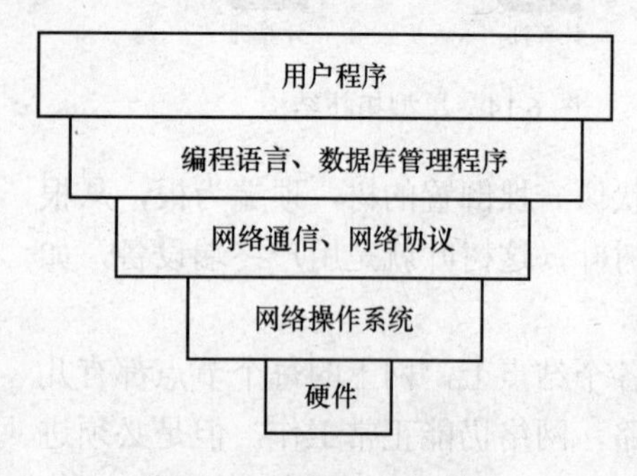

图 6.17 网络软件的层次

1. 计算机网络软件

网络软件的层次示意如图 6.17 所示。

计算机网络是一个庞大而复杂的系统，必须有相应的操作系统承担整个网络内的任务管理和资源管理，对网络内的设备进行存取访问，支持各用户终端间的相互通信，使网络内各部件遵守协议，有条不紊地工作。

目前流行的网络操作系统有 UNIX、Linux、NETWARE、Windows（包括 Windows 和 Windows Server 2003 两个产品，即桌面系统和服务器系统）。

2. 计算机网络硬件

网络服务器由专门用作服务器的产品或由高性能的 PC 机充当，在局域网中，服务器可以将其 CPU、内存、磁盘、打印机、数据等资源提供给客户机（工作站）共享，并负责对这些资源的管理，协调网络用户对这些资源的使用。局域网中的服务器大多是提供文件和打印机共享服务的。在广域网中，服务器的功能是多种多样的，有承担电子邮件收发的邮件服务器，有WWW服务器，有识别上网用户的域名服务器、新闻服务器等。

3. 网络的分层体系结构

（1）同层协议：在网络的每一个功能层次中，通信双方共同遵守的约定和规程。

（2）接口协议：网络的功能层次逐层过渡如图6.18所示，下层要完成上层提出的服务要求，上层必须做好进入下层的准备，二者之间要完成的过渡条件称为接口协议。

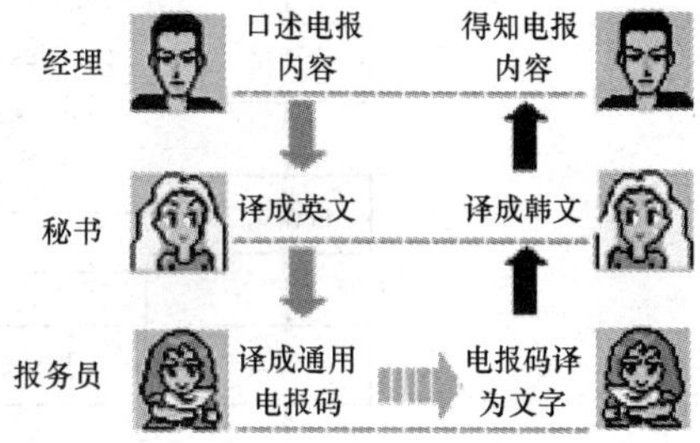

图6.18 分层示意图

4. 采用分层体系结构的好处

（1）各层之间相互独立。

（2）灵活性好。

（3）各层都可以采用最合适的技术来实现。

（4）易于实现和维护。

（5）有利于促进标准化。

6.2.3 计算机网络传输协议

网络协议即网络中（包括互联网）传递、管理信息的一些规范。如同人与人之间相互交流是需要遵循一定的规矩一样，计算机之间的相互通信需要共同遵守一定的规则，这些规则就称为网络协议。

一台计算机只有在遵守网络协议的前提下，才能在网络上与其他计算机进行正常的通信。网络协议通常被分为几个层次，每层完成自己单独的功能。通信双方只有在共同的层次间才能相互联系。

1. OSI参考模型

在计算机网络产生之初，每个计算机厂商都有一套自己的网络体系结构的概念，它们之间互不相容。为此，国际标准化组织（ISO）在1979年建立了一个分委员会来专门研究一种用于开放系统互联的体系结构（OSI，Open Systems Interconnection）。“开放”这个词表示只要遵循OSI标准，一个系统可以和位于世界上任何地方的也遵循OSI标准的其他任何系统进行连接。这个分委员提出了开放系统互联，即OSI参考模型，它定义了连接异种计算机的标准框架。

OSI参考模型分为7层，从下向上分别是物理层、数据链路层、网络层、传输层、会话层、表示层和应用层，如图6.19所示。

各层的主要功能及其相应的数据单位如下。

（1）物理层（Physical Layer）。我们知道，要传递信息就要利用一些物理媒体，如双绞线、同轴电缆等，但具体的物理媒体并不在OSI的7层之内，有人把物理媒体当作第0层，物理层的任务就是为它的上一层提供一个物理连接，以及它们的机械、电气、功能和过程特性。如规定使用电缆和接头的类型、传送信号的电压等。在这一层，数据还没有被组织，仅作为原始的位流或电气电压处理，单位是比特。

（2）数据链路层（Data Link Layer）。数据链路层负责在两个相邻结点间的线路上，无差错地传送以帧为单位的数据。每一帧包括一定数量的数据和一些必要的控制信息。和物理层相似，数据链路层要负责建立、维持和释放数据链路的连接。在传送数据时，如果接收点检测到所传数据中有差错，就要通知发方重发这一帧。

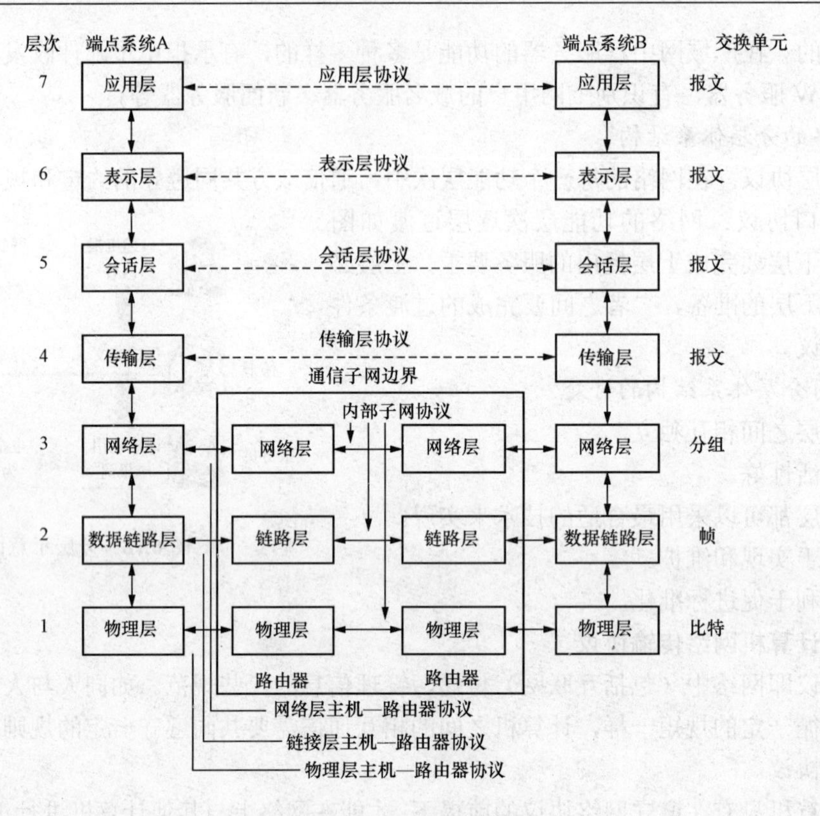

图 6.19　ISO/OSI 开放模型

（3）网络层（Network Layer）。在计算机网络中进行通信的两个计算机之间可能会经过很多个数据链路，也可能还要经过很多通信子网。网络层的任务就是选择合适的网间路由和交换结点，确保数据及时传送。网络层将数据链路层提供的帧组成数据包，包中封装有网络层包头，其中含有逻辑地址信息——源站点和目的站点地址的网络地址。

（4）传输层（Transport Layer）。该层的任务是根据通信子网的特性最佳地利用网络资源，并以可靠和经济的方式，为两个端系统（也就是源站和目的站）的会话层之间，提供建立、维护和取消传输连接的功能，负责可靠地传输数据。在这一层，信息的传送单位是报文。

（5）会话层（Session Layer）。这一层也可以称为会晤层或对话层，在会话层及以上的高层次中，数据传送的单位不再另外命名，统称为报文。会话层不参与具体的传输，它提供包括访问验证和会话管理在内的建立和维护应用之间通信的机制，如服务器验证用户登录便是由会话层完成的。

（6）表示层（Presentation Layer）。这一层主要解决用户信息的语法表示问题。它将欲交换的数据从适合于某一用户的抽象语法，转换为适合于 OSI 系统内部使用的传送语法。即提供格式化的表示和转换数据服务。数据的压缩、解压缩，加密、解密等工作都由表示层负责。

（7）应用层（Application Layer）。应用层确定进程之间通信的性质以满足用户需要以及提供网络与用户应用软件之间的接口服务。

数据在 OSI 开放模型中传输时，相邻两层可以相互翻译，相同两层传输同类型的数据，如图 6.20 所示。

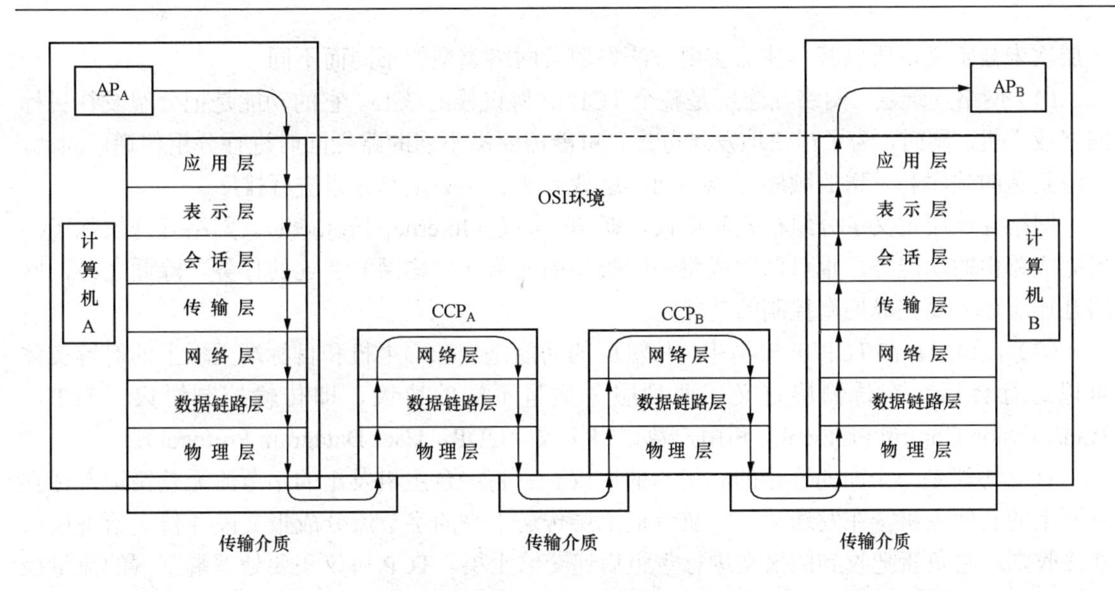

图 6.20 OSI 模型对话时数据的传输

2. TCP/IP 协议

TCP/IP 协议（Transfer Controln Protocol/Internet Protocol）叫做传输控制/网际协议，又叫网络通信协议，这个协议是 Internet 国际互联网络的基础。

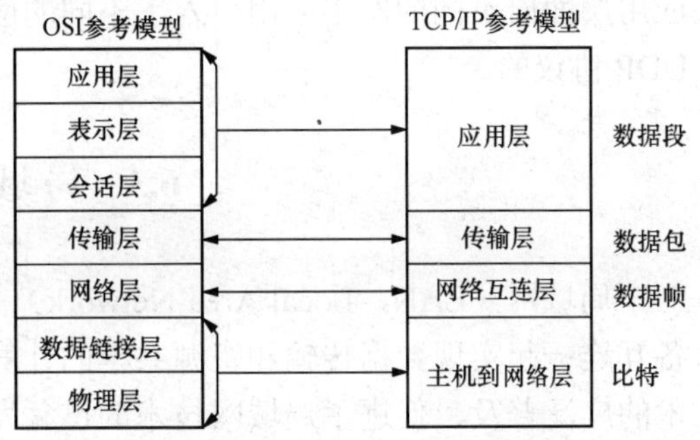

图 6.21 TCP/IP 协议示意图

TCP/IP 是网络中使用的基本的通信协议。虽然从名字上看 TCP/IP 包括两个协议，即传输控制协议（TCP）和网际协议（IP），但 TCP/IP 实际上是一组协议，它包括上百个各种功能的协议，如远程登录、文件传输和电子邮件等，而 TCP 协议和 IP 协议是保证数据完整传输的两个基本的重要协议。通常说 TCP/IP 是 Internet 协议簇，而不单单是 TCP 和 IP。

从协议分层模型方面来讲，TCP/IP 由应用层、传输层、网络互连层和主机到网络层四个层次组成，如图 6.22 所示。

<table>
<tr><td>应用层</td><td colspan="4">FTP、TELNET、HTTP</td><td>SNMP、TFTP、NTP</td></tr>
<tr><td>传输层</td><td colspan="4">TCP</td><td>UDP</td></tr>
<tr><td>网络互连层</td><td colspan="5">IP</td></tr>
<tr><td rowspan="2">主机到网络层</td><td rowspan="2">以太网</td><td rowspan="2">令版环网</td><td>802.2</td><td colspan="2">HDLC、PPP、FRAME、RELAP</td></tr>
<tr><td>802.3</td><td colspan="2">EIA/TIA-232，449，V.35、V.21</td></tr>
</table>

图 6.22 TCP/IP 所包含的协议

在 TCP/IP 参考模型中，去掉了 OSI 参考模型中的会话层和表示层（这两层的功能被合并到应用层实现）。同时将 OSI 参考模型中的数据链路层和物理层合并为主机到网络层。下面，分别介绍各层的主要功能。

实际上 TCP/IP 参考模型没有真正描述主机到网络层的实现，只是要求能够提供给其上层——网络互连层一个访问接口，以便在其上传递 IP 分组。由于这一层次未被定义，所以其具体的实现方法将随着网络类型的不同而不同。

（1）网络互连层。网络互连层是整个 TCP/IP 协议栈的核心。它的功能是把分组发往目标网络或主机。同时，为了尽快地发送分组，可能需要沿不同的路径同时进行分组传递。因此，分组到达的顺序和发送的顺序可能不同，这就需要上层必须对分组进行排序。

网络互连层定义了分组格式和协议，即 IP 协议（Internet Protocol）。网络互连层除了需要完成路由的功能外，也可以完成将不同类型的网络（异构网）互连的任务。除此之外，网络互连层还需要完成拥塞控制的功能。

（2）传输层。在 TCP/IP 模型中，传输层的功能是使源端主机和目标端主机上的对等实体可以进行会话。在传输层定义了两种服务质量不同的协议，即传输控制协议（TCP，Transmission Control Protocol）和用户数据报协议（UDP，User Datagram Protocol）。

TCP 协议是一个面向连接的、可靠的协议。它将一台主机发出的字节流无差错地发往互联网上的其他主机。在发送端，它负责把上层传送下来的字节流分成报文段并传递给下层。在接收端，它负责把收到的报文进行重组后递交给上层。TCP 协议还要处理端到端的流量控制，以避免缓慢接收的接收方没有足够的缓冲区接收发送方发送的大量数据。

UDP 协议是一个不可靠的、无连接协议，主要适用于不需要对报文进行排序和流量控制的场合。

（3）应用层。TCP/IP 模型将 OSI 参考模型中的会话层和表示层的功能合并到应用层实现。应用层面向不同的网络应用引入了不同的应用层协议。其中，有基于 TCP 协议的，也有基于 UDP 协议的。

6.3 局域网基础知识

局域网（LAN，Local Area Network）是一种在有限的地理范围内将大量 PC 机及各种设备互连一起实现数据传输和资源共享的计算机网络。社会对信息资源的广泛需求及计算机技术的广泛普及，促进了局域网技术的迅猛发展。在当今的计算机网络技术中，局域网技术已经占据了十分重要的地位。本章主要介绍局域网的特点、组成及其通信协议。

6.3.1 局域网的特点

区别于一般的广域网（WAN），局域网（LAN）具有以下特点。

（1）地理分布范围较小，一般为数百米至数公里，可覆盖一幢大楼、一所校园或一个企业。

（2）数据传输速率高，一般为 0.1～100Mb/s，目前已出现速率高达 1000Mb/s 的局域网。可交换各类数字和非数字（如语音、图像、视频等）信息。

（3）误码率低，一般在 10^{-11}～10^{-8} 以下。这是因为局域网通常采用短距离基带传输，可以使用高质量的传输媒体，从而提高了数据传输质量。

（4）以 PC 机为主体，包括终端及各种外设，网中一般不设中央主机系统。

（5）一般包含 OSI 参考模型中的低三层功能，即涉及通信子网的内容。

（6）协议简单、结构灵活、建网成本低、周期短、便于管理和扩充。

局域网可分成三大类：一类是平时常说的局域网 LAN；另一类是采用电路交换技术的局域网，称计算机交换机（CBX，Computer Branch eXchange）或 PBX（Private Branch eXchange）；还有一类是新发展的高速局域网（HSLN，High Speed Local Network）。

在LAN和WAN之间的是城市区域网（MAN，Metropolitan Area Network），简称城域网。MAN是一个覆盖整个城市的网络，但它使用LAN的技术。

局域网的特性主要涉及拓扑结构、传输媒体和媒体访问控制（MAC，Medium Access Control）等三项技术问题，其中最重要的是媒体访问控制方法。

6.3.2 局域网的组成

计算机网络由硬件系统、网络软件系统和数据通信系统组成。

1. 主机（Host）

（1）服务器（Server）。服务器是向所有客户机提供服务的机器，装备有网络的共享资源。对网络服务器的基本要求是高速度、大容量、安全性。

（2）客户机（Client）。客户机也称为工作站（Working Station），是网络用户直接处理信息和事务的计算机。

2. 网络适配器

网络适配器也叫网络接口卡（NIC，Network Interface Card），通常被做成插件的形式插入到计算机的一个扩展槽中，故也被称作网卡，如图6.23所示。

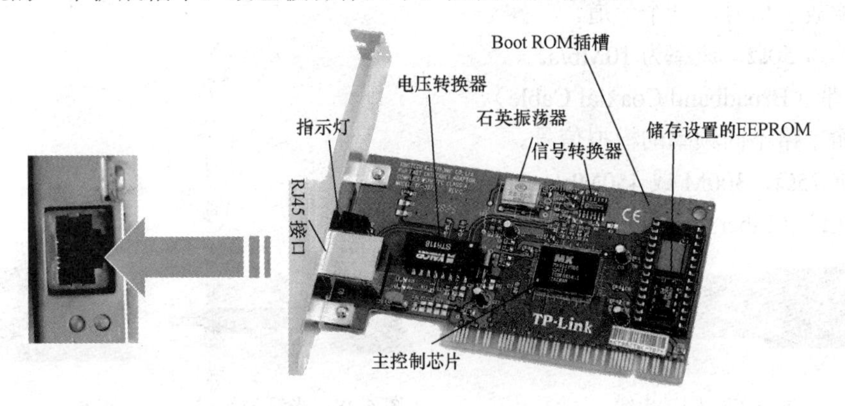

图6.23 网络适配器（网卡）

计算机通过网络适配器与网络相连。

3. 传输介质

网络通信介质分为有线介质和无线介质两种。有线介质有双绞线、同轴电缆和光纤三种，无线介质又分为微波、卫星和红外等多种，如图6.24所示。

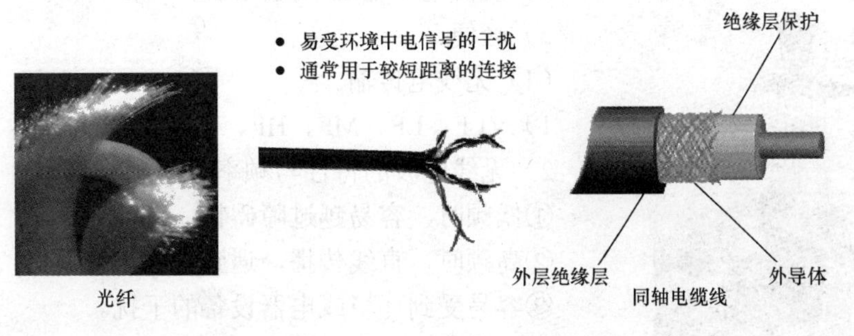

图6.24 部分传输介质

（1）双绞线（TP，Twisted Pairwire）。双绞线是综合布线工程中最常用的一种传输介质。

双绞线由两根具有绝缘保护层的铜导线组成。把两根绝缘的铜导线按一定密度互相绞在一起，可降低信号干扰的程度，每一根导线在传输中辐射的电波会被另一根线上发出的电波抵消。一般用于以太网的双绞线电缆，传输速度能够达到100Mb/s。

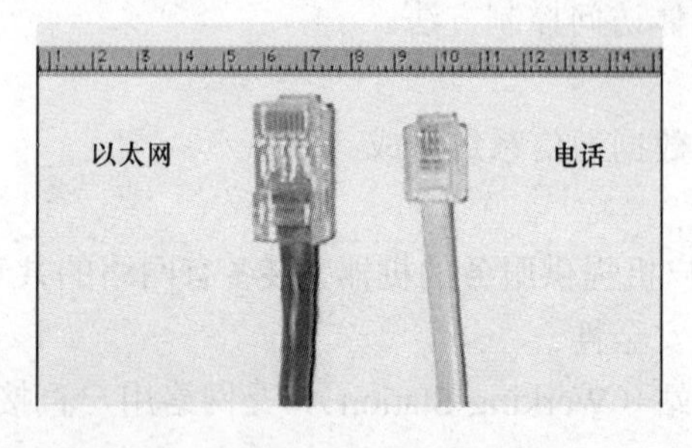

图6.25 双绞线（左）和电话线（右）

图6.26 制作双绞线的水晶头

（2）同轴电缆（Coaxial Cable）（见图6.27）。

1）基带（Baseband Coaxial Cable）。

①传输数字信号，一个信道。

②阻抗为50Ω，速率为10Mb/s。

2）宽带（Broadband Coaxial Cable）。

①传输多路不同频率的模拟信号。

②阻抗75Ω，300M或450Mb/s，100km。

（3）光纤（Fiber Optics）（见图6.28和图6.29）。

图6.27 同轴电缆

图6.28 光纤的组成

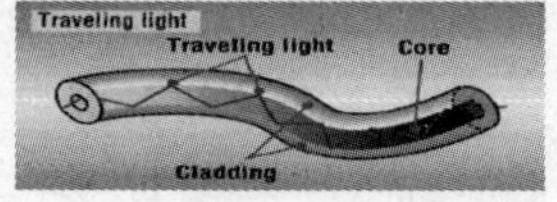

图6.29 光纤的原理

其特点如下。

1）依靠光波承载信息。

2）高传送速率，通信容量大。

3）传输损耗小，适合长距离传输。

4）抗雷电和电磁干扰性能好，保密性好。

5）轻便。

（4）无线电传输。

1）VLF、LF、MF、HF、VHF、UHF…。

2）无线电波的特性与频率有关。

①低频时，容易越过障碍物，能量衰减快；

②高频时，直线传播，遇到障碍物会反射；

③容易受到环境或电器设备的干扰。

（5）微波传输。其特点如下。

图6.30 微波传输塔

1）可用频带宽，通信容量大（100MHz以上，主要是2～

40GHz)。

2）传输损伤小、抗干扰能力强。

3）直线传输，方向性好。

4）大气条件和固体物妨碍微波的传输。

4. 网络互连设备

计算机与计算机或工作站与服务器进行连接时，除了使用连接介质外，还需要一些中介设备。这些中介设备主要有哪些？起什么作用？这是在网络设计和实施中人们所关心的一些问题。

（1）中继器（Repeater)。中继器工作在物理层。中继器的主要作用是避免干线上传输信号衰减而失真，对传输信号实现整形和放大，并按原来的传输方向重新发送数据，可以延长干线距离，扩展局域网覆盖范围。

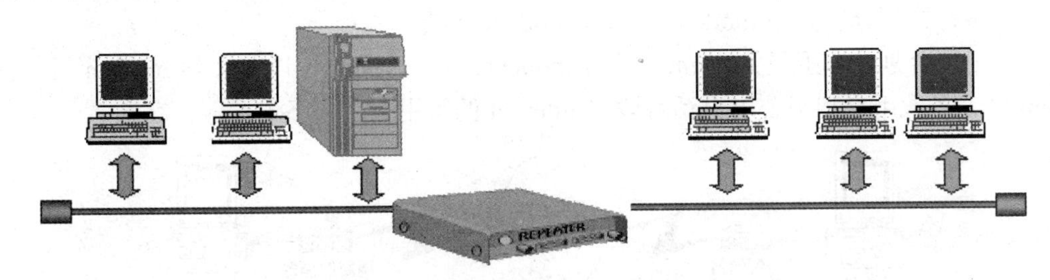

图 6.31 中继器

（2）集线器（Hub)。集线器又称集中器，是多口中继器。把它作为一个中心节点，可用它连接多条传输媒体。其优点是当某条传输媒体发生故障时，不会影响到其他的节点。

集线器分为无源集线器（Passive Hub)、有源集线器（Active Hub）和智能集线器。

（3）网桥。网桥工作于数据链路层。它要求两个互连网络在数据链路层以上采用相同或兼容的网络协议。网桥可分为本地网桥和远程网桥，本地网桥又分为内部网桥和外部网桥。

网桥的功能为隔离网络、过滤和转发。

（4）路由器（Router)。路由器工作在网络层。它要求网络层以上的高层协议相同或兼容，用来实现不同类型的局域网互连，或者用它来实现局域网与广域网互连。路由器分类如下。

1）按路由器安装的位置划分，可分为内部路由器和外部路由器。

2）按路由器支持的协议划分，可分为单协议路由器和多协议路由器。

3）按路由表的状况划分，可分为静态路由器和动态路由器。

路由器可以实现网络层以下各层协议的转换，它除了具备网桥的全部功能外，还有路由选择功能。

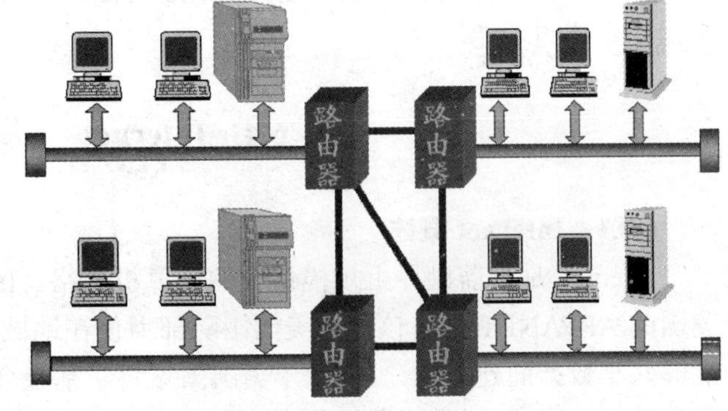

图 6.32 路由器

（5）网关。网关亦称网间协议转换器，工作于 OSI/RM 的传输层、会话层、表示层和应用层。

网关不仅具有路由器的全部功能，同时还可以完成因操作系统差异引起的通信协议之间的转换。网关可用于 LAN-LAN、LAN 与大型机以及 LAN 与 WAN 的互连。

图 6.33 HUB 和交换机

（6）交换机。交换机是一种新型的网络互连设备，它将传统的网络“共享”传输介质技术改变为交换式的“独占”传输介质技术，提高了网络的带宽。

交换机与交换式集线器 Hub 有很大的区别，前者可工作在数据链路层，也有的高档交换机工作于网络层，后者工作于物理层。交换机端口的工作速度高于 Hub 端口工作的速度。

（7）调制解调器。调制解调器（Modem）将待发送的数字信号转换成代表数据的一系列模拟信号，并利用模拟信道对信号进行载波传输，这个过程通常称为调制。在数据接收方，调制解调器将接收到的模拟信号，还原成数字信号，供计算机处理，这个过程被称作解调。

按工作方式划分有异步 modem 和同步 modem 两类。

按使用场合划分有卫星 modem、微波 modem、光纤 modem 以及音频 modem 等。音频 modem 是大多数用户利用公用电话网驳接 Internet 的常用接入设备。

图 6.34 调制解调器

5. 软件系统

（1）通信协议。局域网通信协议用以支持计算机与相应的局域网相连，支持网络节点间正确有序地进行通信。

（2）网络操作系统。网络操作系统在服务器上运行，是使网络上各计算机能方便而有效地共享网络资源，为网络用户提供所需的各种服务软件和有关规程的集合。

网络操作系统不仅要具有普通操作系统的功能，还要具备六个特征：①网络通信；②共享资源管理；③提供网络服务；④网络管理；⑤互操作；⑥提供网络接口。

（3）应用软件。局域网应用软件是建构在局域网操作系统之上的应用程序，它扩展了网络操作系统的功能。

6.4 Internet 基 础

6.4.1 Internet 概述

Internet 是目前世界上规模最大的计算机网络。Internet 的原意为互联的网络，其前身是美国的 ARPANET 网，该网是美国国防部为使在地域上相互分离的军事研究机构和大学之间能够共享数据而建立的。1985 年美国国家科学基金会建立了 NSFNET 网，并与 ARPANET 网合并，Internet 才真正发展起来。现在 NSFNET 网已经连接了美国上百万台计算机，成为 Internet 的重要组成部分。Internet 的名称就是从那时开始使用的。从 20 世纪 80 年代开始，Internet 已逐渐发展成为全球性的超大规模的国际网络。

我国于1994年4月正式接入Internet，中国科学院高能物理研究所和北京化工大学为了发展国际科研合作而开通了到美国的Internet专线。此后短短几年，Internet就在我国蓬勃发展起来。

6.4.2 Internet信息服务

通过Internet，用户可以实现与世界各地的计算机进行信息交流和资源共享，进行科学研究、资料查询、收发邮件、联机交谈、联机游戏、网上购物等。Internet主要的常用服务项目有如下几种。

1. 电子邮件（E-mail）

电子邮件是Internet的一项基本服务项目，是当前Internet中应用最多、最广泛的服务项目。电子邮件具有速度快、成本低、方便灵活的优点。在目前使用的电子邮件软件中都附带了多用途Internet邮件扩充协议（MIME），通过该协议用户不仅可以在电子邮件中发送文本信息，还可以将声音、图形、影像等多种非文本信息作为附件发送给收件人。

2. 文件传输（FTP）

通过Internet提供的文件传输服务项目，用户可以从一台计算机向另一台计算机传送文件。

文件的传输包括两种方式：一种是下载（Download），即用户通过文件传输将远程主机上的文件传输到自己的计算机上；另一种是上载（Upload），即用户通过文件传输将自己计算机上的文件传送到远程主机上。

3. 电子公告栏（BBS）

通过电子公告栏（BBS），用户可以实现信息公告、线上交谈、分类讨论和经验交流等功能。

4. 网络新闻（Netnews）

通过网络新闻服务项目，用户可以实现在网络上相互交流。用户可以通过“新闻阅读器”程序连接到某个新闻服务器上，阅读其所提供的信息；也可以将自己的见解提交给新闻服务器，作为一条消息发布出去，供他人阅读。

5. 万维网（WWW）

万维网也被称之为Web，是Internet中发展最为迅速的部分，它向用户提供了一种非常简单、快捷、易用的查找和获取各类共享信息的渠道。由于万维网使用的是超媒体/超文本信息组织和管理技术，任何单位或个人都可以将自己需向外发布或共享的信息以HTML格式存放到各自的服务器中。当其他网上用户需要信息时，可通过浏览器软件（如Internet Explorer）进行检索和查询。

6.4.3 IP地址和域名

尽管互联网上连接了无数的服务和电脑，但它们并不是处于杂乱无章的状态，而是每一个主机都有唯一的地址，作为该主机在Internet上的唯一标志。对于用户来说，地址有IP地址和域名两种表示方式。

1. IP地址

IP地址是由32位二进制数组成的，为了便于用户记忆，通常采用x.x.x.x的格式表示，每个x为8位二进制数，然后将8位二进制数转换为十进制数就是我们所看到的IP地址了，如202.117.226.252。这种IP地址的表示方法称为点分十进制记法，在这种格式下，每字节以十进制记录，即从0～255。

IP 地址分为两部分，即网络号和主机号。网络号用来标识 Internet 上某个特定的网络，主机号用来标识某个特定网络上的主机号。根据不同的取值范围，IP 地址可以分为 A 类、B 类、C 类、D 类和 E 类五类，常用的是前三类，IP 地址格式如表 6.1 所示。

表 6.1　　IP 地 址 格 式

	0	1	8	31
A类	0	网络号	主机号	
	0	2	16	31
B类	10	网络号	主机号	
	0	3	24	31
C类	110	网络号	主机号	

（1）对于 A 类 IP 地址，其网络地址空间长度为 7 位，主机地址空间长度为 24 位。A 类地址是从 1.0.0.0～127.255.255.255。由于网络地址空间长度为 7 位，因此允许有 126 个不同的 A 类网络（网络地址的 0 和 127 保留用于特殊目的）。同时，由于主机地址空间长度为 24 位，因此每个 A 类网络的主机地址数达 6000000 个。A 类 IP 地址结构适用于有大量主机的大型网络。

（2）对于 B 类 IP 地址，其网络地址空间长度为 14 位，主机地址空间长度为 16 位。B 类地址是从 128.0.0.0～191.255.255.255。由于网络地址空间长度为 14 位，因此允许有 214 个不同的 B 类网络。同时，由于主机地址空间长度为 16 位，因此每个 B 类网络的主机地址数达 65536 个。B 类 IP 地址适用于一些国际性公司与政府机构等。

（3）对于 C 类 IP 地址，其网络地址空间长度为 21 位，主机地址空间长度为 8 位。C 类地址是从 192.0.0.0～223.255.255.255。由于网络地址空间长度为 21 位，因此允许有 2000000 个不同的 C 类网络。同时，由于主机地址空间长度为 8 位，因此每个 C 类网络的主机地址数达 256 个。C 类 IP 地址特别适用于一些小公司和普通的研究机构。

（4）D 类 IP 地址不标识网络，它是从 224.0.0.0～239.255.255.255。D 类 IP 地址用于其他特殊的用途，如多目地址广播（Multicasting）。

（5）E 类 IP 地址暂时保留，它是从 240.0.30.0～247.255.255.255。E 类地址用于某些实验和将来使用。

2. 域名系统

IP 地址为 Internet 提供了统一的编址方式，直接使用 IP 地址就可以访问 Internet 中的主机。一般来说，用户很难记住 IP 地址。因此又产生了一种字符型标识，这就是域名（Domain Name）。域名与 IP 地址之间是一一对应的，它们之间的转换工作称为域名解析。域名也由若干部分组成，各部分之间用小数点隔开，如新浪网的主机域名为 www.sina.com.cn。

Internet 的域名结构是由 TCP/IP 协议集的域名系统（DNS，Domain Name System）定义的。域名系统与 IP 地址的结构一样，采用的是典型的层次结构。域名系统将整个 Internet 化分为多个顶级域，并为每个顶级域规定了通用的顶级域名，如表 6.2 所示。

表 6.2 顶级域名分配

顶级域名	域名类型	顶级域名	域名类型
com	商业组织	mil	军事部门
edu	教育机构	net	网络支持中心
gov	政府部门	org	各种非盈利组织
int	国际组织	国家代码	各个国家

中国互联网信息中心（CNNIC）负责管理我国的顶级域，它将 cn 域划分为多个二级域，如表 6.1 所示。

我国二级域的划分采用了组织模式与地理模式两种划分模式。其中，前七个域对应于组织模式，而行政区区码对应于地理模式。表 6.1 所示为按组织模式划分的二级域名。在地理模式中，bj 代表北京，sh 代表上海，hk 代表香港等。

主机域名的排列原则是低层的子域名在前面，而它们所属的高层域名在后面。Internet 主机域名的一般格式为：

四级域名. 三级域名. 二级域名. 顶级域名

例如，.xjtu.edu.cn/表示西安交通大学的主机。

在域名系统中，每个域是由不同的组织来管理的，而这些组织又可将其子域分给其他的组织来管理。这种层次结构的优点是，各个组织在它们的内部可以自由选择域名。只要保证组织内的唯一性，而不用担心与其他组织内的域名冲突。

6.5 Internet 的使用

6.5.1 Internet 的连接

在了解了一些 Internet 的基础知识后，用户就要进行上网前的一些必要的软硬件安装设置了。其中比较重要的就是调制解调器的安装与设置。

调制解调器又称为 Modem，就是人们常说的“猫”。它的作用是在发送端将计算机中的数字信号转变成模拟信号在电话线中传输；而在接收端将电话线传输的模拟信号再转变成计算机能够直接识别的数字信号。通常分为内置的 Modem 和外置的 Modem。

调制解调器的物理安装比较简单，对于内置的 Modem，用户只需将其插到主板的 PCI 插槽上即可；对于外置的 Modem，一般连接在计算机机箱外面，使用起来非常方便，但需要额外的电源插座和电缆连接。

做好调制解调器的物理安装后，启动计算机，系统会提示用户发现新硬件，这时用户就需要安装调制解调器的驱动程序，将调制解调器真正安装到系统中去。

在设置好调制解调器并与电话线正确连接后，用户就可以建立与 Internet 的连接了。

通过 Windows XP 提供的“新建连接向导”工具，用户可以非常方便地设置与 Internet 的连接，具体操作如下。

（1）单击“开始”按钮，选择“所有程序”→“附件”→“通讯”→“新建连接向导”命令，打开“新建连接向导”之一对话框，如图 6.35 所示。

（2）该对话框告诉用户“新建连接向导”能帮助用户做哪些工作。单击“下一步”按钮，

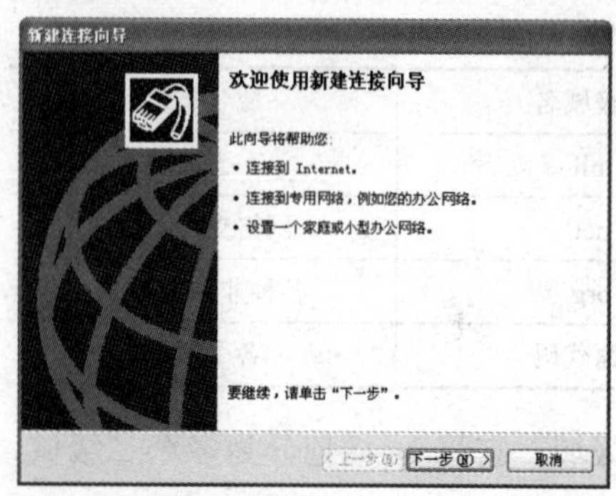

图 6.35 “新建连接向导”之一对话框

即可打开“新建连接向导”之二对话框，如图 6.36 所示。

（3）在该对话框中有“连接到 Internet”、“连接到我的工作场所的网络”、“设置家庭或小型办公网络”及“设置高级连接”四个选项。这里用户需选择“连接到 Internet”选项，以建立与 Internet 的连接。

（4）单击“下一步”按钮，打开“新建连接向导”之三对话框，如图 6.37 所示。

（5）在该对话框中用户可选择“从 Internet 服务提供商（ISP）列表选择”、“手动设置我的连接”和“使用我从 ISP 得到的 CD”三种选项。这里选择“手动设置我的连接”选项。单击“下一步”按钮，打开“新建连接向导”之四对话框，如图 6.38 所示。

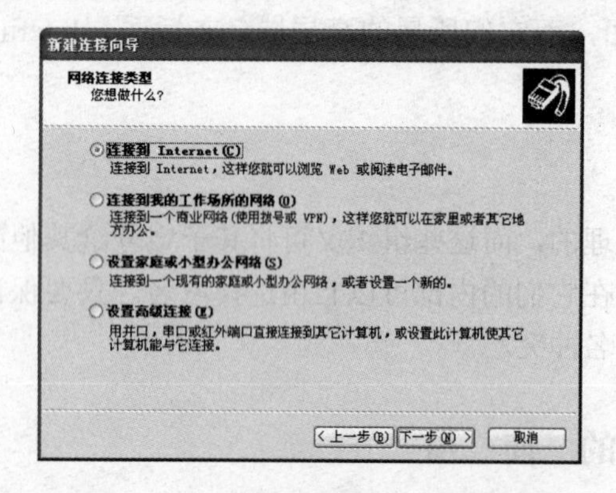

图 6.36 “新建连接向导”之二对话框

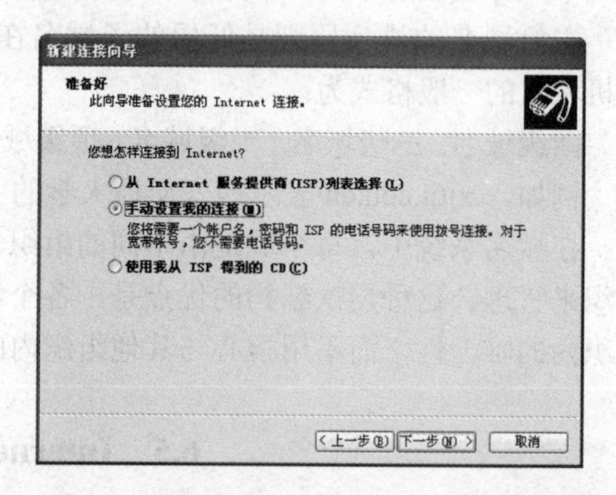

图 6.37 “新建连接向导”之三对话框

（6）在该对话框中用户需选择连接到 Internet 的方式，在目前情况下一般用户使用的都是通过拨号调制解调器进行连接，不久的将来用户可能就会使用到通过 DSL、电缆调制解调器或 LAN 的高速连接。这里选择“用拨号调制解调器连接”选项。

（7）单击“下一步”按钮，打开“新建连接向导”之五对话框，如图 6.39 所示。

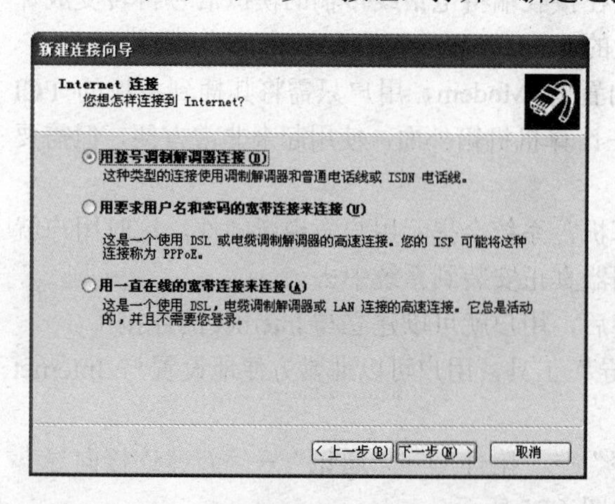

图 6.38 “新建连接向导”之四对话框

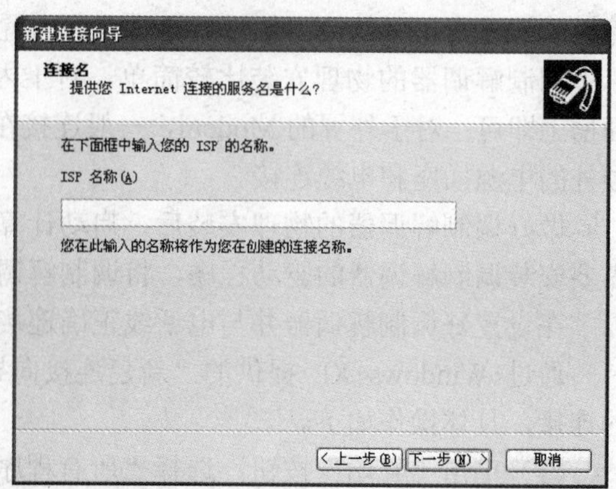

图 6.39 “新建连接向导”之五对话框

（8）在该对话框中用户需输入提供 Internet 服务的 ISP（Internet 服务提供商）的名称。若没有向 ISP 提出申请，也可以跳过这一步，通过匿名上网。

注意

匿名上网就是不向 ISP 申请账号、密码等，而直接通过 ISP 提供的匿名上网服务与 Internet 连接，使用该方法上网，用户没有固定的 IP 地址，而是由 ISP 临时分配用户的 IP 地址。

（9）单击“下一步”按钮，即可打开“新建连接向导”之六对话框，如图 6.40 所示。

（10）在该对话框中用户需输入 ISP 的电话号码。若通过匿名上网，就可输入提供匿名上网服务的 ISP 的电话号码。单击“下一步”按钮，打开“新建连接向导”之七对话框，如图 6.41 所示。

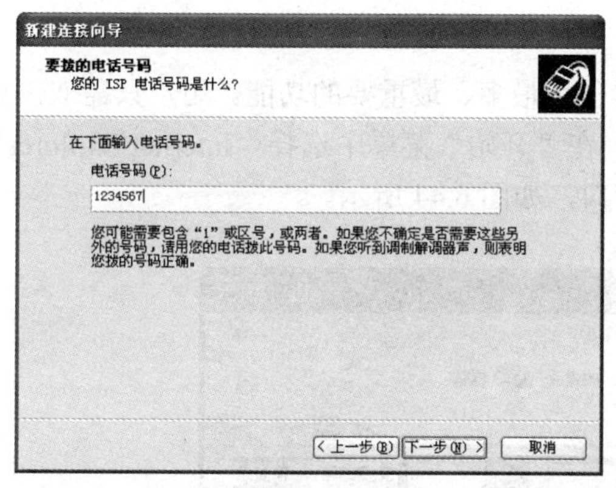

图 6.40 “新建连接向导”之六对话框

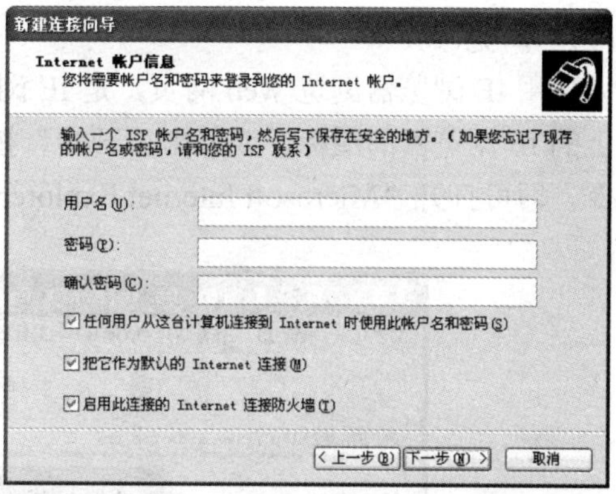

图 6.41 “新建连接向导”之七对话框

（11）在该对话框中，用户需输入 ISP 提供的用户名（账号）及密码等信息。若用户通过匿名上网，需输入提供匿名上网服务的 ISP 的用户名（账号）及密码。

（12）在设置好用户名（账号）后，还可选择是否让所有使用这台计算机上网的用户都使用该用户名（账号）、是否将其作为默认的 Internet 连接、是否启用该连接的 Internet 防火墙复选项。单击“下一步”按钮，打开“新建连接向导”之八对话框，如图 6.42 所示。

（13）该对话框提示用户已完成新建连接，用户若选中“在我的桌面上添加一个到此连接的快捷方式”复选框，则在桌面上建立一个该连接的快捷方式图标。

（14）这时单击“开始”按钮，在弹出的“开始”菜单中会显示“连接到”命令。选择“连接到”→“拨号连接”命令，将弹出“连接 拨号连接”对话框，如图 6.43 所示。

（15）在该对话框中，用户可在“用户名”和“密码”文本框中输入用户名及连接密码，单击“拨号”按钮，即可开始进行拨号连接。

6.5.2 IE 浏览器

Internet Explorer 浏览器（简称 IE 浏览器），是 Microsoft 公司设计开发的一个功能强大、很受欢迎的 Web 浏览器。使用 IE 浏览器，用户可以将计算机连接到 Internet，从 Web 服务器上搜索需要的信息、浏览 Web 网页、查看源文件、收发电子邮件，上传网页等。

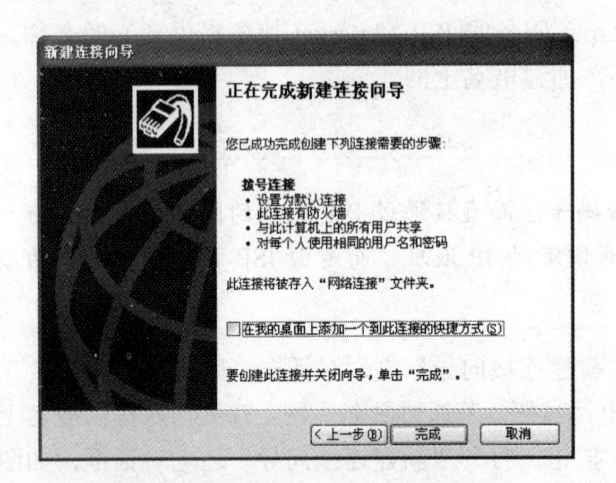

图 6.42 “新建连接向导”之八对话框

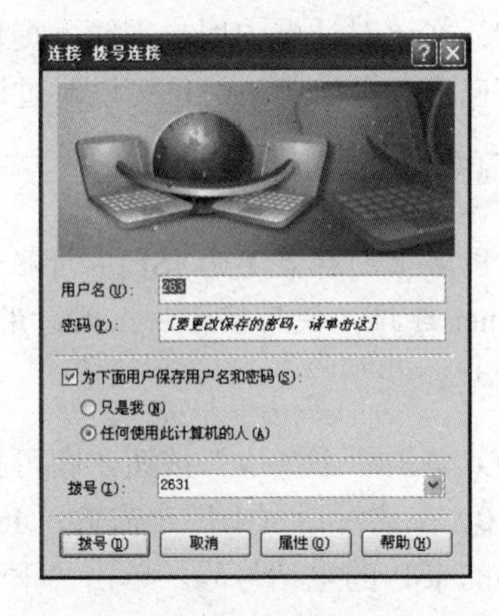

图 6.43 “连接 拨号连接”对话框

1. 浏览网页

使用 IE 浏览器浏览 Web 网页，是 IE 浏览器使用最多、最重要的功能。用户只需双击桌面上的 IE 浏览器的图标，或单击“开始”按钮，在“开始”菜单中选择“Internet Explorer”命令，即可打开“Microsoft Internet Explorer”窗口，如图 6.44 所示。

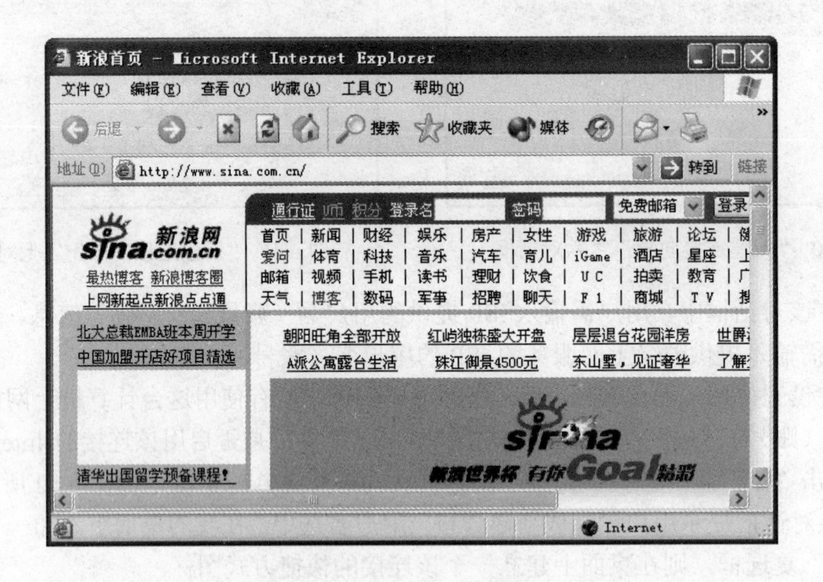

图 6.44 “Microsoft Internet Explorer”窗口

在该窗口中，用户可在地址栏中输入要浏览的 Web 站点的统一资源地址（URL 地址），以打开其对应的 Web 主页。

URL 地址是 Internet 上 Web 服务程序中提供访问的各类资源的地址，是 Web 浏览器寻找特定网页的必要条件。每个 Web 站点都有唯一的一个 Internet 地址，简称为网址，其格式都应符合 URL 格式的约定。

在打开的Web网页中，常常会有一些文字、图片、标题等，将鼠标放到其上面，鼠标指针会变成“👆”形，这表明此处是一个超链接。单击该超链接，即可进入其所指向的新的Web页。

在浏览Web页时，若用户想回到上一个浏览过的Web页，可单击工具栏上的“后退”按钮；若想转到下一个浏览过的Web页，可单击“前进”按钮。

若用户想快速打开某个Web站点，可单击地址栏右侧的小三角，在其下拉列表中选择该Web站点地址即可，或单击工具栏上的“收藏”→“添加到收藏夹”命令，在弹出的如图6.45所示的“添加到收藏夹”对话框中输入Web站点地址，单击“确定”按钮，将该Web站点地址添加到收藏夹中。

图6.45 “添加到收藏夹”对话框

若要打开该Web站点，只需单击工具栏上的“收藏夹”按钮，打开“收藏夹”窗格，在其中单击该Web站点地址，或单击“收藏夹”菜单，在其下拉菜单中选择该Web站点地址即可快速打开该Web网页。

在地址栏中输入Web网站地址时，输入中间的单词后，按组合键Ctrl+Enter可自动添加http:// www 和.com。

2. 网页的保存

上网的目的之一就是查找一些有用的资料，找到这些网页文件后用户需要把它们保存下来，可以单击“文件”→“另存为”命令，会打开“另存为”对话框，在其中可以选择保存位置与文件名，默认的保存类型是网页文件，扩展名为HTML，用户还可以选择保存为其他类型的文件，如文本文件等。

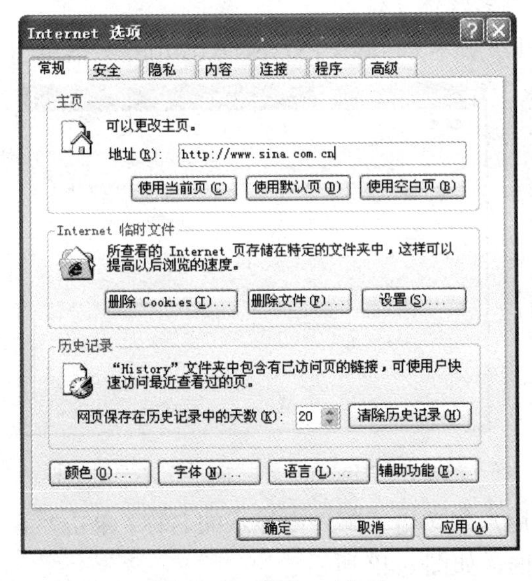

图6.46 设置IE选项

3. 设置IE

（1）设置默认主页。如果上网时经常要浏览某个网站，可以把它设置成默认主页，这样每次启动IE就会自动登录这个网站，省去了输入网址的麻烦。

比如要把新浪网设为默认主页，单击“工具”→“Internet选项”，出现如图6.46所示的对话框。

在“常规”→“主页”→“地址”文本框中输入网站地址，如果当前已经打开了这个网站的主页，可以单击“使用当前页”按钮，就会把当前网页地址自动输入进去。

（2）清除历史记录。上网时IE会在“History”文件夹中默认保存20天的上网记录，如果用户想清除这些记录，可以在如图6.46所示对话框中，单击“常规”→“历史记录”→“清除历史记录”按钮，在其中还可以设置IE保存历史记录的天数。

6.5.3 电子邮件

电子邮件是互联网上使用最多的服务之一，它使用户间能够发送和接收消息，特别是使国际间信息的交流更加方便快捷。因为电子邮件比人工邮件的传递速度更快、范围更广，并且可以实现一对多传送，还可以将文本、图像和语言等多种信息集成在一起传送。

1. 电子邮件地址

电子邮件存放在电子邮件服务器中，电子邮件服务器是互联网邮件服务系统的核心，它一方面负责用户发送来的邮件，并根据邮件要发送的地址将其传送到对方的邮件服务器中；另一方面还负责接收从其他邮件服务器中发送来的邮件，并根据收件人的不同邮件地址分发到各自的邮箱中。

每个使用电子邮件的用户要在邮件服务器中申请一个账号和密码，由账号和邮件服务器主机名组成的全球唯一的标识称为电子邮件地址。电子邮件地址由两部分组成：前面是用户在邮件服务器中的账号，后面是邮件服务器的主机名或邮件服务器所在域的名字，两者之间用“@”分隔。如一个用户在 163 申请了一个免费邮箱，他的账号是 abc123，则他的邮箱地址是 abc123@163.com。别人知道这个人的邮箱地址就可以给他发送电子邮件了，只有知道这个邮箱的密码才能阅读其中的电子邮件，进行相关的邮件管理。

用户要收发电子邮件必须有一个电子邮箱，很多网站都提供免费的电子邮箱申请，如新浪、163 等，在其主页上找到邮箱的超级链接，按照其提示步骤就可以申请一个免费的电子邮箱地址。

2. 设置邮件账号

Outlook Express 是 Microsoft 公司提供的一个电子邮件的收发与管理软件。通过该软件，用户可以实现电子邮件的编写、发送、接收等，同时用户也可以将其他文件导入到 Outlook Express 中，通过电子邮件的形式发送图片、声音等多媒体文件。

在 Windows XP 中内置了 Outlook Express 的升级版本 Outlook Express 6.0。用户只需单击“开始”按钮，在弹出的菜单中选择“Outlook Express”命令，即可启动 Outlook Express。

当用户第一次启动 Outlook Express 时，将弹出“Internet 连接向导”系列对话框，通过该对话框，可帮助用户进行 Outlook Express 电子邮件的设置。

对 Outlook Express 电子邮件进行设置，可执行以下步骤。

（1）单击“开始”按钮，选择“Outlook Express”命令，将弹出“Internet 连接向导”之一对话框，如图 6.47 所示。

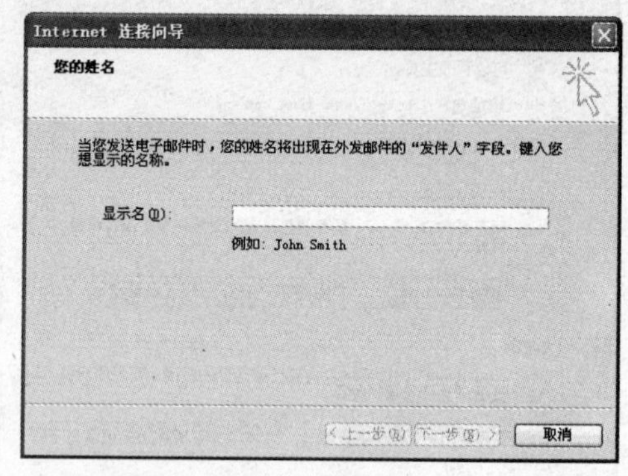

图 6.47 “Internet 连接向导”之一对话框

（2）在该对话框中的“显示名”文本框中输入用户想在电子邮件中显示的名称。单击“下一步”按钮，进入“Internet 连接向导”之二对话框，如图 6.48 所示。

（3）在该对话框中的“电子邮件地址”文本框中输入用户的电子邮件地址。输入完毕后，单击“下一步”按钮，打开“Internet 连接向导”之三对话框，如图 6.49 所示。

（4）在该对话框中的“我的邮件接收服务器”下拉列表中选择服务器名称；在“邮件接收（POP3 或 IMAP）服务器”文本框中输入接收邮件的服务器的名称；在“发送邮件服务器（SMTP）”文本框中输入发送邮件的服务名称。

（5）输入完毕后，单击“下一步”按钮，进入“Internet 连接向导”之四对话框，如图 6.50 所示。

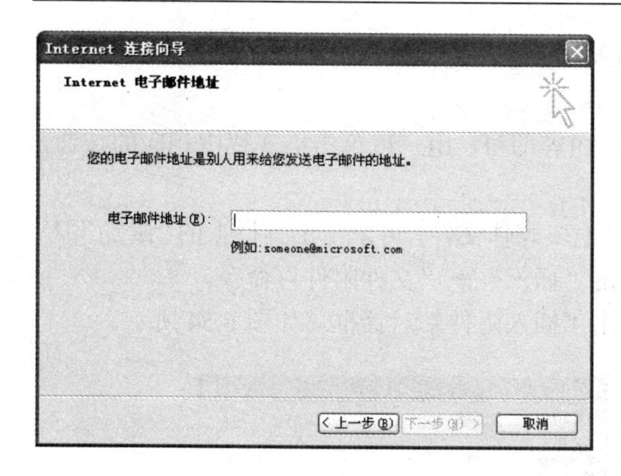

图 6.48 “Internet 连接向导”之二对话框

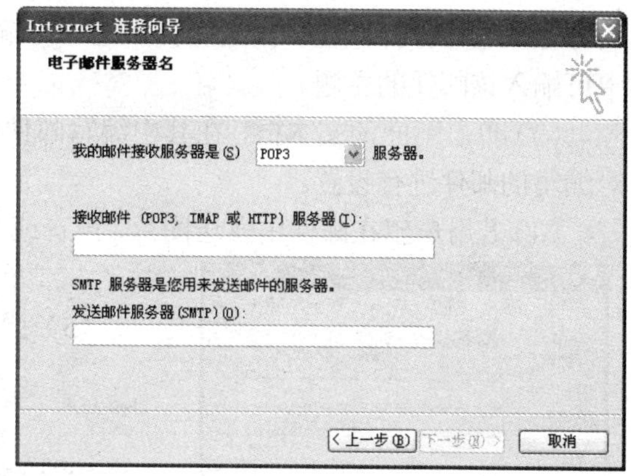

图 6.49 “Internet 连接向导”之三对话框

（6）在该对话框中的“账户名”和“密码”文本框中输入 ISP 提供的账户名和密码。输入完毕后，单击“下一步”按钮，进入“Internet 连接向导”之五对话框，如图 6.51 所示。

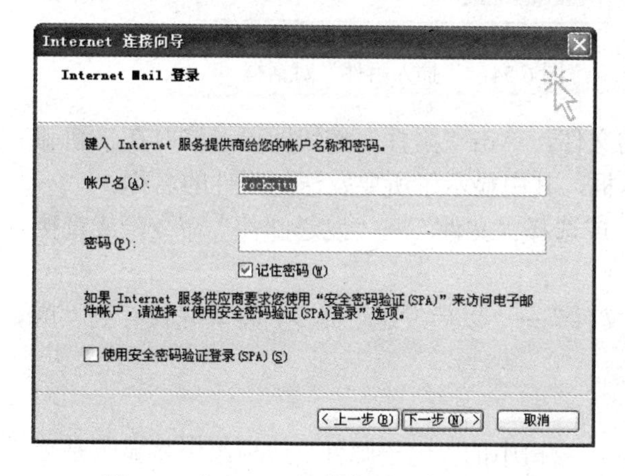

图 6.50 “Internet 连接向导”之四对话框

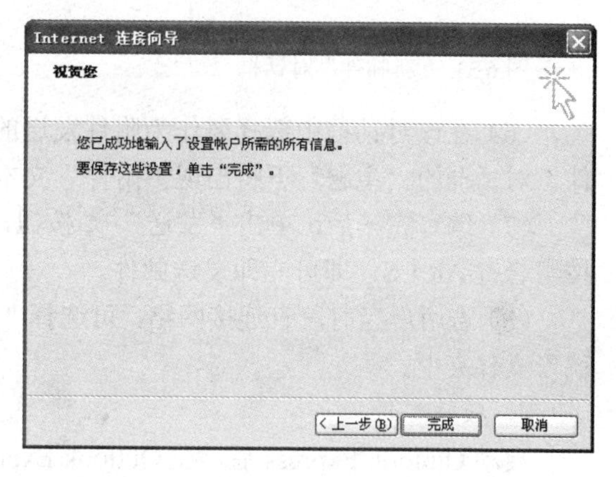

图 6.51 “Internet 连接向导”之五对话框

（7）在该对话框中显示了已成功设置了 Outlook Express 电子邮件的信息，单击“完成”按钮即可。

3. 发送邮件

当用户正确设置了Outlook Express电子邮件后，即可进入 Outlook Express 窗口，打开的 Outlook Express 窗口如图 6.52 所示。

启动 Outlook Express 后，用户就可以编写电子邮件发送给自己的亲友了，编写电子邮件，可执行以下步骤。

（1）单击工具栏上的“创建邮件”按钮，或选择“文件”→“新建”→“邮件”命令，打开“新邮件”对话框，如图 6.53 所示。

图 6.52 “Outlook Express”窗口

（2）在该对话框中的“收件人”文本框中，输入收件人的名称，若收件人不止一个，可用分号或逗号分开，在“抄送”文本框中可输入要抄送给其他人的名称，在“主题”文本框中可输入该邮件的主题。

（3）单击下面的文本框，在其中编写邮件的内容即可。用户可单击格式栏中相应的按钮，对编写的邮件进行设置。

（4）若用户想在邮件中发送图片、声音或其他多媒体文件，可单击工具栏上的“附加”按钮，或单击“插入”→“文件附件”命令。

（5）弹出“插入附件”对话框，如图 6.54 所示。

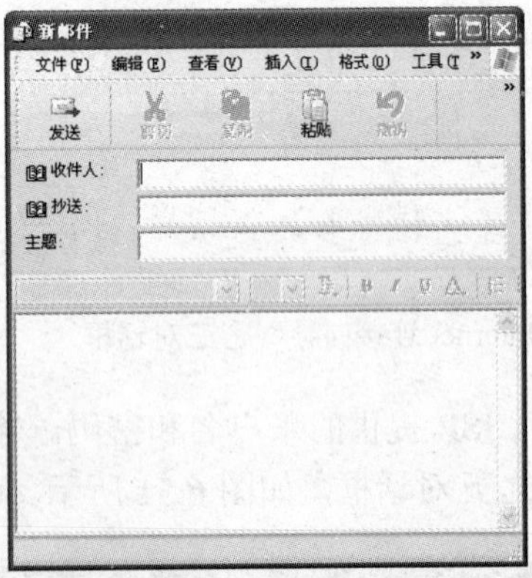

图 6.53 “新邮件”对话框

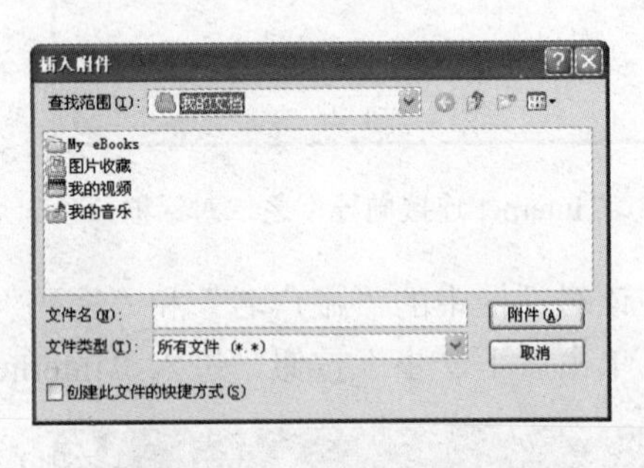

图 6.54 “插入附件”对话框

（6）在该对话框中选择要作为附件发送的文件，单击“附件”按钮即可。这时在“新邮件”对话框的“主题”下将出现“附件”文本框，其中显示了所要发送的附件的名称。

（7）编写完毕后，单击“发送”按钮，或选择“文件”→“发送邮件”命令，或直接按组合键 Alt+S，即可立即发送邮件。

（8）若用户当时没有连接网络，可选择“文件”→“以后发送”命令，将其先保存到“草稿”文件夹中。

4. 接收邮件

启动 Outlook Express 后，在 Outlook Express 窗口中的“电子邮件”选项组中将显示是否有未读的邮件及有几封未读的邮件等信息。单击“阅读邮件”超链接，即可阅读所有的邮件，也可以在左边的“文件夹”窗格中单击“收件箱”文件夹，打开“收件箱”窗格，选择要阅读的邮件。

有时打开了电子邮件，却发现该电子邮件显示的是乱码，这时用户可执行以下操作，使其恢复正常显示。

（1）打开该电子邮件。

（2）选择“查看”→“编码”→“简体中文”命令即可。

若执行上述操作后，显示仍是乱码，则可能是对方发送的邮件有问题。

在收到电子邮件后，用户若需要给寄件人回复信件，可单击工具栏上的“答复”按钮，打开“Re：回复收件人”对话框，如图 6.55 所示。

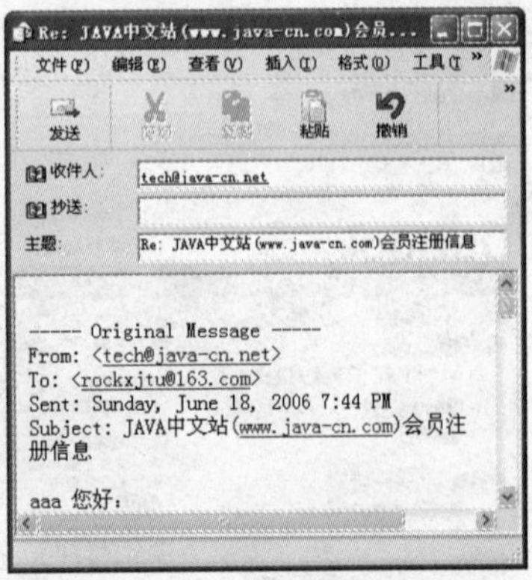

图 6.55 “Re：回复收件人”对话框

在“收件人”文本框中显示了收件人的电子邮件地址，单击下面的文本框，编写邮件即可。编写完毕后，单击工具栏上的“发送”按钮即可将其回复给发件人。

小　　结

计算机网络是计算机技术与通信技术相结合的产物，能够实现数据传输及资源共享。通过对计算机网络的发展、组成、结构、工作原理以及 Internet 相关概念和应用操作的学习，能够更好地使用网络来获取信息、交流信息和完成各项工作。

上 机 实 训

实训目的

（1）了解因特网（Internet）的概念。

（2）掌握电子邮件的收发、浏览器 IE 的使用。

实训内容

实训电子邮件的收发和 IE 浏览器的使用。在磁盘上建立考生文件夹（班级＋学号＋姓名）并完成以下操作。

要求：

（1）登录西安电专主页（www.xaepi.edu.cn）。

（2）将西安电专主页设为浏览器的首页。

（3）进入学校概况，将该网页中的文字以文本文件的形式保存到考生文件夹中，命名为“学校概况.txt”。

（4）进入团委主页并将该网页命名为“团委.html”保存在考生文件夹中。

（5）在收藏夹中建立名为“门户网站”的文件夹，并将新浪和搜狐加入其中。

（6）登录新浪（www.sina.com.cn）、搜狐主页（www.sohu.com.cn），并加入收藏夹。

（7）登录 163 申请一个免费电子邮箱（ mail.163.com ）。

（8）启动 Outlook Express，利用此邮箱发送邮件，要求如下：

收件人地址：xaepi_zy@163.com 。

主　　题：Internet 操作实训作业

正文如下：

老师：您好！

现将作业发给您，见附件，请查收。

此致

敬礼！

（学生姓名）

（学生的班级学号）

（当天日期）

将“学校概况.txt”作为电子邮件的附件。

第7章　计算机安全知识

学习目的与要求

随着计算机及计算机网络的不断普及，计算机深入到了人们工作、生活中的每一个角落，计算机安全也成为了一个日益重要的社会问题。通过本章的学习，读者主要了解计算机安全的基本概念、计算机病毒的基本知识、计算机网络安全的基本知识。通过了解这些内容，进一步树立和提高计算机安全意识，了解基本的计算机安全保护措施和技术手段。

7.1　计算机安全概述

随着计算机技术，特别是计算机网络技术的飞速发展及全面普及，国家、社会及个人依赖于计算机信息系统的程度越来越大，应用面也越来越广。可以说，计算机已经深入到人们工作、学习、生活等每一处活动中，因而，计算机安全的重要性也日益突出。

可是计算机并不安全，它潜伏着严重的不安全性、脆弱性和危险性。造成不安全的因素很多，有计算机系统本身的不可靠性，有环境干扰以及自然灾害等因素引起的，也有工作失误、操作不当造成的，而人为故意的未授权窃取、破坏等敌对性活动危害更大。加上近年来计算机病毒严重地侵入计算机系统，不安全性就显得更为突出。在计算机系统中，以微型计算机安全的缺陷为最大，也最易受病毒的感染。有人曾预言，今后在现代化战争中可以利用传输病毒来破坏对方的军事指挥通信系统，使其处于瘫痪状态。因而对计算机安全问题决不能掉以轻心。

国际标准化组织（ISO）将"计算机安全"定义为"为数据处理系统而采取的技术和管理的安全保护，保护计算机硬件、软件数据不因偶然和恶意的原因而遭到破坏、更改和泄露。"我国公安部计算机管理监察司的定义是"计算机安全是指计算机资产安全，即计算机信息系统资源和信息资源不受自然和人为有害因素的威胁和危害。"

计算机安全的内容应包括两方面。

（1）物理安全。指系统设备及相关设施受到物理保护，免于破坏、丢失等。

（2）逻辑安全。包括信息完整性、保密性和可用性。其中，保密性指高级别信息仅在授权情况下流向低级别的客体与主体；完整性指信息不会被非授权修改及信息保持一致性等；可用性指合法用户的正常请求能及时、正确、安全地得到服务或回应。

一个系统存在的安全问题可能主要来源于两方面：一是安全控制机构有故障；二是系统安全定义有缺陷。前者是一个软件可靠性问题，可以用优秀的软件设计技术配合特殊的安全方针加以克服；而后者则需要精确描述安全系统。美国国防部（DOD）于1985年出版了《可信计算机系统的评价准则》（又称"橘皮书"），使计算机系统的安全性评估有了一个权威性的标准。橘皮书将计算机系统的可信程度划分为D、C1、C2、B1、B2、B3和A1七个层次。其中A级提供核查保护，只适用于军用计算机；B级为一套强制访问控制规则，又细分为B1、

B2、B3 三个等级，B1 表示被标签的安全性，B2 表示结构化保护，B3 表示安全域；C 级为酌情保护，又细分为 C1、C2 两个级别，C1 是酌情安全保护，C2 是访问控制保护；而 D 级系统安全度最低，常见的无密码保护的个人计算机系统即属于此类。

计算机安全知识涉及的范围非常广，是一门综合性学科，本章主要讨论计算机病毒、计算机网络安全这两个与计算机用户联系最为密切的内容。

7.2 计算机病毒

随着计算机使用，尤其是计算机网络使用的日益普及，对广大用户来说，计算机病毒并不是一个陌生的概念，那么，究竟什么是计算机病毒（Computer Virus），它的结构、工作原理是怎样的，该如何防治它，下面将就这些问题进行讲述。

7.2.1 计算机病毒的概念

1. 计算机病毒的定义

什么是计算机病毒？《中华人民共和国计算机信息系统安全保护条例》规定，计算机病毒是“指编制或者在计算机程序中插入的破坏计算机功能或者破坏数据，影响计算机使用并且能够自我复制的一组计算机指令或者程序代码”。

简单地说，计算机病毒就是一段具有破坏性且能够自我复制的可执行代码。

2. 计算机病毒的来源

之所以称“一段具有破坏性且能够自我复制的可执行代码”为计算机病毒，主要是因为它与生物学上的病毒有许多相似之处：计算机病毒程序通常小于 4KB，它也像生物病毒感染生物体一样，将自己依附在其他宿主（程序、文件等）上，随着该宿主的工作而进行传播。计算机病毒也有潜伏期，在潜伏期内不容易被发现，待条件成熟，便会进行各种破坏活动。这也是得名“病毒”的原因。

然而，与生物学上的“病毒”不同，计算机病毒不是天然存在的，而是某些人利用计算机软、硬件所固有的脆弱性，出于各种目的编制而来的，如有的是计算机工作人员或业余爱好者为了寻开心或表现自己的能力而制造出来的；有的是软件公司为保护自己的产品被非法拷贝而制造的报复性惩罚；有的是个人对公司、雇主的蓄意报复行为；当然，作为国家政府，或专业的实验室，出于军事、研究等目的也会研制病毒，若由于某种原因失去控制扩散出实验室或研究所，也将成为危害社会的计算机病毒。

3. 计算机病毒的历史

计算机病毒的概念是伴随计算机的诞生而产生的。1949 年，计算机之父冯·诺依曼便在《复杂自动机组织论》中定义了计算机病毒的概念，即一种“能够实际复制自身的自动机”。1960 年，美国的约翰·康维首先实现了程序自我复制技术。而贝尔实验室的三位年轻程序员在受到冯·诺依曼理论的启发下，发明了“磁心大战”游戏。通过比赛双方的程序在预定的时间内，谁的程序繁殖得多，谁就得胜。

关于第一个计算机病毒的诞生说法不一，但一般认为诞生时间是在 20 世纪 70 年代初或者 20 世纪 60 年代末。然而，真正为世人所关注的是 1986 年，巴基斯坦的拉合尔（Lahore），巴锡特（Basit）和阿姆杰德（Amjad）两兄弟编写的 Pakistan 病毒，即 Brain。在一年内流传到了世界各地。这是世界上第一个真正意义上的计算机病毒。

1988年11月2日，罗伯特·莫里斯（Robert T.Morris）将他编写的蠕虫病毒程序输入计算机网络，造成重大灾害，美国六千多台计算机被病毒感染，计算机系统直接经济损失达9600万美元。这是一次非常典型的计算机病毒入侵计算机网络的事件，迫使美国政府立即作出反应，国防部成立了计算机应急行动小组。

1988年底，我国发现"小球病毒"，这是我国第一次计算机病毒经历。

1991年秋天，在美国攻打伊拉克的"海湾战争"中，美军第一次将计算机病毒用于战争并获得最后的胜利。计算机病毒开始应用于现代战争。

1992年，出现了专门对付杀毒软件的"幽灵病毒"（One-half）。病毒和杀毒软件的斗争正式开始。

1994年，出现了采用密码技术、编写技巧高超的隐蔽性病毒和多变性病毒。

1995年，美国首次发现"宏病毒concept"，一种用Word编写的病毒，专门攻击Windows操作系统以及微软公司的其他产品。

1998年6月，世界上出现了首例既能攻击软件又能攻击硬件的病毒——CIH病毒。这种病毒可以损坏计算机的硬盘、芯片和主板，造成机子的彻底损坏。CIH病毒是继DOS病毒、Windows病毒、宏病毒后的第四类新型病毒。在1999年4月26日，CIH病毒大爆发，全球超过6000万台电脑被不同程度地破坏，造成了巨大的损失。

2000年5月，一种利用微软公司电子邮件系统outlook漏洞的 "I LOVE YOU"（爱虫）病毒发作，一天之内传遍全球，造成大部分网络瘫痪，全球经济损失达100亿美元。

2001年一种结合了蠕虫、木马、后门、黑客等攻击手段的综合性病毒——红色代码codered病毒传遍全球。危害之大，是病毒史上一个里程碑事件。

2003年的冲击波病毒是一种利用IP扫描技术寻找网络上系统为Win2K或XP的计算机，并继而利用DCOM RPC缓冲区漏洞攻击该系统，一旦攻击成功，将会对该计算机进行感染，使系统操作异常，不停地重启，甚至导致系统崩溃。该病毒爆发使得全球数十万台计算机被感染，给全球造成20亿～100亿美元损失。

7.2.2 计算机病毒的特点

通常来说，计算机病毒具有以下特点。

1. 破坏性

任何病毒侵入计算机后，都会对计算机的正常使用造成不同程度的影响。轻者降低计算机的性能，占用系统资源，重者破坏数据导致系统崩溃，甚至损坏硬件，造成重大损失。

2. 传染性

计算机病毒的传染性是指病毒具有把自身复制到其他程序中的特性。计算机病毒程序一旦侵入计算机系统并得以执行，就开始搜寻其他符合其传染条件的程序或存储介质，确定目标后再将自身代码插入其中，达到自我繁殖的目的。特别是在今天计算机网络被广泛使用的情况下，计算机病毒更是能够在极短的时间内迅速传遍世界。

正常的计算机程序一般是不会将自身的代码强行连接到其他程序之上的。传染性是计算机病毒最重要的特征，也是判断一段程序代码是否为计算机病毒的基本依据。

3. 隐蔽性

计算机病毒程序一般都是具有很高编程技巧、短小精悍的程序，只有一百多到几百条语句，占几百到几千字节；通常都是附在正常程序中或磁盘较隐蔽的地方，也有个别的以隐含文件形式出现。其目的都是不让用户发现它的存在。一般在没有防护措施的情况下，计算机病毒程序取得系统控制权后，可以在很短的时间里传染大量程序，并且使用户不会感到任何异常。正是由于隐蔽性，计算机病毒才得以在用户没有察觉的情况下扩散到更多的计算机中。

4. 潜伏性

一般来说，计算机病毒感染系统之后不会马上发作，而是借助其隐蔽性长期隐藏在系统中，只有在满足其特定条件时才启动其表现（破坏）模块。正是由于病毒的这种潜伏性，才使得它可以进行广泛地传播。

5. 触发性

计算机病毒一般都有一个或者多个触发条件。在条件未满足时，计算机病毒安静地呆在系统中，但是一旦满足其触发条件或者激活病毒的传染机制，计算机病毒就会具有传染性，或表现其破坏性。触发的实质是一种条件的控制，一般都是病毒制造者设定的，它可能是时间、日期、文件类型或某些特定数据等。

如著名的“黑色星期五”病毒只在逢13号的星期五发作，而国内的“上海一号”会在每年3、6、9月的13日发作。当然，最令人瞩目的便是26日发作的CIH。这些病毒在平时会隐藏得很好，只有在发作日才会露出本来面目。

6. 寄生性

计算机病毒程序一般都不是独立存在的，为了进行自身的主动传播，通常都是使自身寄生在可以获取执行权的寄生对象上。从目前出现的各种计算机病毒来看，寄生对象主要有两种，一种是寄生在磁盘引导扇区；另一种是寄生在文件中。

除了以上主要特点外，计算机病毒还具有非法性、不可预见性、衍生性等特点。

7.2.3 计算机病毒的分类

计算机病毒的分类有多种方法，从不同的角度考虑，主要有以下几种。

1. 根据计算机病毒的破坏程度分类

（1）良性病毒。不对计算机系统产生直接破坏，但会导致整个系统运行效率降低，系统可用内存总数减少，使某些应用程序不能运行，妨碍和干扰计算机用户的正常使用。良性病毒只是相对而言的。

（2）恶性病毒。可以直接损伤和破坏计算机系统，会对系统产生直接的破坏作用。这种病毒危害性极大，往往发作后会给用户造成不可挽回的损失。

2. 根据按计算机病毒的寄生方式分类

（1）引导型病毒。病毒一般寄生在磁盘的引导区或主引导区。病毒用自己的全部或部分逻辑取代正常的引导记录，而将正常的引导记录隐藏在磁盘的其他地方。这种病毒利用系统引导时不对引导区的内容正确与否进行判别的缺点，在运行的一开始（如系统启动）就能获得控制权，侵入系统后驻留内存，监视系统运行，待机进行传染和破坏。因此，这种病毒传染性较大。

（2）文件型病毒。病毒一般寄生在文件中，既可以是可执行文件，也可以是数据文件。文件型病毒主要以感染文件扩展名为.COM、.EXE和.OVL等可执行程序为主。已感染病毒的文件执行速度会减缓，甚至完全无法执行。有些文件遭感染后，一执行就会遭到删除。

（3）混合型（复合型）病毒。是指同时具有引导型病毒和文件型病毒寄生方式的计算机病毒，此种病毒通过这两种方式来感染，更增加了病毒的传染性及存活率，因此它的破坏性更大，传染的机会更多，清除也更为困难。

（4）宏病毒。宏病毒从本质上说属于文件型病毒，它利用 Office 提供的宏功能，将病毒程序插入到带有宏的 Office 文件中，如 Word 文档、Excel 工作簿等。这类病毒种类多，传播速度快，往往对系统或文件造成破坏，是目前比较常见、具有较强危害性的一种病毒。

（5）网络蠕虫病毒。蠕虫是一种通过网络传播的恶性病毒，它具有病毒的一些共性，如传播性、隐蔽性、破坏性等，同时具有自己的一些特征，如不利用文件寄生（有的只存在于内存中），对网络造成拒绝服务及和黑客技术相结合等。在产生的破坏性上，蠕虫病毒也不是普通病毒所能比拟的，网络的发展使得蠕虫可以在短短的时间内蔓延至整个网络，造成网络瘫痪。

3. 根据计算机病毒的链接方式分类

（1）源码型病毒。该病毒攻击高级语言编写的程序，病毒在高级语言所编写的程序编译前插入到源程序中，经编译成为合法程序的一部分。这种病毒编写困难，比较少见。

（2）嵌入型病毒。这种病毒是将自身嵌入到现有程序中，把计算机病毒的主体程序与其攻击的对象以插入的方式链接。一旦侵入程序体后也较难消除。

（3）外壳型病毒。该病毒将其自身包围在主程序的四周，对原来的程序不做修改。这种病毒最为常见，易于编写，但也易于发现和清除。

（4）操作系统型病毒。这种病毒用它自己的程序意图加入或取代部分操作系统进行工作，具有很强的破坏力，可以导致整个系统的瘫痪。操作系统型病毒在运行时，用自己的逻辑部分取代操作系统的合法程序模块，对操作系统进行破坏。

7.2.4 计算机病毒的结构及工作原理

1. 计算机病毒的结构

计算机病毒包括三大功能块，即引导模块、传播模块和破坏/表现模块。其中，后两个模块各包含一段触发条件检查代码，它们分别检查是否满足传染触发的条件和是否满足表现触发的条件，只有在相应的条件满足时，病毒才会进行传染或表现/破坏。实际上，不是任何病毒都必须包括这三个模块，有些病毒没有引导模块，而有些病毒没有破坏模块。

三个模块各自的作用是：①引导模块将病毒由外存引入内存，使后两个模块处于活动状态；②传播模块用来将病毒传染到其他对象上去；③破坏/表现模块实施病毒的破坏作用，如删除文件、格式化磁盘等，由于该模块在有些病毒中并没有明显的恶意破坏作用，只是进行一些视屏或发声方面的自我表现作用，故该模块有时又称作表现模块。

2. 计算机病毒的工作原理

不同类型的计算机病毒的工作原理也是有所不同的，但一般来说，计算机病毒的完整工作过程基本都包括以下几个环节。

（1）传染源。病毒总是依附于某些存储介质，如软盘、硬盘、U 盘等。

（2）传染媒介。病毒传染的媒介一般是由工作的环境决定的，可能是计算机网络，也可能是移动存储介质等。

（3）病毒激活。是指将病毒装入内存，并设置触发条件，一旦触发条件成熟，病毒就开始作用，包括自我复制到传染对象中，或进行各种破坏活动等。

（4）病毒触发。计算机病毒一旦被激活，立刻就发生作用，触发的条件是多样化的，可以是内部时钟、系统的日期、用户标识符，也可能是系统一次通信等。

（5）病毒表现。表现是病毒的主要目的之一，有时在屏幕显示出来，有时则表现为破坏系统数据。

（6）传染。病毒的传染是病毒性能的一个重要标志。在传染环节中，病毒复制一个自身副本到传染对象中去。

可以看出，计算机病毒的传染是以计算机系统的运行及读写磁盘为基础的。如果计算机不启动不运行就谈不上对磁盘的读/写操作或数据共享，病毒也就无法传播到磁盘或网络里。系统运行为计算机病毒驻留内存创造了条件。 一般情况下，病毒传染的第一步是驻留内存；一旦进入内存之后，病毒就会取得控制权，寻找传染机会和可攻击的对象，判断条件是否满足，然后决定是否进行传染或表现，从而进行病毒的传染或破坏。

7.2.5 常见的计算机病毒

1. 蠕虫病毒

广义上讲，凡能够引起计算机故障，破坏计算机数据的程序都可称为计算机病毒。所以从此意义上讲，蠕虫也是一种病毒。但是蠕虫病毒和一般的病毒有着很大的区别。一般认为，蠕虫是一种通过网络传播的恶性病毒，它具有病毒的一些共性，如传染性、隐蔽性、破坏性等，同时又具有自己的一些特征，如不利用文件寄生（有的只存在于内存中）、对网络造成拒绝服务及和黑客技术相结合等。

蠕虫病毒主要的破坏方式是大量的复制自身，然后在网络中传播，严重的占用有限的网络资源，最终引起整个网络的瘫痪，使用户不能通过网络进行正常的工作。蠕虫的传染目标是互联网内的所有计算机。局域网条件下的共享文件夹，电子邮件，网络中的恶意网页，存在着大量漏洞的服务器等都成为蠕虫传播的良好途径。

在产生的破坏性上，蠕虫病毒也非普通病毒所能比拟，特别是网络技术的发展使得蠕虫可以在短时间内蔓延全球网络，使其瘫痪，造成巨大的经济损失；某些蠕虫病毒还具有更改用户文件、将用户文件自动当附件转发的功能，更是严重的危害到用户的系统安全。

最早的蠕虫病毒是1988年由美国CORNELL大学研究生莫里斯编写的，在短短12h内，有6200台采用Unix操作系统的SUN工作站和VAX小型机瘫痪或半瘫痪，不计其数的数据和资料毁于一旦，造成近亿美元的损失。而莫里斯也于1990年5月被纽约地方法庭判处三年缓刑，罚款一万美金，义务为新区服务400小时。

从第一个蠕虫病毒出现以来，造成重大经济损失的蠕虫病毒已是不计其数，其中比较著名的有2001年7月起发作的红色代码，2002年9月起发作的硬盘杀手，2003年1月起爆发的2003蠕虫王，2003年8月12日起爆发的冲击波，以及由其引发的2003年8月起发现的冲击波杀手，2004年5月爆发的振荡波病毒，都属于蠕虫病毒，都给全球计算机网络带来了巨大的灾难和损失。

2. 木马病毒

木马的称谓来源于古代特洛依战争中的木马计。木马病毒的实质是一个网络/客户服务程序。完整的木马病毒程序一般由两个部分组成，一个是服务器程序，一个是控制程序，被病毒感染的计算机会自动运行服务器程序。而拥有控制程序的人随时可以检查该计算机的文件系统，做系统管理员才能做的工作（如格式化磁盘等），或轻松地窃取该计算机用户上所有文件、程序，以及使用到的账号、密码等。

木马程序通常通过伪装自己的方式进行传播，如伪装成一个小程序，用户一旦运行，就中了木马；或伪装成网页，当用户单击该网页的链接时，就中了木马；此外，还可以伪装成电子邮件的附件，或把自己绑定在正常的程序上面。

木马一般具有以下几个特性。

（1）包含于其他程序之中，当用户执行这些程序时，木马启动自身，在用户难以察觉的情况下，完成一些危害用户的操作。木马通过修改注册表和文件以便在每一次启动时都能被载入，同时它具有很强的隐藏性，通常不是自己生成一个启动程序，而是依附在其他程序之中。

（2）具有自动运行性。木马必须在系统启动时才跟随启动，所以它必须潜入你的启动配置文件中，如 win.ini、system.ini、winstart.bat 及启动组等文件中。

（3）具备自动恢复功能。很多木马程序中的功能模块已不再由单一的文件组成，而是具有多重备份，可以相互恢复。当用户删除了其中的一个时，其他的仍旧存在。

（4）能自动打开特别的端口。木马程序潜入用户电脑的目的主要不是为了破坏系统，而是为了获取系统中有用的信息；木马经常利用系统不太用的一些端口进行连接，大开方便之“门”，让用户系统的信息完全暴露。

（5）功能的特殊性。木马功能都是十分特殊的，除了普通的文件操作以外，还有些木马具有搜索 cache 中的口令、设置口令、扫描目标机器的 IP 地址、进行键盘记录、远程注册表的操作及锁定鼠标等功能。

木马病毒把自己隐藏在计算机的某个角落里面，以防被用户发现;同时监听某个特定的端口，等待客户端与其取得连接；另外，为了下次重启计算机时仍然能正常工作。木马程序一般会通过修改注册表或者其他的方法让自己成为自启动程序。

比较著名的木马病毒有冰河、灰鸽子等。

3. *宏病毒*

宏是微软公司为其 Office 软件设计的一个特殊功能，其系统内置了一种类 BASIC 的宏编程语言，让用户能够用简单的编程方法，简化一些经常性的操作。由于宏容易编制，同时也为一些人提供了一种简单而高效的制造新病毒的手段。

宏病毒是一种寄存在文档或模板的宏中的计算机病毒。一旦打开这样的文档，宏病毒就会被激活，转移到计算机上，并驻留在 Normal 模板上。此后，所有自动保存的文档都会“感染”上这种宏病毒。

“宏病毒”主要感染 Word、Excel 等 Office 文件，是自 1996 年 9 月开始在国内出现并逐渐流行的病毒。由于微软的 Office 系列办公软件和 Windows 系统占了绝大多数的 PC 软件市场，加上 Windows 和 Office 提供了宏病毒编制和运行所必需的库（以 VB 库为主）支持和传播机会，所以目前宏病毒已经成为发展最快和传播最迅速的病毒。

宏病毒的产生，主要是利用一些数据处理系统内置宏命令编程语言的特性而形成的。病毒可以把特定的宏命令代码附加在指定的文件中，通过文件的打开或关闭来获取控制权，实现宏命令在不同文件之间的共享和传递，达到传染的目的。目前在可被宏病毒感染的系统中，以微软的 Word、Excel 居多。

以 Word 宏病毒为例，在 Word 打开病毒文档时，宏会接管计算机，然后将自己感染到其他文档，或直接删除文件等。Word 将宏和其他样式储存在模板中，因此病毒总是把文档转换成模板再储存它们的宏。这样的结果是某些 Word 版本会强迫用户将感染的文档储存在模板中。

早期的宏病毒破坏方式往往是更改所附着的文档内容、扰乱文档的正常打印、开启一个无法关闭的对话框或不断开启新的文件直到系统资源耗尽、Word运行出错等。但随着宏的功能不断强化，宏病毒的危害也越来越大。宏病毒的破坏性表现在删除硬盘上的文件，将私人文件复制到公开场合，从硬盘上发送文件到指定的E-mail、FTP地址。

国内流行的宏病毒有Melissa病毒、TaiWan No. 1、CAP、SetMode、July killer、OPEY．A等。

4. CIH病毒

CIH病毒是20世纪最著名和最有破坏力的病毒之一，迄今为止，人们提起它，仍旧用“最阴险”、“最可怕”、“最厉害”等词语描述。CIH病毒发作时不仅破坏硬盘的引导区和分区表，而且破坏计算机系统BIOS芯片中的系统程序，导致主板损坏。CIH病毒是第一个能直接破坏计算机系统硬件的病毒。

CIH病毒属于文件型病毒，由一位名叫陈盈豪的台湾大学生所编写的。CIH病毒最早于1998年6月初在台湾被发现，随后在全球爆发，在短短几个月内一跃进入流行病毒的前十名。该病毒通过盗版软件（包括一些流行的游戏软件）传播，速度极快。CIH病毒主要感染Windows95/98系统下的EXE文件，当一个感染病毒的EXE文件被执行，CIH病毒将驻留内存，当其他程序被访问时对它们进行感染。一般来说，CIH病毒只感染Windows可执行文件（EXE），不会感染Word和Excel文档；CIH病毒感染Windows 95/98系统，却不能感染Windows NT系统。CIH病毒采取一种特殊的方式对可执行文件进行感染，感染后的文件大小根本没有变化。

CIH病毒的发作主要是通过篡改主板BIOS里的数据，造成电脑开机就黑屏，从而让用户无法进行任何数据抢救和杀毒的操作。CIH病毒的变种能在网络上通过捆绑其他程序或是邮件附件传播，并且常常删除硬盘上的文件及破坏硬盘的分区表。所以CIH病毒发作以后，即使换了主板或其他电脑引导系统，如果没有正确的分区表备份，染毒的硬盘上特别是其C分区的数据能挽回的机会很少。

CIH病毒一般在每月的26号发作；而4月26号、6月26号CIH病毒的破坏性尤其厉害。1999年4月26日，CIH病毒大爆发，全球超过6000万台电脑被不同程度地破坏；2000年CIH病毒再度爆发，全球损失超过10亿美元。其后，每年4月26日都会有不少用户电脑遭此病毒破坏而瘫痪。但是由于CIH病毒只能感染Windows 9x/Me系列操作系统，并且不能通过网络自动传播；随着Windows 2000/XP操作系统的普及，以及各种防范措施和机制的加强，该病毒逐渐销声匿迹。部分专家预测，CIH病毒将会退出病毒舞台；但也有不少专家认为，一种病毒完全灭绝的可能性很小，而一些老病毒与新病毒结合在一起传播，对于计算机的危害性也是非常大。但无论如何，CIH病毒作为计算机病毒发展的一个标志性事件，却不应为广大计算机用户忘却，它提醒人们应时刻关注电脑和网络安全，坚决抵制盗版软件，切实维护广大计算机用户的直接利益。

5. 补充知识：计算机病毒的名称

反病毒公司为了方便管理，按照病毒的特性，将病毒进行分类命名。一般格式为：<病毒前缀>.<病毒名>.<病毒后缀>。

病毒前缀是指一个病毒的种类，如木马病毒的前缀为Trojan，蠕虫病毒的前缀为Worm等；病毒名是指一个病毒的家族特征，如CIH病毒的家族名都是统一的“CIH”，振荡波蠕虫病毒的家族名是“Sasser”；病毒后缀是指一个病毒的变种特征，是用来区别具体某个家族病毒的某个变种的，一般都采用英文中的 26 个字母来表示，如 Worm.Sasser.b 就是指振荡波蠕虫病毒的变种 B。

综上所述，了解一个病毒的名称对用户后续的清除、杀毒工作是有非常大的帮助的。常见的病毒前缀如下。

系统病毒的前缀为 Win32、PE、Win95、W32、W95 等，它们的一般公有特性是可以感染 Windows 操作系统的*.exe 和*.dll 文件。

蠕虫病毒的前缀是 Worm，这种病毒的公有特性是通过网络或者系统漏洞进行传播，很大部分的蠕虫病毒都有向外发送带毒邮件，阻塞网络的特性。

木马病毒的前缀是 Trojan，而黑客病毒的前缀名一般为 Hack。木马病毒的公有特性是通过网络或者系统漏洞进入用户的系统并隐藏，然后向外界泄露用户的信息，而黑客病毒则有一个可视的界面，能对用户的电脑进行远程控制。

脚本病毒的前缀是 Script。脚本病毒的公有特性是使用脚本语言编写，通过网页进行传播的病毒。

宏病毒本质也是脚本病毒的一种，宏病毒的前缀是 Macro，第二前缀是 Word、Word 97、Excel、Excel 97（也还有别的）中的一个。该类病毒的公有特性是能感染 Office 系列文档，然后通过 Office 通用模板进行传播。

后门病毒的前缀是 Backdoor。该类病毒的公有特性是通过网络传播，给系统开后门，给用户电脑带来安全隐患。如很多用户遇到过的 IRC 后门 Backdoor.IRCBot 。

其他还有 Dropper（病毒种植程序病毒）、Harm（破坏性程序病毒）、Joke（玩笑病毒）、Binder（捆绑机病毒）等，这里就不一一叙述了。

7.2.6 计算机病毒的防治

1. 计算机病毒的预防

面对日益猖獗的计算机病毒，用户必须树立起良好的防范意识，在思想上提高警惕性，而不是等到自己的计算机感染了病毒后才去被动的医治。常见的预防措施如下。

（1）数据备份。由于计算机病毒的不可预知性和防范病毒软件往往是滞后于病毒的出现，因此用户很难保证自己的计算机不被感染上病毒。只有及时对用户数据或系统进行备份，才可能在系统崩溃时最大限度地进行恢复，减少可能的损失。因此，定期与不定期地将重要数据和资料备份起来，是最有效、可行的防范措施。

（2）安装杀毒软件及防火墙。安装杀毒软件和防火墙虽然不能保证百毒不侵，但可以让用户的电脑比较安心地运行。尤其是对于计算机知识掌握较少的用户，让杀毒软件和防火墙自动去监测和防止病毒感染，是最简单，也是最有效的一个措施。当然，在安装了杀毒软件及防火墙之后，还必须经常对其进行升级。

（3）注意计算机运行异常。有时使用着计算机，会突然内存占用很高，或者 CPU 使用率很高，或者资源（指内存和 CPU）使用情况高低不定，都很有可能是感染了病毒，就需要作进一步的检测。常见的其他异常现象还有：电脑执行速度比平常缓慢；不寻常的错误信息出现；程序载入时间比平常久；可执行文件的大小改变；存储容量忽然大量减少；磁盘坏道突然增加；文档名称、日期、属性被修改等。

（4）严防传染途径。计算机病毒的传染主要是依靠移动存储设备和网络，特别是随着计算机网络的广泛应用，其已成为最重要、最快速的病毒传播途径。因此对于用户来说，不要从网上下载来路不明的软件或电子邮件，不要访问非法的、不健康的网站以及不要使用来路不明的磁盘或U盘上的软件和数据，都是非常重要的；如果必须使用，用户切记要先对它们进行病毒检查。

防范的措施还有很多，但关键是要从思想上进行重视。同时，计算机病毒是不可能完全防范的，因此数据的备份最为重要。如果用户的计算机已经感染上了病毒，就需要使用杀毒软件来协助工作。

2. 计算机病毒的清除

计算机病毒的清除可分为手动清除和使用杀毒软件清除。由于计算机系统的复杂性、计算机病毒技术的不断发展，即使是专业人员也很少自己手动清除病毒，一般都是借助于专业的计算机病毒监测和清除软件。目前，国内比较常用防毒杀毒软件有以下几种。

（1）金山毒霸。金山毒霸安全套装是金山软件公司推出的防毒杀毒安全套装软件，内含金山毒霸、金山卫士、金山网盾等工具软件，实现了防杀病毒、防杀间谍软件、隐私保护、防黑客和木马入侵、防网络钓鱼、文件粉碎器、抢先加载、垃圾邮件过滤、主动漏洞修复、安全助手等功能，并配合了主动实时升级技术，方便用户及时更新功能及升级病毒库。金山毒霸2011是一款应用“可信云查杀”的杀毒软件，颠覆杀毒软件传统技术，全面超越主动防御及初级云安全等传统方法，采用本地正常文件白名单快速匹配技术，配合强大的金山可信云端体系，率先实现了杀毒软件安全性、检出率与速度的技术突破。

金山软件公司于1988年开始从事软件产品的研发与销售，目前是国内最知名的软件企业之一。金山软件公司2000年推出金山毒霸，目前，金山毒霸已是国内领先的信息安全软件品牌之一，为国内的广大计算机用户所使用。

（2）瑞星杀毒软件。瑞星公司的安全产品主要包括瑞星杀毒软件、瑞星个人防火墙、瑞星全功能安全软件、瑞星安全助手、瑞星安全保险柜等工具软件。瑞星杀毒软件2011基于瑞星“智能云安全”系统设计，借助瑞星全新研发的虚拟化引擎，能够对木马、后门、蠕虫等恶意程序进行极速智能查杀，在查杀速度提升3倍的基础上，保证极高的病毒查杀率，而同时病毒查杀的资源占用率下降了80%。2011年3月，瑞星公司宣布，从即日起其个人安全软件产品全面、永久免费，使得价格不再成为阻碍广大用户使用瑞星安全软件的障碍。

瑞星公司（北京瑞星科技股份有限公司）成立于1998年，以研究、开发、生产及销售计算机反病毒产品、网络安全产品和“黑客”防治产品为主，目前已成为国内最知名的反病毒专业企业之一。

（3）江民杀毒软件。江民公司最新推出的江民杀毒软件KV2011是全功能专业安全软件，全面融合杀毒软件、防火墙、安全检测、漏洞修复等核心安全功能为有机整体，打破杀毒软件、防火墙等专业软件各司其职的界限，为个人电脑用户提供全面的安全防护。江民杀毒软件KV2011秉承了江民杀毒软件一贯的尖端杀毒技术，更在易用性、人性化、资源占用方面取得了突破性进展。江民杀毒软件KV2011可以有效防御各种已知和未知病毒、黑客木马，保障电脑用户网上银行、网上证券、网上购物等网上财产的安全，杜绝各种木马病毒窃取用户账号、密码。增强功能的江民安全专家，可以为系统优化加速，并可迅速扫描和查杀流行木马，消除流氓软件和恶意插件。其安全检测及深层Rootkit隐藏病毒扫描功能，可以发现普通安全软件无法查出的深层安全隐患，进一步加固电脑系统的安全防线。

江民科技（江民新科技术有限公司）成立于1996年，是国内最大的信息安全技术开发商与服务提供商之一，国内首个亚洲反病毒协会会员企业。江民科技从20世纪80年代末开始反病毒技术研究，迄今为止已有30多年的积淀，公司开发的KV系列产品一直是中国杀毒软件名牌，多年来保持着较高的市场占有率。

（4）卡巴斯基。卡巴斯基反病毒软件2011采用了一系列独创的安全保护技术，包括实时主动抵御各类病毒及恶意软件威胁、扫描操作系统和应用软件漏洞、系统优化功能提高计算机的性能和安全性、应急磁盘可恢复被恶意程序感染的系统等，在加强安全保护措施的同时，还强调系统的运行流畅。

卡巴斯基总部设在俄罗斯首都莫斯科，卡巴斯基实验室是国际著名的信息安全领导厂商。公司为个人用户、企业网络提供反病毒、防黑客和反垃圾邮件产品，该公司的旗舰产品——著名的卡巴斯基反病毒软件（AVP，Kaspersky Anti-Virus）被众多计算机专业媒体及反病毒专业评测机构誉为病毒防护的最佳产品，也是国内很多个人用户的首选反病毒产品。

7.3 计算机网络安全

7.3.1 计算机网络安全概述

1. 计算机网络安全的定义

随着社会信息化的迅速发展，计算机网络对安全的要求越来越高，网络安全已不仅仅是关系到个人、企业、单位的利益问题，而是已经涉及到国家主权、社会稳定等诸多方面的重大问题。

网络安全从其本质上来讲就是网络上的信息安全。它是指网络系统的硬件、软件及其系统中的数据受到保护，不受偶然的或者恶意的原因而遭到破坏、更改、泄露，系统连续可靠正常地运行，网络服务不中断。广义来说，凡是涉及到网络上信息的保密性、完整性、可用性、真实性和可控性的相关技术和理论都是网络安全所要研究的领域。

网络安全涉及的内容既包含技术方面的问题，也包含管理方面的问题，两者相互补充，缺一不可。技术方面主要侧重于防范外部非法用户的攻击，管理方面则侧重于内部人为因素的管理。如何更有效地保护重要的信息数据、提高计算机网络系统的安全性已经成为当前计算机用户和全社会所面对的一个重要问题。

2. 计算机网络安全的特征

一般来说，计算机网络安全应该具有以下四个特征。

（1）保密性。信息不泄露给非授权用户、实体或过程，或供其利用的特性。

（2）完整性。数据未经授权不能进行改变的特性，即信息在存储或传输过程中保持不被修改、不被破坏和丢失的特性。

（3）可用性。可被授权实体访问并按需求使用的特性，即当需要时能否存取所需的信息，如网络环境下的拒绝服务、破坏网络和有关系统的正常运行等都属于对可用性的攻击。

（4）可控性。对信息的传播及内容具有控制能力。

3. 计算机网络安全的内容

计算机网络安全的内容涉及广泛，对于不同的对象而言，其所关心的重点也有所不同，主要归纳为以下几个方面。

（1）运行系统安全。即保证信息处理和传输系统的安全。

（2）网络上系统信息的安全。包括用户口令鉴别、用户存取权限控制、数据存取权限和方式控制、安全审计、安全问题跟踪、计算机病毒防治、数据加密。

（3）网络上信息传播安全。重点考虑信息传播后果的安全。主要侧重于防止和控制因非法、有害的信息进行传播而造成的社会效应和不良后果，确保不会因为网络上的信息失控而危害国家利益、破坏社会稳定和阻碍人类发展。

（4）网络上信息内容的安全。主要考虑信息的保密性、真实性和完整性。避免攻击者利用系统的安全漏洞进行窃听、冒充、诈骗等有损于合法用户利益的行为。

4. 计算机网络安全服务

针对网络系统受到的威胁，OSI 安全体系结构提出了以下几类安全服务。

（1）身份认证。在两个开放系统同等层中的实体建立连接和数据传送期间，为提供连接实体身份的鉴别而规定的一种服务。这种服务防止冒充或重传以前的连接，也即防止伪造连接初始化这种类型的攻击。这种鉴别服务可以是单向的也可以是双向的。

（2）访问控制（Access Control）。访问控制服务可以防止未经授权的用户非法使用系统资源。这种服务不仅可以提供给单个用户，也可以提供给封闭的用户组中的所有用户。

（3）数据保密（Data Confidentiality）。数据保密服务的目的是保护网络中各系统之间交换的数据，防止因数据被截获而造成的泄密。

（4）数据完整性（Data Confidentiality）。用来防止非法实体对用户的主动攻击（对正在交换的数据进行修改、插入、使数据延时及丢失数据等），以保证数据接收方收到的信息与发送方发送的信息完全一致。

（5）不可否认性。这种服务有两种形式。第一种形式是源发证明，即某一层向上一层提供的服务，它用来确保数据是由合法实体发出的，它为上一层提供对数据源的对等实体进行鉴别，以防假冒。第二种形式是交付证明，用来防止发送数据方发送数据后否认自己发送过数据，或接收方接收数据后否认自己收到过数据。

（6）审计管理。对用户和程序使用资源的情况进行记录和审查，可以及早发现入侵活动，以保证系统安全，并帮助查清事故原因。

（7）可用性。保证信息使用者都可得到相应授权的全部服务。

7.3.2 计算机网络所面临的威胁

网络安全威胁可从不同角度对其进行分析，根据威胁的起因不同，有三种类型的网络安全威胁。一是自然威胁，主要由于各种自然灾害、恶劣的场地环境、电磁辐射和电磁干扰、网络设备的自然老化等。这是不可抗拒的威胁，有时会直接威胁网络的安全。二是过失威胁，产生于人员对于网络安全配置不当而产生的漏洞。三是恶意威胁，这是计算机网络所面临的最大威胁，网络攻击和计算机犯罪就属于这一类，其中又分为主动攻击与被动攻击。

计算机网络所面临的威胁是多种多样的，从软件技术方面而言，主要可划分为计算机病毒和黑客攻击两大类。但要指出的是，随着计算机网络技术的不断发展，这两类威胁也不是各自孤立的，而是经常被结合在一起来威胁计算机网络安全的。

1. 计算机病毒

在前面的章节中已经介绍了计算机病毒对计算机系统的破坏性，这里要强调的是，随着计算机网络技术的发展，计算机病毒也得到了新的发展，病毒网络化已成为当今计算机病毒发展的一个趋势。通常把以各种方式攻击网络应用服务器及工作站，或释放黑客程序、网络蠕虫、特洛伊木马等窃取网络机密、破坏网络系统的病毒称为计算机网络病毒。

由于计算机网络的主要特征是资源共享，共享资源一旦感染了病毒，网络节点间信息的频繁传输，将会使病毒快速传播至网络中所有计算机上，严重时甚至发生网络阻塞或瘫痪，造成网络中的大量数据丢失。在一个开放的、共享的计算机网络系统中，计算机网络病毒的传染方式更为多样，传染速度更为迅速，而传染对象也更为广泛，因此，它的防范和清除工作也就更为困难。

2. 黑客攻击

黑客（Hacker）最初源于美国麻省理工学院。当时一个学生组织的一些成员不满当局对某个电脑系统所采取的限制措施，于是自行闯入该系统。他们认为任何信息都是自由公开的，任何人都可以平等的获取。从此就出现了黑客一词。黑客原指热心于计算机技术、水平高超的电脑专家，尤其是程序设计人员，他们往往能突破网络的防范和限制而闯入某些禁区。但到了今天，黑客一词已被用于泛指那些专门利用电脑搞破坏或恶作剧的家伙。对这些人的正确英文叫法是 Cracker，有人翻译成骇客。

但无论是黑客还是骇客，他们之间并无绝对的界限，就法律角度而言，都属于非法入侵者；而无论入侵是善意还是恶意的，都有可能给被入侵者造成一定的损失。

黑客在入侵时，常用到的攻击手段有以下几种。

（1）口令入侵。通过非法的手段获得用户的账号和口令。常用的手段有伪造登录界面、网络监听和使用专门软件强行破解用户口令。特别是强行破解口令（也称为蛮力攻击），是一种最为全面的攻击形式，它不受网段限制，只需要有足够的耐心和时间；所花费的事件通常取决于密码的复杂程度，对于那些安全系数极低的口令，可能只要短短的一两分钟，甚至几十秒内就可以将其破解。

（2）网络监听。在网络中，数据包的传送多采用广播方式，即主机将要发送的数据包发往连接在一起的所有主机，而只有与发送数据包中目标地址一致的那台主机才能接收到信息包；如果利用工具将某台主机的网络接口设置为监听模式，便可不管数据包中的目标物理地址是什么，该主机都可进行接收。而网络中许多协议的实现都是基于双方充分信任的基础，因此用户的各种信息包括口令等都是以明文的方式传输，而黑客正是利用这样的手段，在网络中截获正在传播的信息，进行攻击。

（3）木马攻击。木马程序是黑客最常用的攻击手段。通过在用户的计算机系统中隐藏一个会在 Windows 启动时运行的程序，采用服务器 / 客户机的运行方式，从而达到在用户上网时控制用户计算机的目的。黑客利用它可以窃取用户的口令、浏览资源、修改文件和注册表等。由于木马本身不对计算机系统进行破坏，加之隐蔽性非常强，因此能够长期潜伏在用户的计算机中，窃取用户大量的个人信息和隐私，特别是在计算机网络被越来越多作为一种金融交易工具，木马程序的危害性也就日益彰显。

（4）系统漏洞扫描。许多系统都有安全漏洞，其中某些是操作系统或应用软件本身具有的，这些漏洞在补丁未被开发出来之前一般很难防御黑客的破坏和病毒的感染。例如，黑客常常会利用专门的扫描工具对一些网站的计算机系统进行扫描，发现漏洞后进入系统或取得系统的控制权，进行各种非法操作；而为个人计算机用户所熟知的冲击波病毒等，也都是利用操作系统的漏洞进行感染的。

（5）拒绝服务攻击（DoS，Denial of Service）。从网络攻击的各种方法和所产生的破坏情况来看，DoS 是一种很简单但又很有效的攻击方式。DoS 的攻击方式有很多种，最基本的 DoS 攻击就是利用合理的服务请求来占用过多的服务资源，从而使合法用户无法得到服务。在网络安全中，拒绝服务攻击以其危害巨大、难以防御等特点成为黑客最常采用的攻击手段之一。分布式拒绝服务（DDoS，Distributed Denial of Service）是一种基于 DoS 的特殊形式的拒绝服务攻击，主要针对较大的站点。进行 DoS 攻击只要一台单机和一个 Modem 就可实现，但进行 DDoS 攻击则是利用一批受控制的机器向一台机器发起攻击，因此具有更大的破坏性。

除了上述手段之外，黑客也还会使用后门程序、电子邮件炸弹、缓冲区溢出及蠕虫等其他方法进行攻击，限于篇幅，就不一一讲述。但要注意的是，随着计算机及网络技术的发展，特别是当计算机网络蕴藏的经济利益越来越大，相信还会有更多的黑客入侵技术和攻击手段出现，计算机用户必须严阵以待。

7.3.3 计算机网络安全防范措施

要保证一个完全的网络安全系统，就必须从两个方面采取措施：一是制度方面的措施，包括社会的法律、法规及企业的规章制度和安全教育等外部软件环境，以及审计和管理措施等；二是技术方面的措施，如网络防病毒、信息加密、认证及防火墙技术等。

从多项调查来看，造成网络安全事件的主要原因是安全管理制度不落实和安全防范意识薄弱。这就需要首先从思想上重视起来，制定完善的安全管理制度，减少和杜绝因人为因素而产生的网络安全问题。加强网络安全方面的立法、执法和提高全社会的网络安全意识是非常主要的。

从技术层面来看，网络安全是一门涉及计算机科学、网络技术、通信技术、密码技术、信息安全技术、应用数学、数论、信息论等多种学科的综合性学科，其安全防范的手段和措施也有很多，下面介绍一些常见的防范措施。

1. 口令设置

口令是实现访问控制的一种简单而又有效的方法，不只是在计算机网络系统，包括日常生活，每个人都和“口令”有着不解之缘。只要口令保持机密，非授权用户就无法使用该账户，进行非法入侵。

能够很容易被非法用户和程序猜测或破解的口令，称之为弱口令。由于口令的目的在于保证只有授权用户才能访问资源，因此，设计一个强口令是非常关键的，通常需要遵循以下的设计规则：

（1）长度至少要有七个字符；

（2）大小写字母及数字混用，至少包含一个特殊符号；

（3）不应是字典单词、人或物品的名称；

（4）不应是电话号码、出生年月。

在设计好口令后，用户也要注重口令的管理，遵循的原则有：

（1）不要使用相同的口令访问多个系统；

（2）用户应该定期改变自己的口令；

（3）不应将口令记录在某些地方；

（4）不要将口令告诉别人，也不要多人共享一个口令；

（5）不要用系统指定的口令；

（6）不要用电子邮件传输口令。

2. 数据加密

数据加密是计算机网络安全的重要部分。口令加密是防止文件中的密码被人偷看；文件加密主要应用于因特网上的文件传输，防止文件被看到或劫持。数据加密是防范网络监听最为有效的措施，同时，也实现了数字签名、网络身份认证等技术，使得基于 Internet 的电子商务成为可能。

所谓加密，就是把可读的数据信息即明文转换为不可辨识的形式即密文的过程，目的是使非授权人员不能知道和识别。相反，将密文转变为明文的过程就是解密。加密和解密过程形成加密系统，明文与密文统称为报文。任何加密系统的基本组成部分都是相同的，通常都包括如下四个部分：

（1）需要加密的报文，也称为明文；

（2）加密以后形成的报文，也称为密文；

（3）加密、解密的装置或算法；

（4）用于加密和解密的钥匙，称为密钥。密钥可以是数字、词汇或者语句。

加密技术通常分为对称式和非对称式两大类。

对称式加密又称作传统加密，就是加密和解密使用同一个密钥。这种加密技术目前被广泛采用，其安全性依赖于密钥的秘密性，而非加密算法的秘密性，如美国政府所采用的 DES 加密标准就是一种典型的对称式加密算法。对称式加密的优点是加密、解密效率高，适用于大数据量加、解密；其缺点是密钥的发放没有安全保障，容易被截获，不适应大范围应用。

非对称式加密，加密和解密使用两个不同的密钥，分别称为“公钥”和“私钥”，它们两个必需配对使用，用“公钥”加密的密文只有用相应的“私钥”才能解密，同样，用“私钥”加密的密文也只有用相应的“公钥”才能解密。其中“公钥”是指对外公布的，而“私钥”则只由持有人自己知道。它的优越性就在这里，因为用户的“公钥”是公开的，当其他用户向该用户发送数据时，只需用该用户的“公钥”对其加密再传输即可，虽然在传输过程中可能被非法用户窃听，但非法用户也只有该用户的“公钥”（因为是公开的），因而无法解密，只有用户自己可以用私钥进行解密，从而解决了密钥的传输安全性问题。

非对称式加密的缺点是加、解密速度慢，只适用于少量数据的加密；但它的优点是加密强度高，密钥分发方便，并且为数字签名、身份认证等提供了实现支持。

3. 防火墙

防火墙是在内部网络和外部网络之间设置的一道安全屏障，是在网络信息通过时对它们实施访问控制策略的一个或一组系统，包括硬件和软件，目的是保护网络不被他人侵扰。本质上，它遵循的是一种允许或阻止业务来往的网络通信安全机制，也就是提供可控的过滤网络通信，只允许授权的通信。

防火墙通常位于内部网或 Web 站点与因特网之间的一个路由器或一台计算机，是内外通信的唯一途径，所有从内到外或从外到内的通信量都必须经过防火墙，否则，防火墙将无法起到保护作用。防火墙是用户制订的安全策略的完整体现，只有经过既定的本地安全策略证实的通信流，才可以完成通信。防火墙对于渗透是免疫的，防火墙本身应该是一个安全、可靠、防攻击的可信任系统，它自身应有足够的强度和可靠性以抵御外界对防火墙的任何攻击。

防火墙的主要类型有分组过滤路由器、应用层网关、电路层网关、混合型防火墙四种。

（1）数据包过滤防火墙。在网络层对数据包按系统内设置的过滤逻辑进行选择，确定是否允许该数据包通过。这类防火墙逻辑简单，价格便宜，易于安装和使用，网络性能和透明性好，通常安装在路由器上。

（2）应用级网关型防火墙。在网络应用层上建立协议过滤和转发功能。它针对特定的网络应用服务协议使用指定的数据过滤逻辑，并同时对数据包进行必要的分析、登记和统计，形成报告。数据包过滤和应用网关防火墙有一个共同的特点，就是它们仅依靠特定的逻辑判定是否允许数据包通过。一旦满足逻辑，则防火墙内外的计算机系统建立直接联系，防火墙外部的用户便有可能直接了解防火墙内部的网络结构和运行状态，从而实施非法访问和攻击。

（3）代理服务型防火墙。代理服务也称链路级网关或TCP通道，是将所有跨越防火墙的网络通信链路分为两段。防火墙内外计算机系统间应用层的“链接”，由两个终止代理服务器上的“链接”来实现，外部计算机的网络链路只能到达代理服务器，从而起到了隔离防火墙内外计算机系统的作用。代理型防火墙是内部网与外部网的隔离点，起着监视和隔绝应用层通信流的作用，也常结合过滤器的功能。它工作在OSI模型的最高层，掌握着应用系统中可用作安全决策的全部信息。

（4）复合型防火墙。代理服务也称链路级网关或TCP通道。是将所有跨越防火墙的网络通信链路出于更高安全性的要求，把基于包过滤的方法与基于应用代理的方法结合起来，形成复合型防火墙产品。

从逻辑上讲，防火墙是分离器、限制器和分析器。从物理角度看，防火墙通常是一组硬件设备，即路由器、主计算机或者是路由器、计算机和配有适当软件的网络的多种组合。

防火墙的作用包括：可以有效地记录和统计网络的使用情况；能有效地过滤、筛选和屏蔽一切有害的服务和信息；可加强对网络系统的防泛，能执行强化网络的安全策略；能够隔开网络中的一个网段和另一个网段，防止一个网段的问题传播到整个网络。

但是防火墙也有它的不足，主要表现在：不能对付来自内部的攻击；对网络病毒的攻击通常无能为力；可能会阻塞许多用户所希望的访问服务；不能保护内部网络的后门威胁；数据驱动攻击经常会对防火墙造成威胁。

4. 安装防毒杀毒软件

计算机病毒无论是对单机，还是计算机网络都会造成极大的危害，尤其是在计算机网络环境下，计算机病毒的传播途径更广，传播速度更快，感染对象也更为广泛，而防治和清除也更为困难。因此，安装防毒杀毒软件是十分必要的，并且，目前的多数防毒杀毒软件还包含防火墙功能，为计算机用户提供了更强的安全支持。

在使用和安装防毒杀毒软件时，要注意以下几点：安装正版的防毒杀毒软件；对防毒杀毒软件要及时升级，否则失去其意义；启动防毒杀毒软件的实时监控功能，以防读取外来文件时的病毒侵害。

以上就计算机网络安全常见的技术防范措施进行了说明，在实际应用中，用户还应该提高个人的安全意识，特别是在网络时代，不要随意打开来历不明的电子邮件及文件，不要运行陌生人传给的程序；尽量避免从 Internet 下载不知名的软件、游戏程序，对下载的软件也要及时用最新的病毒和木马查杀软件对其和系统进行扫描；最后还应及时下载安装系统补丁程序，将计算机系统本身的安全漏洞堵住。

小　　结

计算机安全是一个相当复杂的系统工程，本章介绍了计算机安全的基本概念与相关知识，详细介绍了计算机病毒与计算机网络安全的概念及防范措施。通过本章的学习，有助于使读者了解和加强计算机安全意识，并掌握基本的计算机安全防范知识。